大学物理实验
（提高篇）

主　编　王亚辉　任亚杰　姚进斌

科学出版社

北　京

内 容 简 介

本书是《大学物理实验（基础篇）》的姊妹篇，是根据编者在大学物理实验教学中长期积累的实验教学经验编写而成的. 本书收录了包含力学、热学、电磁学、光学等 50 多个实验，每个实验包括背景、应用及发展前沿，实验目的，实验原理，仪器用具，实验内容，实验数据及处理，思考讨论，探索创新，拓展迁移，主要仪器介绍等部分. 本书相关项目的基础内容与综合设计一体化编写，便于学生的纵向研究，有利于提高学生的创新能力.

本书可作为高等师范类专业学生的物理实验课教材，也可作为高等院校理工科类学生大学物理实验课程的教材，并适合不同层次的教学需要.

图书在版编目（CIP）数据

大学物理实验. 提高篇 / 王亚辉，任亚杰，姚进斌主编. —北京：科学出版社，2023.4
ISBN 978-7-03-075334-2

Ⅰ. ①大… Ⅱ. ①王… ②任… ③姚… Ⅲ. ①物理学–实验–高等学校–教材 Ⅳ. ①O4-33

中国国家版本馆 CIP 数据核字（2023）第 056614 号

责任编辑：窦京涛 赵 颖 / 责任校对：杨聪敏
责任印制：张 伟 / 封面设计：无极书装

科学出版社 出版
北京东黄城根北街 16 号
邮政编码：100717
http://www.sciencep.com
北京建宏印刷有限公司 印刷
科学出版社发行 各地新华书店经销
*
2023 年 4 月第 一 版 开本：720×1000 1/16
2023 年 4 月第一次印刷 印张：27 1/4
字数：549 000
定价：95.00 元
（如有印装质量问题，我社负责调换）

前　　言

本书依照教育部高等学校物理学与天文学教学指导委员会、物理基础课程教学指导分委员会编制的《理工科类大学物理实验课程教学基本要求》以及教育部高等学校教学指导委员会编制的《普通高等学校本科专业类教学质量国家标准》，结合普通物理实验室的教学特点及编者在大学物理实验教学中长期积累的实验教学经验编写而成，是《大学物理实验（基础篇）》的综合与提高，适用于高等学校物理学（师范）和理工科专业本科生大学物理实验教学.

本书注重学生合作学习能力、自主学习能力和研究探索学习能力的培养，配有丰富的实验仪器及实验现象图片，将学生探索获取知识的能力，创新意识、独立评判能力，解决实际问题的科学研究能力和师范专业可持续发展能力的培养渗透在物理实验教学的各个环节，形成了鲜明的特色. 每个实验由背景、应用及发展前沿，实验目的，实验原理，仪器用具，实验内容，实验数据及处理，思考讨论，探索创新，拓展迁移，主要仪器介绍等部分构成，激发学生兴趣和好奇心，激励学生自主探索和创新.

本书由王亚辉、任亚杰、姚进斌等八位老师共同编写，王亚辉负责全书的整理和统稿工作. 其中，实验 1、4～6、10、13 由马娜编写；实验 2、3、7、9、11、15～19、21、22、24、25 由王亚辉编写；实验 8、12、14、26～28 由任亚杰编写；实验 29～39 由姚进斌编写；实验 20、23 由潘峰编写；实验 40～43、45、46、54、57 由姜立运编写；实验 44、49、51、52、55 由王路云编写；实验 47、48、50、53、56 由苏少昌编写.

由于编者水平有限，书中难免有不妥之处，恳请广大读者不吝指正.

编　者

2022 年 8 月

目　录

实验 1 精 密 称 衡

【背景、应用及发展前沿】

天平是最古老的称量物体质量的计量器具. 距今 4500 多年的上埃及第三王朝时期就出现了人类最早的天平，由一根石灰石横梁和两个秤盘组成. 到公元初年的古罗马时期，天平在设计上得到了改进，采用一根细线穿过横梁中央作为支点. 到 18 世纪，天平开始采用刀子支承，这样大大提高了精度. 到 19 世纪下半叶，天平的精度基本上达到了我们今天所具有的精度水平.

分析天平是实验中进行准确称量时最重要的仪器，按结构分为机械类和电子类两种，都是利用杠杆原理，但是在结构和使用方法上有所不同.

分析天平不仅在工矿企业、科学研究机构、高等院校、实验室做精密衡量分析测定中发挥着重要的作用，而且作为计量工具，在工农业生产、市场经济和技术部门也有极其广泛的应用.

【实验目的】

(1) 了解分析天平的构造原理，学会正确调节使用.
(2) 掌握用分析天平来精密称量物体质量的方法.
(3) 熟悉精密称衡中的系统误差校正.

【实验原理】

天平是一种等臂杠杆装置，用于实验室称衡质量. 按其精确程度分为物理天平和分析天平两类. 天平有最大载量和灵敏度两个主要性能指标. 称量物体质量时，将待测物置于左盘，砝码置于右盘. 设右盘中砝码的质量为 m_0(包括游码在横梁上不同位置时的等效质量)，天平的停点(天平振动逐渐衰减后的停止点)为 x，一般 x 不等于天平的零点(天平秤盘上不加负载时的停点)x_0. 因而待测物体的质量 M 不等于砝码质量 m_0，若 $x > x_0$，则 $M < m_0$(因为天平摆针标度尺的标数是从右到左的). 为确定 $x-x_0$ 相对应的质量 Δm，须进一步测定该负载时天平的灵敏度 S.

1. 天平的灵敏度

天平的灵敏度是指天平两盘中负载相差一个单位质量时,指针偏转的分格数,

即灵敏度

$$S = \frac{\alpha}{\Delta m} \tag{1-1}$$

天平的感量为灵敏度的倒数，即感量

$$G = \frac{1}{S} = \frac{\Delta m}{\alpha} \tag{1-2}$$

它表示天平指针偏转一个小分格，砝码盘上要增加或减小的质量. 感量越小，天平的灵敏度越高.

2. 精密称衡的系统误差校正

分析天平称量质量的系统误差主要源于天平横梁臂长不相等和空气浮力的影响. 以下讨论这两个因素的校正方法.

1)横梁臂长不相等的校正

(1)复称法：设 L_1 和 L_2 分别为天平左右两臂的长度. 先将质量为 M 的物体放在左盘中，M_1 砝码放在右砝码盘中，由于天平横梁臂长不相等，天平平衡时虽有 $ML_1 = M_1L_2$，但 $M \neq M_1$. 若将物体放在右砝码盘中，而在左盘中的砝码为 M_2 时，天平再次平衡，则有 $ML_2 = M_2L_1$，合并以上两式，并考虑到 $M_1 - M_2 \ll M$，则有

$$\begin{aligned}
M = \sqrt{M_1 M_2} &= M_2 \left(1 + \frac{M_1 - M_2}{M_2} \right)^{\frac{1}{2}} \\
&\approx M_2 \left(1 + \frac{1}{2} \frac{M_1 - M_2}{M_2} \right) \\
&= \frac{1}{2}(M_1 + M_2)
\end{aligned} \tag{1-3}$$

(2)替代法(波尔达法)：先将待测物放在右砝码盘中，而在左盘上放上碎小的替代物(通常用砂粒、碎屑等)，使天平平衡且停点 x 与 x_0 相同. 然后取下待测物，用砝码再次使天平达到原来的平衡点 x_0，显然砝码的总质量便是待测物体的总质量.

2)空气浮力校正

假定待测物的体积为 V，砝码的体积为 v，待测物体及砝码的质量分别为 M 及 m，称量时空气的密度为 ρ_0，当天平平衡时物体及砝码均受到空气浮力的影响. 故有

$$Mg - V\rho_0 g = mg - v\rho_0 g \tag{1-4}$$

因为

$$V = \frac{M}{\rho}, \quad v = \frac{m}{\rho'}$$

代入式(1-4)，并考虑到 $\rho_0 \ll \rho$ ，$\rho_0 \ll \rho'$，略去高次项得

$$M = m \frac{1 - \frac{\rho_0}{\rho'}}{1 - \frac{\rho_0}{\rho}} \approx m \left(1 - \frac{\rho_0}{\rho} + \frac{\rho_0}{\rho'} \right) \tag{1-5}$$

式中，$\rho_0 \approx 1.3 \times 10^{-3} \text{g/cm}^3$，国家规定砝码标称密度 $\rho' = 8.0 \text{g/cm}^3$，$\rho$ 值可查表.

3. 分析天平的精密称衡法

(1)用"摆动法"测停点 x_0.

如图 1-1 所示：$x_0 = \dfrac{\frac{1}{2}(a_1 + a_2) + b_1}{2}$

例如：$x_0 = \dfrac{\frac{1}{2}(10.0 + 8.0) + (-7.5)}{2} = 0.75$

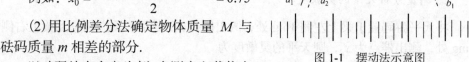

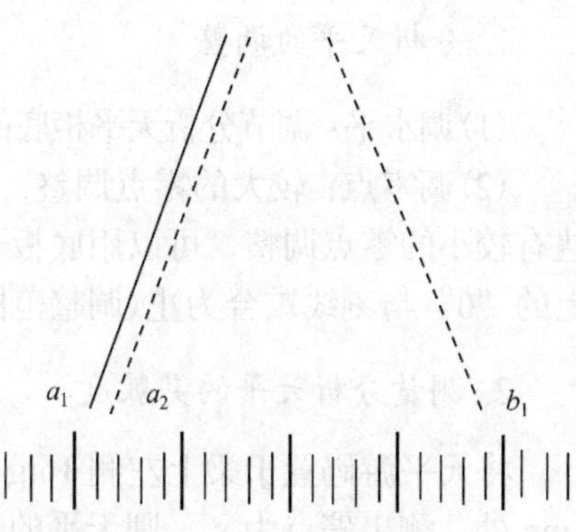

(2)用比例差分法确定物体质量 M 与砝码质量 m 相差的部分.

图 1-1 摆动法示意图

以砝码放在右盘为例,在测出空载停点 x_0 后，再测物体的第一个停点 x_1，此时若 x_1 在 x_0 右侧，则表示砝码 m_1 稍轻一些，于是移动游码一格或二格，得到第二停点 x_2，使 x_2 在 x_0 的左侧. 这时则表示砝码 m_2 稍重一些，因而可判定待测物体质量在 m_1、m_2 之间. 因为此时天平的分度值 $g = \dfrac{m_2 - m_1}{x_2 - x_1}$，而第一停点离空载停点还差 $x_1 - x_0$，所以待测物体质量

$$M = m_1 + g|x_0 - x_1| = m_1 + (m_2 - m_1) \frac{|x_0 - x_1|}{|x_2 - x_1|} \tag{1-6}$$

(3)用复称法减小不等臂引入的系统误差.

4. 分析天平的操作规则

由于分析天平较为精密，使用时务必遵守天平的使用规则，现对分析天平的特点再次强调以下几点：

(1)切记"常止动, 轻操作"，并切实执行. 旋转起止动作所用的旋钮时应缓慢而均匀进行，对天平制动应在指针摆动接近中点时进行.

(2)取放待测物体及砝码，只需要打开玻璃柜侧门进行操作，取放完毕随即关

好，以防气流影响称量. 柜子中门，无特殊需要不要打开.

(3)调零时，游标砝码应放在横梁中央的槽中.

(4)光学调整：当天平使用时，投影屏上显示的刻度应明亮而清晰，相反则可能天平受剧震或零件松动而产生刻度不清、光度不强，应按说明书进行调整.

【仪器用具】

TG328A 分析天平、砝码、待测物体.

【实验内容】

1. 分析天平的调整

(1)调水平：调节分析天平柜底的调平螺丝，使水准泡位于中央，天平支柱铅直.

(2)调零点：较大的零点调整，可由横梁上端左右两个平衡砣来旋动调节，如遇有较小的零点调整，可以用底板下部的微动调节梗来调整，移动到投影窗标尺上的"0"与刻线重合为止(调整范围 0~5 小格).

2. 测量分析天平的灵敏度

将天平游码置于梁上左侧 1mg 处，测出停点 x_1. 然后，将游码移到梁上右侧 1mg 处，测出停点为 x_2，则天平的灵敏度为

$$S = \frac{|x_1 - x_2|}{2} \quad \text{(div/mg)} \tag{1-7}$$

3. 用复称法测量物体的质量

(1)测零点 x_0.

(2)将待测物 M 放在左盘上，右盘加砝码 m_1，测出停点为 x_1，测三次取平均值. 要求 x_1 与 x_0 之差小于一分格，否则要调整砝码.

(3)将砝码增加(或减少) $\Delta m = 2mg$，测出停点为 x_2，测三次取平均值. 当 $m_1 < m$ 时，增加 Δm；反之，则减少 Δm. 选择增加或减少的目的是使 x_1 和 x_2 分布在 x_0 的两侧.

(4)第二次测零点 x_{01}.

(5)将待测物 M 放在右盘上，左盘加砝码 m_2，测出停点为 x_1'，测三次取平均值. 要求同(2).

(6)第三次测零点 x_{02}.

【实验数据及处理】

(1)依据实验内容设计数据记录表格，测出待测物体质量.

(2)要求用复称法对测量结果进行校正，并对空气浮力进行校正.

【思考讨论】

(1)测定分析天平灵敏度时，可增加或减少 1mg，试问什么情况下应增加 1mg，什么情况下应减少 1mg？

(2)增加砝码时若不止动天平将会造成什么后果？

(3)分析天平的游码在天平使用过程中（包括测零点）为什么不该吊起而必须骑在横梁上.

【探索创新】

分析天平是应用于精密称衡的重要仪器，其系统误差主要来源于天平横梁臂长不相等和空气浮力的影响. 请同学们广泛查阅资料，看看消除系统误差还有哪些可行的方法. 普通的物理天平能否设法提高测量精度，以满足精密称衡的要求？请尝试设计方法.

【拓展迁移】

[1] 蔡秀峰，李文华. 精密称衡时的代替法[J]. 物理通报，2003，(7)：34-35.

[2] 王山林. 利用物理天平进行精密称衡实验的研究[J]. 沧州师范学院学报，2013，29(2)：45-47.

[3] 张会玲，鲍丙豪，吴迪，等. 基于 PSD 光杠杆自平衡精密电磁天平的研究[J]. 传感技术学报，2019，32(5)：779-783.

【主要仪器介绍】

TG328A 分析天平是双盘等臂式，横梁采用铜镍合金制成，上面装有玛瑙刀三把，中间为固定的支点刀，两边为可调整的承重刀，如图 1-2 所示.

读数由两部分组成：一部分是添加的砝码值；一部分是屏幕上的刻度值. 等天平稳定后，待测物体的质量应该是先把三个环形加码器刻度盘上的数值加起来，再看屏幕上的刻度，如果是正数就加上刻度值，如果是负数就减去刻度值，最后得出的就是待测物质量，如图 1-3 所示.

主要技术参数如下.

(1)最大称量：200g.

图 1-2 TG328A 分析天平

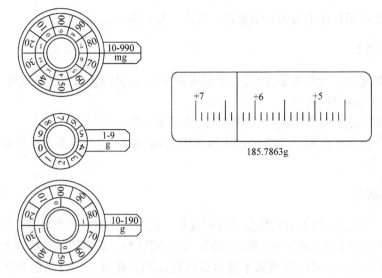

图 1-3　分析天平读数示意图

(2)分度值：0.1mg.

(3)机械加码范围：10～199.990mg.

(4)光学读数范围：10mg.

(5)秤盘直径：75mm.

注意事项：

(1)开、关天平旋钮，放、取被称量物，开、关天平侧门，以及加、减砝码等，动作都要轻、缓，切不可用力过猛、过快，以免造成天平部件脱位或损坏.

(2)调节零点和读取称量读数时，要留意天平侧门是否已关好. 称量读数要立即记录在实验报告本或实验记录本上. 调节零点和称量读数后，应随手关好天平. 加、减砝码或放、取称量物必须在天平处于关闭状态下进行. 砝码未调定时不可完全开启天平.

(3)对于热的或冷的称量物应置于干燥器内直至其温度同天平室温度一致后才能进行称量.

(4)天平的前门仅供安装、检修和清洁时使用，通常不要打开.

(5)必须使用指定的天平及天平所附的砝码. 如果发现天平不正常，应及时报告指导教师或实验室工作人员，不要自行处理.

(6)天平箱内不可有任何遗落的药品，如有遗落的药品可用毛刷及时清理干净.

(7)用完天平后，罩好天平罩，切断天平的电源.

实验 2 简谐振动的研究

【背景、应用及发展前沿】

振动和波动的理论是声学、地震学、光学、无线电技术等科学的基础. 简谐振动是最简单的振动, 一切复杂的振动都可以看作是多种简谐振动的合成. 因此, 熟悉简谐振动的规律及其特征, 对于理解复杂振动的规律是非常重要的. 本实验在气垫导轨上观察简谐振动现象, 测定简谐振动的周期并求出弹簧的刚度系数和等效质量.

【实验目的】

(1) 研究弹簧振子的实验规律, 直接测定滑块的周期, 并测定弹簧刚度系数.
(2) 观察简谐振动现象, 研究位移与时间的关系.
(3) 证明简谐振动周期只与振动系统特性有关, 而与初始条件无关.

【实验原理】

物体在一定位置的附近来回往复运动, 称为机械运动. 最简单的周期性直线振动是简谐振动. 可以证明, 任何复杂的振动都可以认为是由几个或很多个简谐振动合成的. 因此, 简谐振动是振动学最基本的内容.

在水平气垫导轨上放一滑块, 用两根弹簧挂住滑块的两端, 然后将两弹簧的另一端分别固定在导轨的两端, 使滑块偏离其平衡位置, 在导轨上自由地来回运动, 就成为一个弹簧振子.

如图 2-1 所示, 在水平气垫导轨上的滑块两端连接两根弹簧, 两弹簧的另一端分别固定在气垫导轨的两端. 选取水平向右的方向作 x 轴的正方向, 设两根弹簧的刚度系数分别为 k_1、k_2, 振动系统的质量为 m (一般可近似认为是滑块的质量). 就是说, 使弹簧伸长一段距离 x 时, 需加的外力为 $(k_1 + k_2)x$.

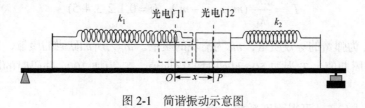

图 2-1 简谐振动示意图

在水平的气垫导轨上，组成一个简谐振动系统，根据牛顿第二定律和胡克定律得到运动方程为

$$m\frac{\mathrm{d}^2x}{\mathrm{d}t^2} = -(k_1 + k_2)x \tag{2-1}$$

令 $\omega^2 = \dfrac{k_1 + k_2}{m}$，则有

$$\frac{\mathrm{d}^2x}{\mathrm{d}t^2} + \omega^2 x = 0 \tag{2-2}$$

可见，位移 x 必定是一个满足式(2-2)的时间函数. 方程的解为

$$x = A\sin(\omega t + \alpha) \tag{2-3}$$

其中，A 是振幅，α 是初相位，振子的圆频率为

$$\omega = \sqrt{\frac{k_1 + k_2}{m}} \tag{2-4}$$

从式(2-3)还看出，ωt 每增加 2π 时，滑块的运动经过一周后回到原处. 滑块运动一周所需的时间叫做周期，通常用 T 表示，而且

$$T = 2\pi\sqrt{\frac{m}{k_1 + k_2}} \tag{2-5}$$

将周期公式两边取对数得

$$\ln T = \ln 2\pi + \frac{1}{2}\ln\frac{m}{k_1 + k_2} \tag{2-6}$$

如果弹簧的刚度系数 k_1、k_2 和系统的质量 m 改变，则周期 T 也会随着改变. 当实验中使用一组刚度系数为 k_1 的弹簧时，式(2-5)可变为

$$T_1 = \pi\sqrt{\frac{2m}{k_1}} \tag{2-5a}$$

对式(2-5a)两边同时平方，并令 $m = m_1 + m_0 + m_i$，可得

$$T_i^2 = \frac{2\pi^2}{k_1}(m_1 + m_0 + m_i) \quad (i = 0, 1, 2, 3, 4, 5) \tag{2-7}$$

式中，m_0 为弹簧的等效质量，m_1 为滑块的质量，m_i 为所加砝码的质量，T_0 为未加砝码时的周期值，T_1 为加 50g 砝码时的周期值，T_2 为加 100g 砝码时的周期值，依次类推.

利用式(2-5a)可得刚度系数 k_1 为

$$k_1 = \frac{2m\pi^2}{T_1^2} \tag{2-8}$$

同理，当实验中使用一组刚度系数为 k_2 的弹簧时，式(2-5)可变为

$$T_2 = \pi\sqrt{\frac{2m}{k_2}} \tag{2-5b}$$

可得刚度系数 k_2 为

$$k_2 = \frac{2m\pi^2}{T_2^2} \tag{2-9}$$

【仪器用具】

气垫导轨、气源、计时计数测速仪、光电门、挡光片、弹簧组、滑块及附件等.

【实验内容】

(1)打开气源，把滑块置于气轨上并将气垫导轨调水平，将弹簧连于滑块和气轨之间. 使滑块离开平衡位置后，观察其振动情况.

(2)调节光电门的位置，设置第一个光电门位置使其处在系统平衡位置处，此时初相位 α 为零，将计时计数测速仪的功能选为"计时"，挡光片为单片；每次从系统平衡位置左面或右面 25cm 处释放滑块(振幅 25cm)，第二个光电门随 x 的位置而改变，改变 5~6 次 x 的值，要求进行多次测量.

(3)测弹簧的刚度系数.

a. 使用一组刚度系数为 k_1 的弹簧进行简谐振动，将计时计数测速仪的功能选为"周期"，将周期个数设定为 10，挡光片为单片，测量 10 个周期的时间 t_1，利用式(2-8)可计算得到 k_1.

b. 使用另一组刚度系数为 k_2 的弹簧进行实验，重复 a，利用式(2-9)可计算得到 k_2.

(4)利用式(2-6)验证周期公式，根据提供的两副弹簧和附加质量块，取两种以上的 $\frac{m}{k_1 + k_2}$ 值，测得相应的周期.

(5)利用式(2-7)，在滑块上分别加质量为 50g、100g、150g、200g、250g 的条形砝码，测出振子在不同 m 下的 10 个周期值.

【实验数据及处理】

(为了保证数据的有效性，每种情况的测量数据必须达到 10 组以上，学生自

已设计数据记录表.)

(1)根据实验内容(2),计算 $\sin\omega t$,画出 x-$\sin\omega t$ 图,验证位移公式.

(2)作 $\ln T$-$\ln\dfrac{m}{k_1+k_2}$ 图,找出斜率和截距,检验它们是否符合式(2-6).

(3)计算弹簧的刚度系数 k_1、k_2.

(4)用作图法处理数据,在直角坐标纸上以 m_i 为纵坐标,以 T^2 为横坐标作图,从图中根据斜率和截距求出 k_1 和 m_0 的值.

【思考讨论】

(1)如果气垫导轨有倾斜,对实验结果有无影响?为什么?

(2)测周期时,取多少个为最佳周期数?这是由什么因素决定的?

(3)滑块的振幅在振动过程中不断减小,是什么原因?对实验结果有无影响?

【探索创新】

构建了弹簧振子简谐振动的物理模型,建立并求解了系统不带阻尼时的运动方程,深入探讨了振幅、频率和相位关键参量的物理含义,以及它们与小球运动状态之间的关系.进一步建立了系统带阻尼时的运动方程,利用相关数学软件求解了方程,并研究了系统的阻尼系数对振子运动状态的影响,为复杂机械振动的研究起到了积极的促进作用.

【拓展迁移】

[1] 杨文锦,王鸿丽,刘彩云,等. 利用 Matlab 判定单摆运动特性的理论研究[J]. 西南师范大学学报(自然科学版),2020,45(11):167-170.

[2] 杨振东,顾国锋. 简谐振动传统教学路径的探讨与改进[J]. 长春师范大学学报,2020,39(10):17-20,43.

[3] 葛永普,杨松. 基于探究的创新实验设计——以"智能手机 + KMplayer 验证简谐振动"为例[J]. 中学物理教学参考,2020,49(14):51-53.

[4] 张旭玲. 基于简谐振动两类基本问题的研究[J]. 电子技术与软件工程,2019,(5):111-112.

[5] 陈欢. 弹簧振子简谐振动理论分析和数值模拟[J]. 中国设备工程,2018,(22):130-132.

【主要仪器介绍】

MUJ-5B 计时计数测速仪见图 2-2.

MUJ-5B 计时计数测速仪与气垫导轨、重力加速度测试仪、转动惯量测定仪

图 2-2　MUJ-5B 计时计数测速仪示意图

配合使用，用于测量时间、加速度、速度、周期等，并具有数据存储和时间、速度转换功能.

主要技术参数如下.

(1) 显示方式：5 位 0.8″LED 显示.

(2) 计时范围：0.00ms～4210s.

(3) 测速范围：0.1～1000cm/s.

(4) 光电门输入：两路 4 门.

(5) 周期范围：1～10000.

注意事项：

在上面的讨论中，我们曾假定：

(1) 由于气垫的漂浮作用，滑块与导轨平面间的摩擦阻力已经非常小，即使加上滑块运动时受到的空气阻力，总的阻力跟弹簧的弹性力相比较也可以忽略不计；

(2) 选用的两根弹簧质量非常轻，它们的总质量跟滑块质量相较可以不计.

实际情形并不完全如此. 例如，由于存在阻力，系统在运动过程中必须克服阻力做功，因而使系统的总能量不断降低，振幅逐渐减小. 不论阻力多么微小，最终将使滑块停止在平衡位置点，也就是说，滑块的运动是一种振幅随时间而减小的衰减振动. 但是，由于振幅衰减得较慢，在实验的时间内，把滑块的运动看作是近似的简谐振动是允许的.

实验 3　阻尼振动的研究

【背景、应用及发展前沿】

　　振动是物质运动的一种形式，一个自由振动系统由于外界和内部的原因，其振动的能量逐渐减少，振幅因之逐渐衰减，最后停止振动，这就是阻尼振动. 对于一定的振动系统，如果驱动力是按简谐振动的规律变化，且当振动系统达到稳定状态时，受迫振动则变为简谐振动. 此时，其振动的周期即是驱动力的周期，振动的振幅保持恒定，且振幅的大小与驱动力的角频率、振动系统的固有角频率以及阻尼系数有关. 当驱动力的角频率与系统的固有角频率相同时，便产生共振现象，其振幅值达到最大. 受迫振动及其共振现象的情况在机械制造、建筑工程以及微观科学研究等领域中随处可见，如何利用其振动特性(既有破坏性，也有实用价值)解决工程中的问题，引起了工程技术人员的极大关注. 在实际系统中，诸多现象表现的是在不同阻尼条件下系统受迫振动的特性，所以研究阻尼振动的规律十分必要.

【实验目的】

　　(1)观测弹簧振子在有阻尼情况下的振动，学习测量振动系统基本参数的方法.
　　(2)利用动态法测定滑块和导轨之间黏性阻尼常量 b.

【实验原理】

　　如图 3-1 所示，阻尼谐振子由气垫导轨上的滑块和一对弹簧组成，滑块除受弹簧恢复力作用外，还受到滑块与导轨间的黏性阻力的作用.

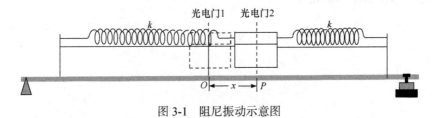

图 3-1　阻尼振动示意图

当滑块速度较小时，$F_{阻}=bv=b\dfrac{\mathrm{d}x}{\mathrm{d}t}$，滑块的运动方程为

$$m\frac{\mathrm{d}^2x}{\mathrm{d}t^2}=-kx-b\frac{\mathrm{d}x}{\mathrm{d}t} \tag{3-1}$$

式中，m 为滑块质量，k 为弹簧的刚度系数，x 为弹簧(即滑块)的位移，b 为滑块与导轨间的黏性阻尼常量.

令 $2\beta=\dfrac{b}{m}$，$\omega_0^2=\dfrac{k}{m}$，其中常数 β 称为阻尼因数，ω_0 为振动系统无阻尼时自由振动的固有角频率，将滑块的运动方程改写为

$$\frac{\mathrm{d}^2x}{\mathrm{d}t^2}+2\beta\frac{\mathrm{d}x}{\mathrm{d}t}+\omega_0^2x=0 \tag{3-2}$$

当阻力较小时，方程的解是

$$x=A_0\mathrm{e}^{-\beta t}\cos(\omega t+\alpha) \tag{3-3}$$

其中，阻尼振动的角频率为 $\omega=\sqrt{\omega_0^2-\beta^2}$.

阻尼振动周期 T 为

$$T=\frac{2\pi}{\omega}=\frac{2\pi}{\sqrt{\omega_0^2-\beta^2}} \tag{3-4}$$

如图 3-2 所示，阻尼振动的振幅随时间按指数规律衰减，即振幅 $A=A_0\mathrm{e}^{-\beta t}$. 阻尼因数 $\beta=\dfrac{b}{2m}$，其中 b 为黏性阻尼常量，m 为振子质量. 由式(3-4)可以看出，阻尼振动周期 T 要比无阻尼振动周期 $T_0=\dfrac{2\pi}{\omega_0}$ 略长，阻尼越大，周期越长.

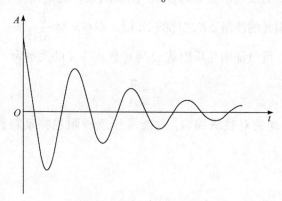

图 3-2　阻尼振动衰减曲线

在研究阻尼振动时，一般用对数减缩 Λ、弛豫时间 τ 及品质因数 Q 来反映阻

尼振动的衰减特性. 在弱阻尼情况下, 对数减缩 Λ、弛豫时间 τ 和品质因数 Q 都能清楚地反映振动系统的振幅及能量衰减的快慢, 从而提供了黏性阻尼常量 b 的动态测量方法.

对数减缩 Λ 是指任一时刻 t 的振幅 $A(t)$ 和过一个周期后的振幅 $A(t+T)$ 之比的对数, 即

$$\Lambda = \ln \frac{A_0 \mathrm{e}^{-\beta t}}{A_0 \mathrm{e}^{-\beta(t+T)}} = \beta T \tag{3-5}$$

因为 $\beta = \dfrac{b}{2m} = \dfrac{\Lambda}{T}$, 故 $b = \dfrac{2m\Lambda}{T}$, 所以, 测出 Λ, 就能求得 β 或 b. 也可利用半衰期来得到对数减缩 Λ. 将阻尼振动从初振幅 A_0 衰减到 $A_0/2$ 所用的时间记为 T_{h}, 即半衰期.

由振幅衰减关系 $A = A_0 \mathrm{e}^{-\beta t}$ 可得

$$\frac{A_0}{2} = A_0 \mathrm{e}^{-\beta T_{\mathrm{h}}} \tag{3-6}$$

所以 $T_{\mathrm{h}} = \dfrac{\ln 2}{\beta}$, 进而可得 $\beta = \dfrac{\ln 2}{T_{\mathrm{h}}}$, 代入式(3-5)可得

$$\Lambda = \ln \frac{A_0 \mathrm{e}^{-\beta t}}{A_0 \mathrm{e}^{-\beta(t+T)}} = \frac{T \ln 2}{T_{\mathrm{h}}} \tag{3-7}$$

弛豫时间 τ 是指振幅 A_0 衰减至初值的 $\mathrm{e}^{-1}\,(=0.368)$ 倍所经历的时间, 即 $A_0 \mathrm{e}^{-\beta\tau} = A_0 \mathrm{e}^{-1}$, 则 $\tau = \dfrac{1}{\beta} = \dfrac{T}{\beta}$. 所以, 测出 τ, 就能求得 β 或 b.

一个振动系统的品质因数又称 Q 值. 品质因数 Q 是指振动系统的总能量 E 与在一个周期中所损耗的能量 ΔE 之比的 2π 倍, 则 $Q = 2\pi\dfrac{E}{\Delta E}$.

阻尼振动中, 可以证明品质因数 Q 与对数减缩 Λ 的关系为

$$Q = \frac{\pi}{\Lambda} \tag{3-8}$$

只要测出阻尼振动的对数减缩 Λ, 就能求出反映阻尼振动特性的其他量, 如 b、Q.

【仪器用具】

气垫导轨、气源、计时计数测速仪、小磁铁、光电门、挡光片、弹簧组、滑块及附件等.

【实验内容】

(1) 调试导轨系统和光电系统的工作，使其保持正常状态.

(2) 按照图 3-1 所示，在滑块上安装挡光片(单片)，在导轨上连接滑块与弹簧. 将计时计数测速仪调到"周期"挡，光电门放到平衡位置，确定初振幅 A_0，让滑块振动，测定周期.

(3) 将计时计数测速仪调到"计数"挡，光电门放到距平衡位置 $A_0/2$ 处，让滑块振动，直到滑块不经过光电门时记录下计时计数测速仪的示数，可求出半衰期 T_h，进而得到阻尼振动特性参量对数减缩 Λ、弛豫时间 τ (或 β) 和品质因数 Q.

(4) 分别在滑块侧面加磁铁，重复过程(2)和(3).

(5) 在滑块上加不同质量的砝码片、使用不同刚度系数的弹簧重复过程(2)、(3)、(4).

【实验数据及处理】

(为了保证数据的有效性，每种情况的测量数据必须达到 10 组或 10 次以上，学生自己设计数据记录表.)

(1) 测定阻尼振动系统的周期.

(2) 测定对应半衰期，计算阻尼振动特性参量对数减缩 Λ、弛豫时间 τ (或 β) 和品质因数 Q.

(3) 在加磁铁、改变滑块质量、弹簧的不同组合下测定 Λ、τ (或 β) 和 Q.

(4) 比较不同状态下的 Λ、τ (或 β) 和 Q，对实验结果作分析和评价.

【思考讨论】

(1) 阻尼振动周期比无阻尼(或阻尼很小时)振动周期长，你能否利用此实验装置设法加以证明?

(2) 讨论在振动系统的 m 和 k 相同的情况下，阻尼的大小对对数减缩 Λ 及品质因数 Q 的影响.

(3) 分析讨论黏性阻力和磁阻尼力是否满足线性相加的关系.

【探索创新】

现有直径不同而质量相同的有机玻璃圆板，可安装在滑块上，圆板面和振动方向垂直，滑块在振动时在有机玻璃圆板的后面将产生空气旋涡，这时有压差阻力作用在圆板上. 研究加上圆板后，振动系统黏性阻尼常量 b 将如何变化，以及

b 值和圆板面积大小有何关系. 学生根据探索, 设计测量对数减缩 Λ 的方法.

【 拓展迁移 】

[1] 任佳琪, 李飞祥, 彭雪城, 等. 挡光片的宽度和振幅对阻尼振动半衰期测量的影响[J]. 物理实验, 2020, 40(3):43-47.

[2] 陈玲琳, 陈奇.二自由度阻尼机械振动系统仿真设计程序研究[J]. 长春工程学院学报(自然科学版), 2019, 20(3): 24-27, 51.

[3] 马宇鑫. 利用欠阻尼振动测量液体粘滞度[J]. 科学家, 2017, 5(22): 108-110.

[4] 陈贸辛, 王福合. 基于阻尼振动模型测量地磁场水平分量[J]. 物理与工程, 2018, 28(1): 76-79.

[5] 赵俊, 丁益民, 杨蕾, 等. 气垫导轨上弹簧振子阻尼振动的数字化实验研究[J]. 大学物理实验, 2016, 29(4): 52-54, 58.

[主要仪器介绍]

MUJ-5B 计时计数测速仪的使用方法见实验 2 中的主要仪器介绍.

实验 4　重力加速度的测量

【背景、应用及发展前沿】

1590 年，意大利物理学家伽利略在比萨斜塔上做铁球的自由落体实验，由此发现了自由落体定律. 之后，他又利用斜面将重力加速度 g 首次测定. 1784 年，G. 阿特伍德用滑轮两边悬挂物体的办法再次测定了重力加速度. 后来人们又用单摆、自由落体法、重力加速度计等各种优良的方法来测量重力加速度 g.

由于地球是微椭球形，又有自转，在一般情况下，重力加速度的方向都不通过地心. 因此，准确测量地球各点的重力加速度值，对国防建设、经济建设和科学研究都有着十分重要的意义. 比如，远程洲际弹道导弹、人造地球卫星、宇宙飞船等都在地球重力场中运动. 在设计太空飞行器时，也要首先知道准确的重力场数据.

【实验目的】

(1) 验证气体介质对物体运动的影响.
(2) 研究不同真空度下样品下落的时间与真空度之间的关系.
(3) 理解单摆法测重力加速度的原理.
(4) 研究单摆振动的周期与摆长、摆角的关系.

【实验原理】

1. 落球法测重力加速度

真空中，物体在地球引力的作用下无初速度自由下落，由于无气体介质摩擦的影响，一切质量不同的物体其自由落体的重力加速度都相同.

自由落体的运动方程为

$$h = \frac{1}{2}gt^2 \tag{4-1}$$

其中，g 是重力加速度，h 是下落高度，t 是下落时间. 上面这一公式也可以表述为：真空中任何物体在相同时间内下落的高度 h 相等. 因此，测出 h、t，可求得重力加速度

$$g = \frac{2h}{t^2} \tag{4-2}$$

2. 单摆法测重力加速度

1)周期与摆角的关系

在单摆(图 4-1)振动过程中,忽略空气阻力和浮力,依据能量守恒,可以得到质量为 m 的小球在摆角为 θ 处,动能和势能之和为常量,即

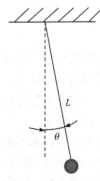

$$\frac{1}{2}mL^2\left(\frac{\mathrm{d}\theta}{\mathrm{d}t}\right)^2 + mgL(1-\cos\theta) = E_0 \tag{4-3}$$

式中,L 为单摆摆长,θ 为摆角,g 为重力加速度,t 为时间,E_0 为小球的总机械能. 因为小球在摆幅为 θ_m 处释放,则有

$$E_0 = mgL(1-\cos\theta_m) \tag{4-4}$$

将式(4-4)代入式(4-3),解方程得到

$$\frac{\sqrt{2}}{4}T = \sqrt{\frac{L}{g}}\int_0^{\theta_m}\frac{\mathrm{d}\theta}{\sqrt{\cos\theta - \cos\theta_m}} \tag{4-5}$$

图 4-1　单摆示意图

式(4-5)中 T 为单摆的振动周期. 令 $k = \sin(\theta_m/2)$,并作变换 $\sin(\theta_m/2) = k\sin\varphi$ 有

$$T = 4\sqrt{\frac{L}{g}}\int_0^{\pi/2}\frac{\mathrm{d}\varphi}{\sqrt{1 - k^2\sin^2\varphi}} \tag{4-6}$$

这是椭圆积分,经近似计算可得到

$$T = 2\pi\sqrt{\frac{L}{g}}\left[1 + \frac{1}{4}\sin^2\left(\frac{\theta_m}{2}\right) + \cdots\right] \tag{4-7}$$

在传统的手控计时方法下,单次测量周期的误差可达 $0.1\sim0.2\mathrm{s}$,而多次测量又面临空气阻尼使摆角衰减的情况,因而式(4-7)只能考虑到一级近似,而将 $\frac{1}{4}\sin^2\left(\frac{\theta_m}{2}\right)$ 项忽略. 但是,当单摆振动周期可以精确测量时,必须考虑摆角对周期的影响,即用二级近似公式. 在此实验中,测出不同的 θ_m 所对应的二倍周期 $2T$,作出 $2T\text{-}\sin^2\left(\frac{\theta_m}{2}\right)$ 图,并对图线外推,从截距 $2T$ 得到周期 T,进一步可以得到重力加速度 g.

2)周期与摆长的关系

如果在一固定点上悬挂一根不能伸长的无质量的线,并在线的末端悬一质量为 m 的质点,就构成一个单摆. 当摆角 θ_m 很小时(小于 $3°$),单摆的振动周期 T 和摆长 L 有如下近似关系:

$$T = 2\pi\sqrt{\frac{L}{g}} \quad 或 \quad T^2 = 4\pi^2\frac{L}{g} \tag{4-8}$$

显然，这种理想的单摆实际上并不存在，因为悬线有质量，实验中又采用了半径为 r 的金属小球来代替质点. 所以，只有当小球质量远大于悬线的质量，而它的半径又远小于悬线长度时，才能将小球作为质点来处理，并可用式(4-8)进行计算. 但此时必须将悬挂点与球心之间的距离作为摆长，即 $L = L_1 + r$，其中 L_1 为线长. 如固定摆长 L，测出相应的振动周期 T，即可由式(4-6)求 g. 也可逐次改变摆长 L，测量各相应的周期 T，再求出 T^2，最后在坐标纸上作 T^2-L 图，如图是一条直线，说明 T^2 与 L 呈正比关系. 在直线上选取两点 $P_1(L_1, T_1^2)$、$P_2(L_2, T_2^2)$，由两点式求得斜率 $k = \dfrac{T_2^2 - T_1^2}{L_2 - L_1}$，再从 $k = \dfrac{4\pi^2}{g}$ 求得重力加速度，即

$$g = 4\pi^2\frac{L_2 - L_1}{T_2^2 - T_1^2} \tag{4-9}$$

【仪器用具】

FD-FSA-I 型新型落球法测重力加速度实验仪、真空泵、米尺等；FD-DB-II 新型单摆实验仪、直尺等.

【实验内容】

1. 落球法测重力加速度

(1)将仪器接好，对好激光器光路(激光指示灯亮). 将小磁钢移至实验管顶部的限位槽内(霍尔开关指示灯亮). 九芯航空头接激光接收器，五芯航空头接实验管顶部的霍尔开关，内插头接激光发射器.

(2)先用小磁钢把轻、重两样品同时吸到实验管顶部中间位置，然后打开实验管阀门和真空管上的真空阀门，再插上真空泵电源并打开开关. 待真空表读数非常接近−0.1MPa 时(只需要等几分钟即可)，先关上实验管阀门，再关上真空阀门，最后才关闭真空泵.

(3)比较真空状态下轻、重样品的下落时间：用小磁钢(有标记的一面)逐次把轻、重样品分别吸到释放装置上，测量下落时间. 各测 5 次.

(4)测量不同真空度下轻、重样品的下落时间，作样品下落时间和真空度的 t-P 图：实验过程中，使用放气阀门来完成由高真空向低真空的降低，在放气时应缓慢操作，当真空度达到实验要求时关闭阀门. 把轻、重两样品都吸到实验管顶部中间位置，实验管内真空度变为 0.09MPa 时，再次测量两样品的下落时间，每个样品测量 5 次求平均值.

(5)重复以上步骤,分别测量真空度为 –0.08MPa、–0.07MPa、–0.06MPa、–0.05MPa、–0.04MPa、–0.03MPa、–0.02MPa、–0.01MPa 和 0MPa 时,两样品各自下落的时间 t.

(6)用米尺测量样品下落高度 h,根据测出的下落时间 t,算出重力加速度. 测量样品下落高度 h(激光束至实验管顶部的距离).

2. 单摆法测重力加速度

(1)验证摆长与周期之间的关系,求出重力加速度 g. 将小球拉开一定距离,取摆角 $\theta < 3°$,然后放开小球,让小球在传感器所在铅垂面内摆动,由计时器测出摆动 2 个周期所用时间 $2T$;改变摆长(5 次),重复上述步骤,同一摆长测量次数不少于 6 次.

(2)测量摆角与周期之间的关系,求出重力加速度 g. 测量摆线长度及小球半径,算出总的摆长;将小球拉开一定距离,并测量悬线下端点离中心位置的水平距离 x;放开小球,让小球在传感器所在铅垂面内摆动,由计时器测出摆动 2 个周期的时间 $2T$;改变摆角(5 次),即取不同的水平距离,最大摆角不能超过 45°.重复上述步骤,同一摆角测量次数不少于 6 次.

【实验数据及处理】

1. 落球法测重力加速度

学生依据实验内容,自己设计数据记录表格.
(1)测量真空中轻、重物体分别下落的时间,验证气体介质对物体运动的影响.
(2)测量不同真空度下物体下落的时间,作物体下落时间和真空度的 t-P 图,研究它们之间的关系.

2. 单摆法测重力加速度

学生依据实验内容,自己设计数据记录表格.
(1)作 T^2-L 图,求出 g,并与理论值相比较,计算相对误差.
(2)作 $2T$-$\sin^2(\theta_m/2)$ 图,求出 g,并与理论值相比较,计算相对误差.

【思考讨论】

(1)地球海平面上不同纬度处的重力加速度是否一样? 为什么?
(2)地面海拔高低不同时,物体的加速度是否一样? 为什么?
(3)摆球从平衡位置移开的距离为摆长的几分之一时,摆角约为 3°?

【探索创新】

落球法实验证明物体下落得快慢与质量无关,只与受到的空气阻力大小有关.请学生自主设计实验,探究不同气体介质对物体运动的影响,并尝试设计其他方法测量重力加速度.

【拓展迁移】

[1] 王中元. 单摆法测重力加速度的系统误差计算与分析[J]. 湖北师范学院学报(自然科学版),2019,39(3):86-89.

[2] 贡昊,王宇,白金海,等. 面向重力加速度测量领域的原子干涉操控方法综述[J]. 测控技术,2020,39(9):76-82.

[3] 王家理,赵庆国. 三线摆法测重力加速度初探[J]. 科学技术创新,2008,(28):77-80.

[4] 朱道云,庞玮,吴肖,等. 多管落球法测量重力加速度[J]. 实验技术与管理,2012,29(4):59-61.

[5] 俞晓明,崔益和,陈飞,等. 考虑空气阻力、浮力用落球法精确测定重力加速度的研究[J]. 物理与工程,2010,20(5):26-28.

【主要仪器介绍】

1. FD-FSA-I 型新型落球法测重力加速度实验仪

实验装置如图 4-2 所示,实验管以有机玻璃管为主体,长 100cm,一头带有霍尔开关,另一头带有抽气阀门和高弹海绵垫.

主要技术参数如下.

(1)计时器量程:0~9.999s,分辨率0.001s.

(2)真空泵:旋片式,功率 0.18kW,抽速 1L/s,转速 1400r/min,极限真空 6Pa,进气口外径 8mm,带开关.

(3)真空表:用负压表示真空度的大小,量程−0.1~0MPa,最小分度 0.002MPa.

注意事项:

(1)由于磁钢有同性相斥的性质,在上吸样品时,要注意磁钢的极性,否则样品

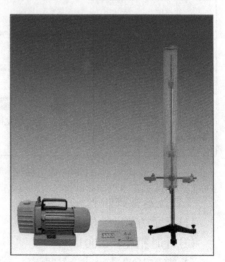

图 4-2　FD-FSA-I 型新型落球法测重力加速度实验仪

吸至顶部后两磁钢无法交接.

(2)关闭真空泵的顺序千万不能弄错，否则真空泵中的油可能会倒流入实验管中.

(3)使用前应检查真空泵油位是否在游标中间位置，油过少则需及时添加.

(4)在把样品吸到实验管顶部中间位置后，待样品停止晃动，按下计时器上的复位键，计时器将处于工作状态，将小磁钢快速向上拉，样品开始下落的同时计时器开始工作.

(5)测量下落时间时应注意样品的下落状态，下落过程中样品不应与器壁发生碰撞、下落初始时无明显的停顿现象，若发生上述现象，实验数据应予以删除.

(6)实验结束后，需将实验管内的真空度降为0(需打开真空管阀门)，以延长实验管真空垫圈及实验样品的使用寿命.

2. FD-DB-II 新型单摆实验仪

如图 4-3 所示，HTM 电子计时器精度为 0.001s，采用单片机计时原理，有周期次数预置功能，从 0～66 次，可以任意调节计时次数，以便按实验要求的精度进行周期测量，实验装置如图 4-4 所示.

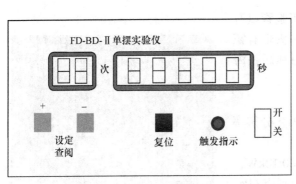

图 4-3　计时计数毫秒仪

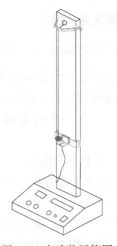

图 4-4　实验装置简图

主要技术参数如下.

(1)显示方式：5 位 LED 显示.

(2)计时精度：0.001s.

(3)霍尔开关导通或介质距离：1.1cm.

注意事项：

(1)小球必须在与支架平行的平面内摆动，不可做椭圆运动. 检验办法是检验低电平触发指示灯在小球经过平衡位置时是否闪亮，可知小球是否在一个平面内摆动.

(2)集成霍尔传感器与磁钢之间距离在 1.0cm 左右.

(3)若摆球摆动时传感器感应不到信号，将摆球上的磁钢换个面装上即可.

(4)请勿用力拉动霍尔传感器，以免损坏.

(5)由于本仪器采用微处理器对外部事件进行计数,有可能受到外部干扰信号的影响使微处理器处于非正常状态，如出现此情况按复位键即可.

实验 5 复摆振动的研究

【背景、应用及发展前沿】

1818 年，英国科学家凯特设计出了一种物理摆，即凯特摆，经雷普索里德改进后，成为当时测量重力加速度最精确的方法. 凯特摆作为一种特殊的复摆，在科学史上有着重要的价值. 复摆振动是一类最为基本和重要的振动，也是研究其他复杂振动的基础. 通过对复摆物理模型的分析，可测量重力加速度、物体的转动惯量以及验证平行轴定理等.

重力加速度的准确测定对于计量学、地球物理学、重力探矿和空间科学等都具有重要意义. 而转动动力学的问题都与转动惯量的测定密切相关，如钟摆的摆动、机械零件的转动、卫星的发射、反坦克导弹等武器性能的测量中，都有转动惯量的应用.

【实验目的】

(1)分析复摆的振动，研究振动周期与质心到支点距离的关系.

(2)掌握用复摆来测量重力加速度和回转半径的方法.

(3)理解用复摆物理模型来测量物体转动惯量的方法.

【实验原理】

刚体绕固定轴 O 在竖直平面内做左右摆动，C 是该物体的质心，与轴 O 的距

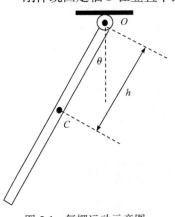

图 5-1 复摆运动示意图

离为 h，θ 为其摆动角度，如图 5-1 所示.

若规定右转角为正，此时刚体所受力矩与角位移方向相反，即有

$$M = -mg\sin\theta h \qquad (5\text{-}1)$$

若 θ 很小时（$\theta < 5°$），近似有

$$M = -mgh\theta \qquad (5\text{-}2)$$

由转动定律，该复摆又有

$$M = I\ddot{\theta} \qquad (5\text{-}3)$$

其中，I 为该物体的转动惯量. 由式(5-2)和式 (5-3)可得

$$\ddot{\theta} = -\omega_0^2 \theta \tag{5-4}$$

其中，$\omega_0^2 = \dfrac{mgh}{I}$. 此方程说明该复摆在小角度下做简谐振动，该复摆周期为

$$T = 2\pi \sqrt{\frac{I}{mgh}} \tag{5-5}$$

设 I_C 为转轴过质心且与 O 轴平行时的转动惯量，那么根据平行轴定律可知

$$I = I_C + mh^2 \tag{5-6}$$

代入式 (5-5) 得

$$T = 2\pi \sqrt{\frac{I_C + mh^2}{mgh}} \tag{5-7}$$

而 I_C 又可以写成 $I_C = mk^2$，k 就是复摆对 C 轴的回转半径，故式 (5-7) 可写成

$$T = 2\pi \sqrt{\frac{k^2 + h^2}{gh}} \tag{5-8}$$

对式 (5-8) 两边平方，并改写成

$$T^2 h = \frac{4\pi^2}{g} k^2 + \frac{4\pi^2}{g} h^2 \tag{5-9}$$

设 $y = T^2 h$，$x = h^2$，并令 $A = \dfrac{4\pi^2}{g} k^2$，$B = \dfrac{4\pi^2}{g}$，则式 (5-9) 改写成

$$y = A + Bx \tag{5-10}$$

实验室测出 n 组 (x, y) 值，用作图法或最小二乘法求直线的截距 A 和斜率 B，则

$$g = \frac{4\pi^2}{B}, \quad k = \sqrt{\frac{Ag}{4\pi^2}} = \sqrt{\frac{A}{B}} \tag{5-11}$$

由上式可求得重力加速度 g 和回旋半径 k，由此可求得复摆的转动惯量 $I_C (I_C = mk^2)$.

【仪器用具】

J-LD23 型复摆实验仪、J-T30 型光电门测试架、J-25 型周期测定仪.

【实验内容】

(1) 确定复摆的质心位置 S_G.

将复摆水平放在支架的刀刃上，如图 5-2 所示. 通过调节钢板两端的微调螺母使其平衡，质心位置正好在 "0" 刻度处，要求误差在 1mm 以内.

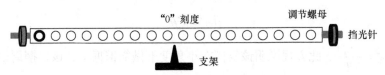

图 5-2　调节复摆平衡示意图

(2)通过调整底座螺钉使立柱铅直，保证复摆能够在同一平面内摆动．

(3)通过复摆上的小圆孔，将复摆悬挂在支架的固定刀刃上，读出复摆上悬挂点处的位置坐标．然后调整好周期测量仪(周期选择"10"挡，时基选择 0.01s)，以刀刃为支点，在复摆竖直平面内，拉开一小角度(小于 5°)后释放使之摆动，用周期测量仪测周期，测 3 次，每次测 10 个周期．

(4)改变悬挂点，使悬挂点由靠近钢板一端开始，逐渐移向另一端(共取 20 个悬挂点)，重复第 3 步内容，并记录相关数据．

(5)用电子天平称出复摆尺的质量．

【实验数据及处理】

(1)设计数据记录表格，求出每个 S 值对应的 h 值，并用描点法作 T-h 曲线，如图 5-3 所示．

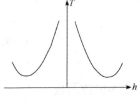

图 5-3　T-h 曲线示意图

(2)由 $y = T^2 h$ 和 $x = h^2$，分别计算各 x 和 y 值．用图解法或最小二乘法求出 A、B，再由 A、B 求出重力加速度 g 和回转半径 k．

(3)计算 g 的不确定度，最后求出 I_C 及其不确定度．

【思考讨论】

(1)复摆和单摆最本质的区别是什么？

(2)改变悬挂点时，等值摆长将会改变吗？摆动周期会改变吗？

(3)如果所用复摆不是均匀的钢板，质心不在板的几何中心，对实验结果有无影响？两实验曲线还对称吗？

【探索创新】

请同学们在复摆实验的基础上，尝试设计平行轴定理的验证方案．

【拓展迁移】

[1] 张天洋，王艳辉，曲光伟，等. 空气阻力对复摆振动周期的影响[J]. 物理实验，2008，28(11)：42-45.

[2] 孙红章，汤正新，刘哲，等. 复摆强迫振动中的混沌研究[J]. 商丘师范学

院学报，2010，26(3)：59-60.

[3] 李大正，李体俊，蔡鲁刚. 基于分析力学测量复摆作用下的重力加速度[J].
数理化解题研究，2019，445(24)：50-51.

【主要仪器介绍】

J-LD23 型复摆实验仪如图 5-4 所示，主要由 T 形三足座、立柱、上座、摆杆
和周期测定仪组成.

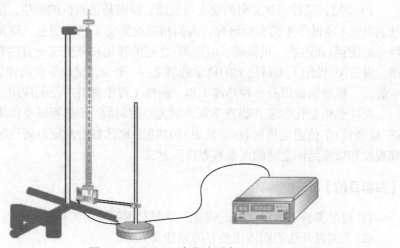

图 5-4　J-LD23 型复摆实验仪

T 形三足座的足是三个水平调节螺钉，通过它们的调节可以使三足座保持水
平，立柱保持铅直. 为了保证摆杆摆动时仪器保持稳定，T 形三足座的后部还压
有一平衡铁块.

上座安装在立柱的顶端，其上有一个三角刀口和一个 U 形刀承. 实验时，将
摆杆的某个小孔悬挂在三角刀口上，摆杆将以三角刀口为轴摆动.

主要技术参数如下.

(1)摆杆上刻度读数精度：0.1cm.

(2)计时精度：0.01s.

注意事项：

(1)刚体必须在一个平面内摆动，不能出现扭动，如有扭动则重新启动；

(2)刚体偏离平衡位置的角度不能超过 5°；

(3)实验过程中，注意防止复摆滑落；

(4)实验结束时，一定将刚体从支架上取下，平放到桌面上.

实验 6 用混合法测固体的比热

【背景、应用及发展前沿】

19 世纪，随着工业文明的建立与发展，特别是蒸汽机的诞生，量热学有了蓬勃的发展. 经过多年的实验研究，人们精确地测定了热功当量，逐步认识到不同性质的能量(如热能、机械能、电能等)之间的转化和守恒这一自然界最根本的定律，成为 19 世纪人类最伟大的科学进展之一. 至今，量热学在物理学、化学、航空航天、机械制造以及各种热能工程、制冷工程中都有广泛的应用.

而比热则是化学家和物理学家共同关心的问题. 比热容是单位质量的物质升高(或降低)单位温度所吸收(或放出)的热量. 比热容的测定对研究物质的宏观物理现象和微观结构之间的关系有着重要意义.

【实验目的】

(1)通过实验了解量热器的构造，学习对实验环境的控制.

(2)掌握混合法测固体比热容的原理及方法.

(3)掌握基本测量仪器的使用及正确合理地分析误差.

【实验原理】

单位质量的某种物质，温度每升高(或降低)1℃所吸收(或放出)的热量为该物质的比热容，它的国际单位为 J/(kg · ℃).

用混合法测定固体比热容的方法基于热平衡原理. 温度不同的物体混合之后，热量将由高温物体传给低温物体. 如果在混合过程中系统和外界没有热交换，最后将达到均匀稳定的平衡温度. 在这个过程中，高温物体放出的热量等于低温物体吸收的热量.

将质量为 m、温度为 t_2 的金属块投入量热器的水中. 设量热器(包括搅拌器和温度计插入水中部分)的热容为 q，其中水的质量为 m_0，比热容为 c_0，待测物投入水中之前的水温为 t_1. 在待测物投入水中以后，其混合温度为 t，则在不计量热器与外界的热交换的情况下，将存在下列关系：

$$mc(t_2 - t) = (m_0 c_0 + q)(t - t_1) \tag{6-1}$$

即

$$c = \frac{(m_0 c_0 + q)(t - t_1)}{m(t_2 - t)} \tag{6-2}$$

量热器的热容 q 可以根据其质量和比热容算出. 设量热器筒和搅拌器由相同的物质(铜)制成, 其质量为 m_1, 比热容为 c_1, 温度计插入水中部分的体积为 V, 则

$$q = m_1 c_1 + 1.9V \tag{6-3}$$

式中, $1.9V$(J/℃)为温度计插入水中部分的热容, V 的单位为 cm^3.

将式(6-3)代入式(6-2), 可得待测金属的比热容为

$$c = \frac{(m_0 c_0 + m_1 c_1 + 1.9V)(t - t_1)}{m(t_2 - t)} \tag{6-4}$$

上述是在假定量热器与外界没有热交换时的结论. 实际上, 只要有温度差异, 就必然会有热交换. 因此, 必须考虑如何防止或修正热散失的影响. 热散失来源于三个方面, 应该设法减少或修正. 第一是加热后的物体在投入量热器水中之前散失的热量, 这部分热量不易修正, 应尽量缩短投放时间. 第二是在投下待测物后, 在混合过程中量热器由外部吸热和高于室温后向外散失的热量. 在本实验中由于测量的是导热良好的金属, 从投下物体到达到混合温度所需时间较短, 可以采用热量出入相互抵消的方法, 消除散热的影响. 即控制量热器的初温 t_1, 使 t_1 低于环境温度 t_0, 混合后的末温 t 则高于 t_0, 并使 $t_0 - t_1 = t - t_0$. 第三要注意量热器外部不要有水附着(可用干布擦干净), 以免由于水的蒸发损失较多的热量.

由于混合过程中量热器与环境有热交换, 先吸热, 后放热, 使温度计读出的初温 t_1 和混合温度 t 都与无热交换时不同. 因此, 应用图解法进行修正, 修正方法如下.

实验时, 从投物前五六分钟开始测水温, 每 30s 测一次, 记下投物的时刻与温度, 记下达到室温 t_0 的时刻 τ_{t_0}. 作一竖直线 MN, 过 t_0 作一水平线, 二者交于 O 点. 然后描出投物前的吸热线 AB, 与 MN 交于 B 点, 混合后的放热线 CD 与 MN 交于 C 点. 混合过程中的温升线 EF, 分别与 AB、CD 交于 E 和 F. 因水温达到室温前, 量热器一直在吸热, 故混合过程的初温应是与 B 点对应的 t_1, 此值高于投物时记下的温度. 同理, 水温高于室温后, 量热器向环境散热, 故混合后的最高温度是 C 点对应的温度 t, 此值也高于温度计显示的最高温度.

在图 6-1 中, 吸热用面积 BOE 表示, 散热用面积 COF 表示, 当两面积相等时, 说明实验过程中, 对环境的吸热与放热相消. 否则, 实验将受环境影响. 实验中, 力求两面积相等.

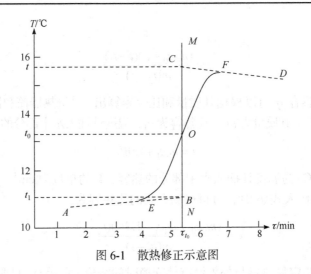

图 6-1　散热修正示意图

【仪器用具】

量热器、温度计、电子天平、停表、J-FY2 内热式蒸汽发生器、小量筒、金属块等.

【实验内容】

(1)用电子天平称衡被测金属块的质量 m，共测 5 次. 然后将其吊在蒸汽发生器中加热(直至水沸腾)，并用温度计测出室温 t_0.

(2)将量热器内筒擦干净，称出量热器内筒及搅拌器的质量，共测 5 次. 然后向量热器内注入适量(约为其容积的一半至三分之二)低于室温的冷水，称得其质量为 $m_0 + m_1$，求出水的质量 m_0. 开始测水温并记录时间，每隔 30s 测一次，连续测 6 次.

(3)将加热的金属块迅速投入量热器中，立刻盖好盖，记下物体放入量热器的时间和温度；进行搅拌并观察温度计示值，每 10s 测一次水温，直到温度由最高均匀下降，再每隔 30s 测一次水温，连续测 6 次为止.

(4)用小量筒测出温度计没入水中的体积(实验中温度计一定要没入水中，但不能碰到金属块).

(5)测出大气压强，查附表得到水的沸点，该温度即为金属块加热后的温度 t_2.

【实验数据及处理】

学生自己根据实验内容设计数据记录表格.

(1)绘制 T-τ 曲线，求出混合前的初温 t_1 和混合温度 t.

(2)将上述各测定值代入式(6-4)中，求出被测金属的比热容.

(3)计算待测金属的标准误差.

【思考讨论】

(1)混合量热法必须保证什么条件? 其理论依据是什么?

(2)实验过程为什么要搅拌?

(3)系统的终温由什么决定?

【探索创新】

在本实验的测量过程中，不可避免地存在热散失. 对热散失的避免和修正是量热实验中的研究课题之一. 请同学们查阅资料，看看还有哪些好的方法可以对实验结果加以修正，并进行尝试.

【拓展迁移】

[1] 韩修林,孙梅娟,丁智勇. 固体比热容测定实验的研究[J]. 大学物理实验，2010，23(3)：12-15.

[2] 李佳，王灿，王海峰，等. 中温固体比热容测量基准的研究进展[J]. 计量学报，2016，37(4)：384-389.

[3] 房若宇.DIS 探究混合法测量固体比热容实验[J]. 物理通报,2019,38(2)：90-95.

【主要仪器介绍】

如图 6-2 所示，量热器是用于测定热量、比热、潜热和化学反应热的仪器. 最常见的结构是把一个金属杯放在另一有盖的大杯中，并插入搅拌器和温度计. 两杯并不直接接触，夹层中充满不传热的物质(一般用空气)，使热量不致散失或传入. 内杯中放一定量的水，使它同投入的已知温度和质量的待测物体进行热交换，用搅拌器使温度迅速均匀，测量水在待测物体投入前后的温度差，就可以确定所传递的热量，并由此推算化学反应热等量值.

如图 6-3 所示，J-FY2 内热式蒸汽发生器以水为介质进行电加热，加热快;若水面降低到一定程度，则自动断电，使用安全.

主要技术参数如下.

(1)电子天平读数精度：0.01g.

(2)温度计读数精度：0.1℃.

(3)停表读数精度：0.01s.

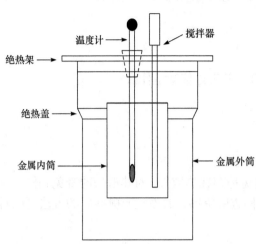

图 6-2　量热器示意图

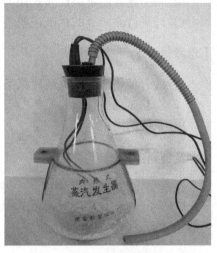

图 6-3　J-FY2 内热式蒸汽发生器

注意事项：

(1)量热器中温度计位置要适中，不要使它靠近放入的高温物体，因为未混合好的局部温度可能很高.

(2)t_1 的数值不宜比室温低得过多(控制在 2～3℃即可)，因为温度过低可能使量热器附近的温度降到露点，致使量热器外侧出现凝结水，而在温度升高后这凝结水蒸发时将散失较多的热量.

(3)搅拌时不要过快，以防有水溅出.

实验 7   金属线膨胀系数的测定

【背景、应用及发展前沿】

在自然界中，绝大多数物质都具有"热胀冷缩"的特性，这是由于物体内部分子热运动加剧或减弱造成的. 这个性质在工程结构的设计中，在机械和仪器的制造中，在材料的选择及加工(如焊接)中，都应考虑到. 否则，将影响结构的稳定性和仪器的精度，考虑失当，甚至会造成工程的毁损、仪表的失灵，以及加工焊接中的缺陷和失败等. 材料的线膨胀是材料受热膨胀时，在一维方向上的伸长，常以线膨胀系数来表示. 线膨胀系数是材料的一个重要的热学特性参数，不同材料的线膨胀系数是不同的，可以通过各种实验方法进行测定，本实验是其中的一种.

【实验目的】

(1)测定固体在一定温度区域内的平均线膨胀系数.
(2)了解控温和测温的基本知识.
(3)用最小二乘法处理实验数据.

【实验原理】

材料的线膨胀是材料受热膨胀时，在一维方向上的伸长，常以线膨胀系数来表示. 线膨胀系数是材料的一个重要的热学特性参数，不同材料的线膨胀系数是不同的，可以通过各种实验方法进行测定. 卧式金属线膨胀系数测定仪如图 7-1

图 7-1   卧式金属线膨胀系数测定仪

所示，由控制主机、加热器和待测样品组成. 可用来测量固定形状(细长圆柱)的铁、铜、铝等金属的线膨胀系数.

线膨胀系数 α 的定义是，在压强保持不变的条件下，温度升高 $1℃$ 所引起的物体长度的相对变化，即

$$\alpha = \frac{1}{L}\left(\frac{\partial L}{\partial \theta}\right)_P \tag{7-1}$$

在温度升高时，一般固体由于原子的热运动加剧而发生膨胀，设 L_0 为物体在初始温度 θ_0 下的长度，则在某个温度 θ_1 时物体的长度为

$$L_T = L_0[1 + \alpha(\theta_1 - \theta_0)] \tag{7-2}$$

在温度变化不大时，α 是一个常数，可以将式(7-1)写为

$$\alpha = \frac{L_T - L_0}{L_0(\theta_1 - \theta_0)} = \frac{\delta L}{L_0}\frac{1}{\theta_1 - \theta_0} \tag{7-3}$$

α 是一个很小的量.

当温度变化较大时，α 与 $\Delta\theta$ 有关，可用 $\Delta\theta$ 的多项式如下描述：

$$\alpha = a + b\Delta\theta + c\Delta\theta^2 + \cdots$$

其中，a、b、c 为常数.

在实际测量中，由于 $\Delta\theta$ 相对比较小，一般地，忽略二次方及以上的小量. 只要测得材料在温度 θ_1 至 θ_2 之间的伸长量 δL_{21}，就可以得到在该温度段的平均线膨胀系数

$$\bar{\alpha} \approx \frac{L_2 - L_1}{L_1(\theta_2 - \theta_1)} = \frac{\delta L_{21}}{L_1(\theta_2 - \theta_1)} \tag{7-4}$$

其中，L_1 和 L_2 为物体分别在温度 θ_1 和 θ_2 下的长度，$\delta L_{21} = L_2 - L_1$ 是长度为 L_1 的物体在温度从 θ_1 升至 θ_2 的伸长量. 实验中需要直接测量的物理量是 δL_{21}, L_1，θ_1 和 θ_2.

为了使 $\bar{\alpha}$ 的测量结果比较精确，不仅要对 δL_{21}，θ_1 和 θ_2 进行测量，还要扩大到对 δL_{i1} 和相应的 θ_i 的测量. 将式(7-4)改写为以下的形式：

$$\delta L_{i1} = \bar{\alpha} L_1(\theta_i - \theta_1), \quad i = 1, 2, \cdots \tag{7-5}$$

实验中可以等间隔改变加热温度(如改变量为 $10℃$)，从而测量对应的一系列 δL_{i1}. 将所得数据采用最小二乘法进行直线拟合处理，从直线的斜率可得一定温度范围内的平均线膨胀系数 $\bar{\alpha}$.

【仪器用具】

线膨胀系数测试实验仪(电加热或水浴加热)、千分表、待测样品等.

【实验内容】

(1)接通电(或水浴)加热器与温控仪输入输出接口和温度传感器的插头.

(2)旋松千分表固定架螺栓,转动固定架至使被测样品(Φ8mm×400mm 金属棒)能插入特厚壁紫铜管内,再插入传热较差的不锈钢短棒,用力压紧后转动固定架,在安装千分表架时注意被测物体与千分表测量头保持在同一直线.

(3)将千分表安装在固定架上,并且扭紧螺栓,使千分表不能转动,再向前移动固定架,使千分表读数值在 0.2～0.3mm 处,固定架给予固定. 然后稍用力压一下千分表滑动端,使它能与绝热体有良好的接触,再转动千分表圆盘使读数为零.

(4)接通温控仪的电源设定需加热的值,一般可分别增加温度为20℃、30℃、40℃、50℃等,按确定键开始加热.

(5)当显示值上升到大于设定值时,计算机自动控制到设定值,正常情况下在±0.30℃左右波动一两次,记录$\Delta\theta$和Δl.

(6)换不同的金属棒样品进行上述操作.

【实验数据及处理】

(1)记录数据,计算线膨胀系数并观测其线性情况.

(2)计算不同的金属棒样品各自的线膨胀系数,并与公认值比较,求出其百分误差.

【思考讨论】

(1)除了用千分表测量δL,还可用什么方法? 试举例说明.

(2)在实验装置支持的条件下,在较大范围内改变温度,确定α与θ的关系. 请设计实验方案,并考虑处理数据的方法.

【探索创新】

比较立式和卧式金属线膨胀系数测定仪在实验过程中对膨胀和收缩读数的影响. 学生根据实验的制作、研究,提出自己的新思想、新实验方法等.

【拓展迁移】

[1] 于莉莉,黄雷,李茂义,等. 多次反射光杠杆法测金属线胀系数的公式修正[J]. 大学物理实验,2019,32(6):6-8.

[2] 骆敏，骆泽如，陈蕾，等. 多重反射激光光杠杆测量金属线胀系数[J]. 物理实验，2018，38(7)：14-16，22.

[3] 李俊桥，刘智慧. 一种金属线胀系数精确测量方案的研究[J]. 大学物理实验，2018，31(2)：1-6.

[4] 谢宁，李华振，张季. 千分表法测量金属线胀系数实验分析[J]. 大学物理，2017，36(12)：34-36，46.

【主要仪器介绍】

1. 线膨胀系数测试实验仪

内部结构如图 7-2 所示.

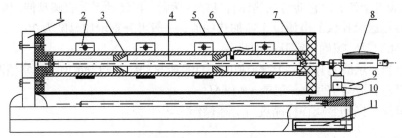

图 7-2　内部结构示意图

1. 大理石托架；2. 加热圈；3. 导热均匀管；4. 测试样品；5. 隔热罩；6. 温度传感器；7. 隔热棒；
8. 千分表(机械或电子)；9. 扳手；10. 待测样品；11. 套筒

主要技术参数如下.
(1)度控制分辨率：0.1℃.
(2)样品加热炉内空间温度达到平衡时，温度不均匀性 ≤±0.3℃.
(3)温度控制范围：室温至 80℃.
(4)伸长量测量精度：0.001mm，最大测量范围为 0.000～1.000mm.
(5)被测金属样品为 Φ8mm × 400mm 的圆棒.
(6)输入电源：220×(1 ± 10%)V，50～60Hz. 湿度：85%. 温度：0～40.0℃.

2. 千分表(机械)

1)使用前的准备工作
(1)检验千分表的灵敏程度，左手托住表的后部，度盘向前用眼观看，右手拇指轻推表的测头，实验量杆移动是否灵活.
(2)检验千分表的稳定性，将千分表夹持在表架上，并使测头处于工作状态，反复几次提落防尘帽自由下落测头，观看指针是否指向原位.

2) 使用中的测量方法和读数方法

(1) 先把表夹在表架或专用支架上，所夹部位应尽量靠近下轴根部(不可影响旋动表圈)，夹牢即可，不可夹得过紧.

(2) 校对零位.

校对零位有两种方法：第一种，旋转表的外圈，使度盘的"0"位对准指针；第二种，轻轻敲打表架的悬臂，使其升起或下降，通过升降量杆的压缩量，这等于旋转表指针去对准度盘的"0"位. 校对零位时，应使表的测头对好基准面，并使量杆有 0.02～0.2mm 的压缩量，再紧固住表. 对好"0"位后，应反复几次提落防尘帽(升落 0.1～0.2mm)，待针位稳定后方可旋动外圈对零. 对零后还要复检表的稳定性，直到针位既稳又准方可使用.

3) 测量

测平面时，应使表的量杆轴线与所测表面垂直，谨防出现倾斜现象. 测量圆柱体时，量杆轴线应通过工件中心并与母线垂直. 测量过程中，大小针都在转动，分度值为 0.001mm，大针每转一格为 0.001mm；小针转一格，大指针转一圈. 测量时，应记住大小指针的起始值，待测量后所测取数值再减去起始值. 看读数时，视线应垂直于度盘看指针位置，以防出现视差.

注意事项：

(1) 被测物体为 Φ8mm × 400mm 的圆棒.

(2) 整体要求平稳，因伸长量极小，故实验时应避免振动.

(3) 千分表安装须适当固定(以表头无转动为准)且与被测物体有良好的接触(读数在 0.2～0.3mm 处较为适宜，然后再转动表壳校零).

(4) 被测物体与千分表探头须保持在同一直线上.

实验 8　良导体热导系数的测量

【背景、应用及发展前沿】

导热系数(又称热导率)是反映材料热传导性能的重要物理量. 热传导是热交换的三种(热传导、对流和辐射)基本形式之一，是工程热物理、材料科学、固体物理及能源、环保等各个研究领域的课题. 材料的导热机理在很大程度上取决于它的微观结构，热量的传递依靠原子、分子围绕平衡位置的振动以及自由电子的迁移，在金属中电子流起支配作用，在绝缘体和大部分半导体中则以晶格振动起主导作用. 因此，材料的导热系数不仅与构成材料的物质种类密切相关，而且与它的微观结构、温度、压力及杂质含量相联系. 在科学实验和工程设计中，所用材料的导热系数都需要用实验的方法精确测定，其测量原理基本相同. 1882 年法国科学家傅里叶建立了热传导理论，目前各种测量导热系数的方法都是建立在傅里叶热传导定律的基础之上. 测量的方法可以分为两大类:稳态法和瞬态法. 本实验采用稳定流动法(稳态法)测量良导体的导热系数.

在微电子等领域，要实现高效散热，就要选择高导热系数的材料作为散热片.

【实验目的】

(1)了解热传导现象的物理过程.

(2)学习用稳态平板法测量良导体的导热系数.

(3)学习用作图法求冷却速率.

(4)掌握一种用热电转换的方式进行温度测量的方法.

【实验原理】

为了测定材料的导热系数，首先从热导率的定义和它的物理意义入手. 热传导定律指出：如果热量是沿着 Z 方向传导，那么在 Z 轴上任一位置 Z_0 处取一个垂直截面积 dS，如图 8-1 所示，以 $\dfrac{dT}{dZ}$ 表示在 Z 处的温度梯度，以 $\dfrac{dQ}{dt}$ 表示在该处的传热速率(单位时间内通过截面积 dS 的热量)，那么热传导定律可表示成

$$dQ = -\lambda \left(\frac{dT}{dZ} \right)_{Z_0} dS \cdot dt \tag{8-1}$$

式中，负号表示热量从高温区向低温区传导（即热传导的方向与温度梯度的方向相反），比例系数 λ 即为导热系数. 可见热导率的物理意义是：在温度梯度为一个单位的情况下，单位时间内垂直通过单位面积截面的热量.

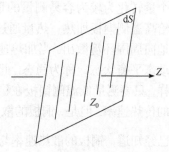

利用式(8-1)测量材料的导热系数 λ，需解决的关键问题有两个：一个是在材料内造成一个温度梯度 $\dfrac{\mathrm{d}T}{\mathrm{d}Z}$，并确定其数值；另一个是测

图 8-1　温度梯度与导热截面的关系

量材料内由高温区向低温区的传热速率 $\dfrac{\mathrm{d}Q}{\mathrm{d}t}$.

1. 关于温度梯度 $\dfrac{\mathrm{d}T}{\mathrm{d}Z}$

为了在样品内造成一个温度的梯度分布，可以把样品加工成平板状，并把它夹在两块良导体——铜板之间（图 8-2），使两块铜板分别保持在恒定温度 T_1 和 T_2，

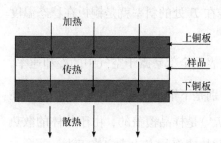

图 8-2　热量在样品中传导示意图

就可能在垂直于样品表面的方向上形成温度的梯度分布. 样品厚度可做成 $h \leqslant D$（样品直径）. 这样，由于样品侧面积比平板面积小得多，由侧面散去的热量可以忽略不计，可以认为热量是沿垂直于样品平面的方向上传导的，即只在此方向上有温度梯度. 由于铜是热的良导体，在达到平衡时，可以认为同一铜板各处的温度相同，样品内同一平行平面上各处的温度也相同. 这样只要测出样品的厚度 h 和两块铜板的温度 T_1、T_2，就可以确定样品内的温度梯度为 $\dfrac{T_1 - T_2}{h}$.

当然这需要铜板与样品的表面紧密接触、无缝隙，否则中间的空气层将产生热阻，使得温度梯度测量不准确.

为了保证样品中温度场的分布具有良好的对称性，把样品及两块铜板都加工成等大的圆形.

2. 关于传热速率 $\dfrac{\mathrm{d}Q}{\mathrm{d}t}$

单位时间内通过一截面积的热量 $\dfrac{\mathrm{d}Q}{\mathrm{d}t}$ 是一个无法直接测定的量，我们设法将

这个量转化为较为容易测量的量. 为了维持一个恒定的温度梯度分布，必须不断地给高温侧铜板加热，热量通过样品传到低温侧铜块，低温侧铜板则要将热量不断地向周围环境散出. 当加热速率、传热速率与散热速率相等时，系统就达到一个动态平衡状态，称为稳态. 此时低温侧铜板的散热速率就是样品内的传热速率. 这样，只要测量低温侧铜板在稳态温度 T_2 下散热的速率，也就间接测量出了样品内的传热速率. 但是，铜板的散热速率也不易测量，还需要进一步作参量转换，我们已经知道，铜板的散热速率与其冷却速率(温度变化率 $\dfrac{\mathrm{d}T}{\mathrm{d}t}$)有关，其表达式为

$$\left.\frac{\mathrm{d}Q}{\mathrm{d}t}\right|_{T_2} = -mc\left.\frac{\mathrm{d}T}{\mathrm{d}t}\right|_{T_2} \tag{8-2}$$

式中，m 为铜板的质量，c 为铜板的比热容，负号表示热量向低温方向传递. 因为质量容易直接测量，c 为常量，这样对铜板的散热速率的测量又转化为对低温侧铜板冷却速率的测量. 铜板的冷却速率可以这样测量：在达到稳态后，移去样品，用加热铜板直接对下金属铜板加热，使其温度高于稳定温度 T_2(大约高出 10℃)，再让其在环境中自然冷却，直到温度低于 T_2，测出温度在大于 T_2 到小于 T_2 区间中随时间的变化关系，描绘出 $T\text{-}t$ 曲线，曲线在 T_2 处的斜率就是铜板在稳态温度 T_2 下的冷却速率.

应该注意的是，这样得出的 $\dfrac{\mathrm{d}T}{\mathrm{d}t}$ 是在铜板表面全部暴露于空气中的冷却速率，其散热面积为 $2\pi R_p^2 + 2\pi R_p h_p$ (其中 R_p 和 h_p 分别是下铜板的半径和厚度)，然而在实验中稳态传热时，铜板的上表面(面积为 πR_p^2)是样品覆盖的，由于物体的散热速率与它们的面积成正比，所以稳态时铜板散热速率的表达式应修正为

$$\frac{\mathrm{d}Q}{\mathrm{d}t} = -mc\frac{\mathrm{d}T}{\mathrm{d}t} \cdot \frac{\pi R_p^2 + 2\pi R_p h_p}{2\pi R_p^2 + 2\pi R_p h_p} \tag{8-3}$$

根据前面的分析，这个量就是样品的传热速率.

将上式代入热传导定律表达式，并考虑到 $\mathrm{d}S = \pi R^2$ 可以得到导热系数

$$\lambda = -mc\frac{2h_p + R_p}{2h_p + 2R_p} \cdot \frac{1}{\pi R^2} \cdot \frac{h}{T_1 - T_2} \cdot \left.\frac{\mathrm{d}T}{\mathrm{d}t}\right|_{T=T_2} \tag{8-4}$$

式中，R 为样品的半径，h 为样品的高度，m 为下铜板的质量，c 为铜块的比热容，R_p 和 h_p 分别是下铜板的半径和厚度. 上式中的各项均为常量或直接易测量.

由于上下盘的温差比较小，精确测量温度差是本实验的关键.

【仪器用具】

平板式导热系数实验仪、游标卡尺等.

【实验内容】

(1) 用自定量具测量样品、下铜板的几何尺寸和质量等必要的物理量, 多次测量, 然后取平均值. 其中铜板的比热容 $c = 0.385\mathrm{kJ/(kg \cdot K)}$.

(2) 加热温度的设定: 根据仪器说明设定加热温度.

(3) 圆筒发热盘侧面和散热盘侧面, 都有供安插热电偶的小孔, 安放时此两小孔都应与冰点补偿器在同一侧, 以免线路错乱. 热电偶插入小孔时, 要抹上些硅脂, 并插到洞孔底部, 保证接触良好, 热电偶冷端接到冰点补偿器信号输入端.

根据稳态法, 必须得到稳定的温度分布, 这就需要较长的时间等待.

如在一段时间内样品上、下表面温度 T_1、T_2 示值都不变, 即可认为已达到稳定状态.

(4) 记录稳态时 T_1、T_2 值后, 移去样品, 继续对下铜板加热, 当下铜板温度比 T_2 高出 10℃ 左右时, 移去圆筒, 让下铜板所有表面均暴露于空气中, 使下铜板自然冷却. 每隔 30s 读一次下铜板的温度示值并记录, 直至温度下降到 T_2 以下一定值. 作铜板的 T-t 冷却速率曲线. (选取邻近的 T_2 测量数据来求出冷却速率.)

(5) 根据式 (8-4) 计算样品的导热系数 λ.

(6) 本实验选用铜-康铜热电偶测温度, 温差 100℃ 时, 其温差电动势约 4.0mV, 故应配用量程 0~20mV, 并能读到 0.01mV 的数字电压表 (数字电压表前端采用自稳零放大器, 故无须调零). 由于热电偶冷端温度为 0℃, 对一定材料的热电偶而言, 当温度变化范围不大时, 其温差电动势 (mV) 与待测温度 (0℃) 的比值是一个常数. 参照表 8-1, 在用式 (8-4) 计算时, 可以直接以电动势值代表温度值, 结果可与表 8-2 比较分析.

表 8-1　铜-康铜热电偶分度表

温度/℃	热电势/mV									
	0	1	2	3	4	5	6	7	8	9
−10	−0.383	−0.421	−0.458	−0.496	−0.534	−0.571	−0.608	−0.646	−0.683	−0.720
−0	0.000	−0.039	−0.077	−0.116	−0.154	−0.193	−0.231	−0.269	−0.307	−0.345
0	0.000	0.039	0.078	0.117	0.156	0.195	0.234	0.273	0.312	0.351
10	0.391	0.430	0.470	0.510	0.549	0.589	0.629	0.669	0.709	0.749
20	0.789	0.830	0.870	0.911	0.951	0.992	1.032	1.073	1.114	1.155
30	1.196	1.237	1.279	1.320	1.361	1.403	1.444	1.486	1.528	1.569
40	1.611	1.653	1.695	1.738	1.780	1.882	1.865	1.907	1.950	1.992
50	2.035	2.078	2.121	2.164	2.207	2.250	2.294	2.337	2.380	2.424

续表

温度/℃	热电势/mV									
	0	1	2	3	4	5	6	7	8	9
60	2.467	2.511	2.555	2.599	2.643	2.687	2.731	2.775	2.819	2.864
70	2.908	2.953	2.997	3.042	3.087	3.0131	3.176	3.221	3.266	2.312
80	3.357	3.402	3.447	3.493	3.538	3.584	3.630	3.676	3.721	3.767
90	3.813	3.859	3.906	3.952	3.998	4.044	4.091	4.137	4.184	4.231
100	4.277	4.324	4.371	4.418	4.465	4.512	4.559	4.607	4.654	4.701
110	4.749	4.796	4.844	4.891	4.939	4.987	5.035	5.083	5.131	5.179

表 8-2　部分材料的密度和导热系数

材料名称	20℃		导热系数/(W/(m·K))			
	导热系数/(W/(m·K))	密度/(kg/m³)	温度/℃			
			−100	0	100	200
纯铝	236	2700	243	236	240	238
铝合金	107	2610	86	102	123	148
纯铜	398	8930	421	401	393	389
金	315	19300	331	318	313	310
硬铝	146	2800				
橡皮	0.13~0.23	1100				
电木	0.23	1270				
木丝纤维板	0.048	245				
软木板	0.044~0.079					

【实验数据及处理】

(1)根据实验内容自己设计数据记录表.

(2)求出待测导体的导热系数.

(3)对实验结果作分析和评价.

【思考讨论】

(1)为什么要选用热电偶来测量温度?

(2)加热盘的温度设定太高、太低有什么影响?

(3)本实验产生误差的主要原因是什么?

(4)通过实验，你认为导热系数在工业、农业生产中有什么用途?

【探索创新】

根据实验的操作、研究，提出本实验的新思想、新的实验方法等.

【拓展迁移】

[1] 蒙成举，刘富池. 稳态法测定良导体导热系数实验的修正研究[J]. 广西物理，2010，31（2）：20-23.

[2] 李泽朋，郭松青，王维波. 稳态法测量不良导体导热系数的改进设计[J]. 实验室研究与探索，2015，34（6）：77-79.

[3] 翟宝清，任亚杰，黄文登，等. 良导体导热系数实验的误差分析[J]. 实验室科学，2007，（8）：61-62.

实验 9　拉脱法测定液体表面张力系数

【背景、应用及发展前沿】

在自然界和日常生活中，液体的表面张力常会引起各种各样有趣的现象. 从物理的角度来看，物质的表面与其内部的分子或原子的受力状态差别是很大的. 例如，液体内部的一个分子在其四面八方都受到它相邻分子的作用力，但是这些力是可以相互抵消的，因而这个分子的整体受力是平衡的. 但是对处于液体表面上的分子而言，它们在一侧受到空气的作用力，在另一侧则受到液体内部分子的作用力，这两个力一般不相等，因而整个液体表面会发生变形. 液体的表面分子由于发生变形而产生一种张紧的拉力，称为表面张力，它是表征液体性质的一个重要参数，最早于 1751 年由匈牙利物理学家锡格涅提出来. 生活中许多涉及液体的物理现象都与液体表面张力有关：常见的球状晨露、小昆虫在水面上的自由行走、毛细现象、液体与固体接触的浸润与不浸润现象等. 因此，测量液体表面张力系数对于科学研究和实际应用都具有重要意义.

【实验目的】

(1)掌握焦利氏秤测量微小力的原理和方法.

(2)研究输入电压恒定时，力传感器输出电压与拉力的关系，计算力传感器的灵敏度.

(3)学会用焦利氏秤和力传感器测定液体的表面张力系数.

【实验原理】

测定表面张力系数的方法很多，包括拉脱法、毛细管法、气泡最大压力法、旋转滴法、滴重计法等. 其中拉脱法由于实验原理简单、操作方便，故而使用广泛. 焦利氏秤和力敏传感器是两种常用手段的代表仪器，原理分别如下.

1. 焦利氏秤

液体分子之间存在作用力，称为分子力，其有效作用半径约 $10^{-8}\,\mathrm{cm}$. 液体表面层(厚度等于分子的作用半径)内的分子所处的环境和液体内部分子不同. 如图 9-1 所示，液体内部每个分子四周都被同类的其他分子所包围，它所受到的周围分子的合力为零. 但处于液体表面层内的分子，由于液面上方为气相，分子数很少，因而表面层内每个分子受到向上的引力比向下的引力小，合力不为零，即液体表面处于张力状态. 表面分子有从液面挤入液体内部的倾向，使液面自然收缩，直到处于动态平衡，即在同一时间内脱离液面挤入液体内部的分子数和因热运动而到达液面的分子数相等时为止. 因而，在没有外力作用时液滴总是呈球形，即使其表面积缩到最小.

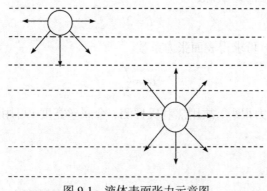

图 9-1　液体表面张力示意图

表面张力类似于固体内部的拉伸应力，只不过这种应力存在于极薄的表面层内，而且不是弹性形变引起的，是液体表面层内分子力作用的结果.

表面张力的大小可以用表面张力系数来描述.

设想在液面上作一长为 L 的线段，则因张力的作用使线段两边液面以一定的拉力 f 相互作用，且力的方向恒与线段垂直，大小与线段长度 L 成正比，即

$$f = \alpha L \tag{9-1}$$

比例系数 α 称为液体表面张力系数，定义为作用在单位长度上的表面张力，单位为 N/m. 实验证明，表面张力系数的大小与液体的种类、纯度、温度和它上方的气体成分有关，温度越高，液体中所含杂质越多，则表面张力系数越小.

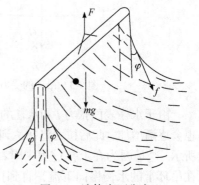

图 9-2　液体表面张力

如图 9-2 所示，拉脱法实验是将一弯形的金属丝浸入液体中，然后将其慢慢地拉出水面，此时在金属丝附近的液面会产生一个沿着液面的切线方面的表面张力，由于表面张力的作用，金属丝四周将带起一个水膜，水膜呈弯曲形状. 液体表面的切线与金属丝表面的切线之间的夹角称为接触角. 当将金属丝缓缓拉出水面时，表面张力 f 的方向将随着液面方向的改变而改变，接触角逐渐减小而趋向于零. 因此 f 的方

向趋向于垂直向下. 在液膜将要破裂前诸力的平衡条件为

$$F = mg + f \tag{9-2}$$

其中，F 为将金属丝拉出液面时所加的外力，mg 为金属丝和它所沾附的液体的总重量. 金属丝与水面接触部分的周长为 $L = 2(l + d)$，其中 l 为金属丝的宽度，d 为金属丝的直径，又因 $l \gg d$，故

$$L = 2l \tag{9-3}$$

由式(9-1)和式(9-3)可求得表面张力系数

$$\alpha = \frac{f}{2l} \tag{9-4}$$

实验中由于表面张力很小，故用焦利氏秤测，金属丝宽度 l 可用游标尺测出（或由实验室给出）.

2. 力敏传感器

将内径为 D_1、外径为 D_2 的金属吊环悬挂在力敏传感器上，然后把它浸入盛有液体的器皿中. 当吊环缓慢地远离液面时，吊环与液面之间会产生一个水柱. 吊环的受力分析如图 9-3(a)所示.

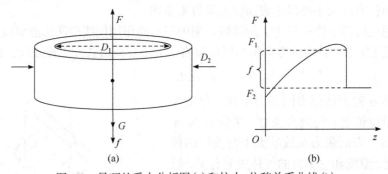

(a)   (b)

图 9-3　吊环的受力分析图(a)和拉力-位移关系曲线(b)

由于水柱表面张力 f 和水柱的重力的作用，随着水柱拉高，传感器受到的拉力也会逐渐增加，此后拉力将在达到最大值后有一定减小，最后再拉断，如图 9-3(b)所示. 这是因为在上拉过程中附着在吊环上的水比较多，液膜拉出水面后，附着在吊环上的水慢慢向下流，直到拉断，因此会出现拉力逐渐增加到最大，然后减小，最后拉断的过程. 在拉断前后瞬间，传感器受到的拉力 F_1、F_2 的大小分别为

$$\begin{aligned} F_1 &= G + f \\ F_2 &= G \end{aligned} \tag{9-5}$$

式中，G 表示吊环与附着在其上的水的总重力. 故表面张力 f 的大小等于吊环拉

脱瞬间传感器上受到的拉力差

$$f = F_1 - F_2 \tag{9-6}$$

　　由于水柱有内外两个液面，且两液面的直径与吊环的内外径相同，由式(9-1)可得表面张力为

$$f = \alpha\pi(D_1 + D_2) \tag{9-7}$$

　　由式(9-6)，得液体表面张力系数

$$\alpha = \frac{F_1 - F_2}{\pi(D_1 + D_2)} \tag{9-8}$$

　　本实验所用力敏传感器是电阻应变片式力敏传感器，以电压输出显示. 当力敏传感器所受拉力为 F 时，电压示数为 U，二者间存在以下线性关系：

$$U = SF + U_0 \tag{9-9}$$

式中，S 表示力敏传感器的灵敏度，单位 V/N；U_0 为常数.

　　吊环拉断液柱的前一瞬间，传感器受到的拉力为 F_1，电压示数为 U_1，拉断后，传感器受到的拉力为 F_2，电压示数为 U_2，结合式(9-8)和式(9-9)，则有

$$\alpha = \frac{U_1 - U_2}{\pi S(D_1 + D_2)} \tag{9-10}$$

　　显然，若已知力敏传感器的灵敏度 S，测出拉环的内外径 D_1、D_2，并测出吊环拉脱瞬间电压示数差，代入式(9-10)，即可求出液体的表面张力系数.

【仪器用具】

　　焦利氏秤、砝码、烧杯、水、游标卡尺、液体表面张力系数测定仪等.

【实验内容】

　　1. 使用焦利氏秤测量

　　(1)按下文图 9-4 安装各附件(先不放烧杯及金属丝). 调节 R，使金属套管保持垂直. 当小镜沿竖直方向上下振动时，不与玻璃管内壁发生摩擦.

　　(2)测定弹簧的刚度系数 K. 用镊子依次夹 0.5g 砝码放入秤盘内，转动升降钮 G，使小镜与玻璃管横刻线及镜中像三线对齐，分别记下米尺与游标上读数 L_0，L_1，L_2，…，再依次从秤盘中取走 0.5g 砝码，记下读数 L_0'，L_1'，L_2'，…，分别求出加重和减重时读数平均值 $\overline{L}_0$，$\overline{L}_1$，$\overline{L}_2$，….

　　(3)测定水的表面张力系数.

　　a. 清洁"⊓"形丝. 用氢氧化钠溶液清洗"⊓"形丝，然后在蒸馏水中洗

净，并用酒精仔细擦拭后放入干净的蒸发皿中留待使用.

b. 观察液膜的形成与破裂过程. 取下秤盘，用镊子将"冖"形丝挂在小镜下端的钩子上；将盛水的烧杯放在平台上，调节升降钮 G，将"冖"形丝浸入水中，然后由液面下缓慢地拉起，直至脱出液面，仔细观察液膜的形成、液膜表面积的不断扩大及最后破裂等一系列过程. 并注意掌握应如何操作才能使液膜被充分地拉伸而又不过早地破裂.

c. 取下"冖"形丝，用酒精擦洗，待干燥后挂于小钩上，转动升降钮 G 使三线对齐，记下此时读数 S_0.

d. 升起平台，直至"冖"形丝全部浸入水中. 转动旋钮 F，使平台徐徐下降，由于"冖"形丝受表面张力的作用，小镜随之下沉，调节 G，使三线对齐，再使平台逐渐下降，并同时调节升降旋钮，使其再次保持三线对齐，交替微小调节平台(下降)和升降旋钮(上升)，每次都保持三线对齐，直至平台稍微下降或升降旋钮微小上升一点，"冖"形丝就脱出液体面为止. 记下此时读数 S，求出弹簧伸长量 $S-S_0$.

e. 重复步骤 d，共测三次，求出弹簧的平均伸长量 $\overline{S-S_0}$，由式

$$\alpha = \frac{f}{2l} = \frac{K(\overline{S-S_0})}{2l}$$

求出水的表面张力系数 α 值，并求出其标准误差，正确写出测量结果. ("冖"形丝的宽度可由实验室给出.)

2. 使用力传感器测量

测试前，用洗涤剂和自来水充分清洗干净吊环内外壁(含底部环状截面)、测试杯内壁(含出水口)、接液杯内壁及边缘，清洗干净后严禁用手直接接触吊环(细绳及磁钢除外)、测试杯和接液杯的内壁及边缘. 注：洗涤剂必须被充分清洗掉，否则影响实验结果.

待测试杯、接液杯内壁晾干后置于底盘上. 关闭测试杯上的阀门，将液体小心倒入测试杯中，直到液面略低于测试杯顶部(确保液体不溢出). 等待 20min，待测液体与环境温度近似一致. 其间待放置砝码的吊环上表面晾干，然后用镊子小心地将吊环吸附在力传感器的细绳上，并用镊子以轻触吊环外壁的方式，保持吊环相对稳定不晃动(严禁用手直接接触吊环)，此时吊环底部近似水平. 注：此时不要把底盘放置在吊环下方，目的是避免后续实验中挂砝码时砝码滑落水中.

用连接线正确连接数据采集器与实验装置、数据采集器与计算机 USB 口，给数据采集器通电预热 10min，打开计算机软件，正确填写好学生信息，打开并找到正确的通信端口，待图像显示区出现坐标图像.

1)计算力传感器的灵敏度

(1)顺时针旋转数据采集器上的零点调节旋钮,直到图像显示区中电压信号显示为 800~1000mV 范围,此后整个实验过程中不再调节该旋钮. 注:此时未加砝码,故砝码质量为 0g.

(2)待信号稳定(即电压-时间曲线近似一条水平直线),单击"捕获图像",静止后放大该水平直线,并单击水平直线波动的中间位置,将显示出该位置的电压值,然后在表格中手动输入该质量下的电压,即加砝码过程输出电压. 注意:在图形显示区域进行点选后,在未单击表格中的单元格的情况下从键盘输入数字,可能将无法对图形显示区进行操作,出现这种情况时,须按下数字"1"后方可继续进行图像操作. 下同.

(3)然后用镊子夹取一片砝码(每个砝码的标称质量均为 0.500g)放在吊环上部的凹槽内. 单击软件主界面的"实时图像",并单击图像显示区的"重置". 待信号稳定,重复步骤(2).

(4)重复上一步骤,直到凹槽内放置 7 个砝码. 注:砝码需要对称放置,防止吊环倾覆.

(5)之后开始减砝码过程的记录,减砝码过程要求与加砝码过程相同. 注:砝码需要对称取下,防止吊环倾覆.

(6)软件将对每个质量 m 下的两次输出电压自动取平均值 U 并显示,单击"计算结果",软件将线性拟合 U-m 曲线,并自动计算出直线斜率,即力传感器的灵敏度 S.

(7)单击"下一步",进入下一实验.

2)测量室温下液体的表面张力系数

(1)将放置了测试杯和接液杯的底盘移至吊环下方,使吊环大致(偏差±2cm)处于测试杯中心位置(可连同调节升降高度来实现). 然后缓慢降低吊环高度,直到吊环下端约一半高度浸入液体后再升高吊环高度直到完全拉出液面(注意:不能使吊环整体浸入液体,也不能让吊环上的孔被堵),这样反复升降 3 次后,将吊环下端约四分之一浸入液体. 接下来开始第一组(即第一行)测量.

(2)单击软件"图像显示区"的"重置",待信号稳定,单击"开始记录",然后完全打开测试杯上的阀门. 此后,仪器周围应避免大的振动(尤其在拉脱前后3s内).

(3)吊环拉脱后,关闭阀门,待信号稳定,然后单击"停止记录". 然后将接液杯中的水沿着杯壁缓慢倒入测试杯中(避免产生气泡),倾倒应朝向内壁,避免倒在吊环上部的凹槽内.

(4)适当放大显示拉脱前曲线发生突变位置(类似图 9-3(b)中纵坐标为 F_1 的点)的图像,并单击拉脱发生时的突变位置,在显示出该位置的电压值后,在表格中手动输入该电压(即拉脱前输出电压 U_1).

(5)单击软件"图像显示区"的"重置",然后适当放大显示拉脱后曲线水平段的图像,并单击水平段波动的中间位置,在显示出该位置的电压值后,在表格中手动输入该电压(即拉脱后输出电压 U_2). 软件将自动计算拉脱前后的输出电压差 $\Delta U = U_1 - U_2$.

(6)然后进行下一组测量,重复步骤(2)～(5),一直测量 6 组有效数据,软件将自动计算并显示各组输出电压差 ΔU 的算术平均值. 注:所谓"有效"是指不存在明显的先后拉脱情况、实验过程中待测液体未引入能引起输出电压差明显改变的物质(若出现这种情况,需要重新清洗测试杯和接液杯以及吊环,并重做"测量室温下液体的表面张力系数"实验)等.

(7)在"已知参数"中手动输入吊环内径 D_1 和吊环外径 D_2. $D_1 = 33.5\text{mm}$, $D_2 = 35.5\text{mm}$.

(8)单击"计算结果",软件将根据上一实验计算出的力传感器的灵敏度 S、本实验的输出电压差 ΔU 的算术平均值以及吊环的内外径,自动计算并显示待测液体的表面张力系数.

(9)可单击"生成实验报告",在确认路径并单击保存后,软件将实验数据自动生成.xls 格式的实验报告.

(10)单击"退出"并确认,退出软件. 待吊环晾干后放入收纳盒. 砝码盒及镊子也放入收纳盒. 收纳连接线. 若测试杯中盛装的液体长期不用可倒掉或他用.

若要测量不同待测液体,应先按照实验前的准备方法充分清洗相关部件,并按"测量室温下液体的表面张力系数"的步骤重复实验(短时间内,如同一次实验,可不再测量力传感器的灵敏度).

【实验数据及处理】

(为了保证数据的有效性,每种情况的测量数据必须达到 5 组以上,学生自己设计数据记录表.)

(1)用逐差法求出弹簧的刚度系数 K 值及误差.

(2)利用焦利氏秤法测定水的表面张力系数.

(3)利用液体表面张力系数测定仪测得水的表面张力系数.

(4)对比分析两种方法.

【思考讨论】

(1)讨论利用焦利氏秤和力敏传感器两种方法的优劣各是什么.

(2)如果考虑水膜的重力,平衡方程如何改写?

(3)如果从"冂"形丝浸入水中,一直将焦利氏秤向上拉,直到水膜破裂,这个操作和水膜消除法有什么不同?

【探索创新】

(1)通过对荷叶的表面微纳米结构仿生,制作成防水和防油的衣服、不沾雨滴的车窗玻璃、不沾雪的天线、疏水的船用涂料等.

(2)利用表面张力的原理来设计新型的微流体器件,并进行药物的输运. 在微纳米尺度上利用表面张力来设计新材料和新器件.

【拓展迁移】

[1] 王雅红,潘政,赵鹏程,等. 用焦利秤测量液体表面张力系数[J].大连工业大学学报,2021,40(1):37-43.

[2] 吴兆伟,施浙杭,赵辉,等. 表面张力变化对含气泡液体射流破裂的影响[J]. 化工学报,2021,72(3):1283-1294.

[3] 杨清志,徐宏. 液体表面张力的生物医学应用[J]. 商丘师范学院学报,2021,37(6):24-26.

[4] 郭杰,余仲达,郑少波,等. 一种新的表面张力测定方法——真球气泡法[J]. 上海大学学报(自然科学版),2020,26(2):244-254.

【主要仪器介绍】

焦利氏秤、ZKY-PMC0101 液体表面张力系数测定仪.

焦利氏秤实际上是一个精细的弹簧秤,常用于测微小力,外形如图 9-4 所示. 一金属套管 B 垂直竖立在三角底座上,调节底座上的螺丝 R,可使金属套管处于垂直状态. 带米尺刻度的金属杆 A 套在金属套管内,旋转金属套管下部的升降钮 G,可使套管内的金属杆上升或下降. 金属套管上附有游标尺和平台 H. 一锥形弹簧 C 挂于横梁 S 上,下端挂一个两头带钩的小镜 I. 小镜穿过固定在支杆上的玻璃管 D 后挂一秤盘 E. 旋动旋钮 F,平台 H 可上下移动,盛有水(或肥皂液)的烧杯放置在平台上. 玻璃管和小镜上均刻有一横刻线,测量时,秤盘中加上砝码后旋动 G,使杆上升,弹簧亦随之上升,使镜中横线与玻璃管上横线及其在镜中的像对齐(三线对齐),用这种方法保证弹簧下端的位置固定,而弹簧的伸长量 ΔL 可由伸长前后米尺与游标两次读数之差确定. 按照胡克定律,在弹性限度内,弹簧的伸长量 ΔL 与所加的外力 F 成正比,即 $F = K\Delta L$,式中 K 为弹簧的刚度系数. 对于一个特定的弹簧,K 值是一定的. 如果我们将已知质量的砝码加在砝码盘中,测出相应的弹簧的伸长量,由上式即可计算出弹簧的 K 值. 这一步骤称为焦利氏秤的校准. 焦利氏秤校准后,只要测出弹簧的伸长量,就可以算出作用于弹簧上的外力 F.

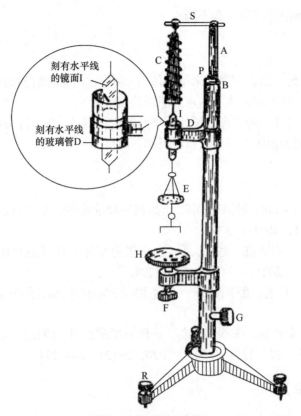

图 9-4　焦利氏秤简图

液体表面张力系数测定仪, 如图 9-5 所示.

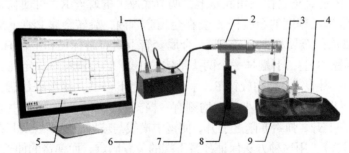

图 9-5　液体表面张力系数测定仪

1. 测试盒(数据采集器); 2. 力传感器支架; 3. 高座测试杯(测试杯); 4. 玻璃结晶皿(接液杯); 5. 计算机;
6. USB 线缆; 7. 多芯屏蔽连接线; 8. 升降支架; 9. 托盘(底盘)

主要技术参数如下.

(1) 相对误差: 优于 ±5%(纯水).

(2) 重复性: 优于 ±5%.

(3)温度：0～40℃.

(4)相对湿度：≤90%RH.

(5)大气压强：86～106kPa.

(6)传感器施加小于 30g 的力.

(7)吊环的内径 33.5mm，外径 35.5mm. 每个砝码质量为 0.500g.

注意事项：

(1)注意保护金属丝和砝码，一定要用镊子拿取，不允许掉在地上.

(2)实验时使用的器皿与金属丝必须保持清洁，待测液体内切勿混入杂质，应在开始测定表面张力时才从容器中取出.

(3)测定表面张力时动作必须轻缓，应注意液膜必须充分地被拉伸开，且不能使其过早地破裂，并应注意避免因秤身振动而导致测量失败或测量不准.

(4)力传感器支架用于支撑力传感器，其上含有拉力信号输出接口. 力传感器采用量程 30g 的梁式拉力传感器，实验中严禁对该传感器施加超过 30g 的力. 力传感器上用一细绳挂着磁性材料，用于吸附并悬挂含有磁钢的吊绳接头.

(5)力传感器支架上设计有限力过载保护功能，在仪器安装时已调好，升降支架用于调节力传感器的高度，其升降杆上带有锁紧螺钉.

(6)测试杯和接液杯用于盛装待测液体. 其中测试杯底部具有开关阀门，用于控制液体的流量及通断以控制液面的高度. 接液杯，用于接收从测试杯中流出的液体. 实验前，测试杯和接液杯应清洗干净. 底盘用于安放测试杯和接液杯，并具有一定纳水能力，防止液体溢出.

实验 10　黏滞系数的测定

【背景、应用及发展前沿】

　　继法国工程师纳维首次提出流体流动的运动方程之后，英国数学家、物理学家斯托克斯于 1845 年指出黏滞系数为常数，并提出黏性流体运动的基本方程组，称为纳维-斯托克斯方程. 它是流体力学中最基本的方程组，系统地反映了流体在运动过程中质量、动量、能量之间的关系. 一个在液体中运动的物体所受力的大小与物体的几何形状、速度、温度和液体的内摩擦力有关. 液体的黏滞系数又称为内摩擦系数或黏度，是描述液体内摩擦力性质的重要物理量.它表征液体反抗形变的能力，只有在液体内存在相对运动时才表现出来.

　　因为液体的黏滞系数与液体的性质、温度和流速有关，所以研究和测定液体的黏滞系数不仅在材料科学研究方面，而且在工程技术以及其他领域都有着非常广泛的应用. 如机械的润滑、石油在管道中的传输、油质涂料、心血管疾病的诊疗和药物研究等方面，都需要测定黏滞系数.

【实验目的】

　　(1)观察小球在液体中的下落过程，了解液体的内摩擦现象.

　　(2)学习激光光电门的校准方法及一些基本物理量的测量方法.

　　(3)掌握用落球法测量液体黏滞系数的原理和方法.

【实验原理】

　　当金属小球在黏性液体中下落时，它受到三个铅直方向的力：小球的重力 mg（m 为小球质量）、液体作用于小球的浮力 $\rho g V$（V 是小球体积，ρ 是液体密度）和黏滞阻力 F（其方向与小球运动方向相反）. 如果液体无限深广，在小球下落速度 v 较小情况下，有

$$F = 3\pi \eta d v \tag{10-1}$$

上式称为斯托克斯公式，其中 d 是小球的半径；η 称为液体的黏度，其单位是 Pa·s.

　　小球开始下落时，由于速度尚小，所以阻力也不大；但随着下落速度的增大，阻力也增大. 最后，三个力达到平衡，即

$$mg = \rho g V + 3\pi \eta v d \tag{10-2}$$

于是，小球做匀速直线运动，由上式可得

$$\eta = \frac{(m - V\rho)g}{3\pi v d} \tag{10-3}$$

将 $m = \frac{\pi}{6} d^3 \rho'$，$v = \frac{l}{t}$ 代入上式得

$$\eta = \frac{(\rho' - \rho)g d^2 t}{18 l} \tag{10-4}$$

其中，ρ 为小球材料的密度，l 为小球匀速下落的距离，t 为小球下落距离 l 所用的时间.

实验过程中，待测液体必须盛于容器中，故不能满足无限深广的条件. 实验证明，若小球沿筒的中心轴线下降，为符合实际情况，式(10-4)做如下修正：

$$\eta = \frac{(\rho' - \rho)g d^2 t}{18 l} \cdot \frac{1}{\left(1 + 2.4\dfrac{d}{D}\right)\left(1 + 1.6\dfrac{d}{H}\right)} \tag{10-5}$$

实验时，若小球密度较大，直径不是太小，而液体的黏度又较小时，小球在液体中的平衡速度会较大，可能出现湍流情况，使公式(10-1)不再成立.

为了判断是否出现湍流，可利用流体力学中一个重要参数雷诺数 $Re = \dfrac{\rho d v}{\eta'}$ 来判断，它是表征液体运动状态的无量纲参量. 当 $Re < 0.1$ 时，可认为式(10-1)、(10-5)近似成立. 当 Re 不是很小时，式(10-1)应予修正，但在实际应用落球法时，小球的运动不会处于高雷诺数状态，一般 Re 值小于 10，故黏滞阻力 F 可近似用下式表示：

$$F = 3\pi \eta' v d \left(1 + \frac{3}{16}Re - \frac{19}{1080}Re^2\right) \tag{10-6}$$

式中，η' 表示考虑到此种修正后的黏度. 因此，在各力平衡时，并顾及液体边界的影响，可得

$$\eta' = \frac{(\rho' - \rho)g d^2 t}{18 l} \frac{1}{\left(1 + 2.4\dfrac{d}{D}\right)\left(1 + 3.3\dfrac{d}{H}\right)} \frac{1}{\left(1 + \dfrac{3}{16}Re - \dfrac{19}{1080}Re^2\right)}$$

$$= \eta\left(1 + \frac{3}{16}Re - \frac{19}{1080}Re^2\right)^{-1}$$

式中，η 即为式(10-5)求得的值，上式又可写为

$$\eta' = \eta\left[1 + \frac{A}{\eta'} - \frac{1}{2}\left(\frac{A}{\eta'}\right)^2\right]^{-1} \tag{10-7}$$

式中，$A = \frac{3}{16}\rho dv$. 式(10-7)的实际算法如下：先将式(10-5)算出的 η 值作为方括弧中第二、三项的 η' 代入，于是求出答案为 η_1；再将 η_1 代入上述第二、三项中，求得 η_2……因为此两项为修正项，所以用这种方法逐步逼近可得到最后结果 η'（如果使用具有储存代数公式功能的计算器，很快可得到答案）. 一般在测得数据后，可先算出 A 和 η，然后根据 $\frac{A}{\eta}$ 的大小来分析. 如 $\frac{A}{\eta}$ 在 0.5%以下（即 Re 很小），就不再求 η'；如 $\frac{A}{\eta}$ 在 0.5%～10%，可以只作一级修正，即不考虑 $\frac{1}{2}\left(\frac{A}{\eta'}\right)^2$ 项；而 $\frac{A}{\eta}$ 在 10%以上，则应完整地计算式(10-7).

【仪器用具】

YJ-VM-Ⅱ落球法液体黏滞系数测定仪、专用毫秒计、小钢球、直尺、量筒、电子天平等.

【实验内容】

1. 调整黏滞系数测定仪，做好实验准备工作

（1）调节底盘旋钮，使底盘基本水平.

（2）将盛有蓖麻油的量筒（液体液面淹没导球管）放置在实验装置底盘中央，并在实验中保持位置不变. 在仪器横梁中间部位放置重锤装置，调节上、下两个激光器，使红色激光束平行地对准重锤线，取下重锤装置备用. 保持上、下两个激光器及量筒位置不变，调节接收器，让激光束对准接收器，并检查是否能正常计数.

（3）在实验装置上放置导球管. 小球用乙醚、酒精混合液清洗干净，并用滤纸吸干残液备用.

（4）将小球放入导球管，下落过程中，观察是否能阻挡光并计数，若不能，重复步骤(2).

2. 计算小钢球的密度

用电子天平测量 10～20 颗小钢球的质量，用千分尺测其直径，计算小钢球的密度 ρ. 用游标卡尺测量筒的内径 D，用米尺测量油柱深度 H.

3. 下落小球匀速运动速度的测量

(1)按功能键选择适当的量程,按复位键清零. 将小球放入导球管,当小球落下,阻挡上面的红色激光束时,光线受阻,自动开始计时;当小球下落到阻挡下面的红色激光束时,计时停止. 重复测量 8 次,求平均值.

(2)移开量筒,将米尺置于上、下两个激光束之间,测出其间距.

(3)实验完毕后,用磁钢将小球取出,并用卫生纸擦干待用.

【实验数据及处理】

请学生自己设计数据记录表.

(1)根据所测数据计算小球匀速运动速度.

(2)计算蓖麻油的黏滞系数.

(3)将测量结果与公认值进行比较(20℃时蓖麻油的黏滞系数为 0.99Pa·s),并计算相对误差.

【思考讨论】

(1)实验中如何判断小球在做匀速运动?

(2)用激光光电开关测量小球下落时间的方法测量液体黏滞系数有何优点?

(3)在温度不同的两种蓖麻油中,同一小球下降的最终速度是否不同? 为什么?

【探索创新】

测量液体黏度可用落球法、毛细管法、转筒法等多种方法. 其中,落球法适用于测量黏度较高的透明或半透明的液体,比如:蓖麻油、变压器油、甘油等. 同学们可以查阅相关资料,尝试设计其他方法来测量蓖麻油的黏滞系数,并比较不同方法的优缺点.

【拓展迁移】①

[1] 贾芸,王景峰,张志浩,等. 液体粘滞系数测量实验中的几点思考[J]. 教育进展,2019,9(2):133-136.

[2] 王党社,张建生,张欣,等. Couett 型液体粘滞系数测量公式修正[J]. 大学物理实验,2017,30(6):13-17.

[3] 濮兴庭,戚世瀚,王楠. 落球法测定液体粘滞系数误差的研究[J]. 实验室科学,2014,17(1):22-24.

---

① 文献中粘滞系数应为黏滞系数.

【主要仪器介绍】

YJ-VM-Ⅱ落球法液体黏滞系数实验装置及专用毫秒计结构如图 10-1、图 10-2 所示.

主要技术参数如下.

(1)小刚球直径：2mm.

(2)直尺量程：40cm.

(3)毫秒计读数精度：0.001s.

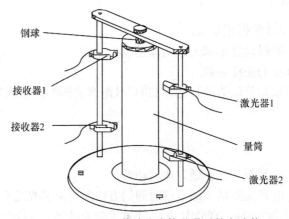

图 10-1　YJ-VM-Ⅱ落球法液体黏滞系数实验装置

图 10-2　专用毫秒计

注意事项：

(1)测量时，将小球用毛巾擦拭干净.

(2)待被测液体稳定后再投放小球.

(3)全部实验完毕后，将量筒轻移出底盘中心位置后，用磁钢将钢球吸出，将钢球擦拭干净，以备下次实验用.

实验 11　空气常数及热性能的研究

【背景、应用及发展前沿】

气体比热容比是气体定压比热容与定容比热容的比值，又称为气体的绝热系数，是热力学中的一个重要参量，对研究气体热性能至关重要，测定的方法有好多种．而空气作为最具代表性的气体，在普通物理实验中常作为研究对象，测定空气比热容比的常用方法有绝热膨胀法、振动法和声速法等．在热力学理论及工程技术中有重要的作用，例如理想气体绝热方程、热机效率、声波在气体中的传播特性、天然气运输过程中的安全阀计算及喷管的设计等，经常需要知道气体比热容比．空气比热容比在其他学科中也有很多应用，尤其在气象学、土壤学、化学、农业机械学等学科中都有涉及．

【实验目的】

(1)掌握测量空气密度与普适气体常量的方法．

(2)学会用不同的方法测定空气比热容比．

[实验原理]

1. 空气密度与普适气体常量

1)空气密度

仪器连接如图 11-1 所示，空气的密度 $\rho = \dfrac{m}{V}$，式中 m 为空气的质量，V 为相应的体积．

比重瓶中有空气时的质量为 m_1，而比重瓶内抽成真空时的质量为 m_0，那么瓶中空气的质量 $m = m_1 - m_0$．如果比重瓶的容积为 V，则 $\rho = \dfrac{m_1 - m_0}{V}$．由于空气的密度与大气压强、温度和绝对湿度等因素有关，故由此而测得的是在当时实验室条件下的空气密度值．如要把所测得的空气密度换算为干燥空气在标准状态下(0℃、1 标准大气压)的数值，则可采用下述公式：

$$\rho_n = \rho \frac{p_n}{p}(1 + \alpha t)\left(1 + \frac{3}{8}\frac{p_\omega}{p}\right) \tag{11-1}$$

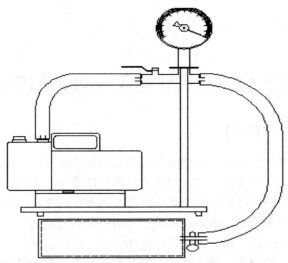

图 11-1　空气密度与普适气体常量仪器接法示意图

式中，ρ_n 为干燥空气在标准状态下的密度；ρ 为在当时实验条件下测得的空气密度；p_n 为标准大气压强；p 为实验条件下的大气压强；α 为空气的压强系数（0.003674℃$^{-1}$）；t 为空气的温度（℃）；p_ω 为空气中所含水蒸气的分压强(即绝对湿度值)，p_ω = 相对湿度 × $p_{\omega 0}$，$p_{\omega 0}$ 为该温度下饱和水汽压强. 在通常的实验室条件下，空气比较干燥，标准大气压与大气压强比值接近于 1，式(11-1)近似为

$$\rho_n = \rho(1 + \alpha t) \tag{11-2}$$

2)普适气体常量的测量

理想气体状态方程

$$pV = \frac{m}{M}RT \tag{11-3}$$

式中，p 为气体压强，V 为气体体积，m 为气体总质量，M 为气体的摩尔质量，T 为气体的热力学温度，其值 $T = 273.15 + t$．R 称为理想普适气体常量，也称为摩尔气体常量，理论值 $R = 8.31\text{J}/(\text{mol}\cdot\text{K})$．

各种实际气体在通常压强和不太低的温度下都近似地遵守这一状态方程，压强越低，近似程度越高.

本实验将空气作为实验气体. 空气的平均摩尔质量 M 为 28.8g/mol.（空气中氮气约占 80%，氮气的摩尔质量为 28.0g/mol；氧气约占 20%，氧气的摩尔质量为 32.0g/mol.）

取一只比重瓶，设瓶中装有空气时的总质量为 m_1，而瓶的质量为 m_0，则瓶中的空气质量为 $m = m_1 - m_0$，此时瓶中空气的压强为 p，热力学温度为 T，体积为

V. 理想气体状态方程可改写为

$$p = \frac{mT}{MV}R \quad 即 \quad p = \frac{m_1 T}{MV}R + C' \quad \left(C' = -\frac{m_0 T}{MV}, 为常数\right) \tag{11-4}$$

设实验室环境压强为 p_0，真空表读数为 p'，则 $p' = p - p_0 < 0$，式(11-4)改写为

$$p' = \frac{m_1 T}{MV}R + C' - p_0 = \frac{m_1 T}{MV}R + C \quad (C为常数) \tag{11-5}$$

式中，$C = C' - p_0$，测出在不同的真空表负压读数 p' 下 m_1 的值，然后作出 p'-m_1 关系图，求出直线的斜率 $k = \dfrac{RT}{MV}$，便可得到普适气体常量的值.

2. 空气比热容比

1)方法一：理想气体的状态方程

理想气体的定压比热容 c_p 和定容比热容 c_V 之比 $\gamma = c_p/c_V$ 称为气体的比热容比，又称气体的绝热指数，它是一个常用的物理量，在热力学理论及工程技术的应用中起着重要的作用，如热机的效率及声波在气体中的传播特性都与空气的比热容比 γ 有关. 实验装置如图 11-2 所示.

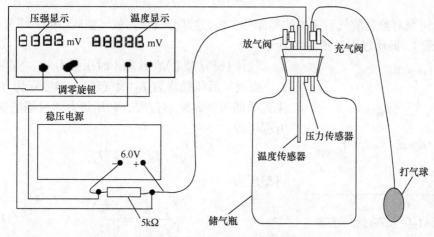

图 11-2　实验装置及连线示意图

把原处于环境压强 p_0 及室温 T_0 下的空气状态称为状态 $0(p_0, T_0)$.

关闭出气阀、打开进气阀，用充气球将原处于环境压强 p_0、室温 T_0 状态下的空气经进气阀压入储气瓶内，这时瓶内空气压强增大、温度升高. 打气速度很快时，此过程可近似为一个绝热压缩过程. 这时瓶内气温略高于环境温度，因此瓶内空气与环境有热交换，使瓶内的气压与温度都不稳定，而是逐渐下降的. 直到瓶内气温与环境温度相同时，瓶内气压趋于稳定值 p_1，过程如图 11-3 所示，此刻

状态记为 I (p_1, V_1, T_0). 此时瓶内气压为 p_1 ($p_1 = p_0 + p_{1\text{示}}$, $p_{1\text{示}}$ 为此时仪表显示的气压差值). 然后打开出气阀, 听到放气声, 待放气声结束(仪器显示的气压差值为 0)迅速关闭出气阀, 这时瓶内有一部分空气从瓶内放出, 剩余在瓶内的空气气压下降到大气压 p_0(仪器上显示的与大气压差为 0). 由于放气过程极迅速, 空气又是热的不良导体, 因此剩在瓶内的那部分空气从状态 I (p_1, V_1, T_0) 到状态 II (p_0, V_2, T_2), 由于在放气过程中瓶内空气来不及与外界进行热交换, 故该过程是绝热过程. V_2 为储气瓶体积, V_1 为保留在瓶中这部分气体在状态 I (p_1, T_0) 时的体积. 放气后由于瓶内气压下降, 温度也由 T_0 下降到了 T_2, 因此放气后瓶内空气又从外界吸收热量而使其温度上升, 同时瓶内气压也上升. 当瓶内温度与室温 T_0 一致时, 瓶内气压将趋于稳定. 此时瓶内气压为 p_2 ($p_2 = p_0 + p_{2\text{示}}$, $p_{2\text{示}}$ 为此时仪表显示的气压差值), 气体处于图 11-3 中状态 III (p_2, V_2, T_0), 从状态 II 到状态 III 的过程是等容过程.

图 11-3　实验过程示意图

　　研究对象是放气后瓶内的那部分气体, 这部分气体占放气前瓶内的大部分(不是全部). 循环过程如图 11-4 所示.

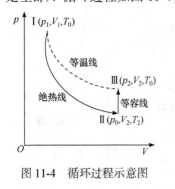

图 11-4　循环过程示意图

气体(研究对象)在状态 I 时压强为 p_1, 温度为 T_0, 而放气后压强降为 p_0(大气压), 温度降为 T_2, I 到 II 的过程是绝热过程, 利用热力学过程的绝热方程可得

$$p_1^{\gamma-1} T_0^{-\gamma} = p_0^{\gamma-1} T_2^{-\gamma}$$

可整理为

$$\left(\frac{p_1}{p_0}\right)^{\gamma-1} = \left(\frac{T_2}{T_0}\right)^{-\gamma} \tag{11-6}$$

　　II 到 III 的过程是等容过程, 在这一过程中瓶内气温又从 T_2 升到环境温度 T_0, 气压上升到 p_2. 根据等容过程的状态方程, 有

$$\frac{T_0}{T_2} = \frac{p_2}{p_0} \tag{11-7}$$

　　由式(11-6)和式(11-7)可得

$$\left(\frac{p_1}{p_0}\right)^{\gamma-1}=\left(\frac{p_2}{p_0}\right)^{\gamma}$$

两边取对数得

$$\gamma=\frac{\ln p_1-\ln p_0}{\ln p_1-\ln p_2} \tag{11-8}$$

由于压强的变化相对于大气压变化较小，整理得

$$\gamma=\frac{\Delta p_1}{\Delta p_1-\Delta p_2} \tag{11-9}$$

　　根据式(11-9)，只要测出瓶内气体在绝热膨胀前的压强 p_1 相对于大气压的变化量 Δp_1($\Delta p_1=p_{1示}$)，放气后经等容吸热回升至 T_0 时的压强 p_2 相对于大气压的变化量 Δp_2($\Delta p_2=p_{2示}$)，可计算出空气的比热容比 γ.

　　2)方法二：振动法

　　实验仪结构示意如图 11-5 所示，振动物体小球的直径比细管直径略小，它能在管中上下移动，细管的截面积为 A，气体由进气阀注入到容器中，容器的容积为 V. 小球的质量为 m，半径为 r，当容器内压力 p 满足下面条件时，小球处于力平衡状态，这时 $p=p_L+\dfrac{mg}{A}$，式中 p_L 为大气压力. 为了补偿由于空气阻尼引起振动物体振幅的衰减，通过进气阀一直注入一个小气压的气流，在精密的细管中央开设有一个小孔. 当振动物体处于小孔下方的半个振动周期时，注入气体使容器的内压力增大，引起物体向上移动，而当物体处于小孔上方的半个振动周期时，容

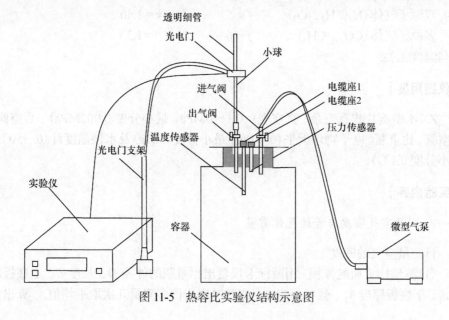

图 11-5　热容比实验仪结构示意图

器内的气体将通过小孔流出，使物体下沉. 以后重复上述过程，只要适当控制注入气体的流量，物体就能在细管的小孔上下做简谐振动，振动周期可利用光电计时装置来测得.

若物体偏离平衡位置一定距离 x，则容器内的压力变化 $\mathrm{d}p$，物体的运动方程为

$$m\frac{\mathrm{d}^2x}{\mathrm{d}t} = -A\mathrm{d}p$$

因为物体振动过程相当快，所以可以看作绝热过程，绝热方程

$$pV^\gamma = 常数$$

于是有

$$m\frac{\mathrm{d}^2x}{\mathrm{d}t^2} = -\frac{\gamma pA^2}{V}x, \quad T = 2\pi\sqrt{\frac{mV}{\gamma pA^2}}$$

或比热容比

$$\gamma = \frac{4\pi^2 mV}{pA^2T^2} \tag{11-10}$$

式(11-10)中各量均可方便测得，因而可算出 γ 值. 由气体运动论可以知道，γ 值与气体分子的自由度数有关，对单原子气体(如氩)只有 3 个平均自由度，双原子气体(如氢)除上述 3 个平均自由度外还有 2 个转动自由度.对多原子气体，则具有 3 个转动自由度，比热容比 γ 与自由度 f 的关系为 $\gamma = \dfrac{f+2}{f}$，理论上得出

单原子气体(Ar，He)	$f=3$	$\gamma=1.67$
双原子气体(N_2，H_2，O_2)	$f=5$	$\gamma=1.40$
多原子气体(CO_2，CH_4)	$f=6$	$\gamma=1.33$

且与温度无关.

【仪器用具】

ZX-1 型旋片式真空泵、真空表($-0.1\sim0$MPa，最小分度 0.002MPa)、真空阀、真空管、比重瓶、电子物理天平($0\sim1$kg，最小分度 0.01g)及水银温度计($0\sim50$℃，最小分度 0.1℃).

【实验内容】

1. 测量空气密度与普适气体常量

1)测量空气的密度

(1)测量比重瓶的体积. 用游标卡尺量出比重瓶的外径 D、长度 L、上底板厚度 δ_1、下底板厚度 δ_2、侧壁厚度 δ_0(侧壁厚度应该多测量几次取平均值)，算出比

重瓶的体积 V.

(2)将比重瓶开关打开，放到电子物理天平上称出空气和比重瓶总质量 m_1，然后将其平放在桌面上，瓶口与真空管相接，参考图 11-2.

(3)将真空阀打开，插上真空泵电源，打开真空泵开关(打开开关前应检查真空泵油位是否在油标中间位置)，待真空表读数非常接近-0.1MPa 时(只需要等几分钟即可)，先关上比重瓶开关，再关上真空阀，最后才关闭真空泵(顺序千万不能弄错，否则真空泵中的油可能会倒流入比重瓶中).

(4)将比重瓶从真空管中拔下来，注意这个过程应该缓慢进行，防止外界空气突然进入真空管中把真空表的指针打坏.

(5)将比重瓶放到电子物理天平上称出比重瓶的质量 m_0，算出气体质量，由公式 $\rho = \dfrac{m_1 - m_0}{V}$ 算出环境空气密度.

(6)由水银温度计读出实验室温度 t(℃)，由公式 $\rho_n = \rho(1 + \alpha t)$ 算出标准状态下空气的密度，与理论值比较.

2)测定普适气体常量 R

(1)用水银温度计测量环境温度 t_1(℃).(此实验过程较长，环境温度可能发生变化，应该测出实验始末温度取平均值.)

(2)在实验内容 1)的基础上，将比重瓶与真空管重新连起来，打开比重瓶开关，真空表读数变到-0.1MPa 到-0.09MPa 之间，由于比重瓶与真空管接口处没有严格密封，所以存在缓慢漏气，整个系统的压强会缓慢降下来，等降到-0.09MPa时，迅速关闭比重瓶开关，缓慢地将比重瓶拔下来.

(3)称出比重瓶在-0.09MPa 的质量 m_1.

(4)再将比重瓶与真空管相连，打开比重瓶开关，真空表读数变为-0.09MPa到-0.08MPa 之间，同样等到压强降为-0.08MPa 之后缓慢拔下比重瓶称出此时质量.

(5)同步骤(2)、(3)、(4)一样测出真空表读数分别为-0.07MPa、-0.06MPa、-0.05MPa、-0.04MPa、-0.03MPa、-0.02MPa、-0.01MPa、0MPa 时的质量.

(6)测量环境的温度 t_2(℃).

(7)作出 p'-m_1 图，拟合出直线的斜率 $k = \dfrac{RT}{MV}$，算出普适气体常量的值.

2. 测定空气比热容比

1)必做

(1)根据图 11-2 所示连接实验仪器，并检查气阀的密闭性.打开出气阀、进气阀，使玻璃储气瓶与大气相通一段时间.将仪器显示的气压差数调零(注意仪器显示的是储气瓶内气压与大气压 p_0 的差).

(2)关闭出气阀,用打气球向瓶内充气,瓶内气压上升,瓶中空气的温度也上升. 当瓶内气压比大气压高 5k~6kPa 时(瓶内气压与大气压之差由比热容比测定仪上显示),关闭进气阀. 这时瓶内气温略高于环境温度,当瓶内气温与环境温度相同时,记下仪器气压差显示值 $p_{1示}$.

(3)打开出气阀,听到放气声,当仪器显示的气压差值为 0 时,迅速关闭出气阀. 当瓶内温度上升到室温 T_0 时,瓶内气压趋于稳定. 记下这时仪器显示的气压差值 $p_{2示}$.

(4)重复上述过程 3~5 次.

注意:

(1)状态Ⅰ的记录要注意向瓶内压入空气后关闭进气阀,等气压稳定后(即容器内温度下降到室温时)才读出 $p_{1示}$. 实际上只要等 $p_{1示}$ 值稳定即可读出.

(2)放气的过程应该特别小心,打开出气阀后,瓶内空气达到大气压时应立即关闭出气阀.

(3)状态Ⅲ的压强 $p_{2示}$ 要等到容器内气温达到室温时记录瓶内气压,实际上只要等 $p_{2示}$ 值稳定即可读出.

(4)关、开气阀时应用手扶住玻璃阀门,以防折断.

2)选做

(1)按如图 11-5 所示连接好所有的电缆线,调节好万向光电门的位置.

(2)打开进气阀、出气阀,接通气泵电源,待储气瓶内注入一定压力的气体后,玻璃管中的钢球开始向管子上方移动,此时应调节好进气量的大小,使钢球在玻璃管中以小孔为中心上下振动,振幅约为 12cm.

(3)反复按"功能"键选择测量的周期数 10 个(或 20 个),计时器就会开始计时至 10 个周期(或 20 个周期)时停止计时,计时表显示的数字为振动 10 个周期(或 20 个周期)的时间 t. 重复测量 8 次. 计算振动周期 T.

(4)用游标卡尺和天平分别测出细管的内径 d 和小球的质量 m(细管的内径 d = 9.78mm,小球质量 m = 3.53g).

(5)测量容器的容积为 $V(V = 0.008530\text{m}^3)$.

(6)求 $p = p_L + mg/A$ ($p_L = 1.013 \times 10^5 \text{Pa}$, $A = 7.36 \times 10^{-5}\text{m}^2$).

(7)求空气比热容比 $\gamma = \dfrac{4\pi^2 mV}{pA^2T^2}$.

【实验数据及处理】

(为了保证数据的有效性,每种情况的测量数据必须达到 5 组以上,学生自己设计数据记录表.)

(1)测量空气的密度并分析实验误差.

(2)测定普适气体常量 R 并分析实验误差.

(3)测定空气比热容比.

【思考讨论】

(1)将用振动法和空气比热容比测定仪测得的空气比热容比的误差进行比较.

(2)用经典统计处理和量子统计处理方法简单描述理想气体系统的比热容的理论表示.

(3)列举说明普适气体常量在研究中的应用.

【探索创新】

查询文献资料,自己设计一种空气比热容比的测定方法,比如绝热膨胀声速测量法等.

【拓展迁移】

[1] 刘文,杜东豫,郭辰霖,等. 线上空气比热容比测定实验效果分析[J]. 西安文理学院学报(自然科学版),2021,24(2):125-128.

[2] 杨琴,张海军. 空气比热容比的实验测量方法的比较探讨[J]. 大学物理实验,2020,33(6):47-50.

[3] 张武儒,崔亦飞. 一种测量空气比热容比的实验方法[J]. 大学物理,2005,(7):60-62.

[4] 刘旭辉. 空气比热容比的振动法测量研究[J]. 湖南科技学院学报,2014,35(5):39-42.

【主要仪器介绍】

真空表、真空泵、AD590 电流型集成温度传感器、PT14 扩散硅压力传感器.

1. 真空系统

气压低于一个标准大气压(约 10^5Pa)的空间,统称为真空. 其中,按气压的高低,通常又可分为粗真空($10^5 \sim 10^3$Pa)、低真空($10^3 \sim 10^{-1}$Pa)、高真空($10^{-1} \sim 10^{-6}$Pa)、超高真空($10^{-6} \sim 10^{-12}$Pa)和极高真空(低于10^{-12}Pa)五部分. 其中在物理实验和研究工作中经常用到的是低真空、高真空和超高真空三部分.

用以获得真空的装置总称真空系统. 获得低真空的常用设备是机械泵;用以测量低真空的常用器件是热偶规、真空表等.

1)真空表

大气压：地球表面上的空气柱因重力而产生的压力. 它和所处的海拔高度、纬度及气象状况有关.

差压(压差)：两个压力之间的相对差值.

绝对压力：介质(液体、气体或蒸汽)所处空间的所有压力.

负压(真空表压力)：如果绝对压力和大气压的差值是一个负值，那么这个负值就是负压力，即负压力 = 绝对压力 − 大气压 < 0.

2)旋片式机械泵工作原理

如图 11-6 所示，旋片式真空泵主要部件为圆筒形定子、偏心转子和旋片.

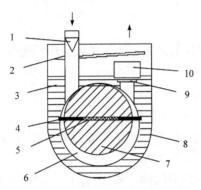

图 11-6　旋片式真空泵结构图

1. 滤网；2. 挡油板；3. 真空泵泵油；4. 旋片；
5. 旋片弹簧；6. 空腔；7. 转子；8. 油箱；
9. 出气阀；10. 弹簧板

偏心转子绕自己中心轴逆时针转动，转动中定子、转子在 B 处保持接触，旋片靠弹簧作用始终与定子接触. 两旋片将转子与定子间的空间分隔成两部分. 进气口 C 与被抽容器相连通. 出气口装有单向阀. 当转子由图 11-7(a)状态转向图 11-7(b)状态时，空间 S 不断扩大，气体通过进气口被吸入；转子转到图 11-7(c)位置，空间 S 和进气口隔开；转到图 11-7(d)位置以后，气体受到压缩，压强升高，直到冲开出气口的单向阀，把气体排出泵外. 转子连续转动，这些过程就不断重复，从而把与进气口相连通的容器内的气体不断抽出，达到真空状态.

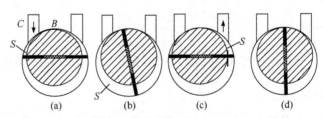

图 11-7　旋片式真空泵工作原理

2. AD590 集成温度传感器

$K = 1\mu A/℃$，I_0 值从 273～278μA 略有差异. AD590 输出的电流 I 可以在远距离处通过一个适当阻值的电阻 R，转化为电压 U，由公式 $I = U/R$ 算出输出的电流，从而算出温度值. 若串接 5kΩ 电阻后，可产生 5mV/℃ 的信号电压，接 0～2V 量程四位半数字电压表，最小可检测到 0.02℃ 温度变化. 测温范围为−50～

150℃. 当施加 + 4～+ 30V 的激励电压时，这种传感器起恒流源的作用，其输出电流与传感器所处的温度呈线性关系. 如用摄氏度 t 表示温度，则输出电流为 $I = Kt + I_0$.

3. 扩散硅压力传感器

扩散硅压力传感器是把压强转化为电信号，最终由同轴电缆线输出信号，与仪器内的放大器及三位半数字电压表相接. 它显示的是容器内的气体压强大于容器外环境大气压的压强差值. 当待测气体压强为 p_0 + 10.00kPa 时，数字电压表显示为 200mV，仪器测量气体压强灵敏度为 20mV/kPa，测量精度为 5Pa. 可得测量公式

$$p_1 = p_0 + U/2000$$

其中，电压 U 的单位为 mV，压强 p_1、p_0 的单位为 10^5Pa.

实验 12　热功当量的测定

【背景、应用及发展前沿】

热功当量是热量与功相互转换的数量关系，即 1cal[①]的热量与 1J 的功之间的数量关系，它是能量的转换与守恒定律的表现. 物理学家焦耳于 1840～1879 年间进行了大量的实验，他精确地测量证明：要使一个系统的热运动状态发生变化(如温度升高)，不仅可以通过加热的方式，还可以通过做功的方式；如果要使系统通过这两种不同的方式发生同样大小的温度变化，则所做的功和吸收的热量之间总是存在着确定的当量关系，即做功和传热具有等效性.

在此设计出一种新的测量热功当量的实验方法. 通过该实验，加深对功-热转换的认识.

【实验目的】

(1)掌握热功当量测量的方法.

(2)测量热功当量.

【实验原理】

根据热力学第一定律，系统与外界交换的热量 Q、功 A 和系统的内能变化量 ΔU 之间满足

$$\Delta U = Q - A \tag{12-1}$$

式中，系统从外界吸收热量 Q 为正，系统对外放热 Q 为负；系统对外做功 A 为正，外界对系统做功 A 为负；系统内能增加 ΔU 为正，系统内能减小 ΔU 为负.

对系统输入一定量的电功，使系统的内能增加 ΔU，并对外界放出热量 q. 则有

$$|-A| = \frac{U^2 \Delta t}{R} = |J(\Delta U - q)| = J|(\Delta U - q)| \tag{12-2}$$

式中，q 的单位为 cal，为系统向外界放出的热量；ΔU 的单位为 cal，为系统内能的增量；A 的单位为 J，为外界对系统做的功. 热功当量 J 的单位为 J/cal. 通常，$|(\Delta U - q)| = \Delta U - q$.

设系统的热容量为 C，则系统的内能增量为 $\Delta U = C\Delta T$. ΔT 为系统的温度变化.

---

① 1cal = 4.1868J.

则式(12-2)可变为

$$\frac{U^2 \Delta t}{R} = J(C\Delta T - q) \tag{12-3}$$

虽然系统对外界的散热量随系统的温度而变化，但由于系统与环境的温度差较小，系统的温度变化范围也较小，可以认为在相等的时间 Δt 内系统与外界的换热量 q 相等. 由式(12-3)可见，只要改变加热器输入的电压 U，测出系统的温度变化 ΔT，就可测出热功当量 J.

若在 Δt 时间内，加热器的输入电压为 U_1，系统的温度变化为 ΔT_1，由式(12-3)可得

$$\frac{U_1^2 \Delta t}{R} = J(C\Delta T - q) \tag{12-4}$$

若在 Δt 时间内，加热器的输入电压为 U_2，系统的温度变化为 ΔT_2，由式(12-3)可得

$$\frac{U_2^2 \Delta t}{R} = J(C\Delta T_2 - q) \tag{12-5}$$

由式(12-4)、(12-5)可得热功当量 J 为

$$J = \frac{\Delta t(U_2^2 - U_1^2)}{CR(\Delta T_2 - \Delta T_1)} \tag{12-6}$$

【仪器用具】

直流稳压电源、天平、秒表、温度计、电压表、欧姆表、量热器、加热丝等.

【实验内容】

1. 测量系统设计

设计一个测量系统如图 12-1 所示，在量热器的内筒中加入一定量的水，用一电热丝对水加热，用搅拌器对水进行搅拌，使水的温度均匀，并观察水的温度变化情况.

2. 测量内容及方法

用天平测量出系统各部分的质量 m_i，查出系统各部分的比热容 c_i，则系统的热容量 C 为

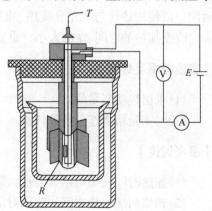

图 12-1　热功当量实验原理图

$$C = c_1 m_1 + c_2 m_2 + c_3 m_3 + c_4 m_4 + 1.9\delta V \tag{12-7}$$

δV 为温度计浸入水中的体积，单位为 cm³，可用小量桶测出，测量数据见表 12-1.

表 12-1　热容量的测定

$m_水$	$m_铝$	$m_铁$	$m_铜$	δV

由资料查得：水的比热容为 $c_水 = 0.998\mathrm{cal}/(\mathrm{g \cdot K})$，铝的比热容为 $c_铝 = 0.210\mathrm{cal}/(\mathrm{g \cdot K})$，铜的比热容为 $c_铜 = 0.0909\mathrm{cal}/(\mathrm{g \cdot K})$，铁的比热容为 $c_铁 = 0.108\mathrm{cal}/(\mathrm{g \cdot K})$. 由式(12-7)可求得系统的热容量.

可以取加热时间 $\Delta t = 120\mathrm{s}$，每次加热停止时间为 3min. 即在某一电压时，加热时间 Δt 后，断开电源，等待 3min，读取系统的温度变化 ΔT；重复操作，多次测量，取平均值. 再改变电压值，进行下一组数据的测量. 测量数据见表 12-2.

表 12-2　加热过程的实验数据

测量次数 n	1	2	3	4	5
输入电压 U/V					
系统温度变化 ΔT/℃					

用欧姆表测出加热器的电阻 R，用电压表测出在 Δt 时间内加在加热器两端的电压 U，用温度计测出系统的温度变化 ΔT，用秒表测出时间 Δt. 改变电压 U，重复测量. 由式(12-6)就可求出热功当量 J.

注意：要保证每次加热的时间 Δt 相同，在每个 Δt 之间要让加热器停止一段时间，以使加热丝与水充分换热. 电压的改变量大一点，让温度变化明显一点.

改变加热的时间 Δt 的大小，重复测量一次.

【实验数据及处理】

(1)求出热功当量值.

(2)对实验结果作分析和评价.

【思考讨论】

(1)加热时间长短对结果有什么影响？

(2)相邻两次加热之间的时间对结果会有什么影响？

(3)水的初温选择对结果有什么影响？

(4)水的质量大小对结果有什么影响？

(5)本实验中，环境温度对实验的结果有什么影响？

【探索创新】

根据实验的操作、研究，提出本实验的新思想、新的实验方法等.

【拓展迁移】

[1] 任亚杰，姚进斌. 热功当量的测定[J]. 周口师范学院学报，2003，20(2)：70-72.

[2] 何建勋，唐芳. 电热法测热功当量实验数据处理方法[J]. 物理实验，2018，38(10)：54-58.

[3] 蔡晨，李朝荣，李英姿，等. 电热法测量热功当量实验的新探究[J]. 大学物理，2016，35(5)：53-56.

[4] 代伟，李骏，陈太红，等. 电热法测热功当量实验的改进[J]. 西华师范大学学报(自然科学版)，2011，32(1)：95-98.

实验 13 冰的熔化热的测定

【背景、应用及发展前沿】

物质从固相转变为液相的相变过程称为熔解. 晶体在熔解过程中虽吸收能量, 但其温度却保持不变. 在一定的压强下, 单位质量物质在从固相转变为同温度的液相的过程中所吸收的热量, 称为该晶体的熔化热.

温度测量和量热技术是热学实验中的最基本的问题, 冰的熔化热的测量则是大学物理实验中的经典项目之一.

冰的熔化热在很多现代技术的应用中都能找到其身影. 比如食品研究中常利用冰的熔化热来测量自由水的含量; 应对冰雪灾害以及冰川融化等问题时, 需对冰和水的基本参数进行研究等.

【实验目的】

(1) 了解混合量热法的原理, 掌握用混合量热法测定冰的熔化热.

(2) 学会用图解法估计和消除系统散热损失的修正方法.

(3) 学会用电加热法测定冰的熔化热.

(4) 学习电加热法实验过程中消除测量系统热散失的方法.

【实验原理】

1. 混合法测冰的熔化热

在一个由高温物体和低温物体组成的绝热系统中, 高温物体放出的热量等于低温物体吸收的热量. 本实验将一定量的冰放在一定量的水中, 由水温的变化来求得冰的熔化热. 量热器的设计使实验系统粗略接近绝热系统.

设量热器内筒中, 系统温度为 T_1, 其中热水质量为 m_1 (比热容为 c_1), 内筒的质量为 m_2 (比热容为 c_2), 搅拌器的质量为 m_3 (比热容为 c_3). 冰的温度和冰的熔点均认为是 0℃, 设为 T_0. 数字温度计浸入水中的部分放出的热量忽略不计. 将质量为 M 的冰放入量热器内筒中, 设混合后系统达到热平衡的温度为 T_2 (此时应低于室温 10℃左右), 冰的熔化热由 L 表示. 对孤立系统, 系统所放出的热量等于系统达到热平衡所吸收的热量, 即

$$ML + Mc_1(T_2 - T_0) = (m_1c_1 + m_2c_2 + m_3c_3)(T_1 - T_2) \tag{13-1}$$

因 $T_0 = 0$, 所以冰的熔化热为

$$L = \frac{(m_1c_1 + m_2c_2 + m_3c_3)(T_1 - T_2)}{M} - T_2c_1 \tag{13-2}$$

保持实验系统为孤立系统是混合量热法所要求的基本实验条件. 为此整个实验在量热器内进行, 但由于实验系统不可能与环境温度始终一致, 因此不满足绝热条件, 可能会吸收或散失能量. 所以当实验过程中系统与外界的热量交换不能忽略时, 就必须作一定的散热修正, 将系统的温度 T_1 和 T_2 修正为 T_1' 和 T_2', 图解修正法如下.

在温度-时间(T-t)图上, 如图 13-1 所示, AB 线段表示未投入冰块前, 量热器向周围散热时水的自然冷却曲线, 它近似为一条直线. B 点的温度为投入冰块时水的初温 T_1, BCD 曲线表示投入冰块后水的温度变化曲线. 设 C 点的温度为室温, D 点的温度为冰块熔化完毕量热器中水的中温 T_2, DE 段表示冰熔化后由于量热器向周围介质吸热而使水温升高的曲线, 它也近似为一条直线.

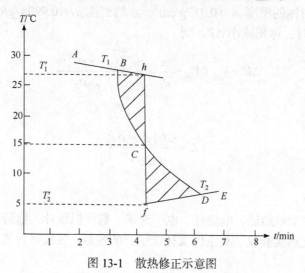

图 13-1　散热修正示意图

过 C 点作横坐标的垂直线, 它和 AB 的延长线交于 h, 和 DE 的反向延长线交于 f, 根据牛顿冷却定律, 一个系统的温度 T 高于环境温度 θ, 它就要散失热量. 实验证明: 当二者温度差较小时(不超过 $10\sim15℃$), 系统的散热速率与温度差成正比, 用数学形式表示为

$$\frac{\mathrm{d}Q}{\mathrm{d}t} = K(T - \theta) \tag{13-3}$$

式中, K 为常数, 它与量热器表面积、表面情况和周围环境等因素有关.

由式(13-3)可得, 图 13-1 中面积 BCh 与系统向环境散热量有关, 面积 CDf 与系统自环境吸热量有关. 当面积 BCh 等于面积 CDf 时, 可以将 h 点对应的温度记

为 T_1'，f 点对应的温度记为 T_2'. 所以，修正后的冰的熔化热表示为

$$L = \frac{(m_1c_1 + m_2c_2 + m_3c_3)(T_1' - T_2')}{M} - T_2'c_1 \tag{13-4}$$

2. 电加热法测冰的熔化热

将一定量的冰水混合物装在保温瓶中，给浸没在冰水中的电阻丝通以电流 I，设电阻丝两端的电势差为 U，则在 t 时间内，供给冰水混合物的热量 Q 等于

$$Q = UIt \tag{13-5}$$

若热量 Q 全部用来使质量为 m 的冰熔化为水，则冰的熔化热 L 为

$$L = \frac{Q}{m} \tag{13-6}$$

已知，在 $0℃$ 时冰的密度 $\rho_1 = 0.917\text{g/cm}^3$，水的密度 $\rho_2 = 0.99987\text{g/cm}^3$，质量为 m 的冰熔化为水时，体积减小 ΔV，则

$$\Delta V = V_{冰} - V_{水} = \frac{m}{\rho_1} - \frac{m}{\rho_2} = \frac{(\rho_1 - \rho_2)m}{\rho_1\rho_2} \tag{13-7}$$

所以

$$L = \frac{UIt(\rho_1 - \rho_2)}{\rho_1\rho_2\Delta V} \tag{13-8}$$

【仪器用具】

BDI-302A 型量热器、电热杯、电子天平、数字温度计、量筒、停表等；YJ-HB-II 冰的熔化热实验仪、真空保温杯、密封的容器、橡胶密封塞、移液管等.

【实验内容】

1. 混合法测冰的熔化热

(1)电热杯装上水，将水烧热备用.

(2)将内筒擦干净，用天平称出其质量 m_2. (搅拌器质量 m_3 数据已提供)

(3)内筒中装入适量的水(比室温高 15℃，占内筒容积的 2/3)，用天平称得内筒和水的质量为 $m_2 + m_1$.

(4)记录室温 θ. 将内筒置于量热器中，盖好盖子，插好搅拌器和温度计，开始计时并轻轻上下搅动量热器中的水，观察热水的温度变化，每隔 30s 记录一次水温，直到温度稳定，记录稳定的初始温度 T_1.

(5)初始温度记录后马上从冰箱中取出预先备好的冰块(3~6 块)，用毛巾将冰上所沾水珠吸干，小心地放入量热器中.

(6)用搅拌器轻轻上下搅动量热器中的水，仍每隔半分钟记录一次水温. 当系统出现最低温 T_2(℃)时，说明冰块完全熔解，系统基本达到热平衡，再记录回升温度 3~5 个点.

(7)将内筒拿出，用电子天平称出内筒和水的质量 $m_2 + m_1 + M$.

2. 电加热法测冰的熔化热

(1)将敲得很细的冰(可用刨冰机制作)和 0℃的水充分混合，灌满容器并密封，使毛细管和移液管中水上升到刻度线以上，然后将密封的容器放入真空保温杯中，并用漏斗和小杯迅速往真空保温杯中加入冰水混合物，直至完全覆盖密封的容器.

(2)将与注射器活塞相连的调节螺钉调节到适当位置(基本到底)，用橡胶管连接好移液管与注射器，调节与注射器活塞相连的调节螺钉使移液管Ⅰ中水面的位置处在 0.000mL，移液管Ⅱ中水面处在某一刻度位置并记下.

(3)由于保温瓶中的冰水混合物会从杯盖吸收热量，冰慢慢熔化，要随时观察移液管Ⅰ和移液管Ⅱ中水面的位置，当液面位置发生变化时，缓慢调节与注射器活塞相连的调节螺钉，使移液管Ⅱ内的液面保持在原来的位置. 在通电前每隔 1min 观察 1 次移液管Ⅰ中水面的刻度变化量 Δl，连续记录数据 5 次以上，当每分钟液面刻度变化量 Δl 基本相等时，记录其每分钟液面刻度变化量 Δl.

(4)按下加热开关,同时按启动按钮,每分钟记录一次移液管Ⅰ中水面位置(注意：当移液管Ⅱ液面位置发生变化时，应缓慢调节与注射器活塞相连的调节螺钉，使移液管Ⅱ内的液面保持在原来的位置)，同时观察电流、电压值有无变化并记录.

(5)通电 6min 后断电，继续记录直到移液管Ⅰ中水面的位置为 V，当每分钟下降量与加热前一致时即可停止记录.

【实验数据及处理】

1. 混合法测冰的熔化热

(1)质量的测量.

已知参数：水的比热容 c_1 = 4.186×10³J/(kg · ℃)，内筒(铁)的比热容为 c_2 = 0.448 × 10³J/(kg · ℃)，搅拌器 (铜)的比热容为 c_3 = 0.38×10³J/(kg · ℃)，搅拌器的质量为 m_3 = 6.24g，冰的熔化热参考值 L = 3.335×10⁵J/kg.

表 13-1　质量的测量结果

项目	测量结果/g	比热容
内筒质量 m_2		
内筒 + 水质量 $m_2 + m_1$		
加冰后总质量 $m_2 + m_1 + M$		
水的质量 m_1		

(2)水温的测量.

表 13-2　水温的测量记录表

时间 t/min									
温度 T/℃									
时间 t/min									
温度 T/℃									
时间 t/min									
温度 T/℃									

$$T_1 = \underline{\hspace{3cm}}, \quad T_2 = \underline{\hspace{3cm}}, \quad \theta = \underline{\hspace{3cm}}$$

(3)作 T-t 图,并用图解法求修正温度 T_1', T_2'.
把数据代入式(13-4)计算冰的熔化热 L,并计算 L 的相对误差.

2. 电加热法测冰的熔化热

请学生自己依据实验内容设计数据记录表格并记录数据.
(1)求冰的熔化热 L.
(2)计算 L 的相对误差.

【思考讨论】

(1)为什么冰和水的质量要有一定的比例? 如果冰过多,会产生什么影响?
(2)冰块投入保温杯时,若冰块外尚附有水层,这对实验结果有何影响?
(3)怎样保证电加热法实验在恒压的条件下进行?
(4)如何在电加热法实验中消除系统散热的影响?

【探索创新】

混合法测冰的熔化热实验中控制好水与冰的质量比,对实验结果的影响比较明显. 同学们可以尝试设计实验过程，对不同的冰水质量比进行对比分析，选择出最合适的冰水质量比范围. 用电加热法测冰的熔化热实验的关键在于保证恒压条件和方便准确地测量出冰熔化为水时体积减小量 ΔV. 请学生广泛查阅资料，看看还有什么方法可以测量冰的熔化热.

【拓展迁移】[①]

[1] 何彦雨，赵雪晴，朱子怡，等. 冰的熔解热测定的实验改进[J]. 物理与工程，2017，27(3)：67-71.

[2] 黄嘉泰，文小青，王瑾，等. 冰的熔解热测量装置的改进[J]. 物理与工程，2020，30(6)：23-27.

[3] 邓小辉，汪新文. 非绝热情况下冰的溶解热的测定[J]. 衡阳师范学院学报，2013，(6)：27-29.

[4] 黄勇，高青，马纯强，等. 道路融雪化冰过程冰层的热融特性[J]. 吉林大学学报工学版，2010，40(2)：391-396.

【主要仪器介绍】

1. 混合法测冰的熔化热

量热器的结构如图 13-2 所示.

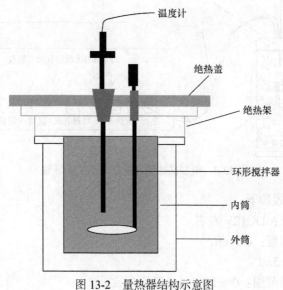

图 13-2　量热器结构示意图

---

① 文献中的熔解热、溶解热应为熔化热.

主要技术参数如下.

(1)温度计量程：–10.0～100.0℃.

(2)停表读数精度：0.01s.

(3)电子天平读数精度：0.1g.

注意事项：

(1)冰块投入量热器内筒前必须先用毛巾吸干冰上面的水.

(2)实验中，不要用手握量热器，也不能随便打开量热器的盖子.

(3)尽量迅速完成实验.

2. 电加热法测冰的熔化热

实验装置如图 13-3 所示，由真空保温杯、密封的容器、橡胶密封塞、加热器、加热电缆、移液管等组成.

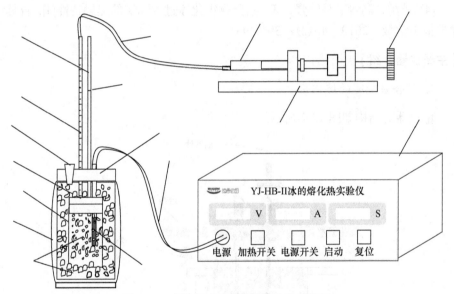

图 13-3　电加热法测冰的熔化热实验装置

主要技术参数如下.

(1)加热电压：DC12V 左右.

(2)移液管精度：0.01mL.

(3)注射器：5mL.

(4)电流测量范围：0～1.999A，三位半数显.

(5)电压测量范围：0～19.99V，三位半数显.

(6)计时范围：0～99 分 59.9 秒. 计时精度：0.1s.

注意事项：

(1)往真空保温杯中加入冰水混合物时，注意不要与透明有机玻璃盖接触.

(2)每次实验前，需仔细检查毛细管和移液管与有机玻璃盖的密封情况，如有漏气，必须用硅胶进行密封.

(3)加热器不可离开水面加热.

实验 14　电热法测量固体的比热

【背景、应用及发展前沿】

一定质量的物质在温度升高时，所吸收的热量与该物质的质量和升高的温度乘积之比，称为该物质的比热容(比热)，用符号 c 表示. 其国际单位制中的单位是焦耳每千克开尔文[J/(kg·K)]或焦耳每千克摄氏度[J/(kg·℃)]. J 是指焦耳，K 是指热力学温标，即 1kg 的物质的温度上升(或下降)1K 所需的能量.

18 世纪，由苏格兰的物理学家兼化学家约瑟夫·布莱克提出了比热容，用来表示物质热性质的物理量，创立了测定热量的方法——量热术.

不同的物质有不同的比热容，比热容是物质的一种特性，因此，可以用比热的不同来(粗略地)鉴别不同的物质(注意有部分物质比热相当接近).

比热容反映了物质的一种特性，在工农业生产中都有广泛的应用. 因此，本实验研究有着非常重要的应用价值. 典型的应用如利用水的比热容大的特点，对恒温系统进行冷却，即水冷却系统.

【实验目的】

(1)掌握基本的量热方法——电热法.
(2)测量金属的比热容.

【实验原理】

电热法是测量液体比热容常使用的方法，其优点是能够消除跟环境热交换带来的影响，使测量结果准确度提高.

如图 14-1 所示，在量热器中加入质量为 m 的待测物，并加入质量为 m_0 的水，如果加在加热器两端的电压为 U，通过电阻的电流为 I，通电时间为 τ，则电流做功为

$$A = UI\tau \tag{14-1}$$

如果这些功全部转化为热能，使量热器系统的温度从 t_1℃升高至 t_2℃，则下式成立：

$$UI\tau = (mc + m_0 c_0 + m_1 c_1 - \omega c_0)(t_2 - t_1) \tag{14-2}$$

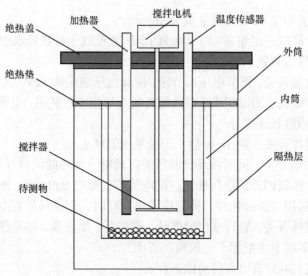

图 14-1 量热器示意图

式中，c 为待测物的比容，c_0 为水的比热容，m_1 为量热器内筒的质量，c_1 为量热器内筒的比热容，在测量中，除了用到的水和量热器内筒外，还会有其他诸如搅拌器、温度传感器、加热器等物质参加热交换，我们把搅拌器、加热器和温度传感器等的质量用水当量 ω 表示. ω 可以由实验室给出.

由式(14-2)得待测物的比热容

$$c = \left[\frac{UI\tau}{t_2 - t_1} - m_0 c_0 - m_1 c_1 - \omega c_0 \right] / m \tag{14-3}$$

为了尽可能使系统与外界交换的热量达到最小，在实验的操作过程中就应注意以下几点：不应当直接用手去把握量热筒的任何部分；不应当在阳光直接照射下进行实验；不在空气流通过快的地方或在火炉旁或暖气旁做实验. 此外，由于系统与外界温差越大，热量在它们之间传递越快；时间越长，传递的热量越多. 因此，在进行量热实验时，要尽可能使系统与外界的温差小些，并尽量使实验进行得快些.

【仪器用具】

电热法固体比热容测定仪主机、量热器、温度计、加热器、天平(自备)、待测金属(钢珠).

【实验内容】

(1)用天平称出铝量热器内筒质量 m_1，加入一定量 m_0 (约110g)的水后，用天

平称出其总质量 M ，则水的质量 $m_0 = M - m_1$.

(2)用天平称取一定量 m（约100g）的金属颗粒放于量热器水中，如图14-1所示，安装好量热器装置.

(3)打开电源开关，调节电压调节钮，使其恒压输出约12V，再关闭电源开关.

(4)将搅拌电机、测温探头、加热器的插头与相应的插座：电缆插座Ⅰ、电缆插座Ⅱ、电缆插座Ⅲ连接好.

(5)打开搅拌开关，约1min后，记录系统温度 t_1 .

(6)打开加热开关，同时按动计时器的启动键，加热的同时开始计时.

(7)记录加热器两端的电压和流过的电流值，通电5min后，即刻关闭电源开关. 注意:断电后仍要继续搅拌，待温度不再升高时，记录其最高温度 t_2 .

(8)关闭搅拌开关，轻轻拿出温度计、搅拌器、加热器，将量热器内筒的水倒出，用备好的多层卫生纸擦干金属颗粒备用.

(9)根据式(14-3)求出金属的比热容 c .

(10)时间允许的话，重复测量1～2次，取平均值.

【实验数据及处理】

水在25℃时的比热容 c_0 为 4.173 kJ/(kg·℃)，铝在25℃时的比热容 c_1 为 0.904 kJ/(kg·℃)，本实验仪的水当量 $\omega = 6.68$g，将相关实验数据整理在表14-1中.

表 14-1　实验数据记录表

次数	M/g	m/g	m_1/g	t_1/℃	t_2/℃	U/V	I/A	τ/s	c/(J/(g · ℃))
1									
2									
3									
平均									

(1)求出待测固体的比热.

(2)对实验结果作分析和评价.

【思考讨论】

(1)为了减少系统与外界的热交换，在实验地点和操作中应注意什么？

(2)水的初温选得太高、太低有什么不好？

(3)系统的终温由什么决定的？终温太高或太低有什么不好？

(4)金属颗粒过大或过小有什么坏处？金属颗粒的质量以多大为宜？

(5)本实验中，环境温度对实验的结果有什么影响？

(6)通过实验，你认为比热在工业、农业生产中有什么用途?

【探索创新】

根据实验的操作、研究，提出本实验的新思想、新的实验方法等.

【拓展迁移】

[1] 郑新仪，张宁. 动态法测定固体比热容[J]. 物理实验，1998，18(4)：10-11.

[2] 韩修林，孙梅娟，丁智勇. 固体比热容测定实验的研究[J]. 大学物理实验，2010，23(6)：12-15.

[3] 张道清，肖世发. 固体比热容测定温度修正的改进[J]. 重庆文理学院学报（自然科学版），2008，27(4)：46-48.

[4] 汤铁群，韩修林. 牛顿冷却定律在物质比热容测定实验中的应用[J]. 安庆师范学院学报（自然科学版），2011，17(1)：119-122.

[5] 潘福东，赵子珍，张欣蕊，等. 热电法测定固体比热容实验装置[J]. 实验技术与管理，2012，29(3)：67-70.

实验 15　受迫振动与共振

【背景、应用及发展前沿】

物体在周期性外力的持续作用下发生的振动称为受迫振动，周期性外力称为驱动力，当驱动力的频率为某个特定值时，振动的振幅便达到最大值，这个现象叫做共振. 共振现象比较普遍，在声、光、无线电、原子物理以及工程技术领域都会遇到. 共振现象有其有利的一面，如在一些石油化工企业中，利用共振原理设计的音叉式液体密度传感装置检测液体密度等. 但共振现象也可以引起损害，例如机器转动时的部分不平衡将引起机器部件共振，影响加工精度等. 本仪器将音叉振动系统作为研究对象，将电磁激振线圈的电磁力作为激振力，用压电换能片作检测振幅传感器，测量受迫振动系统振动振幅与驱动力频率的关系，研究受迫振动与共振现象及其规律.

【实验目的】

(1) 研究音叉振动系统在周期外力作用下振幅与强迫力频率的关系，测量及绘制它们的关系曲线，并求出共振频率和振动系统振动的锐度(其值等于 Q 值).

(2) 音叉双臂振动与对称双臂质量关系的测量，求音叉振动频率 f(即共振频率)与附在音叉双臂一定位置上相同物块质量 m 的关系公式.

(3) 通过测量共振频率的方法，测量一对附在音叉上的物块 m_x 的未知质量.

(4) 在音叉增加阻尼力的情况下，测量音叉共振频率及锐度，并与阻尼力小的情况进行对比.

【实验原理】

1. 简谐振动与阻尼振动

常见的振动有：弹簧振子、单摆、扭摆等，在振幅较小而且在空气阻尼可以忽视的情况下，都可做简谐振动处理. 即此类振动满足简谐振动方程

$$\frac{d^2x}{dt^2} + \omega_0^2 x = 0 \tag{15-1}$$

式(15-1)的解为

$$x = A\cos(\omega_0 t + \phi) \tag{15-2}$$

对弹簧振子振动圆频率 $\omega_0 = \sqrt{\dfrac{k}{m + m_0}}$，$k$ 为弹簧劲度，m 为振子的质量，m_0 为弹簧的等效质量. 弹簧振子的周期 T 满足

$$T^2 = \frac{4\pi^2}{k}(m + m_0) \tag{15-3}$$

但实际的振动系统存在各种阻尼因素，因此式(15-1)左边须增加阻尼项. 在小阻尼情况下，阻尼与速度成正比，表示为 $2\beta\dfrac{dx}{dt}$，则相应的阻尼振动方程为

$$\frac{d^2x}{dt^2} + 2\beta\frac{dx}{dt} + \omega_0^2 x = 0 \tag{15-4}$$

式中，β 为阻尼系数.

2. 受迫振动与共振

阻尼振动的振幅会随时间衰减，最后停止振动. 为了使振动持续下去，外界必须给系统一个周期变化的强迫力. 一般采用的是随时间做正弦函数或余弦函数变化的强迫力，在强迫力作用下，振动系统的运动满足下列方程：

$$\frac{d^2x}{dt^2} + 2\beta\frac{dx}{dt} + \omega_0^2 x = \frac{F}{m'}\cos\omega t \tag{15-5}$$

式中，$m' = m + m_0$ 为振动系统的质量，F 为强迫力的振幅，ω 为强迫力的圆频率.

式(15-5)为振动系统做受迫振动的方程，它的解包括两项，第一项为瞬态振动，由于阻尼存在，振动开始后振幅不断衰减，最后较快地变为零；而后一项为稳态振动的解，其为

$$x = A\cos(\omega t + \phi)$$

式中，$A = \dfrac{F/m'}{\sqrt{\left(\omega_0^2 - \omega^2\right)^2 + 4\beta^2\omega^2}}$.

当强迫力的圆频率 $\omega = \omega_0$ 时，振幅 A 出现极大值，此时称为共振. A-ω 关系如图 15-1 所示，显然 β 越小，A-ω 关系曲线的极值越大. 描述曲线陡峭程度的物理量为锐度，如图 15-2 所示，其值等于品质因数

$$Q = \frac{\omega_0}{\omega_2 - \omega_1} = \frac{f_0}{f_2 - f_1} \tag{15-6}$$

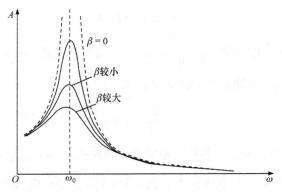

图 15-1　受迫振动位移振幅与外力频率的关系

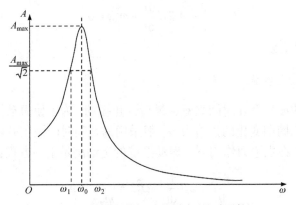

图 15-2　振动系统振动的锐度(品质因数)

3. 可调频率音叉的振动周期

一个可调频率音叉一旦起振，它将认某一基频振动而无谐频振动. 音叉的两臂是对称的，以至两臂的振动是完全反向的，从而在任一瞬间对中心杆都有等值反向的作用力. 中心杆的净受力为零而不振动，从而紧紧握住它是不会引起振动衰减的. 同样的道理，音叉的两臂不能同向运动，因为同向运动将对中心杆产生震荡力，这个力将使振动很快衰减掉.

可以通过将相同质量的物块对称地加在两臂上来减小音叉的基频(音叉两臂所载的物块必须对称). 对于这种加载的音叉的振动周期 T 由下式给出，与式(15-3)相似：

$$T^2 = B(m + m_0) \tag{15-7}$$

其中，B 为常数，它依赖于音叉材料的力学性质、大小及形状，m_0 为与每个振动臂的有效质量有关的常数. 利用式(15-7)可以制成各种音叉传感器，如液体密度传感器、液位传感器等. 通过测量音叉的共振频率可求得音叉管内液体密度或液位高度.

【仪器用具】

受迫振动与共振实验仪包括电磁激振线圈、音叉、压电换能片、阻尼片、加载质量块(成对)、支座、音频信号发生器、交流数字电压表(0～1.999V)、示波器(可共用)、电子天平(可共用)等.

【实验内容】

1. 必做实验

(1)仪器接线用屏蔽导线把低频信号发生器的输出端与激振线圈的电压输入端相接;用另一根屏蔽线将压电换能片的信号输出端与交流数字电压表的输入端连接.

(2)接通电子仪器的电源,使仪器预热 15min.

(3)测定共振频率 ω_r 和振幅 A_r.

将低频信号发生器的输出信号频率,由低到高缓慢调节(参考值约为 250Hz),仔细观察交流数字电压表的读数,当交流电压表读数达最大值时,记录音叉共振时的频率 f_0 和共振时交流电压表的读数 A_r.

(4)测量共振频率 f_0 两边的数据.

在信号发生器输出信号保持不变的情况下,频率由低到高,测量数字电压表示值 A 与驱动力的频率 f 之间的关系,注意在共振频率附近应多测几点.总共需测 16～20 个数据.

(5)绘制 A-f 关系曲线.求出两个半功率点 f_2 和 f_1,计算音叉的锐度(Q 值).

(6)在电子天平上称出不同质量块的质量值,记录测量结果.

(7)将不同质量块分别加到音叉双臂指定的位置上,并用螺丝旋紧.测出音叉双臂对称加相同质量物块时,相对应的共振频率.记录 m-f 关系数据.

(8)作周期平方 T^2 与质量 m 的关系图,求出直线斜率 B 和在 m 轴上的截距 m_0.

(9)用一对未知质量的物块 m_x 替代已知质量物块,测出音叉的共振频率,求出未知质量的物块 m_x.

2. 选做实验

(1)在音叉一臂上用双面胶纸将一块阻尼片贴在臂上,用电磁力驱动音叉.测量在增加空气阻尼的情况下,音叉的共振频率和锐度(Q 值).

(2)用示波器观测激振线圈的输入信号和压电换能片的输出信号,测量它们的相位关系.

【实验数据及处理】

（为了保证数据的有效性，每种情况的数据必须多次测量，学生自己设计数据记录表.）

(1)设计表格记录数据.

(2)绘制 A-f 关系曲线并计算 Q 值.

(3)做出 T_2-m 关系图，利用图形求出未知质量 m_x.

(4)对实验结果作分析和评价.

【思考讨论】

(1)在实验过程中如何取点才能保证 A-f 关系曲线的光滑性和符合性？

(2)为什么将不同质量块分别加到音叉双臂指定的位置上时，每次改变是将相同质量物块加在音叉双臂对称位置上？

(3)RLC 谐振实验和此实验有什么相通之处？

【探索创新】

根据基本原理设计音叉式液体密度传感器，学生根据实验的制作、研究，提出自己的新思想、新实验方法等.

【拓展迁移】

[1] 周殿清. 大学物理实验[M]. 武汉：武汉大学出版社，2002.

[2] 陈烨鑫. 受迫振动和共振现象实验的改进与创新[J]. 物理通报，2021，(1)：91-92.

[3] 李朝刚，羿世凡，彭雪城，等. 不同条件下阻尼片对音叉受迫振动的影响[J]. 大学物理，2020，39(6)：27-32.

[4] 谢玉胜. 受迫振动与共振实验装置[J]. 发明与创新（中学生），2019，(8)：47-49.

[5] 张洪，曹常芳，皮厚礼. 音叉共振式液体密度测量实验的设计与实现[J]. 物理实验，2016，36(12)：16-18.

[6] 肖禹，宿丽叔，赵士鹏，等. 共振演示实验装置的改进[J]. 中学物理教学参考，2015，44(11)：67-68.

【主要仪器介绍】

受迫振动与共振实验仪，如图 15-3 所示.

主要技术参数如下.

图 15-3　受迫振动与共振动实验仪

(1) 音叉及支架座：双臂不加负载时振动频率 250Hz 左右.

(2) 低频信号发生器：频率可调范围 40～290Hz，分辨率 0.1Hz，数字显示频率.

(3) 交流数字电压表：量程 0～1.999V，分辨率 0.001V.

(4) 压电陶瓷传感器：基板(铜)直径 27mm，压电陶瓷片直径 20mm，基片厚 0.3mm.

(5) 配对质量块 6 对：30g、25g、20g、15g、10g 和 5g.

注意事项：

(1) 请勿随意用工具将固定螺丝拧松，以避免压电换能片引线断裂；

(2) 传感器部位是敏感部位，外面有保护罩防护，使用者不可以将保护罩拆去，或用工具伸入保护罩，以免损坏传感器及引线.

实验 16　气体定律实验

【背景、应用及发展前沿】

在热学教程中有五个气体性质的实验定律，其中 1662 年玻意耳发现的玻意耳定律、1785 年查理发现的查理定律和 1802 年盖吕萨克发现的盖吕萨克定律，这三个实验定律在教学中无论是推导理想气体状态方程，还是用来求解热力学系统的有关物理问题，更为同学们所熟悉.

本实验对传统的气体定律实验装置和实验方法进行了改进，采用了现代传感器技术测量气体的压力和温度，利用恒温循环水浴加热实验气体，原理清晰、操作方便，有利于开拓学生视野，提高其综合素质.

【实验目的】

(1)了解传感器测量温度和压强的技术及其在物理实验中的应用.

(2)研究气体温度、压强和体积之间的关系.

[实验原理]

理想气体遵守气体定律和气态方程，一定质量的理想气体，在温度不变时遵守玻意耳定律

$$p_1 V_1 = p_2 V_2 = \cdots = 常数 \tag{16-1}$$

在体积不变时，遵守查理定律

$$\frac{p_1}{T_1} = \frac{p_2}{T_2} = \cdots = 常数 \tag{16-2}$$

在压强不变时，遵守盖吕萨克定律

$$\frac{V_1}{T_1} = \frac{V_2}{T_2} = \cdots = 常数 \tag{16-3}$$

以上三个定律分别描述了理想气体的等温变化、等容变化和等压变化.式中 T 为绝对温度(K)，$T(K) = 273.2 + t$，其中 t 为摄氏温度(℃).一定质量的理想气体，当 p、V、T 三个状态参量都发生变化时，则温度满足气体状态方程

$$\frac{p_1 V_1}{T_1} = \frac{p_2 V_2}{T_2} = \cdots = 常数 \tag{16-4}$$

实验系统连接如图 16-1 所示.

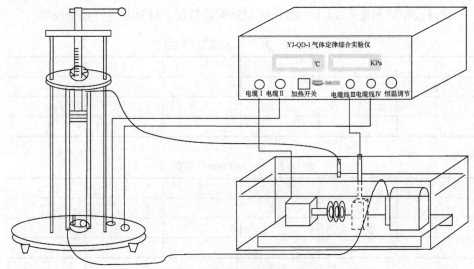

图 16-1　实验系统连接示意图

【仪器用具】

气体定律综合实验仪、实验装置、加热器和水循环电机.

【实验内容】

(1)按图 16-1 所示连接好实验仪器,并开启实验仪的电源.

(2)旋转把手使活塞处在最高位置.此时内筒中气体体积为 $V_1 = 200.0\text{cm}^3$,活塞的截面积 6.95cm². 待实验仪温度表上的示值 T_1(内筒中气体的温度)不变时,记下压力表上的压强 p_1.

(3)保持 T 不变,缓慢旋转把手使活塞下移 1.00cm,此时筒内气体的体积为 $V_2 = 200.0 - 1.00 \times 6.95 = 193.05$ (cm³),同时记下压力表上的压强 p_2.

(4)依次测量活塞每下移 1.00cm 时的体积和压强,共记录 5 次.

(5)旋转把手使活塞处于最高位置,并保持不变. 打开加热开关加热循环水,使内筒中的气体温度逐渐升高.每升高 3.0℃记录一次相应的压强,共记录 5 次.

(6)关闭加热开关停止加热,使内筒中的气体温度逐渐下降,同时缓慢旋转把手调节活塞的位置以保持压力表的示值不变(内筒中气体压强不变). 每变化 3.0℃,记录一次活塞的位置 h_1,并计算该温度下的气体体积 $V_{h1} = 200.0 - 6.95 \times h_1$,连续记录 5 次.

【实验数据及处理】

设计表格或利用表 16-1～表 16-3 记录实验数据，计算并进行相应说明.

表 16-1　　$T=$　　室温℃(不变)

	1	2	3	4	5
p					
V					
pV					

表 16-2　　$V=200.0\text{cm}^3$(不变)

	1	2	3	4	5
p					
T					
p/T					

表 16-3　　$p=$　　　　(不变)

	1	2	3	4	5
T					
V					
V/T					

【思考讨论】

(1)简单谈谈温度控制在热学实验中的重要性.

(2)实际气体和理想气体有什么不同？

(3)你还能想出其他验证气体三定律的实验方法吗？

【探索创新】

学生根据实验的制作、研究，提出自己的新思想、新实验方法等.

【拓展迁移】

[1] 汪成瑞, 王兴雪, 张轶炳. DIS 实验系统在气体三定律实验中的应用[J]. 中学物理, 2019, 37(3): 42-46.

[2] 许龙. 气体实验定律中的变质量问题探讨[J]. 物理教师, 2017, 38(10): 59-60.

[3] 汪维澄. 气体定律的实验[J]. 教学仪器与实验, 2009, 25(8): 6-9.

[4]　吴安. 对气体定律实验器和气体性质定律仪的再改进[J]. 教学仪器与实验，2002，（11）：32-33.

【主要仪器介绍】

（1）气体定律综合实验仪面板如图 16-2 所示.

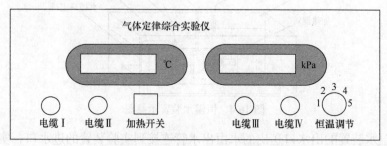

气体定律综合实验仪

℃　　　　　　kPa

2　3　4
1　　5

电缆Ⅰ　电缆Ⅱ　加热开关　　　电缆Ⅲ　电缆Ⅳ　恒温调节

图 16-2　气体定律综合实验仪面板

（2）实验装置如图 16-3 所示.

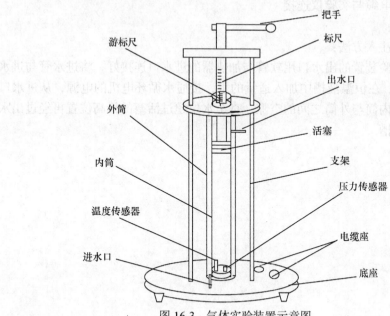

把手

游标尺

标尺

出水口

外筒

活塞

支架

内筒

压力传感器

温度传感器

电缆座

进水口

底座

图 16-3　气体实验装置示意图

实验装置由底座、支架、外筒、内筒、活塞、标尺、游标尺、把手、进水口、出水口、温度传感器、压力传感器、电缆座等组成.

旋转把手可调节活塞在内筒中的位置. 其位置变化量可由与其相连的标尺和游标读出，温度传感器和压力传感器通过电缆座由电缆与实验仪电缆座相连，可测出内筒中气体(空气)的压强和温度.恒温水由进水口流入内筒和外筒之间的空隙再由出水口流出,可均匀改变内筒中气体的温度.

(3)恒温水装置如图 16-4 所示.

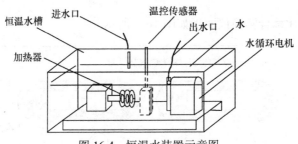

图 16-4　恒温水装置示意图

恒温水装置的出水口送出的水由出水管连接到实验装置的进水口,实验装置出水口流出的水由出水管连接到恒温水装置的进水口进入恒温水槽,经恒温加热后由水循环电机输出到实验装置的进水口,加热器用以加热恒温水槽中的水,温控传感器通过电缆与实验仪连接.

注意事项:

循环水的注入方法:

首先将实验装置的出水口用软管与加热器的进水口连接好,将进水管与进水口小管连接好.在恒温液槽中加入适量的水,接通水循环电机的电源,从进水口将水缓慢注入内筒与外筒之间的空隙,直至水位超过活塞的最高位置再经过出水管流回恒温液槽.

实验 17　液体比热容的测量

【背景、应用及发展前沿】

18 世纪，苏格兰的物理学家兼化学家约瑟夫·布莱克发现质量相同的不同物质，上升到相同温度所需的热量不同，从而提出了比热容的概念.

一定质量的物质，在温度升高（或下降）时，所吸收（或放出）的热量与该物质的质量和升高（或下降）的温度乘积之比，称作这种物质的比热容（比热），用符号 c 表示. 其国际单位制中的单位是焦耳每千克开尔文[J/(kg·K)]或焦耳每千克摄氏度 [J/(kg·℃)]. J 是指焦耳，K 是指热力学温标，即令 1kg 的物质的温度上升（或下降）1K 所需的能量. 液体的比热容是量热学热物性数据之一，它广泛应用于化工、能源及材料等许多领域，测量方法有混合法、冷却法、比较法等.

【实验目的】

(1) 掌握冷却法、比较法测定液体比热容的方法.
(2) 能利用最小二乘法求经验公式中直线的斜率.
(3) 用实验的方法考察热学系统的冷却速率同系统与环境间温度差的关系.

【实验原理】

在实验过程中，使实验系统自然冷却，测出系统冷却过程中温度随时间的变化关系，并从中测定未知热学参量的方法，叫做冷却法；将两个实验系统在相同的实验条件下进行对比，从而确定未知物理量，叫做比较法.

本实验就是利用冷却法和比较法来测定待测液体（如饱和食盐水）的热容的.

由牛顿冷却定律可知，一个表面温度为 θ 的物体，在温度为 θ_0 的环境中自然冷却（$\theta > \theta_0$），在单位时间里该物体散失的热量 $\dfrac{\delta Q}{\delta t}$ 与温度差 $\theta - \theta_0$ 有下列关系：

$$\frac{\delta Q}{\delta t} = k(\theta - \theta_0)$$

当物体温度的变化是准静态过程时，上式可改写为

$$\frac{\delta T}{\delta t} = \frac{k}{C}(\theta - \theta_0) \tag{17-1}$$

式中, $\dfrac{\delta T}{\delta t}$ 为物体的冷却速率, C 为物质的热容, k 为物体的散热常数, 与物体的表面温度、表面积、表面性质以及周围介质的性质和状态等诸多因素有关, θ 和 θ_0 分别为物体的温度和环境的温度, k 为负数, 实验中 $\theta - \theta_0$ 的数值比较小, 建议值在 $10 \sim 15℃$ 之间.

如果在实验中使环境温度 θ_0 保持恒定(即 θ_0 的变化比物体温度 θ 的变化小很多), 则可以认为 θ_0 是常量, 对式(17-1)进行积分可得

$$\ln(\theta - \theta_0) = \frac{k}{C}t + b \tag{17-2}$$

式中, b 为积分常数.

式(17-2)可看成是自变量为 t、因变量为 $\ln(\theta - \theta_0)$、直线斜率为 $\dfrac{k}{C}$, 两个变量的线性方程, 是实验测量的理论依据.

实验通过比较两次冷却过程, 其中一次含有待测液体, 另一次含有已知热容的标准液体样品, 并使这两次冷却过程的实验条件完全相同, 从而测量式(17-2)中未知液体的比热容.

利用式(17-2)分别写出对已知标准液体(即水)和待测液体(即饱和食盐水)进行冷却的公式, 如下:

$$\ln(\theta - \theta_0)_W = \frac{k'}{C_W}t + b_W \tag{17-3}$$

$$\ln(\theta - \theta_0)_X = \frac{k''}{C_X}t + b_X \tag{17-4}$$

以上两式中 C_W 和 C_X 分别是系统盛标准液体(水)和待测液体(盐水)时的热容. 如果能保证在实验中用同一个容器分别盛标准液体(水)和待测液体(盐水), 并保持在这两种情况下系统的初始温度、表面积和环境温度等基本相同, 则系统盛标准液体(水)和待测液体(盐水)时的系数 k' 与 k'' 相等, 即

$$k' = k'' = k$$

令 S' 和 S'' 分别代表由式(17-3)和式(17-4)作出的两条直线的斜率, 即

$$S' = \frac{k}{C_W}, \quad S'' = \frac{k}{C_X}$$

可得

$$S'C_W = S''C_X \tag{17-5}$$

式中, S' 和 S'' 的值可由最小二乘法得出, 热容 C_W 和 C_X 分别为

$$C_W = m_W c_W + m_1 c_1 + m_2 c_2 + \delta C'$$

$$C_X = m_X c_X + m_1 c_1 + m_2 c_2 + \delta C''$$

其中，m_W、c_W 为标准液体(水)的质量和比热容，m_X、c_X 为待测液体(盐水)的质量和比热容；m_1、m_2、c_1、c_2 分别为量热器内筒和搅拌器的质量及比热容；$\delta C'$ 和 $\delta C''$ 分别为温度计浸入已知液体和待测液体部分的等效热容. 由于数字温度计测温按着浸入液体部分的等效热容相对系统的很小，故可以忽略不计，利用式(17-5)，有

$$c_X = \frac{1}{m_X} \left[\frac{S' C_W}{S''} - (m_1 c_1 + m_2 c_2) \right] \tag{17-6}$$

其中，水的比热容为 $c_W = 4.18 \times 10^3 \, \text{J}/(\text{kg} \cdot \text{K})$，注意 $C_W = m_W c_W + m_1 c_1 + m_2 c_2 + \delta C'$，计算时 $\delta C'$ 可忽略不计.

量热器内筒和搅拌器通常用金属铜制作，其比热容为 $c_1 = c_2 = 0.389 \times 10^3 \, \text{J}/(\text{kg} \cdot \text{K})$.

【仪器用具】

液体比热容实验仪、电子天平、盐等.

【实验内容】

1. 用冷却法测定饱和食盐水的热容

将外筒冷却水加至适当高度(要求 θ_0 的波动幅度不超过±0.5℃).

2. 用内部干燥的量热器内筒取纯净水

要求：纯净水体积约占内筒体积的 2/3、温度 θ 比 θ_0 高 10～15℃. 称其质量后，放入隔离筒，开始实验. 每隔 1min 分别记录一次纯净水温度 θ 和外筒冷却水的温度 θ_0，共测 20min.

3. 用清洗过的内筒盛取饱和食盐水

要求：食盐水的体积约占内筒体积的 2/3、饱和食盐水的初温与纯净水初温之差不超过 1℃. 称其质量后，放入隔离筒，开始实验. 每隔 1min 分别记录一次食盐水温度 θ 和外筒冷却水的温度 θ_0，共测 20min.

【实验数据及处理】

(设计表格记录相关实验数据，按照下面要求进行分析处理)

(1)在同一张直角坐标纸中, 对纯净水及盐水分别作"$\ln(\theta-\theta_0)-t$"图, 检验得到的是否为一条直线. 如果是, 则可以认为检验了式(17-2), 并间接检验了式(17-1), 也就是说, 被研究的系统的冷却速率同系统与环境之间的温度差成正比.

(2)对水和盐水分别取$\ln(\theta-\theta_0)$及相应的t的数据, 用最小二乘法分别求出两条直线的斜率S'和S'', 并由此得出未知饱和食盐水的比热容c_X.

【思考讨论】

(1)冷却法测定液体比热容的实验中应该注意哪些问题?

(2)简单介绍准稳态法测量液体比热容的实验过程.

【探索创新】

用热传导理论研究初始温度、终止温度和环境温度对"电热法测定液体比热容"实验结果的影响.

改进液体比热容实验装置和测量方法研究, 探究液体比热容测量散热修正新方法.

【拓展迁移】

[1] 郑煜鑫, 魏朝辉, 李洁. 液体比热容实验系统的研制[J]. 计量学报, 2018, 39(5): 645-650.

[2] 马红章, 刘素美, 张亚萍, 等. 比值法液体比热容测量方案设计[J]. 大学物理, 2016, 35(1): 39-41, 58.

[3] 卢贵武, 韩志强, 郑超, 等. 液体比热容实验的温度设定及实验不确定度的理论分析[J]. 物理实验, 2013, 33(11): 38-40, 44.

[4] 孟军华, 牛法富, 张亚萍. 新型液体比热容测量装置与方法的设计[J]. 实验室研究与探索, 2011, 30(4): 14-16.

[5] 赵小明, 陆世豪, 刘志刚. 准稳态法测量液体比热容的实验研究[J]. 工程热物理学报, 2004, (S1): 24-26.

【主要仪器介绍】

液体比热容实验仪.

仪器主要由实验容器和实验主机组成, 实物如图 17-1 所示, 实验装置示意图如图 17-2 所示. 实验容器是具有内、外筒的专用量热器. 外筒是一个很大的有机玻璃筒, 外筒及其中的水热容量比量热器热容量大得多, 以保持恒温, 并以此作为实验的"环境". 内筒是用金属铜制作的, 内盛待测液体(或已知液体), 内筒和液体(或已知液体)组成我们所要考虑的系统.

该装置基本上满足了实验系统需在温度恒定环境中冷却的条件.

图 17-1 液体比热容实验仪

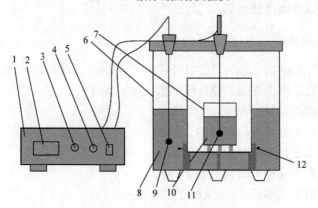

图 17-2 实验装置示意图

1. 实验主机;2. 温度显示表;3. 查阅按钮;4. 复位按钮;5. 电源开关;6. 实验外筒;7. 实验内筒;
8. 环境水;9. 传感器 T_A;10. 被测液体;11. 传感器 T_b;12. 坚固螺丝

仪器的技术指标和功能简介.

1. 电源要求

仪器对工作电源的要求是:单相三线 $220 \times (1 \pm 5\%) V$;50Hz.

2. 定时报时功能

开机运行后,主机会在每分钟的最后两秒启动内置的蜂鸣器发声,表示一分钟时间到了.

3. 数字温度传感器

仪器配备有两个DS18B20温度传感器,温度量程0～100℃,显示分辨率0.1℃. 这两个温度传感器分别测量内筒液体温度 T_A、外筒液体温度 T_b.

实验时,按照仪器后面板的标签,把"外筒温度传感器"放入外筒"环境水"中,把"内筒温度传感器"放入内筒被测液体中. 开机运行后,温度显示表会自动切换显示 T_A、T_b 的值.

切换的规律:每分钟的前58秒显示 T_A,最后2秒显示 T_b. 显示 T_A 时,第一位数码管显示成"A". 显示 T_b 时,第一位数码管显示成"b". 注意:显示 T_b 时,蜂鸣器会发声报警,不要惊慌.

4. 自动保存数据功能

实验过程中,仪器有自动记录温度的功能:开机或复位的前 20min,仪器会在每分钟的最后1s自动保存 T_A 的温度值. 实验结束后,您在仪器前面板上按"查询"键,就可以查阅这些数据.

5. 数据查阅功能

每次实验开始的前20min,在每分钟末, T_A 值被自动保存一次.

实验结束后,按"查询"键,即可依次读取保存的 T_A 值. 查询时,第一位数码管表示温度值的编号. 举例:

"0"表示第 1 分钟末时记录的 T_A 值;

"1"表示第 2 分钟末时记录的 T_A 值;

"8"表示第 9 分钟末时记录的 T_A 值;

"9"表示第 10 分钟末时记录的 T_A 值;

"0."表示第 11 分钟末时记录的 T_A 值;

"1."表示第 12 分钟末时记录的 T_A 值;

"8."表示第 19 分钟末时记录的 T_A 值;

"9."表示第 20 分钟末时记录的 T_A 值.

按一下"查询"键,则读取下一个 T_A 值. 读取 20 个后,从第一个重新读取. 查询完毕后,按"复位"键可重新实验. 同时,所有 T_A 值自动清除. 实验过程中按下"查询"或"复位"键,会使当前的实验夭折.

注意事项:

(1)要避免直接用火对内筒加热,这样会引起内筒表面的氧化,以致其表面性质发生改变,从而使散热常数 k 发生变化.

(2)待测液体与水的初温相关不超过 1℃,它们所处的环境温度应该相同,体积应取得大致相等.

(3)实验过程中,通过旋动两个温度传感器搅拌液体,可以使其温度均匀.

(4)被测液体温度较高时,谨防烫伤.

实验 18　切变模量与转动惯量

【背景、应用及发展前沿】

　　材料在弹性限度内应力同应变的比值是度量物体受力时变形大小的重要参量. 正应力同线应变的比值，称为杨氏模量；剪应力同剪应变的比值，称为剪切弹性模量，简称切变模量. 与杨氏模量相似，切变模量在机械、建筑、交通、医疗、通信等工业领域的工程设计及机械材料选用中有着广泛的应用. 从机械转轴、机械与部件的连接直至建筑物抗震等性能都与切变模量有关. 本实验用扭摆法测量琴钢丝及黄铜丝材料的切变模量，了解测量材料切变模量的基本方法，掌握基本长度和时间测量仪器的使用方法，同时还可以用扭摆法测量各种形状刚体绕同一轴转动的转动惯量以及同一刚体绕不同轴转动的转动惯量，加深对转动惯量的概念及测量方法的理解. 本实验还将验证垂直轴定理和平行轴定理，加深对这两个定理应用的理解.

【实验目的】

　　(1) 验证垂直轴定理和平行轴定理.
　　(2) 学会金属丝的切变模量的测量方法.

【实验原理】

　　设有某一弹性固体的一个长方形体积元，它的底面固定，如图 18-1 所示. 在它顶面 A 上作用着一个与平面平行而且均匀分布的切力 F，在这个力的作用下，两个侧面将转过一定角度，通常称这样的一种弹性形变为切变. 在切变角比较小的情况下，作用在单位面积上的切力 F/A 与切变角 α 成正比

$$\frac{F}{A} = G\alpha \tag{18-1}$$

其中，A 为受切力的面积，α 为切变角，G 是一个物质常数，称切变模量. G 的单位为 N/m^2，大多数材料的切变模量约是杨氏模量的一半到三分之一. 由式(18-1) 可知，G 值大，表示该材料在受外力作用时，其切变角小. 在实验中，待测样品对象是一根上下均匀而细长的金属丝(常用的为钢丝或铜丝)，从几何上说，就是一个细长圆柱体，如图 18-2 所示. 设圆柱体的半径为 R，高为 L，其上端固定，下端面受到一个外加扭转力矩的作用，即沿着圆面上各点的切向施加外力，于是圆

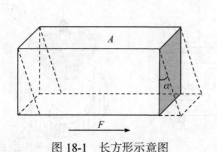

图 18-1 长方形示意图

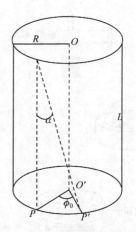

图 18-2 圆柱示意图

柱体中各体积元(取半径为 r、厚为 $\mathrm{d}r$ 的圆环状柱体为体积元)均发生切变. 总的效果是圆柱体下端面绕中心轴线 OO' 扭转了一个 ϕ_0 角,即底周上的 P 点转至 P' 位置. 因为圆柱体很长,各体积元均能满足 $\alpha \ll 1°$ 的条件,利用关系式 $\alpha = R\phi_0$ 及式(18-1),通过积分可求得如下关系式:

$$M_{外} = \frac{\pi}{2} G \frac{R^4}{L} \phi_0 \tag{18-2}$$

其中,$M_{外}$ 为外力矩. 设圆柱体内部的反向弹性力矩为 M_0,在平衡时则有 $M_0 = -M_{外}$,可见 $M_0 = -\frac{\pi}{2} G \frac{R^4}{L} \Phi_0$;令 $D = \frac{\pi}{2} G \frac{R^4}{L}$,则有

$$M_0 = -D\phi_0 \tag{18-3}$$

对于一定的物体(如钢丝),D 是常数,称为扭转系数. 扭摆的结构如图 18-3 所示,爪手及圆环安放位置如图 18-4 所示. 若使爪手绕中心轴转过某一角度 ϕ_0,然后放开,则爪手将在钢丝(或铜丝)弹性扭转力矩 M 的作用下做周期性自由振动,这就构成了一个扭摆.

如钢丝(或铜丝)在扭转振动中的角位移以 ϕ 表示,若爪手整个装置对其中心轴的转动惯量为 I_0,根据转动定律,则有

$$M = -D\phi = I_0 \frac{\mathrm{d}^2\phi}{\mathrm{d}t^2}$$

即

$$\frac{\mathrm{d}^2\phi}{\mathrm{d}t^2} + \frac{D}{I_0}\phi = 0$$

此方程是一个常见的简谐振动微分方程,它的振动周期应是

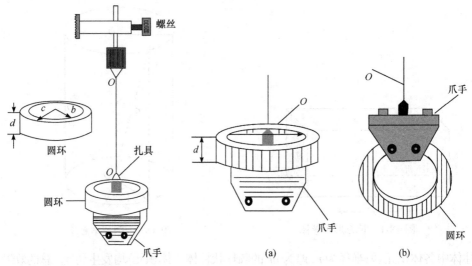

图 18-3　扭摆结构示意图　　　　图 18-4　抓手、圆环位置示意图

$$T_0 = 2\pi\sqrt{\frac{I_0}{D}} \tag{18-4}$$

如图 18-4 所示，将一个已知内外径、厚度和质量的环状刚体，分别水平及垂直放在爪手上，绕同一轴（钢丝）转动测得的振动周期分别为 T_1 和 T_2. 而环状刚体在绕轴（钢丝）做水平振动时转动惯量为 I_1，环状刚体处于垂直状态绕同一轴做振动时转动惯量为 I_2，爪手绕轴振动转动惯量为 I_0，那么由式（18-4）可知

$$T_1^2 = \frac{4\pi^2}{D}(I_0 + I_1), \qquad T_2^2 = \frac{4\pi^2}{D}(I_0 + I_2)$$

将此两式相减可消去 I_0 得

$$T_1^2 - T_2^2 = \frac{4\pi^2}{D}(I_1 - I_2) \tag{18-5}$$

而 $D = \frac{\pi}{2}G\frac{R^4}{L}$，所以由式（18-5）可得切变模量 G 为

$$G = \frac{8\pi L}{R^4}\cdot\frac{I_1 - I_2}{T_1^2 - T_2^2} \tag{18-6}$$

由理论推导可知，环状刚体绕中心轴做水平振动的转动惯量 I_1 为

$$I_1 = M\frac{b^2 + c^2}{2} \tag{18-7}$$

式中，b 为环的内径，c 为环的外径，M 为环的质量. 而环状刚体处于垂直方向绕

同一轴振动的转动惯量 I_2 为

$$I_2 = M\left(\frac{b^2+c^2}{4}+\frac{d^2}{12}\right) \tag{18-8}$$

式中，d 为环状刚体的厚度.

转动惯量的平行轴定理　理论分析证明，若质量为 M 的物体绕质心轴的转动惯量为 I_0，若转轴平行移动距离为 x 时，则物体对新轴的转动惯量为

$$I = I_0 + Mx^2 \tag{18-9}$$

转动惯量的垂直轴定理　若已知一块薄板(或薄环)绕位于板(或环)上相互垂直的轴(x 和 y 轴)转动的转动惯量为 I_x 和 I_y，则薄板(或环)绕 z 轴的转动惯量为

$$I_z = I_x + I_y \tag{18-10}$$

此即垂直轴定理，由此定理可知：圆盘(或环)绕通过中心且垂直盘面的转轴转动的转动惯量为圆盘绕其直径转动的转动惯量的两倍.

【仪器用具】

切变模量与转动惯量实验仪、霍尔开关计数计时仪、钢丝、待测物等.

【实验内容】

1. 测量细钢丝的切变模量

(1)用电子天平称圆环的质量. 游标卡尺测圆环内径 b、外径 c 和高度 d；千分尺测量钢丝直径 $2R$.

(2)在爪盘上端将钢丝夹紧，夹紧支点为 O；钢丝上端通过夹具固定在支架上(支点为 O)，使爪盘悬起. 用米尺测量钢丝间距 L.

(3)使钢丝足够长，满足 $\alpha \ll 1°$ 的条件，实验时扭摆自由振动时的角振幅 ϕ_l 可以取很大，例如 2π 等. 将环状刚体水平放置在爪手上，用手转动夹具至某一角度，再回到原来位置，使爪手与水平环做周期振动. 用霍尔开关计数计时仪和秒表两种方法，测量爪手加水平环时刚体振动周期 T_1.

(4)同样用霍尔开关计数计时仪和秒表计时，测量爪手加垂直环时刚体振动周期 T_2.

(5)计算钢丝的切变模量 G，并将秒表测量结果和霍尔开关计数计时仪测量结果进行比较.

2. 测量细黄铜丝的切变模量

(1)测量黄铜丝的切变模量，并与钢丝切变模量进行比较.

(2)用扭摆测量方柱状刚体或圆柱状刚体的绕钢丝轴转动惯量,并与理论计算值进行比较.

(3)将 2 个小钢球分别放在爪手上面的两端,验证平行轴定理. 在测得琴钢丝扭转系数的情况下, 分别测量环形刚体水平放置和垂直放置绕琴钢丝摆动的转动惯量, 验证垂直轴定理.

【实验数据及处理】

(学生自己设计或利用表 18-1～表 18-5 记录数据，按照要求分析处理数据.)

1. 测量并记录圆环、方柱、圆柱和小球的几何尺寸参数，并计算其转动惯量

表 18-1　圆环、方柱、圆柱和小球的几何尺寸测量　　　　(单位：cm)

测量次数	圆环外直径	圆环内直径	方柱长度	圆柱长度	小球的直径
1					
2					
3					
4					
5					
平均值					

表 18-2　测量试样的质量

试样	圆环	方柱	圆柱	小球
质量/g				

2. 钢丝和黄铜丝切变模量的测量，周期不少于 10 个，至少重复 5 次

表 18-3　琴钢丝材料的切变模量　　(计数 $N=20$，计时为 10 个周期)

钢丝半径/mm	钢丝长度/cm	第一次空载时间/s	第二次空载时间/s	平均空载周期/s	第一次圆环水平放置/s	第二次圆环水平放置/s	平均周期/s	钢的切变模量/(N/m²)

3. 方柱、圆柱的转动惯量测量，周期不少于10个，至少重复2次

表18-4　圆柱和方柱用琴钢丝测得的转动惯量（计数 $N=20$，计时为 **10 个周期**）

	载物所用时间/s	平均周期/s	空载所用时间/s	平均周期/s	钢丝长度/cm	理论转动惯量值/(kg·m²)	实测转动惯量值/(kg·m²)	百分差/%
圆柱								
方柱								

4. 用测钢丝扭转系数的方法，测量球及环的转动惯量，验证垂直轴定理

表18-5　钢丝验证垂直轴定理（计数 $N=20$，计时为 **10 个周期**）

测量次数	空载时间/s	竖直放置时间/s	钢丝长度/cm	钢丝半径/mm	理论转动惯量值/(kg·m²)	实测转动惯量值/(kg·m²)	百分差/%
1							
2							
平均周期							

【思考讨论】

(1) 如果扭摆的角振幅为 2π，根据钢丝的长度和直径估算一下，实验是否满足 $\alpha \ll 1°$ 的条件？（对于圆柱表面层，$PP'/L = \alpha$）

(2) 同一个环状刚体绕不同轴转动其转动惯量为何不同？

(3) 由式(18-6)各直接测量量的不确定度分析，用扭摆测量材料的切变模量的主要误差是由哪些量的测量引起的？

【探索创新】

通过对圆环、方柱、圆柱和小球转动惯量的测定，试着设计用扭摆测量其他形状刚体的转动惯量.

【拓展迁移】

[1] 贾玉润，王公冶、凌佩玲. 大学物理实验[M]. 上海：复旦大学出版社，1987：120-123.

[2] 丁慎训，张连芳. 物理实验教程[M]. 2版. 北京：清华大学出版社，2002：32-35.

[3] 威廉·H·卫斯特伐尔. 物理实验[M]. 王福山，译. 上海：上海科学技术出版社，1981：6，54-58.

【主要仪器介绍】

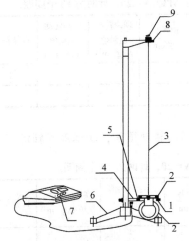

图 18-5　切变模量与转动惯量实验仪简图
(其中 2 表示环状刚体垂直和
水平两种状态放置)
1. 爪手；2. 环状刚体；3. 待测材料；
4. 霍尔开关；5. 铷铁硼小磁钢；6. 底座；7. 霍尔开
关计数计时仪；8. 标志旋钮；9. 扭动旋钮

切变模量与转动惯量实验仪(图 18-5)、霍尔开关计数计时仪.

霍尔开关计数计时仪使用方法：

(1) 开启电源开关，使仪器预热 10min.

(2) 按住上升键，使预置计数值达到实验要求.

(3) 使爪手做扭转振动. 当铷铁硼小磁钢靠近霍尔开关约 1.0cm 距离时，霍尔开关导通，即产生计时触发脉冲信号.

(4) 霍尔开关计数计时仪有延时功能. 当扭摆做第一周期振动时，将不计时，计数为 0. 当计数显示 1 时，才显示计时半个周期.

(5) 计数计时结束，可读出由于爪手振动在霍尔开关上产生计时脉冲的计数值和总时间，其中计数 2 次为一个周期. 要查阅每半个周期时间，只要按一次下降键即可.

主要技术参数如下.

(1) 爪手：长 11cm，宽 1.6cm. 顶部带夹具. 环状钢体可水平和垂直放在爪盘上.

(2) 环状刚体：内径 8.0cm，外径 11.0cm. 方柱体：长 12cm，质量约 312g. 圆柱体：长 12cm，质量约 187g.

(3) 待测材料：琴钢丝和黄铜丝. 直径约 0.4mm.

(4) 集成霍尔开关传感器 1 个，直流电源工作电压 5V.

(5) 铷铁硼小磁钢 1 个.

(6) 可调节水平的三角座支架 1 个，支架上带夹具.

(7) 霍尔开关计数计时仪：最大计数次数 80 次，计时范围 0~255.99s，分辨率 0.01s.

注意事项：

(1) 霍尔开关计数计时仪为物理实验教学仪器. 建议学生在计时操作时，同时使用秒表计时和霍尔开关计数计时仪计时并记录数据，这样既可加强手按秒表计时训练，又可以掌握先进的计数计时技术，也可比较计时结果，有利于误差分析.

（2）请勿用手将爪手托起又突然放下，铁制爪手自由下落时的冲力易将钢丝或铜丝拉断（往往在钢丝与扎头连接处断）.

（3）实验结束请将环放在桌上，以减轻钢丝负重.

（4）材料的切变模量与杨氏模量相似，与材料的成分、热处理工艺等均有关. 如用树脂漆包铜线测得切变模量与纯铜丝的切变模量不相同. 各种钢丝加工、热处理工艺不相同，切变模量也有很大差异.

（5）如果当磁钢靠近霍尔开关，此时触发指示灯无反应，则是磁钢的磁极放反了，取下来换个方向就可以了（此时触发指示灯不亮）.

实验 19　元件伏安特性的测量

【背景、应用及发展前沿】

通常在某一电学元件两端加上直流电压，元件内就会有电流通过，通过元件的电流与电压之间的关系，称为电学元件的伏安特性. 一般以电压为横坐标，电流为纵坐标作出的元件电压-电流关系曲线，称为该元件的伏安特性曲线. 通过研究元件的伏安特性曲线可获知元件的导电特性，从而获得制作元件所用材料的电学特性，这在研究应用领域中具有重要意义.

对于碳膜电阻、金属膜电阻、线绕电阻等常用电学元件，在通常情况下，其

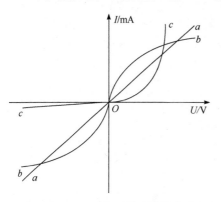

图 19-1　电学元件的伏安特性曲线

伏安特性曲线为一过原点的直线，这类元件称为线性元件，如图 19-1 曲线 *a* 所示. 而对于半导体二极管、稳压管、三极管、热敏电阻、光敏电阻等电学元件，其伏安特性曲线为一曲线，这类元件称为非线性元件，如图 19-1 曲线 *b*、*c* 所示. 由于非线性元件的伏安特性所反映出来的规律总是与一定的物理过程相联系，所以对非线性元件伏安特性的研究，有助于加深对有关物理过程、物理规律及其应用的理解和认识. 另外，一些传感器的伏安特性会随着某一物理量的变化呈现规律性变化，如温敏二极管、磁敏二极管等. 因此，分析了解传感器的特性时，也常需要测量其伏安特性.

在电学实验中，伏安法是测量元件的伏安特性常用的基本方法之一，也是测定物质含量的一种方法，因此，伏安法是教学、科研及生产生活中常用的电测法之一.

【实验目的】

(1)学习常用电磁学仪器仪表的正确使用及其在电路中的连接方法.

(2)掌握用伏安法测量电阻的方法、仪表的选择及其误差的分析.

(3)了解并测量线性电阻和非线性电阻的伏安特性.

【实验原理】

1. 电学元件的伏安特性

对于线性电阻,加在电阻两端的电压 U 与通过它的电流 I 成正比(忽略电流热效应对阻值的影响). 对于非线性元件,其电阻值随着加在它两端的电压的变化而变化. 若用实验曲线来表示这种特性,前者的伏安特性曲线为一直线,此直线斜率的倒数就是其电阻值,如图 19-1 曲线 a 所示;后者的伏安特性曲线不是直线,而是一条曲线,曲线上各点的电压与电流的比值,并不是一个定值,它的电阻(动态电阻)定义为 $R = \dfrac{\mathrm{d}U}{\mathrm{d}I}$,由曲线斜率求得,但各点的斜率并不相同,如图 19-1 曲线 b、c 所示,它的电阻(动态电阻)定义为元件两端的电压变化和相应的电流变化之比,即 $R_{\mathrm{D}} = \dfrac{\Delta U}{\Delta I}$.

晶体二极管是典型的非线性元件,欧姆定律不适用,电阻不再为常量,而是与元件上的电压或电流有关的变量,其伏安特性如图 19-2(b) 和 (d) 所示.

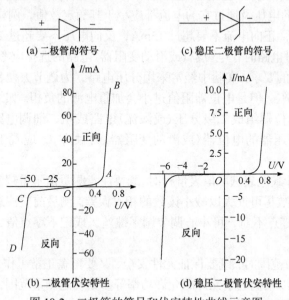

(a) 二极管的符号　　(c) 稳压二极管的符号

(b) 二极管伏安特性　　(d) 稳压二极管伏安特性

图 19-2　二极管的符号和伏安特性曲线示意图

若晶体二极管加正向电压,在 OA 段,外加电压不足以克服 PN 结内电场对多数载流子的扩散所造成的阻力,正向电流较小,二极管的电阻较大,此区段称为死区;在 AB 段,外加电压超过阈值电压 U_{th}(锗管为 0.2~0.4V,硅管为 0.5~

0.8V)后，内电场大大削弱，二极管的电阻变得很小(约几十欧)，电流迅速上升，二极管呈导通状态. 二极管的正向电流不允许超过最大整流电流，否则将导致二极管损坏. 若晶体二极管加上反向电压，由于少数载流子的作用，形成反向饱和电流. 反向电压在一定范围内时，反向饱和电流很小，而且几乎不变，即曲线 OC 段，二极管呈高阻(截止)状态. 当电压继续增加到该二极管的击穿电压时，电流剧增(CD 段)，二极管被击穿，此时电阻值趋于零. 二极管将因击穿而损坏，所以二极管必须给出反向工作电压(通常是击穿电压的一半).

钨丝灯泡也是非线性元件，加在灯泡上的电压与通过灯丝的电流之间的关系为

$$U = KI^n \tag{19-1}$$

其中，K、n 是与该灯泡有关的常数.

测量电学元件特性应注意以下几点：

(1)为了保护直流稳压电源，接通或断开电源前均需先使其输出为零；对输出调节旋钮的调节必须轻而缓慢. 更换测量内容前，必须使电源输出为零，电路连接无误后，根据实际情况渐渐增大，以免损坏元件、仪表等.

(2)要了解元件的有关参数、性能特点，实验中应保证元件安全使用、正常工作. 加在元件上的电压及通过它的电流都应小于其额定数值，例如测量 2AP 型锗管的伏安特性时，正向电流不要超过 15mA，反向电压不要超过 26V 等.

(3)安排测量电路时，电位器(或滑动变阻器)电路的选择应考虑到调节方便，能满足测量范围的要求. 实验中经常采用分压电路，为调节方便，一般电位器阻值应小于负载电阻，但是电位器阻值过小会加重电源的负担. 如细调程度不够，可以采用两个电位器组成二级分压(或限流)电路或粗、细调电路. 另外，实验开始时，作为分压器的电位器(或滑动变阻器)的触头 C 应置于使输出电压为最小值处.

(4)使用指针式电表选取电表量程时，既要注意测量值不得超量程以保证仪表安全，又要使读数尽可能大以减小读数的相对误差. 测量前应注意观察记录电表的机械零点. 如零点不对，可小心调节调零螺丝，或记下零点值，进行系统误差修正.

(5)确定测量范围时，既要保证元件安全，又要覆盖正常工作范围，以反映元件特性，例如可以根据电学元件的允许功率等参数确定测量范围，避免元件被损坏. 根据测量范围选定电源电压.

(6)合理选取测量点可以减小测量值的相对误差. 测量非线性元件时，选择变化较大的物理量作为自变量较为方便，可以等间隔取测量点，在测量值变化较大时可适当增加测量点.

　　(7) 在正式测量之前，应对被测元件进行粗测 (不可以用万用表的电流挡、电阻挡测量元件电压)，大致了解被测元件的特性、物理规律及变化范围，然后再逐点测量.

　　2. PN 结的形成

　　根据半导体物理学理论，在一块纯净的半导体上，掺以不同的杂质，使一边成为 N 型 (电子型) 半导体，另一边成为 P 型 (空穴型) 半导体，如图 19-3 所示，那么，在两者的交界面处就会形成一个 PN 结. 在这个 PN 结的两边，由于电子和空穴 (统称为载流子) 密度差的存在，使得电子从 N 区向 P 区扩散，空穴从 P 区向 N 区扩散.

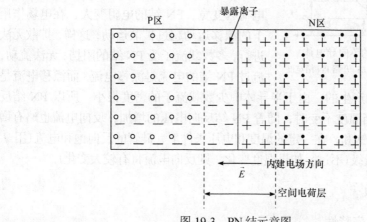

图 19-3　PN 结示意图

　　靠近 N 区界面处的电子扩散到 P 区，并与 P 区空穴复合，而在 N 区界面处，剩下不能移动的施主正离子，构成一个带正电的空间电荷区；靠近 P 区界面处的空穴扩散至 N 区，并与 N 区电子复合. 而在 P 区界面处，剩下不能移动的受主负离子，构成一个带负电的空间电荷区，由此而产生一个电场，称为 PN 结的内电场 (该空间电场区，由于缺少多数载流子，称为耗尽层或势垒区)，其方向自 N 区指向 P 区，如图 19-3 所示. 显然，这个电场的方向与载流子的扩散方向相反，其作用是使得结内及其附近的载流子向扩散的逆方向运动 (即漂移运动)，当 PN 结的内电场增强到使得漂移运动和扩散运动的作用相等时，就达到了动态平衡，于是，在交界面处形成了稳定的空间电荷区，这就是 PN 结.

　　由于 PN 结内电场的作用，使结内缺少载流子，结内电阻很高，因此，PN 结是一个高阻区，也称阻挡层. PN 结很薄，一般约为 0.5μm.

　　3. PN 结的单向导电性

　　PN 结有一个很重要的特性，就是单向导电性，电流只能从一个方向流通. 如

图 19-4 所示，如果给 PN 结加上一个正向电压，即电源的正极接 P 区，负极接 N 区. 由于这个外加的电源电压产生的电场方向与 PN 结内电场的方向相反，其效果将使结内电场减弱，空间电荷区变窄，PN 结的电阻变小，扩散运动的作用超过漂移运动的作用，这样，扩散运动就连续不断地进行下去，有更多的载流子越过 PN 结，形成较大的正向电流 I_F.

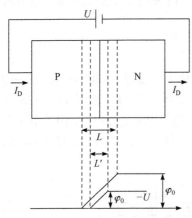

图 19-4　PN 结的单向导电体

L'：正偏 PN 结宽度；L：开路 PN 结宽度

如果给 PN 结加上一个反向电压，则反向电压的电场与 PN 结内电场的方向相同，空间电荷区变宽，PN 结的电阻变大，在电场作用下的漂移运动超过扩散运动，这样，扩散无法进行，多数载流子受 PN 结的阻挡，无法流动，流过 PN 结的电流是漂移电流. 而漂移电流是少数载流子的运动产生的，由于半导体中少数载流子的密度很小，所以 PN 结反向电流 I_R 很弱，当温度不变时，随着 PN 结反向电压的增加，反向电流也略有增加，但很快就达到饱和，在一定的温度和电压条件下，硅管的反向饱和电流(用 I_S 表示)约为 µA 数量级(不过，如果温度变化，则反向电流将有较大变化).

4. 半导体二极管

1)二极管的伏安特性

二极管的一个重要特性，就是它的单向导电性——正向导通，反向截止. 理论分析表明，二极管的伏安特性可表达为

$$I_F = I_S[\exp(eU_F / (kT)) - 1] \tag{19-2}$$

式中，I_F 为通过二极管的电流，I_S 为二极管的反向饱和电流，U_F 为二极管两端的外加电压，e 为电子电荷($e = 1.6 \times 10^{-19}$C)，k 为玻尔兹曼常数($k = 1.38 \times 10^{-23}$J/K)，T 为热力学温度(室温下，取 $T = 300$K)，由于 $1\text{eV} = 1.6 \times 10^{-19}$J，$kT/e$ 具有电压的量纲，$kT/e = 0.026$V.

2)正向特性

图 19-2(b)给出了硅二极管的伏安特性曲线图. 从图中电流的变化规律，可以发现，在二极管正向特性的起始部分，由于正向电压较小，外电场还不足以克服 PN 结的内电场，因而这时的正向电流非常微小，二极管呈现出很大的电阻；当正向电压增加到一定数值时，内部电场大为削弱，二极管的电阻变得很小，电流才开始显著上升，这个电压称为二极管的阈值电压 U_{th}. 一般来说，硅二极管的门槛

电压为 0.5～0.8V，为便于应用，通常把正向特性较直部分延长交于横坐标的一点，定为阈值电压值.

3）反向特性

当给二极管加上反向电压时，便产生反向电流，反向电流很小，它是由少数载流子形成的. 反向电流有两个特点：

（1）随温度的增加而增加得很快，这是半导体中少数载流子的数量随温度增加而按指数规律迅速增长的缘故；

（2）反向电流基本上不随反向电压的变化而改变，当温度一定时，稍微加一点反向电压，就可以使全部载流子参与导电，再加大反向电压，反向电流也不会再增加，即达到饱和，故这个电流称为反向饱和电流.

从式（19-2）可知，在反向接法下，$U_F < 0$，当 $|U| > 0.1V$ 时，$\exp(eU_F/(kT)) \ll 1$，此时，由式（19-2）得到反向电流为

$$I_F = -I_S \tag{19-3}$$

此时，U_F 对 I_F 几乎不起控制作用.

如果是锗二极管，其伏安特性曲线与硅管相比，正向曲线的上升部分要平缓一些，锗二极管 U_{th} 值为 0.2～0.4V，反向饱和电流比硅管大，锗管的反向特性也不完全呈水平.

4）二极管的主要参数

（1）最大整流电流.

指二极管长时间工作时，允许通过的最大正向平均电流. 因为电流通过 PN 结要引起管子发热，电流太大，发热量超过限度，就会使 PN 结烧坏. 例如，IN4007 二极管的最大整流电流为 1A.

（2）最大正向工作电压.

指二极管长时间工作时，二极管两端允许加上的最大正向电压值. IN4007 的最大正向工作电压为 1V.

（3）反向击穿电压.

指二极管反向击穿时的电压值. 击穿时，反向电流剧增，二极管的单向导电性被破坏，甚至过热而被烧坏. 一般手册上给出的最高反向工作电压要低于击穿电压，以确保管子安全运行. 例如，IN4007 最高反向工作电压为 100V.

（4）反向电流.

指管子未击穿时的反向电流，其值愈小，则管子的单向导电性愈好. 由于温度增加，反向电流会急剧增加，所以在使用二极管时要注意温度的影响. IN4007 在 $T = 25℃$ 时反向电流为 5μA.

另外，二极管的参数还包括二极管的直流电阻、极间电容等. 直流电阻 R_D 定

义为加在二极管两端的电压与流过二极管的电流之比，它随工作点电流的增大而减少，平时用万用表测得的二极管电阻，就是直流电阻 R_D；二极管的极间电容是由于二极管加上电压后管内电荷的堆积而形成的，极间电容的存在，限制了二极管的工作频率.

(5)稳压二极管.

稳压管的符号和伏安特性曲线如图 19-2(c)和(d)所示. 其稳压特性为：稳压管实质上就是一个面结型硅二极管，正向特性和一般二极管一样，具有陡峭的反向击穿特性. 工作在反向击穿状态下的稳压管二极管，制造工艺保证它具有低压击穿特性. 稳压管电路中，串入限流电阻，使稳压管击穿后电流不超过允许的数值，因此击穿状态下可以长期持续，并能很好地重复工作而不致损坏. 稳压管进入击穿状态后，虽然反向电流在很大的范围内变化，但它两端的电压变化很小或基本恒定，从而起到稳定电路电压的目的. 稳压管二极管的主要参数包括：

a. 稳定电压 U_x，即稳压管在反向击穿后其两端的实际工作电压. 这一参数随工作电流和温度的不同略有改变，如 2CW56 型的 $U_x = 7 \sim 8.8V$. 但对每一个稳压管而言，对应于某一工作电流，稳定电压有相应的确定值.

b. 稳定电流 I_x，即稳压管的工作电压为稳定电压时的工作电流. 最大稳定电流 I_{xmax} 是指稳压管的最大工作电流，超过此值，即超过了稳压管的允许耗散功率，稳压管将被烧坏；最小稳定电流 I_{xmin} 是指稳压管的最小工作电流，低于此值，U_x 不再稳定，常取 $I_{xmin} = 1 \sim 2mA$.

5. 发光二极管

发光二极管(light-emitting diode，LED)，是由 Ⅲ～Ⅳ 化合物，如 GaAs(砷化镓)、GaP(磷化镓)、GaAsP(磷砷化镓)等半导体材料制成的，其核心是 PN 结，因而它具有 PN 结的一般特性，即正向导通，反向截止. 在一定条件下，它还具有发光特性.

1)LED 发光的机理

我们知道，发光是一种能量转换现象. 当系统受到外界激发后，会从稳定的低能态跃迁到不稳定的高能态. 当系统由不稳定的高能态重新回到稳定的低能态时，如果多余的能量以光的形式辐射出来，就产生发光现象. 半导体发光二极管利用注入 PN 结的少数载流子与多数载流子复合，从而发出可见光，是一种直接把电能转化为光能的发光器件.

发光二极管的结构主要由 PN 结芯片、电极和光学系统组成. 当在电极上加上正向偏压之后，电子和空穴分别注入 P 区和 N 区，带负电的电子移动到带正电的空穴区域并与之发生复合，电子和空穴消失的同时产生了一个光子(即复合将以辐射光子的形式将多余的能量转化为光能). 电子和空穴之间的能量差(带隙)

越大，产生的光子的能量就越高，光子的能量高低决定辐射光的频率高低，即决定了辐射光的颜色. 在可见光的频谱范围内，蓝色光和紫色光携带的能量较多，橘色光和红色光携带的能量较少，不同的材料具有不同的带隙，从而能够发出不同颜色的光. 现在已经有红外、红、橙、绿(包括黄绿、纯绿等)及蓝光发光二极管.

目前，发光二极管主要用作：

(1)示器件. 如各类仪器仪表、家用电器的电源指示灯，各种仪器仪表指示器的文字、数字及其他符号的显示等，红外光 LED 常被用于电视机、录像机等的遥控器中.

(2)短距离、低功率的光纤通信光源等. 目前，发光二极管作为光源已经被广泛应用于教学，日常生活等多领域中.

发光二极管有很多优点：工作电压低，耗电量少，性能稳定，寿命长(一般为 10 万～1000 万小时)；抗冲击，耐振动性强；重量轻，体积小，成本低，发光响应快等.

2)发光二极管的主要参数

(1)允许功率. 允许加在 LED 两端的正向电压与流过 LED 的电流之积的最大值，超过此值，LED 发热、损坏.

(2)最大正向工作电流. 允许通过 LED 的最大正向工作电流，超过此值，二极管将损坏.

(3)最大反向电压. 允许加在 LED 两端的最大反向电压，超过此值，二极管可能被击穿损坏.

另外，LED 的参数还有它的峰值波长、发光强度等.

发光二极管的伏安特性曲线与普通二极管相似，但是加在 LED 两端的正向电压一般大于 1.2V，电流才有明显增加，LED 才开始发光.

6. 伏安法的两种接线方式及其系统误差(电表的接入误差)的修正

伏安法测量原理简单、方便，电路接线有两种方式，即电流表外接法和电流表内接法，分别如图 19-5(a) 和 (b) 所示. 但由于电表内阻接入的影响，给测量带来一定的系统误差(测量方法误差). 为此，必须对测量结果进行修正.

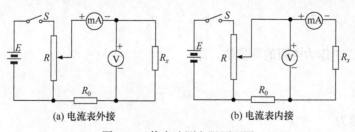

(a) 电流表外接　　　　　　　　　　　(b) 电流表内接

图 19-5　伏安法测电阻原理图

外接法: 所测电压是 R_x 上的电压, 但所测电流是流过电阻 R_x 和电压表的电流总和. 电压表和电阻并联, 其等效电阻为 $R_V R_x / (R_V + R_x)$, 故由欧姆定律可得

$$U = I \cdot R_V R_x / (R_V + R_x)$$

即

$$R_x = \frac{U}{I}\left(1 + \frac{R_x}{R_V}\right) \tag{19-4}$$

若把 U/I 作为测量值, 则

$$R_测 = \frac{U}{I} = R_x / \left(1 + \frac{R_x}{R_V}\right) \tag{19-5}$$

测量的系统误差为

$$\Delta R_x = R_测 - R_x = \frac{R_x}{1 + \dfrac{R_x}{R_V}} - R_x = -\frac{R_x^2}{R_V + R_x}$$

因此, 用这种方法测量的电阻比实际电阻小.

测量的相对误差为

$$E_{r_1} = \frac{\Delta R_x}{R_x} = -\frac{R_x}{R_V + R_x} \tag{19-6}$$

可见, 只有在 $R_V \gg R_x$ 时, 外接法才有一定的准确度.

若已知 R_V, 可从式(19-5)导出修正系统误差的公式

$$R_x = \frac{R_测}{1 - R_测 / R_V}$$

内接法: 所测电流是通过 R_x 的电流, 但所测电压是 R_x 和电流表两端电压之和. 由欧姆定律有

$$U = I(R_A + R_x)$$

即

$$R_x = \frac{U}{I} - R_A \tag{19-7}$$

若把 U/I 作为电阻的测量值, 即

$$R_测 = \frac{U}{I}$$

则测量误差为

$$\Delta R_x = R_{测} - R_x = R_A$$

因此，用这种方法测量的电阻比实际电阻大.

测量的相对误差为

$$E_{r_2} = \frac{\Delta R_x}{R_x} = \frac{R_A}{R_x} \tag{19-8}$$

可见，只有在 $R_A \ll R_x$ 时，内接法才有一定的准确度.

若已知 R_A，可用下式修正系统误差：

$$R_x = R_{测} - \Delta R_x = R_{测} - R_A = R_{测}\left(1 - \frac{R_A}{R_{测}}\right)$$

根据被测电阻选择接法： 用伏安法测量电阻时，究竟采用哪种接法较好？选择的原则取决于相对误差的大小. 若用两种方法的相对误差都比较小，可以忽略不计，那么这两种接法都可以选用. 若相对误差不可忽略，则在给定仪表的情况下，应采用相对误差较小的接法. 由式(19-6)和式(19-8)，并考虑一般电表均有 $R_V \gg R_A$，可得

$R_x > \sqrt{R_A R_V}$ 时，此时一般 E_{r_1} 的绝对值> E_{r_2} 的绝对值，选择电流表内接法较合适；

$R_x < \sqrt{R_A R_V}$ 时，此时一般 E_{r_1} 的绝对值< E_{r_2} 的绝对值，选择电流表外接法较合理；

$R_x \approx \sqrt{R_A R_V}$ 时，两种接法均可.

7. 电表精度及量程的选择

经过以上处理，可以消除由于电表接入带来的系统误差，但电表本身的仪器误差仍然存在，它决定于电表的准确度等级和量程. 电表的仪器误差为 $(A \times k)\%$，其中 A 为电表的量程，k 为该电表的准确度等级，一般 k 为 0.1、0.2、0.5、1.0、1.5、2.5 和 5.0 七个级别. 所以，在测绘伏安特性曲线时，除了要考虑电表的接入所引起的系统误差外，还必须要考虑电表本身的仪器误差，正确选择量程可减小测量误差.

以电流表为例，假设所用的电流表为 1.0 级，有 1.5mA、7.5mA 和 30mA 三挡量程. 若要测量 1mA 的电流，用 1.5mA 量程时，仪器误差 $\Delta_{仪} = 1.5\text{mA} \times 1.0\% = 0.015\text{mA}$；用 7.5mA 的量程时，仪器误差 $\Delta_{仪} = 7.5\text{mA} \times 1.0\% = 0.075\text{mA}$；用 30mA 的量程时，仪器误差 $\Delta_{仪} = 30\text{mA} \times 1.0\% = 0.30\text{mA}$. 可见选用 1.5mA 量程测量时误差最小.

8. 伏安法测线性电阻时被测电阻的不确定度计算

实验中通过改变电压 U 的值来进行多次(n 次)测量，每次测量可得阻值(考虑内接、外接，并进行修正)，待测电阻阻值的最佳值用算术平均值来表达.

A 类不确定度可用公式

$$\Delta R_{\text{A}} = \sqrt{\frac{1}{n-1}\sum_{i=1}^{n}(\bar{R}-R_i)^2} \tag{19-9}$$

来计算.

在实验中使用电压表和电流表分别测量电压和电流，如果在实验中仪表的量程分别采用某一确定量程，则仪器误差可由其计算公式 $\Delta_{仪}$ = 量程×准确度等级%计算. 在各次测量中的电压表仪器误差$\Delta U_{仪}$和电流表仪器误差$\Delta I_{仪}$为一确定值. 由式(19-6)可得，仪器仪表引起的误差为

$$\Delta R_{\text{B}_i} = \sqrt{\left(\frac{\Delta U_{仪}}{I_i}\right)^2 + \left(\frac{R_i}{I_i}\Delta I_{仪}\right)^2} \tag{19-10}$$

或不确定度为

$$\frac{\Delta R_{\text{B}_i}}{R_i} = \sqrt{\left(\frac{\Delta U_{仪}}{U_i}\right)^2 + \left(\frac{\Delta I_{仪}}{I_i}\right)^2} \tag{19-10a}$$

此时，要使测量精确度高，就需要在测量时电表的读数接近满偏或至少大于2/3满偏.

当已知电流表和电压表内阻的不确定度 ΔR_{A_i} 和 ΔR_{V_i}，且要更准确地求得 R 的不确定度时，需要由式(19-4)和式(19-7)导出相对不确定度如下：

电流表内接时

$$\frac{\Delta R_{\text{B}_i}}{R_i} = \sqrt{\left(\frac{\Delta U_{仪}}{U_i}\right)^2 + \left(\frac{\Delta I_{仪}}{I_i}\right)^2 + \left(\frac{\Delta R_{\text{A}_i}}{R_{\text{A}_i}}\right)^2\left(\frac{R_{\text{A}_i}}{U_i/I_i}\right)^2} \Bigg/ \left(1-\frac{R_{\text{A}_i}}{U_i/I_i}\right) \tag{19-10b}$$

电流表外接时

$$\frac{\Delta R_{\text{B}_i}}{R_i} = \sqrt{\left(\frac{\Delta U_{仪}}{U_i}\right)^2 + \left(\frac{\Delta I_{仪}}{I_i}\right)^2 + \left(\frac{\Delta R_{\text{V}_i}}{R_{\text{V}_i}}\right)^2\left(\frac{U_i/I_i}{R_{\text{V}_i}}\right)^2} \Bigg/ \left(1-\frac{U_i/I_i}{R_{\text{V}_i}}\right) \tag{19-10c}$$

因每次测量的误差传递系数不同，由仪器误差传递而来的 B 类不确定度 ΔR_{B_i} 也就不同，且随电流强度的增大而减小，故可用 n 次 B 类不确定度的算术平均值

$$\Delta R_{\text{B}} = \frac{\sum_{i=1}^{n}\Delta R_{\text{B}_i}}{n} \tag{19-11}$$

来表征总 B 类不确定度.

被测电阻的总不确定度表示为 $\Delta R = \sqrt{\Delta R_A^2 + \Delta R_B^2}$.

9. 用补偿法测电压消除外接法的系统误差

补偿法测电压的电路图如图 19-6 所示, 分压器 R_1 的滑动端 C 通过检流计 G 和待测电阻 R_x 的 B 端相接, 调节滑动端 C 使检流计 G 中无电流通过, 这时 $U_{AB} = U_{DC}$, 即此时所测得的 DC 间的电压, 则为 AB 间待测电阻 R_x 两端的电压, 而流过电流表中的电流全部流过待测电阻, 而无电流通过电压表, 于是通过 U_{DC} 与 U_{AB} 的电压补偿, 将电压表由 AB 间移至 CD 间, 消除了由于电压表的分电流引入的误差. 加入电阻 R_3 是为了使滑动端 C 不在 R_1 的一端.

参照图 19-6 连接电路, 开始测量时先闭合开关 K_1, 调节 R_{P_1} 得到合适的电流; 其次用万用表测 BC 间电压, 调节 R_2 和 C 点的位置使 $U_{BC} = 0$(即 $U_{AB} = U_{DC} = U_R$, 此时电路处于电压补偿状态), 再将 R_{P_2} 调至最大或合适的电阻值(降低检流计的灵敏度), 闭合 K_2 观察检流计的偏转情况(注意: 检流计偏转过大时, K_2 应及时断开, 要采取跃接法), 调节 R_2 和 C 点的位置使检流计偏转为零, 最后调节到最小再检查.

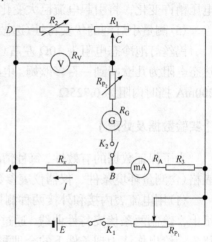

图 19-6　伏安法测电阻补偿法原理图

然后调节 R_{P_1}, 同样测出 5 次以上不同的电流值和电压值, 并作出 U-I 图, 由斜率算出被测电阻 R_x.

【仪器用具】

直流稳压电源、电流表、电压表、限流电阻、待测金属膜电阻、待测二极管、待测稳压二极管、待测发光二极管、待测小灯泡等.

【实验内容】

(1)用内、外接法分别测定 100Ω 锰铜线电阻(5W, 误差≤±0.5%)的阻值. 根据待测电阻的大小、功率和测量精度要求, 选择合适的电表、量程和测量方法.

(2)测量二极管的正向和反向伏安特性. 根据待测元件的参数及测量要求, 选择合适的电表、量程和测量方法.

2AP10 正向电流 I_D 不得超过 7mA, 反向击穿电压 13V 左右; 而 IN4007 最大工作电流可达 1A. 本实验仪可提供 0.5A 电流，在做 IN4007 二极管正向伏安曲线测试时，数据表中 I_D 可按最大 200mA 设计.

(3)测量发光二极管的正向和反向伏安特性. 参考内容(2).

正向电压 1.8V 左右，正常工作电流 ≤10mA，反向电压 5V 时电流最大为 50μA.

(4)测量稳压二极管的正向和反向伏安特性(选做).

2CW56 属硅半导体稳压二极管，其正向伏安特性类似于 IN4007 型二极管，其反向特性变化甚大. 其最大工作电流 27mA，工作电流 5mA 时动态电阻为 15Ω，正向压降<1V；当 2CW56 两端电压反向偏置，其电阻值很大，反向电流极小，由手册资料可知，其值≤0.5μA. 随着反向偏置电压的进一步增加，在 7~8.8V 时(即稳定电压)，出现了反向击穿(有意掺杂而成)，产生雪崩效应，其电流迅速增加，电压稍许变化，将引起电流巨大变化.

(5)测量小灯泡的伏安特性(选做).

钨丝灯泡冷态电阻为 10Ω 左右(室温下)，在其两端所加电压 0~12V 范围内，热态电阻为几欧姆到一百多欧姆. 电压表在 20V 挡时内阻为 200kΩ，电流表在 200mA 挡时内阻为 0.725Ω.

【实验数据及处理】

为了保证数据的有效性，每种情况的测量数据必须达到 10 组以上，学生自拟表格(含测量环境条件、仪器仪表参数等).

(1)用电流表内接和外接两种测量方法测量同一电阻($R=100Ω$)，在同一坐标纸上，绘制两条伏安特性曲线. 通过比较和计算测量误差，讨论两种测量方法的优劣，给出你认为现条件下的合理测量方案.

(2)绘制测量普通二极管正、反向伏安特性曲线，正、反向坐标可取不同的单位长度. 从伏安特性曲线中求：①阈值电压 U_{th}；②在二极管正向导电时，分别求出阈值电压 U_{th} 处、电流变化较大处和电流变化剧烈处的直流电阻 R_D. 通过本实验，加深对二极管单向导电特性的理解.

根据反向伏安特性测量数据可求得二极管的反向饱和电流 I_S 值. 在式(19-2)中，令 $x=U_D$，$y=\ln\left(\dfrac{I_D}{I_S}+1\right)$，并根据正向伏安特性测量数据作图，该曲线应该为一条过零的直线. 观察 x 与 y 的线性符合度，求出斜率 b.

(3)测量发光二极管的正、反向伏安特性.

参考上面的测量方法测量一个发光二极管的正、反向伏安特性. 注意发光二极管和普通二极管阈值电压差异较大，测量时 U 间隔的选取要合适. 将测量数据填入自拟表格中，绘制发光二极管伏安特性曲线，通过曲线计算出阈值电压 U_{th} 和

5mA、10mA 处的直流电阻 R_D，进一步加深对二极管单向导电特性的理解.

(4)测量稳压二极管的正向和反向伏安特性(参考(2)的要求).

(5)测量小灯泡的伏安特性.

根据实验数据在坐标纸上画出钨丝灯泡的伏安曲线，并将电阻计算值标注在坐标图上.

选择两对数据(如 $U_1=2V$，$U_2=8V$，及相应的 I_1、I_2)，按式(19-1)计算出 k、n 两系数值. 由此写出式(19-1)表达式，并进行多点验证.

将式(19-1)变换成线性关系式，绘制线性关系图，求出斜率、截距和相关系数，与上面的 k、n 进行比较. 为进一步研究发光规律和应用提供重要的依据.

(6)比较普通二极管、发光二极管、稳压二极管和小灯泡的特点，找出异同点，加深对它们的认识.

(7)对实验结果作分析和评价.

【思考讨论】

(1)一待测电阻的参数为 0.5W，(1±5%)kΩ 的金属膜电阻，其安全电压为 20V；实验室提供的电压表为 200mV(内阻 2kΩ)、2V(内阻 20kΩ)和 20V(内阻 200kΩ)；电流表为 200μA(725Ω)、2mA(72.5Ω)、20mA(7.25Ω)和 200mA(0.725Ω)；电表的准确度等级均为 2.5 级. 利用伏安法测量时，试给出测量伏安特性的最佳方案，并说明理由.

(2)使用万用电表的不同电阻挡测量线性电阻和二极管时,它们各电阻挡所测得的数据相同吗? 为什么?

(3)测量二极管正向伏安特性曲线时，采用了什么电路，为什么?

(4)二极管和稳压二极管广泛应用于直流稳压电源电路中. 结合图 19-7 所示的整流稳压电路，分析图中二极管和稳压管在电路中的作用.

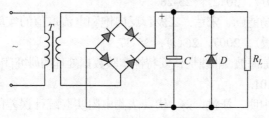

图 19-7　直流稳压电源原理图

(5)*在振荡电路中，经常利用正温度系数的灯泡作为振荡器电压稳定的自动调节元件，参考电路图 19-8，试根据钨丝灯伏安特性说明该振荡器的稳幅原理.

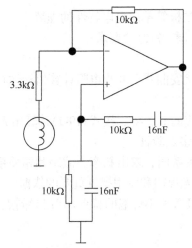

图 19-8　钨丝灯稳幅的振荡电路原理图

【探索创新】

静态电阻是导体(或半导体)某工作点两端的电压与通过导体(或半导体)的电流的比值,它表示导体(或半导体)对电流的阻碍作用.动态电阻表示导体(或半导体)两端的电压随电流变化的快慢或趋势.动态电阻可以为正值,表示电流随电压的增大而增大;也可以为负值,表示电流随电压的增大而减小.例如,隧道二极管的伏安特性,在不同区段内工作时,动态电阻可能为正值,也可能为负值.

研究元件某一工作点的电阻一般用该点的静态电阻,而研究元件电阻的变化规律时,一般用动态电阻来讨论,即

$$R = \lim_{\Delta I \to 0} \frac{\Delta U}{\Delta I} \tag{19-12}$$

利用本实验的测量数据,计算出二极管正向工作状态和稳压二极管反向工作状态的动态电阻的变化范围,研究其变化规律,探索其应用.学生可根据实验制作及研究的要求,提出自己的新思想、新实验方法等,如电流表内、外接法的最佳条件等.

【拓展迁移】

[1] 张珠峰,任银栓,韩璐,等.大学物理实验测量电阻原理比较及分析[J].大学物理实验,2017,30(2):25-28.

[2] 杨德甫,杨能勋,宋蓓.二极管反向饱和电流取值的实验分析[J].延安大学学报(自然科学版),2007,26(1):35-37.

[3] 胡素梅,陈海波.非线性伏安特性实验数据处理的研究[J].大学物理实验,2011,24(2):99-101.

[4] 马畅,牛中明,汪洪,等.伏安法测电阻实验统计误差的分析[J].大学物理实验,2018,31(4):100-103.

[5] 元绍霏.电阻元件伏安特性实验研究[J].天津科技,2019,46(12):30-32.

实验 20　半导体热敏电阻特性的研究

【背景、应用及发展前沿】

热敏电阻是阻值对温度变化非常敏感的一种半导体电阻，它具有许多独特的优点，如能测温度的微小变化、能长期工作、体积小、工作稳定、结构简单等．它在自动化、遥控、无线电技术、测温技术等方面都有广泛的应用．半导体热敏电阻器的用途是十分广泛的，主要应用的方面如下．

(1)在测温方面的应用：半导体热敏电阻广泛地用于测温，其特点是灵敏度高，尤其是在测量微小的温度变化方面更具有优越性，由于它的体积小，还可以用在医学上．在测 300℃以下的温度时，有 50%的测温仪表采用半导体热敏电阻，这就足以说明其应用之广泛．

(2)在温度控制方面的应用：热敏电阻可以用于自动化装置、自动控制系统的控温，用钛酸钡($BaTiO_3$)、钛酸锶($SrTiO_3$)、钛酸铅($PbTiO_3$)系材料制成的正温度系数的热敏电阻，以及用钒、钡、锶、磷等材料制作的临温度热敏电阻，由于在临界温度附近电阻温度系数急剧增大，所以它不需要放大，就可直接控温．热敏电阻用作控温的例子很多，如机器、控制仪表、飞行体、导弹等的控温．

(3)在温度补偿方面的应用：热敏电阻也作为电路的补偿元件而被广泛应用．它不仅可补偿相反电阻温度系数的器件，也能补偿电路某种成分的特性，如晶体振荡器的温度-频率特性、放大器传输系统的衰减-频率特性等．热敏电阻广泛地用于晶体管线路的温度补偿、电视阴极射线管架的温度补偿、电气仪表温度补偿和伺服机构中动圈的温度补偿等．

【实验目的】

(1)研究热敏电阻的温度特性．
(2)掌握非平衡电桥基本原理．
(3)了解半导体温度计的结构及使用方法．

【实验原理】

1. 热敏电阻的温度特性

热敏电阻的基本特性是温度特性．在半导体中，原子核对价电子的约束力要比金属中的大，因而自由载流子数较少，故半导体的电阻率较高，而金属的电阻率很低，由于半导体中的载流子数目是随着温度的升高而按指数激烈地增加，载流子的数目越多，导电能力越强，电阻率就越小，因此热敏电阻随着温度升高，它的电阻率将按指数规律迅速减小. 这和金属中自由电子导电恰好相反，金属的电阻率是随温度上升而缓慢增大的. 图 20-1 是热敏电阻和金属铂电阻随温度而变化的特性曲线图.

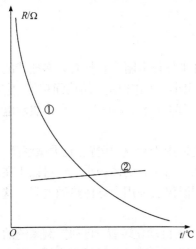

图 20-1　元件电阻-温度特性曲线
①热敏电阻元件；②铂电阻元件

实验表明，在一定的温度范围内，半导体的电阻率ρ和热力学温度 T 之间的关系可用下式表示

$$\rho = a_0 \mathrm{e}^{b/T} \tag{20-1}$$

式中，a_0 和 b 为常量，其数值与材料的物理性质有关. 对于截面均匀的热敏电阻，根据电阻定律可写成

$$R_T = \rho \frac{l}{S} = a_0 \mathrm{e}^{b/T} \frac{l}{S} = a\mathrm{e}^{b/T} \tag{20-2}$$

式中，l 为电极间的距离，S 为热敏电阻的横截面积，$a = a_0 \dfrac{l}{S}$，a 为热敏电阻在热力学温度 T_0 时的阻值，b 为热敏电阻材料系数. 常量 a、b 可用实验的方法求出.

将式(20-2)两侧取对数，得

$$\ln R_T = \ln a + b\frac{1}{T} \tag{20-3}$$

令 $x = \dfrac{1}{T}$，$y = \ln R_T$，$A = \ln a$，则式(20-3)可写成

$$y = A + bx \tag{20-4}$$

式中，x、y 可由测量值 T、R_T 求出. 利用 n 组测量值，可用图解法、计算法或最小二乘法求出参量 A、b 之值，进而得到 a 值，即可得到 R_T 随温度 T 变化的关系，式中温度 T 为热力学温度.

确定了半导体材料的常数 a 和 b 后，还可计算出该半导体材料的激活能 E，它是表征半导体材料的重要参数之一.

$$E = bk \tag{20-5}$$

$k = 1.38 \times 10^{-23} \mathrm{J/K}$，为玻尔兹曼常量.

另外，根据热敏电阻温度系数 α 的定义和式(20-2)，可得

$$\alpha = \frac{1}{R_T}\frac{\mathrm{d}R_T}{\mathrm{d}T} = -\frac{b}{T^2} \tag{20-6}$$

显然，半导体热敏电阻的温度系数 α 是负的，不仅与材料常数有关，还与温度有关，低温段比高温段更灵敏.

热敏电阻电阻率随温度变化特性有三种类型，如图 20-2 所示. 第一种负温度系数的热敏电阻，简称 NTC 热敏电阻，可靠性高，没有老化现象；体积小，响应快. 第二种是正温度系数热敏电阻，简称 PTC 热敏电阻，当温度低于居里点时，具有半导体特性；高于居里点时，电阻随温度升高急剧增大，到某一温度时出现负阻现象；具有通电瞬间产生强大电流而后很快衰减的特性. 第三种称为临界温度热敏电阻，简称 CTR 热敏电阻，当温度低于居里点时，电阻率极高；当温度高于居里点时，电阻率极低；电阻率相差 2～4 个数量级，所以具有开关特性. 本实验主要研究负温度系数热敏电阻的特性.

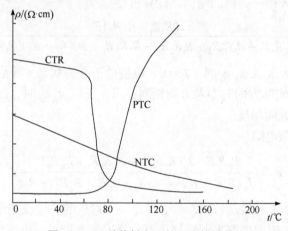

图 20-2　三种热敏电阻的温度特性曲线

热敏电阻具有热惯性，用时间常量 τ 描述. 即在无功耗的状态下，当环境温度由一个特定温度向另一个特定温度突然改变时，热敏电阻体的温度由初值变化到最终温度之差的 63.2% 所需的时间. τ 值越小的热敏电阻，热惯性越小，反应越快，这在某些场合下是需要的.

2. 非平衡电桥原理

用惠斯通电桥测量电阻时，电桥应调节到平衡状态，此时 $I_g = 0$. 但有时被测电阻阻值变化很快(如热敏电阻)，电桥很难调节到平衡状态，此时用非平衡电桥测量较为方便.

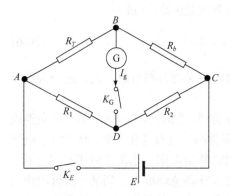

图 20-3　非平衡电桥原理图

非平衡电桥是指工作于不平衡状态下的电桥，如图 20-3 所示．当电桥处于平衡状态时ⓖ中无电流通过．如果有一桥臂的阻值发生变化，则电桥失去平衡，$I_g \neq 0$，I_g 的大小与该桥臂阻值的变化量有关．如果该电阻为热敏电阻，则其阻值的变化量又与温度改变量有关．这样，就可以用 I_g 的大小来表征温度的高低，这就是利用非平衡电桥测量温度的基本原理．

下面利用支路电流法计算出图 20-3 中 I_g 与热敏电阻 R_T 的关系．桥路中电流计内阻 R_g，桥臂电阻 R_b、R_1、R_2 和电源电动势 E 均为已知量，电源内阻忽略不计．

根据基尔霍夫第一、第二定律，计算可得

$$I_g = \frac{(R_b R_1 - R_T R_2)E}{R_T R_b R_1 + R_b R_1 R_2 + R_1 R_2 R_T + R_2 R_T R_b + R_g(R_T + R_b)(R_1 + R_2)} \tag{20-7}$$

由上式可知，当 $R_b R_1 = R_T R_2$ 时，$I_g = 0$，电桥处于平衡状态．当 $R_b R_1 > R_T R_2$ 时，$I_g > 0$，表示 I_g 的实际方向与参考方向相同；当 $R_b R_1 < R_T R_2$ 时，$I_g < 0$，表示 I_g 的实际方向与参考方向相反．

也可求得热敏电阻

$$R_T = \frac{R_b R_1 E + I_g(R_b R_1 R_2 + R_g R_b R_1 + R_g R_b R_2)}{I_g(R_b R_1 + R_1 R_2 + R_2 R_b + R_g R_1 + R_g R_2) + R_2 E} \tag{20-8}$$

从上式可以看出，I_g 与 R_T 以及 R_T 与 T 都是一一对应的，也就是说 I_g 与 T 有着确定的关系．如果我们用微安表测量 I_g，并将微安表刻度盘的电流分度值改为温度分度值，这样的组合就可以用来测量温度，称为半导体温度计．用热敏电阻做温度计的探头，具有体积小、对温度变化反应灵敏和便于遥控等特点，在测温技术、自动控制技术等领域有着广泛的应用．

【仪器用具】

DHW-1 型温度传感实验装置、加热装置、QJ23a 型直流电阻电桥等．

【实验内容】

（1）采用 DHW-1 型温度传感实验装置进行温度设定和加热，加热电流值不能超过 0.5A，具体操作见附录仪器说明．

(2)测量原理图如图20-4所示.测试的温度从当前室温开始(尽量设置整数温度),每增加5℃,作一次测量,至少8组数据.测量过程,显示温度一般会在设定的温度附近振荡一会儿,以最终稳定温度为实际温度测量值,注意绝对温度T与摄氏温度t的关系.

(3)首先用数字万用表欧姆挡粗测热敏电阻阻值,再将热敏电阻的两条引出线连接到箱式惠斯通电桥的待测电阻R_x的两接线柱上,用箱式电桥测量热敏电阻的准确阻值,测量过程中,根据粗测阻值,选择合适的比例系数.

(4)用图解法或最小二乘法求出参数a和b,给出经验公式(20-2)的具体表达式.

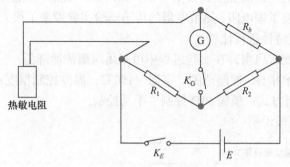

图20-4　实验原理图

【思考讨论】

(1)怎样测定热敏电阻的温度特性曲线?

(2)怎样用实验的方法确定式(20-2)中的a和b?

(3)比较图解法与最小二乘法两种数据处理方法的优缺点.

(4)说明半导体温度计的工作原理.

【拓展迁移】

[1] 吕群松,吴兴达.热敏电阻接入惠斯通电桥的装置改进[J].大学物理实验,2021,34(1):63-65.

[2] 罗志高,苏丹.铜电阻和半导体热敏电阻温度特性测量实验设计与实现[J].大学物理实验,2021,34(3):59-63.

[3] 董庆瑞.半导体热敏电阻温度曲线的Matlab曲线拟合[J].教育教学论坛,2019,(37):66-68.

[4] 解彬彬,王轲,汤池潜,等.半导体热敏电阻非电量电测法实验装置的设计[J].牡丹江师范学院学报(自然科学版),2015,(3):25-26.

[5] 龙耀球,蒋国平,肖波齐,等.半导体热敏电阻温度特性的计算机仿真[J].

陕西科技大学学报，2010，28(1)：138-141.

【附录】

1. DHW-1 型温度传感实验装置

1)概况

该实验装置也可配合电桥测量温度传感器的温度特性曲线，实验装置面板图如图 20-5 所示. 本装置采用智能温度控制器控温. 具有以下特点：

(1)控温精度高、范围广、加热所需的温度可自由设定，采用数字显示.

(2)使用低电压恒流加热、安全可靠、无污染，加热电流连续可调.

(3)同时配装了铜电阻、热敏电阻的传感器给实验带来了很大的方便. 可对不同传感器的温度特性进行比较.

(4)加热炉配有风扇，在实验过程中可采用风扇快速降温.

(5)主要技术指标. 控温范围：室温～150℃；温度控制精度：±0.2℃；分辨率：0.1℃；控制方式：模糊 PID 控制、手动控制.

2)温控仪面板说明

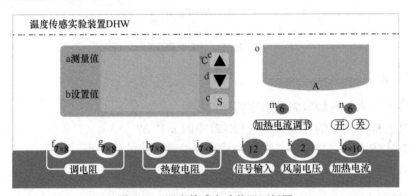

图 20-5　温度传感实验装置面板图

a. 测量值：显示器(绿). b. 设置值：显示器(红). c. 设定键(S)：设置值，按设定键(S)，SV 显示器一位数码管闪烁，则该位进入修改状态，再按 S 键，闪烁位向左移一位，不按设定键(S)8s(即数码管闪烁 8s)自动停止闪烁并返回至正常显示设置值. d. 减数键(▼)：在参数设定状态下，作减数键. e. 加数键(▲)：在参数设定状态下，作加数键. f～g. 铜电阻输出端子. h～i. 热敏电阻输出端子. j. 加热电流输出插座. k. 风扇电压输出插座. l. 加热炉信号输入插座. m. 加热电流调节电位器. n. 加热电流输出控制开关. o. 加热电流显示屏.

3)使用方法

(1)在使用之前，先把温度控制实验仪底部的支撑架竖起，以便在测试时方便观察及操作.

(2)按照面板及测试架的各项功能用实验连线将其中一只加热炉连接好连线,经检查无误后,将专用电源线插入电源插座,打开后面板上的电源开关,接通电源.此时温度控制器的 PV 显示屏显示的温度为环境温度.

(3)加热温度的设定:A. 按一下温控器面板上的设定键(S),此时设定值(SV)显示屏一位数码管开始闪烁.B. 根据实验所需温度的大小,再按设定键(S)左右移动到所需设定的位置,然后通过加数键(▲)、减数键(▼)来设定好所需的加热温度.C. 设定好加热温度后,等待 8s 后返回至正常显示状态.

(4)加热:在设定好加热温度后,将面板上的加热电流开关打开. 温控仪开始给加热炉加热,在使用时可根据所需升温速度的快慢及环境温度与所需加热温度的大小,调节电流调节旋钮输出一个合适的加热电流. 加热电流的大小通过面板上的(0)——加热电流显示屏显示.

(5)测量:在加热过程中,将控制仪的"铜电阻"或"热敏电阻"接线柱与 DHQJ 系列非平衡电桥的测量端相接,即可进行铜电阻或热敏电阻的特性测量.

(6)设定不同的加热温度,用非平衡电桥测量出在不同温度下热电阻的阻值.

在做完实验后,打开风扇使加热炉内的温度快速下降(注:在使用风扇降温时,须将支撑杆向上抬升,使空气形成对流).

(7)在实验过程中需使温度下降,将风扇电压线连接好,打开风扇开关使温度下降.

(8)实验完毕后,打开风扇使炉内的温度快速下降至常温,然后关闭电源. 拔下电源插座.

备注:当出现异常报警时,温控器测量值显示:HHHH,设置值显示:Err,当故障检查并解决后可按设定键(S)复位,再设定所要求的设置值.

2. 热敏电阻知识简介

热敏电阻是开发早、种类多、发展较成熟的敏感元器件. 热敏电阻由半导体陶瓷材料组成,利用的原理是温度引起电阻变化. 若电子和空穴的浓度分别为 n、p,迁移率分别为 μ_n、μ_p,则半导体的电导为

$$\sigma = q(n\mu_n + p\mu_p)$$

因为 n、p、μ_n、μ_p 都是依赖温度 T 的函数,所以电导是温度的函数,因此可由测量电导而推算出温度的高低,并能做出电阻-温度特性曲线. 这就是半导体热敏电阻的工作原理.

热敏电阻包括正温度系数(PTC)和负温度系数(NTC)热敏电阻,以及临界温度热敏电阻(CTR). 热敏电阻的主要特点是:①灵敏度较高,其电阻温度系数要

比金属大 10～100 倍以上，能检测出 10^{-6}℃的温度变化；②工作温度范围宽，常温器件适用于–55～315℃，高温器件适用温度高于 315℃(目前最高可达到 2000℃)，低温器件适用于–273～55℃；③体积小，能够测量其他温度计无法测量的空隙、腔体及生物体内血管的温度；④使用方便，电阻值可在 0.1～100kΩ 间任意选择；⑤易加工成复杂的形状，可大批量生产；⑥稳定性好、过载能力强.

　　由于半导体热敏电阻有独特的性能，所以在应用方面，它不仅可以作为测量元件(如测量温度、流量、液位等)，还可以作为控制元件(如热敏开关、限流器)和电路补偿元件. 热敏电阻广泛应用于家用电器、电力工业、通信、军事科学、宇航等各个领域，发展前景极其广阔.

　　1) PTC 热敏电阻

　　PTC 是指在某一温度下电阻急剧增加、具有正温度系数的热敏电阻现象或材料，可专门用作恒定温度传感器. 该材料是以 $BaTiO_3$ 或 $SrTiO_3$ 或 $PbTiO_3$ 为主要成分的烧结体，其中掺入微量的 Nb、Ta、Bi、Sb、Y、La 等氧化物进行原子价控制而使之半导化，常将这种半导化的 $BaTiO_3$ 等材料简称为半导(体)瓷；同时还添加增大其正电阻温度系数的 Mn、Fe、Cu、Cr 的氧化物和起其他作用的添加物，采用一般陶瓷工艺成形、高温烧结而使钛酸铂等及其固溶体半导化，从而得到正特性的热敏电阻材料. 其温度系数及居里点温度随组分及烧结条件(尤其是冷却温度)不同而变化.

　　$BaTiO_3$ 晶体属于钙钛矿型结构，是一种铁电材料，纯钛酸钡是一种绝缘材料. 在钛酸钡材料中加入微量稀土元素，进行适当热处理后，在居里温度附近，电阻率陡增几个数量级，产生 PTC 效应，此效应与 $BaTiO_3$ 晶体的铁电性及其在居里温度附近材料的相变有关. 钛酸钡半导瓷是一种多晶材料，晶粒之间存在着晶粒间界面. 该半导瓷当达到某一特定温度或电压时，晶体粒界就发生变化，从而电阻急剧变化.

　　钛酸钡半导瓷的 PTC 效应起因于粒界(晶粒间界). 对于导电电子来说，晶粒间界面相当于一个势垒. 当温度低时，由于钛酸钡内电场的作用，导致电子极容易越过势垒，则电阻值较小. 当温度升高到居里点温度(即临界温度)附近时，内电场受到破坏，它不能帮助导电电子越过势垒，这相当于势垒升高，电阻值突然增大，产生 PTC 效应. 钛酸钡半导瓷的 PTC 效应的物理模型有海望提出的表面势垒模型、丹尼尔斯等提出的钡缺位模型和叠加势垒模型，他们分别从不同方面对 PTC 效应作出了合理解释.

　　实验表明，在工作温度范围内，PTC 热敏电阻的电阻-温度特性可近似用实验公式表示

$$R_T = R_{T0}\exp[B_p(T-T_0)]$$

式中，R_T、R_{T0} 表示温度为 T、T_0 时电阻值，B_p 为该种材料的材料常数.

PTC 效应起源于陶瓷的粒界和粒界间析出相的性质，并随杂质种类、浓度、烧结条件等而产生显著变化. 最近，进入实用化的热敏电阻中有利用硅片的硅温度敏感元件，这是体型小且精度高的 PTC 热敏电阻，由 N 型硅构成，因其中的杂质产生的电子散射随温度上升而增加，从而电阻增加.

PTC 热敏电阻于 1950 年出现，随后 1954 年出现了以钛酸钡为主要材料的 PTC 热敏电阻. PTC 热敏电阻在工业上可用作温度的测量与控制，也用于汽车某部位的温度检测与调节，还大量用于民用设备，如控制瞬间开水器的水温、空调器与冷库的温度，利用本身加热作气体分析和风速机等. 下面通过对加热器、马达、变压器、大功率晶体管等电器的加热和过热保护方面简介，说明其广泛应用.

PTC 热敏电阻除用作加热元件外，同时还能起到"开关"的作用，兼有敏感元件、加热器和开关三种功能，称之为"热敏开关". 电流通过元件后引起温度升高，即发热体的温度上升，当超过居里点温度后，电阻增加，从而限制电流增加，于是电流的下降导致元件温度降低，电阻值的减小又使电路电流增加，元件温度升高，周而复始，因此具有使温度保持在特定范围的功能，又起到开关作用. 利用这种阻温特性做成加热源，作为加热元件应用的有暖风器、电烙铁、烘衣柜、空调等，还可对电器起到过热保护作用.

2) NTC 热敏电阻

NTC 是指随温度上升电阻呈指数关系减小、具有负温度系数的热敏电阻现象和材料. 该材料是利用锰、铜、硅、钴、铁、镍、锌等两种或两种以上的金属氧化物进行充分混合、成型、烧结等工艺而成的半导体陶瓷，可制成具有负温度系数 (NTC) 的热敏电阻. 其电阻率和材料常数随材料成分比例、烧结气氛、烧结温度和结构状态不同而变化. 现在还出现了以碳化硅、硒化锡、氮化钽等为代表的非氧化物系 NTC 热敏电阻材料.

NTC 热敏半导瓷大多是尖晶石结构或其他结构的氧化物陶瓷，具有负的温度系数，电阻值可近似表示为

$$R_T = R_{T_0} \exp\left[B_n \left(\frac{1}{T} - \frac{1}{T_0} \right) \right]$$

式中，R_T、R_{T_0} 分别为温度 T、T_0 时的电阻值，B_n 为材料常数. 陶瓷晶粒本身由于温度变化而使电阻率发生变化，这是由半导体特性决定的.

NTC 热敏电阻器的发展经历了漫长的阶段. 1834 年，科学家首次发现了硫化银有负温度系数的特性. 1930 年，科学家发现氧化亚铜-氧化铜也具有负温度系数的性能，并将之成功地运用在航空仪器的温度补偿电路中. 随后，由于晶体管技

术的不断发展, 热敏电阻器的研究取得重大进展. 1960 年研制出了 NTC 热敏电阻器. NTC 热敏电阻器广泛用于测温、控温、温度补偿等方面.

3)CTR 热敏电阻

CTR 是指临界温度热敏电阻, 具有负电阻突变特性, 在某一温度下, 电阻值随温度的增加急剧减小, 具有很大的负温度系数. 构成材料是钒、钡、锶、磷等元素氧化物的混合烧结体, 是半玻璃状的半导体, 也称 CTR 为玻璃态热敏电阻. 骤变温度随添加锗、钨、钼等的氧化物而变. 这是不同杂质的掺入, 使氧化钒的晶格间隔不同造成的. 若在适当的还原气氛中五氧化二钒变成二氧化钒, 则电阻急变温度变大; 若进一步还原为三氧化二钒, 则急变消失. 产生电阻急变的温度对应于半玻璃半导体物性急变的位置, 因此产生半导体-金属相移. CTR 能够作为控温报警器等应用.

热敏电阻的理论研究和应用开发已取得了引人注目的成果. 随着高、精、尖科技的应用, 对热敏电阻的导电机理和应用的更深层次的探索, 以及对性能优良的新材料的深入研究, 将会取得迅速发展.

实验 21　万用电表的设计和定标

【背景、应用及发展前沿】

　　万用表(又称为多功能电表)是一种多功能、多量程的电学仪表. 它是以一块磁电式电流计(微安表)为核心组装而成的多功能电表. 它可以在几个不同量程下测量直流电流、直流和交流电压以及电阻, 有的万用电表还具有检测晶体管特性等功能, 由于其具有功能较齐全、操作简单、携带方便、价格低廉、容易维修等优点, 因此, 长期以来成为电子测量及维修工作的必备仪表, 也是电学实验中不可缺少的测量仪表.

　　尽管指针式万用表(模拟万用表)已有近百年的发展历史, 其规格型号较多, 且在外形尺寸、量程设置上也有差异, 但其设计原理都是相同的, 都是将一只电流计(俗称表头)进行改装和扩程而成的.

　　本实验练习以表头为显示器的多功能电表的设计与定标, 并且只限于设计和定标直流电流表、直流电压表、交流电压表和欧姆表四种功能. 为了适应初学者的情况, 一般仅限于对各种功能的分开孤立设计与定标, 并对简易万用表的结构作初步了解.

【实验目的】

　　(1)掌握将微安表改装成电流表和电压表的原理和方法.
　　(2)学习欧姆表的测量原理和标定面板刻度的方法.
　　(3)学会电表的校正方法.

【实验原理】

　　常见的磁电式电流计主要由放在永久磁场中的由细漆包线绕制的可以转动的线圈、用来产生机械反力矩的游丝、指示用的指针和永久磁铁所组成. 当电流通过线圈时, 载流线圈在磁场中就产生一磁力矩, 使线圈转动, 从而带动指针偏转至与游丝反力矩平衡. 线圈偏转角度的大小与通过的电流大小成正比, 所以可由指针的偏转量直接指示出电流值.

1. 电流计内阻的测量方法

电流计允许通过的最大电流称为电流计的量程, 用 I_g 表示, 电流计的线圈有一定内阻，用 R_g 表示，因此，I_g 与 R_g 是两个表示电流计特性的重要参数. 测量内阻 R_g 的常用方法有两种.

1) 半偏法（也称中值法或半电流法）

测量原理图如图 21-1(a) 所示的电路，当被测电流计接在电路中时，调节 R_E 使电流计满偏，再用十进位电阻箱 R_0 与电流计并联作为分流电阻，改变电阻值 R_0 即改变分流程度，当电流计指针指示到中间值时，仍保持标准表读数（总电流强度）不变，可通过调电源电压和 R_E 来实现，显然这时分流电阻值就等于电流计的内阻，即为半偏法.

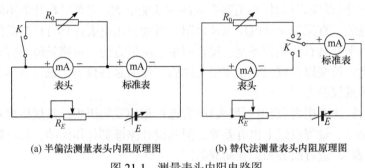

(a) 半偏法测量表头内阻原理图　　　　(b) 替代法测量表头内阻原理图

图 21-1　测量表头内阻电路图

2) 替代法

测量原理图见图 21-1(b) 所示的电路，当被测电流计接在电路中时，用十进位电阻箱 R_0 替代电流计，且改变电阻箱 R_0 的阻值，当电路中的电流（标准表读数）保持不变时，则电阻箱 R_0 的电阻值即为被测电流计内阻.

替代法是一种运用很广的测量方法，具有较高的测量准确度.

一般磁电式电流计只能通过微安（或毫安）量级的电流，可测量的电流、电压的范围很小，如果要用它来测量较大的电流、电压，则必须对其进行改装，以扩大量程.

2. 直流电流挡设计

根据并联电阻的分流作用可以扩大电流表的量程，电流表就是利用小量程的微安表并联一个小电阻而构成的. 在多量程电流表中各分流电阻的接法有两种：一种为开路置换式，如图 21-2(a) 所示；另一种为环形分流式，也称为闭路抽头式，如图 21-2(b) 所示，一般多量程电流表和万用表多采用后者.

在图 21-2(b) 的环形分流电路中，将分流电阻分成若干只电阻串联起来，利用抽头，分流电阻逐级变小，电流计量程则被扩大，不同抽头可得到不同的分流电阻，从而可获得不同量程的直流电流表.

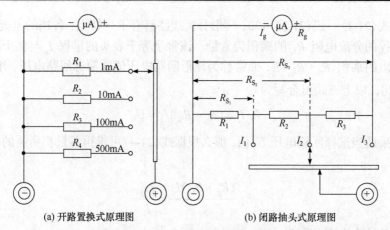

(a) 开路置换式原理图   (b) 闭路抽头式原理图

图 21-2 万里表中各分流电阻的两种接法

当转换开关接至 I_3 时

$$(R_1 + R_2 + R_3)(I_3 - I_g) = R_g I_g$$

设

$$R_{S_3} = R_1 + R_2 + R_3$$

则

$$R_{S_3} I_3 = (R_g + R_{S_3}) I_g \tag{21-1}$$

当转换开关接至 I_2 时

$$(R_1 + R_2)(I_2 - I_g) = (R_g + R_3) I_g$$

设

$$R_{S_2} = R_1 + R_2$$

则

$$R_{S_2} I_2 = (R_g + R_{S_3}) I_g \tag{21-2}$$

当转换开关接至 I_1 时

$$R_1(I_1 - I_g) = (R_g + R_2 + R_3) I_g$$

设

$$R_{S_1} = R_1$$

则

$$R_{S_1} I_1 = (R_g + R_{S_3}) I_g \tag{21-3}$$

　　由式(21-1)~式(21-3)可知, 环形分流线路具有下列特点, 各挡的电流量程 I_i 与该量程的分流电阻 R_{S_i} 的乘积为常量, 该常量等于表头的量程 I_g 与整个环形回路总电阻的乘积 $(R_g + R_{S_3})I_g$, 通常称为环形回路电压值或简称回路电压, 用 U_0 表示. 因此, 以上三式可合写为

$$R_{S_i} I_i = (R_g + R_{S_3})I_g = U_0 \tag{21-4}$$

　　如果适当选择回路电压 U_0 值, 那么根据式(21-4)可求得各量程所需的分流电阻值

$$R_{S_1} \frac{(R_g + R_{S_3})I_g}{I_i} = \frac{U_0}{I_i} \tag{21-5}$$

因此, 各抽头电阻分别为

$$R_1 = R_{S_1}; \quad R_2 = R_{S_2} - R_{S_1}; \quad R_3 = R_{S_3} - R_{S_2}$$

　　整个环形电路的总电阻 $(R_g + R_{S_3})$ 的选取原则是, 从读数时间的角度来考虑, 环形回路的总电阻值略大于表头的临界电阻较佳. 多量程电流表中各分流电阻的计算实例参见附录实例一.

　　3. 直流电压挡设计

　　利用串联电路的分压作用, 可以扩大表头的量程, 电压表就是利用小量程的微安表串联一只大电阻而成, 如图 21-3 所示, 串联电阻 R_M 也称为倍率电阻. 在直流电压挡设计中, 根据所要扩大的电压量程 U, 其所需的倍率电阻可从表头内阻 R_g 和表头的电压量程 U_g(或电流量程 I_g)计算出来. 由于

$$U = I_g(R_g + R_M) = U_g + I_g R_M$$

所以

$$R_M = \frac{U - U_g}{I_g} = \frac{R_g}{U_g}(U - U_g) = \mathscr{R}(U - U_g) \tag{21-6}$$

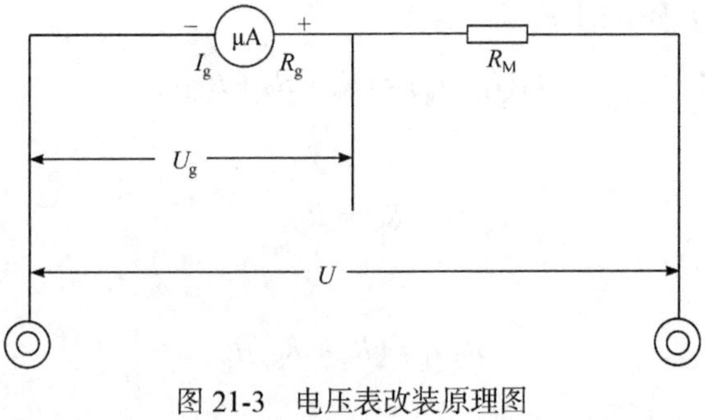

图 21-3　电压表改装原理图

式中，$\mathcal{R} = \dfrac{R_g}{U_g} = \dfrac{1}{I_g}$ 称为电压表的每伏欧姆数，单位为 Ω/V. 它表示在 1V 的电压作用下，使表头指针满刻度所需的电阻值，也就是将该表头改装成电压表时，1V 电压量程所需的电阻. 其值就是电压表工作电流 I_g 的倒数，所以表头的灵敏度愈高（即 I_g 愈小），每伏欧姆数就愈大，所需的倍率电阻也愈大，测量时对待测电路的影响也就愈小. 一般电压表或万用表电压挡的每伏欧姆数均为简单整数，其值均在 $1000\Omega/V$ 以上，有的可高达 $10^5\Omega/V$，如果知道电压表的每伏欧姆数，就可求出最小量程的倍率电阻 R_M，各挡倍率电阻 R_M 可由下式求得

$$R_M = \mathcal{R}(U_x - U_{前}) \tag{21-7}$$

式中，U_x 为测量挡的电压量程值，$U_{前}$ 为前一挡的电压量程.

一般设计电压挡首先是根据要求的每伏欧姆数求出电压挡的工作电流 I_{gV}，然后根据式 (21-6) 计算出各挡量程的倍率电阻 R_M. 串联式变量程电压表原理图如图 21-4 所示. 多量程电压表中各分压电阻的计算实例参见附录实例二.

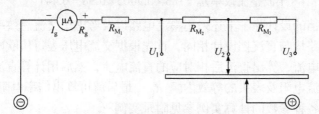

图 21-4 串联式变量程电压表原理图

4. 交流电压挡的设计

万用表所用的表头是磁电式仪表，它只适用于直流的测量，对于交流信号必须通过整流电路变换成直流后才可测量，图 21-5 所示为半波整流式电路，其中 D_1 为串联于表头的二极管，二极管 D_2 是为了保护 D_1 在反向时不被击穿而设置的，其工作原理如下.

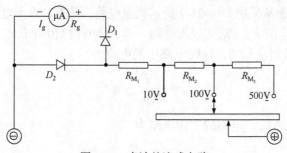

图 21-5 半波整流式电路

当⊕端为高电势时，电流从 D_1 流向表头回到⊖端，当⊖端为高电势时，电流经 D_2 流向⊕端，不流过表头，因此每周只有半周通过表头，故为半波整流. 在设计时，可根据不同的整流电路形式，将输入端的交流电流值按总效率换算成输出端输出的直流电流值，而配以相应的直流电流挡，作为交流有效值读数指示，其计算公式如下.

输出直流电流

$$I_{直流} = I_{交流} \times \eta$$

式中，$I_{交流}$ 为输入端的交流电流，η 为整流总效率，整流总效率为

$$\eta = p \times k \times \eta_0$$

式中，p 为整流因数(全波为 1，半波为 0.5)；k 称为波纹系数，其值为 0.9005；η_0 为整流元件的整流效率，因不同元件而异，计算时暂取 98%. 则由上式可知：

全波整流效率 $\eta_0 = 1.0 \times 0.9005 \times 0.98 = 0.882$

半波整流效率 $\eta_0 = 0.5 \times 0.9005 \times 0.98 = 0.441$

交流电压挡的设计除了上述采用整流电路以及考虑用交流总效率 η 换算外，其他原理和电路均与直流挡设计相同，首先根据交流电压表每伏欧姆数确定交流电压挡的工作电流，算出整流后相对应的直流电流，然后用计算直流电压表的方法算出它的分流电阻及表头的等效内阻 R_{gz}，最后就可算出倍率电阻 R_M. 多量程交流电压表中各种参数的计算实例参见附录实例三.

5. 欧姆表的原理及电路设计

欧姆表是用来测量电阻阻值大小的仪表，其测量电路原理图如图 21-6 所示，图中 R' 为固定的限流电阻，R_0 为可变的调零电阻，R_x 为待测电阻. 为了防止变阻器 R_0 调得过小而烧坏电表，特用固定电阻 R' 来限制电流. 测量时首先调零，使 $R_x = 0$，即使 A、B 两点短路，调节可变电阻 R_0 使表头指针指向满刻度. 然后在 A、B 两点间接入待测电阻进行测量.

常用欧姆表通常采用如图 21-7 所示测量电路. 图中 E 为干电池的电动势，A、B 两端接入被测电阻 R_x，R_D 为限流电阻，当 $R_x = 0$ 时(相当于 A、B 两端短路)，调节 R_D 使电表满刻度偏转，这时电路中的电流为

$$I_0 = \frac{E}{R_D + R_g} = I_g$$

在接入被测电阻 R_x 后，电路的工作电流为

$$I = \frac{E}{R_D + R_g + R_x}$$

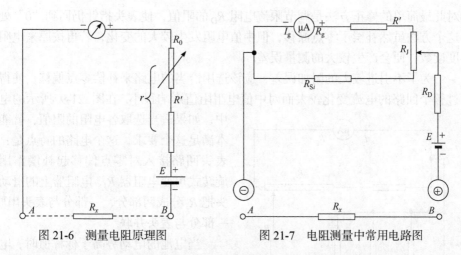

图 21-6　测量电阻原理图　　　　　　　图 21-7　电阻测量中常用电路图

从上式可以看出：当干电池电动势 E 保持不变时，表头指针的偏转大小与被测电阻的大小是一一对应的，如果表头的标度尺按与电流对应的电阻进行刻度，则该表头就可以直接测量电阻. 欧姆表标度尺上的电阻值，实质上是通过表头电流值来标定它所对应的电阻值. 当 A、B 两点开路，即 R_x 为无穷大时，则 $I = 0$，这时电流表指针在零位，当 $R_x = 0$ 时，指针在满刻度. 可见，当被测电阻由零变到无穷大时，表头指针则由满刻度变到零，所以欧姆表标度尺和电流、电压的标度尺的刻度方向相反，且刻度不均匀，R_x 越大，刻度越密，如图 21-8 所示.

图 21-8　欧姆表标度尺示意图

当 $R_x = R_D + R_g$ 时，则

$$I_m = \frac{E}{R_D + R_g + R_x} = \frac{E}{2(R_D + R_g)} = \frac{I_0}{2}$$

由上式可知，当被测电阻 R_x 等于欧姆表内部总电阻 $R_D + R_g$ 时，欧姆表指针在表盘标度尺的中心，因此称

$$R_x = R_D + R_g$$

为中心欧姆(或中值电阻).

如果干电池的电动势发生改变，那么短路欧姆表输入端的表笔，指针就不会指在"0"处，这一现象称为电阻挡的零点偏移，它给测量带来一定的系统误差.

对此最简单的修正方法是调节限流电阻 R_D 的阻值，使表头指针仍回到"0"处，这个方法虽然补偿了零点漂移，但中值电阻发生较大的变化，若再按原来电阻刻度读数，便会产生较大的测量误差.

为了不引进较大的附加误差，应该选用恰当的电路来补偿零点偏移，使得流过整个回路的电流变化较大而对中值电阻阻值影响很小. 在图 21-9 所示的电路中，如果适当选取各电阻的阻值，就能基本满足这个要求，这个电路的特点是：在表头回路接入对零点偏移起补偿作用的旋转式可变电阻器 R_J，电阻器上的滑动触头把 R_J 分成两部分，一部分与表头串联，一部分与表头并联.

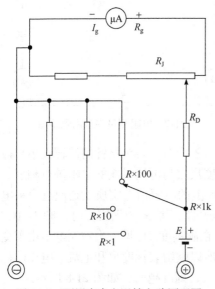

图 21-9　万用表中电阻挡电路原理图

当电池的电动势高于标称值时，电路中的总电流偏大，可将滑动头左移，以增大与表头串联的阻值而减少与表头并联值，使分流增加. 当实际的电动势低于标称值时，可将滑动触头右移，增大流经表头的电流. 总之，当电池电动势变化时，调节变阻器 R_J 的滑动触头，可以使表棒短路时流经电流表的电流保持满标度电流. 变阻器 R_J 称为调零变阻器. 改变调零变阻器 R_J 的滑动触头时，整个表头回路的等效电阻 $R_{g\Omega}$ 随之改变，因而中值电阻 $R_{中} = R_D + R_{g\Omega}$ 同样发生变化. 但是，如果我们尽可能地把限流电阻 R_D 取大些，$R_{g\Omega}$ 的变化相对于中值电阻 $R_{中}$ 的影响就可以很小. 在一般万用表中，大都采用了图 21-9 所示的电路作为电阻挡的调零电路.

在设计电路时，应先以欧姆表最小工作电流挡(即电流灵敏度最高)来计算，其计算步骤如下.

1)中值电阻

中心欧姆数值是由欧姆表所用电池的电动势大小和直流电流表的灵敏度高低来决定的. 万用表一般采用 1.5V 干电池，为了保证在 1.35～1.65V 正常使用，计算应取 1.5～1.75V 作为电池工作范围. 其计算公式为

$$R_{中} \leqslant \frac{E_{min}}{I_{min}}$$

式中，E_{min} 为最小电池电压，I_{min} 为电流表最小量程. $R_{中}$ 值为计算方便可取整数，取 2～3 位有效字.

2) 调零变阻器电阻 R_J 的计算

因电池的电动势随着使用时间增长电池电量的不断消耗而下降，电池内阻也会变化，而表头的内阻 R_g 为常数，故要满足待测电阻 $R_x = 0$ 时，电路中通过的电流恰为表头的量程 I_g，必须设置可变电阻 R_J 来做相应调节，即最小工作电流

$$I_{min} = \frac{E_{min}}{R_{中}}$$

最大工作电流

$$I_{max} = \frac{E_{max}}{R_{中}}$$

式中，E_{min} 取 1.35V（或 1.25V），E_{max} 取 1.65V（或 1.75V）.

再求出与最小和最大工作电流相对应的分流电阻 R_{Si}. 即最小工作电流的分流电阻 R_{Smin} 为

$$R_{Smin} = \frac{U_0}{I_{min}}$$

最大工作电流的分流电阻 R_{Smax} 为

$$R_{Smax} = \frac{U_0}{I_{max}}$$

式中，U_0 为回路电压.

调零电势器 $R_J \geqslant R_{Smin} - R_{Smax}$ 并取整数，以保证电池电动势在一定范围内变化时，能对欧姆表进行调零.

3) 限流电阻 R_D 的计算

以电池电动势为 1.0V 时计算.

(1) 求欧姆表的工作电流

$$I_{1.50V} = \frac{E_{1.50V}}{R_{中}} = \frac{1.50V}{R_{中}}$$

(2) 计算 $I_{1.50V}$ 所对应的分流电阻

$$R_{S1.50V} = \frac{U_0}{I_{1.50V}}$$

(3) 计算 $I_{1.50V}$ 抽头处表头的等效电阻 $R_{g\Omega}$.

(4) 计算限流电阻 R_D（以计算 $R \times 1k$ 挡的限流电阻 R_D 为例）

$$R_D = R_{中} - R_{g\Omega}$$

4) 各量程电阻的计算

改变电阻挡量程实际上是改变电表的总电阻，对于其他电阻挡的内阻均是在最高挡的内阻上并联一电阻，使其并联的等效电阻等于所要改装挡的内阻(即该挡的中心欧姆值). 各挡电路如图 21-9 所示.

并联电阻 $R_{S×x}$ 具体计算如下：

$$R_{中×x} = \frac{R_{S×x} × R_{中×1k}}{R_{S×x} + R_{中×1k}} + r_E$$

式中，$R_{S×x}$ 为被测挡的并联电阻，$R_{中×x}$ 为被测挡的总电阻，其大小 $R_{中×x}$=中心值×倍率，$R_{中×1k}$ 为 R×1k 挡的总内阻；r_E 为电池及接线电阻等(一般取 0.5～1.0Ω)，对 R×1 挡、R×10 挡应扣除，其他挡可忽略不计，因此

$$R_{S×x} = \frac{R_{中×1k} × R_{中×x}}{R_{中×1k} + R_{中×x}} - r_E$$

多量程欧姆表设计的实例参见实例四.

6. 电表的定标

改装后的电表是否符合使用要求，要用标准表进行校正，并作校正曲线. 图 21-10(a)是校正电流表的电路，将改装表与标准表串联起来. 调节滑动变阻器，使改装表读数从零增加到满刻度，同时记下改装表和标准表相对应的读数，然后作出校正曲线. 根据校正曲线进而可计算出改装电表的准确度等级.

图 21-10(b)是校正电压表的电路，将改装表与标准表并联，校正方法与电流表类似.

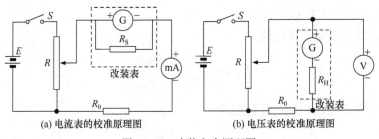

(a) 电流表的校准原理图　　　　　　(b) 电压表的校准原理图

图 21-10　改装电表原理图

【仪器用具】

标准电流表、标准电压表、表头、滑动变阻器、电阻箱、固定电阻、可变电阻器、直流电源、交流电源、开关等.

【实验内容】

(1)测定待改表头的内阻. 利用替代法和半偏法分别测量表头内阻，分析两种方法测量结果的准确性.

(2)电流表的改装. 将待改表头改装成量程为 10.00mA 的电流表，并进行校正，校准点不少于 10 个，然后将测量数据填入自拟表格.

(3)电压表的改装. 将待改表头改装成量程为 5.00V(或 2.00V)的电压表，并进行校正，校准点不少于 10 个，然后将测量数据填入自拟表格.

(4)将给定表头改装成图 21-6 所示的简易欧姆表，参考图 21-8 所示的标度尺，用改装的欧姆表测量标准电阻箱的阻值，对表头刻度进行标度. 步骤如下：

a. 按图 21-6 进行连线. 将 R_0、R' 电阻箱(这时作为被测电阻 R_x)接于欧姆表的 A、B 端，调节 R_0、R'，使 $R_x = R_{中} = R_0 + R' = 1500\Omega$.

b. 调节电源 $E = 1.5\mathrm{V}$，调节 R_0 使表头指针处于半偏位置.

c. 调节 $R_x = 0$，观察表头指针是否处于满偏位置. 如果是，则进行步骤 d，否则适当调节电源电压 E 和 R_0，使得 $R_x=0$ 时表头指针满偏而且 $R_x=R_{中}=1500\Omega$ 时指针在半偏位置.

d. 取电阻箱的阻值为一组特定的数值 R_{xi}，读出相应的偏转格数 d_i. 利用所得读数 R_{xi}、d_i 绘制出改装欧姆表的标度盘.

(5)设计并组装一只万用表*.

表头参数：量程为 50μA，内阻为 1.8kΩ，外临界电阻约为 4kΩ，万用表各量程要求如下：

直流电流：500μA，5mA，50mA，500mA，5A.

直流电压：1V，2.5V，10V，50V，250V，500V，$\mathscr{R} = 10\mathrm{k}\Omega/\mathrm{V}$.

交流电压：10V，50V，250V，500V，$\mathscr{R} = 4.0\mathrm{k}\Omega/\mathrm{V}$.

电　　阻：$R \times 1\mathrm{k}$(中值电阻 16.5kΩ)，$R \times 100$，$R \times 10$.

设计步骤的实际举例见实例五.

【实验数据及处理】

1. 表头内阻的对比分析

结合改装表的实际应用和电路理论，分析替代法和半偏法测量结果的准确性.

2. 改装表的定标

以改装表读数作为横坐标，改装表与标准表读数差值作为纵坐标，分别作出改装后的电流表和电压表的校正曲线，计算出改装表的准确度等级.

确定改装表的准确度等级：

再由校正曲线找出 ΔI 和 ΔU 的绝对值的最大值 $|\Delta I_m|$ 和 $|\Delta U_m|$，根据电表准确度等级的定义计算改装电表的等级为

$$K'_I\% = \frac{|\Delta I_{max}|}{I_m} \times 100\% \quad 和 \quad K'_U\% = \frac{|\Delta U_{max}|}{U_m} \times 100\%$$

式中，I_m 和 U_m 分别为改装电流表和改装电压表的量程.

$$K_I = K'_I + K_0 \quad 和 \quad K_U = K'_U + K_0$$

式中，K_0 为标准表等级. 最后，根据我国磁电式仪表等级规定，确定改装表等级.

3. 简易欧姆表的校准

通过对表头刻度所进行的标度，说明其指针偏转方向及刻度的特点.

4. 计算

画出所设计万用表的电路原理图，计算出各电阻的阻值. 对组装好的万用表进行校准(每挡只校准一个量程)，做出校正曲线并计算出电表的等级.

【思考讨论】

(1)在校正电流表和电压表时，如果发现改装表与标准表读数相比偏高，应如何调节分流电阻 R_S 和分压电阻 R_H？

(2)本实验中要想保证设计和组装的精度要求，应注意哪些问题？

(3)如何测定 RLC 串联电路的谐振频率？其测量误差又如何估计？

(4)欧姆表中电池端电压下降时，对待测电阻的准确度有何影响？证明：欧姆表的中值电阻与欧姆表的内电阻相等.

(5)交流电压挡的电路中，能否将下文图 21-16 所示的硅二极管 IN4007 省去？

【探索创新】

把表头与大电阻串联就可以改制为电压表，但这种改制后，会发现指针在指示位置附近来回摆动不止，难于读数. 把表头与低电阻并联，就可改制为电流表，可是改制后却发现指针运动很慢，经过较长时间后仍难判断指针是否已达到平衡位置. 这两种现象产生的原因是表头的摆动有三种状态，只有表头内外电阻之和接近一个"临界电阻"，使指针的摆动处于临界阻尼状态，在这种状态下，指针才能很快地指到指示位置并停下来而不发生振荡. 上述改制的两种情况都不符合这个条件，因此出现了问题. 解决这个问题的办法是把表头接成环形电路. 环形电路的总电阻接近或稍大于"临界电阻"，这时由环形电路的中间抽头可构成安培表的各个挡次. 而在环形电路外依次串联几个大电阻可构成伏特表的各个挡次，这样构成的万用表直流电流挡和直流电压挡的基本电路便确定了.

请设计测量电路,测量表头的临界电阻.

【拓展迁移】

[1] 李文建. 怎样用万用表判断带阻三极管的好坏[J]. 家电检修技术,2009,(18):52.

[2] 崔岚鸣,杨子义. 正确使用万用表[J]. 贵阳学院学报(自然科学版),2017,12(2):7-9.

[3] 张明磊. 正确使用万用表,模拟式万用表的原理与维修[J]. 电子世界,2021,(1):178-179.

[4] 甘春雨. 用 500 型万用表检查集成电路故障的方法[J]. 西部广播电视,2016,(22):216.

[5] 王莹. 模拟万用表与数字万用表检定方法比较[J]. 铁道技术监督,2016,44(11):24-26.

【附录】

实例一:如图 21-11 所示,已知一表头的量程为 37.5μA,内阻为 2.00kΩ,外临电阻为 5.60kΩ. 如果要设计量程为 500mA、50mA、5mA、0.5mA、50μA 的多挡闭路式的电流表,试求各挡的分流电阻.

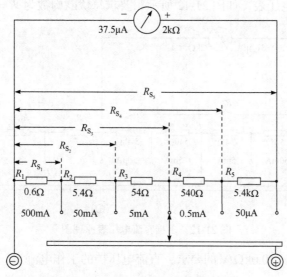

图 21-11　多挡闭路式的电流表原理图

解:(1)求回路电压 U_0.

根据环形回路的总电阻值略大于表头的临界电阻较佳的原则,取 $R_{S5}=6.00$kΩ,

略大于外临界电阻 5.60kΩ, 则

$$R_{S_5} + R_g = 8.00\text{kΩ}$$

$$U_0 = I_g(R_{S_5} + R_g) = 300\text{mV}$$

式中, U_0 为整数也是为了便于计算.

(2)求各量程的分流电阻.

根据 $U_0 = I_i R_{S_i}$ 可求得各量程的分流电阻(从最大量程开始)分别为

$$R_{S_1} = \frac{U_0}{I_1} = \frac{300 \times 10^{-3}}{500 \times 10^{-3}} = 0.600(\text{Ω}) \rightarrow R_1 = R_{S_1} = 0.600(\text{Ω})$$

$$R_{S_2} = \frac{U_0}{I_2} = \frac{300 \times 10^{-3}}{50 \times 10^{-3}} = 6.00(\text{Ω}) \rightarrow R_2 = R_{S_2} - R_{S_1} = 5.4(\text{Ω})$$

$$R_{S_3} = \frac{U_0}{I_3} = \frac{300 \times 10^{-3}}{5 \times 10^{-3}} = 60.0(\text{Ω}) \rightarrow R_3 = R_{S_3} - R_{S_2} = 54.0(\text{Ω})$$

$$R_{S_4} = \frac{U_0}{I_4} = \frac{300 \times 10^{-3}}{0.5 \times 10^{-3}} = 600(\text{Ω}) \rightarrow R_4 = R_{S_4} - R_{S_3} = 540(\text{Ω})$$

$$R_{S_5} = \frac{U_0}{I_5} = \frac{300 \times 10^{-3}}{50 \times 10^{-6}} = 6.00(\text{kΩ}) \rightarrow R_5 = R_{S_5} - R_{S_4} = 5.40(\text{kΩ})$$

实例二: 试将实例一的多挡闭路式电流表头改装成量程为 1.00V、5.00V、25.0V 三挡直流电压表, 如图 21-12 所示, 要求每伏欧姆数为 $\mathscr{R} = 20.0\text{kΩ/V}$.

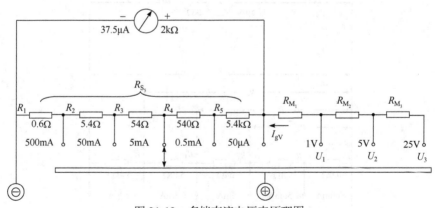

图 21-12　多挡直流电压表原理图

解: 根据 $\mathscr{R} = 20.0\text{kΩ/V}$ 的要求, 直流电压挡的工作电流为

$$I_{g_V} = \frac{1}{\mathscr{R}} = \frac{1}{20.0 \times 10^3} = 50.0(\mu\text{A})$$

$$R_{S_5} = \frac{U_0}{I_5} = \frac{300 \times 10^{-3}}{50 \times 10^{-6}} = 6.00(\text{kΩ})$$

表头并联等效电阻为

$$R_{\mathrm{gv}}=\frac{R_{\mathrm{g}}R_{\mathrm{S}_5}}{R_{\mathrm{g}}+R_{\mathrm{S}_5}}=\frac{2.00\times10^3\times6.00\times10^3}{2.00\times10^3+6.00\times10^3}=1.5(\mathrm{k}\Omega)$$

可计算出倍率电阻 R_{M} 分别为

$$R_{\mathrm{M}_1}=\mathscr{R}U_1-R_{\mathrm{gv}}=20.0\times1.00-1.50=18.5(\mathrm{k}\Omega)$$

$$R_{\mathrm{M}_2}=\mathscr{R}(U_2-U_1)=20.0\times(5.00-1.00)=80.0(\mathrm{k}\Omega)$$

$$R_{\mathrm{M}_3}=\mathscr{R}(U_3-U_2)=20.0\times(25.00-5.00)=400.0(\mathrm{k}\Omega)$$

实例三：试将实例一的多挡闭路式电流表改制为交流电压表，其每伏欧姆数为 5.00kΩ/V，量程为 10.0V、100V、500V 三挡的交流电压表，如图 21-13 所示，求其倍率电阻 R_{M}（采用半波整流电路，整流元件内阻为 100Ω）.

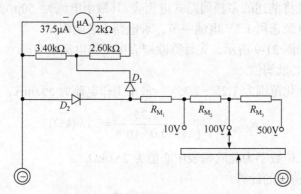

图 21-13　半波整流交流电压表原理图

解：（1）根据交流电压灵敏度计算交流电压挡的工作电流

$$I_{\underline{\mathrm{V}}}=\frac{1}{\mathscr{R}}=\frac{1}{5.00\times10^3}=0.200(\mathrm{mA})=200\mu\mathrm{A}$$

（2）整流后的直流电流

$$I_{\underline{\mathrm{V}}}=200\mu\mathrm{A}\times0.441=88.2\mu\mathrm{A}$$

（3）等效表头内阻

a. 分流电阻为

$$R_{\mathrm{S}_5}=\frac{U_0}{I_{\underline{\mathrm{V}}}}=\frac{300\times10^{-3}}{88.2\times10^{-6}}=3.40(\mathrm{k}\Omega)$$

b. 并联等效电阻.

在改装成多挡闭路式电流表时，已知总并联电阻为 6.00kΩ，今改装交流电压表时需要分流电阻为 3.40kΩ，这只要在 6.00kΩ 中抽出一个抽头即可，如图 21-13

所示,因此并联等效电阻为

$$R_{并} = \frac{3.40 \times 10^3 \times 4.60 \times 10^3}{3.40 \times 10^3 + 4.60 \times 10^3} = 1.96(\text{k}\Omega)$$

c. 交流电压挡等效的表头内阻为

$$R_{gV} = R_{并} + R_{D*} = 1.96\text{k}\Omega + 0.10\text{k}\Omega = 2.06\text{k}\Omega$$

(4)求出倍率电阻 R_M.

10.0$\underset{\sim}{V}$ 挡: $R_{M_1} = \mathscr{R}U_1 - R_{gV} = 5.0 \times 10^3 \times 10.0 - 2.06 \times 10^3 = 47.94(\text{k}\Omega)$

100$\underset{\sim}{V}$ 挡: $R_{M_2} = \mathscr{R}(U_2 - U_1) = 5.0 \times 10^3 \times (100.0 - 10.00) = 450(\text{k}\Omega)$

500$\underset{\sim}{V}$ 挡: $R_{M_2} = \mathscr{R}(U_2 - U_1) = 5.0 \times 10^3 \times (500.0 - 100.0) = 2.00(\text{M}\Omega)$

实例四:试将前述的多挡闭路式电流表(其最小电流为 50μA)改制成为多量程的欧姆表,电源选用 1.5V 电池一节,求电路中各电阻值.

解:电路如图 21-9 所示,先计算欧姆表中工作电流最小挡.

(1)决定中心欧姆值.

电池电压变化范围为 1.25~1.75V,最小工作电流为 50.0μA,则

$$R_{中 \times 1k} \leqslant \frac{E_{min}}{I_{min}} = \frac{1.25}{50.0 \times 10^{-6}} = 25.0(\text{k}\Omega)$$

取其第一、第二位数字为此欧姆表中心值为 25.0kΩ.

(2)调零电位器的计算.

设 $E_{min} = 1.25\text{V}$,$E_{max} = 1.75\text{V}$,则最小工作电流为

$$I_{min} = \frac{E_{min}}{R_{中 \times 1k}} = \frac{1.25}{2.5 \times 10^4} = 50.0(\mu\text{A})$$

对应的分流电阻

$$R_{Smin} = \frac{U_0}{I_{min}} = \frac{300 \times 10^{-3}}{50.0 \times 10^{-6}} = 6.00(\text{k}\Omega)$$

最大的工作电流

$$I_{max} = \frac{E_{max}}{R_{中 \times 1k}} = \frac{1.75}{2.5 \times 10^4} = 70.0(\mu\text{A})$$

对应的分流电阻

$$R_{Smax} = \frac{U_0}{I_{max}} = \frac{300 \times 10^{-3}}{70.0 \times 10^{-6}} = 4.30(\text{k}\Omega)$$

所以

$$R_J = R_{S\min} - R_{S\max} = 6.00 - 4.30 = 1.70(\text{k}\Omega)$$

(3)限流电阻的确定.

求出电池电压 1.50V 时的工作电流

$$I = \frac{1.5}{2.5 \times 10^4} = 60.0(\mu\text{A})$$

对应的分流电阻

$$R_S = \frac{300 \times 10^{-3}}{60.0 \times 10^{-6}} = 5.00(\text{k}\Omega)$$

并联等效电阻

$$R_{g\Omega} = \frac{5.00 \times 10^3 \times 300 \times 10^3}{5.00 \times 10^3 + 300 \times 10^3} = 1.88(\text{k}\Omega)$$

限流电阻

$$R_D = R_{\text{中}\times1k} - R_{g\Omega} = 25.0 - 1.88 = 23.2(\text{k}\Omega)$$

(4)各量程电阻的计算.

电池内阻 $r_E \approx 1\Omega$，$R_{\text{中}} = 25.0\text{k}\Omega$，则被测挡的并联电阻为

$R\times1$ 挡:

$$R_{S\times1} \approx \frac{R_{\text{中}\times1k} \times R_{\text{中}\times1}}{R_{\text{中}\times1k} - R_{\text{中}\times1}} - r_E = \frac{25.0 \times 10^3 \times 25.0}{25.0 \times 10^3 - 25.0} - 1 \approx 24(\Omega)$$

$R\times10$ 挡:

$$R_{S\times10} \approx \frac{R_{\text{中}\times1k} \times R_{\text{中}\times10}}{R_{\text{中}\times1k} - R_{\text{中}\times10}} - r_E = \frac{25.0 \times 10^3 \times 250.0}{25.0 \times 10^3 - 250.0} - 1 \approx 252(\Omega)$$

$R\times100$ 挡:

$$R_{S\times100} \approx \frac{R_{\text{中}\times1k} \times R_{\text{中}\times100}}{R_{\text{中}\times1k} - R_{\text{中}\times100}} = \frac{25.0 \times 10^3 \times 2500.0}{25.0 \times 10^3 - 2500.0} \approx 2778(\Omega)$$

实例五：[设计步骤(举例)]

1. 确定回路电压

根据给定的表头，确定回路电压为 $U_0 = I_g(R_g + R_S) = 300\text{mV}$，$R_S$ 为 $4.2\text{k}\Omega$，大于并接近外临界电阻，符合要求. $R_g + R_S = 6.00\text{k}\Omega$.

2. 设计直流电流挡

根据要求，设计直流电流挡如图 21-14 所示.

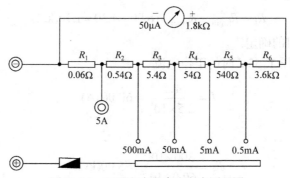

图 21-14　万用电表的直流电表原理图

计算可得各电阻值为

$$R_1 = R_{S_1} = \frac{U_0}{I_1} = \frac{300 \times 10^{-3}}{5} = 0.06(\Omega)$$

$$R_2 = R_{S_2} - R_{S_1} = \frac{300 \times 10^{-3}}{0.5} - 0.06 = 0.54(\Omega)$$

$$R_3 = R_{S_3} - R_{S_2} = \frac{300 \times 10^{-3}}{0.05} - 0.6 = 5.4(\Omega)$$

$$R_4 = R_{S_4} - R_{S_3} = \frac{300 \times 10^{-3}}{5 \times 10^{-3}} - 6.00 = 54(\Omega)$$

$$R_5 = R_{S_5} - R_{S_4} = \frac{300 \times 10^{-3}}{5 \times 10^{-4}} - 60.0 = 540(\Omega)$$

$$R_6 = R_S - R_{S_5} = 4.20 - 0.60 = 3.6(k\Omega)$$

3. 设计直流电压挡

根据要求, 设计直流电压挡如图 21-15 所示.

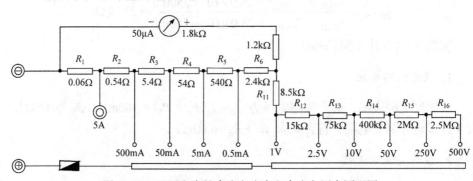

图 21-15　万用电表的直流电流表和直流电压表原理图

已知 $U_1 = 1\text{V}$，$U_2 = 2.5\text{V}$，$U_3 = 10\text{V}$，$U_4 = 50\text{V}$，$U_5 = 250\text{V}$，$U_6 = 500\text{V}$，$\mathscr{R} = 10\text{k}\Omega/\text{V}$. 确定电压表工作电流

$$I_{\text{gV}} = \frac{1}{\mathscr{R}} = \frac{1}{1.0 \times 10^4} = 100(\mu\text{A})$$

求出 R_{S_6}、R_6

$$R_{\text{S}_6} = \frac{300 \times 10^{-3}}{100.0 \times 10^{-6}} = 3.00(\text{k}\Omega)$$

$$R_6 = R_{\text{S}_6} - R_{\text{S}_5} = 3.00 - 0.60 = 2.4(\text{k}\Omega)$$

表头并联等效电阻为

$$R_{\text{gV}} = \frac{3.00 \times 10^3 \times 3.00 \times 10^3}{3.00 \times 10^3 + 3.00 \times 10^3} = 1.5(\text{k}\Omega)$$

计算倍率电阻 R_{M}

$$R_{11} = \mathscr{R}U_1 - R_{\text{gV}} = 10.0 \times 1.00 - 1.50 = 8.5(\text{k}\Omega)$$

$$R_{12} = \mathscr{R}(U_2 - U_1) = 10 \times (2.50 - 1.00) = 15.0(\text{k}\Omega)$$

$$R_{13} = \mathscr{R}(U_3 - U_2) = 10 \times (10.0 - 2.50) = 75.0(\text{k}\Omega)$$

$$R_{14} = \mathscr{R}(U_4 - U_3) = 10 \times (50.0 - 10.0) = 400(\text{k}\Omega)$$

$$R_{15} = \mathscr{R}(U_5 - U_4) = 10 \times (250 - 50.0) = 2(\text{M}\Omega)$$

$$R_{16} = \mathscr{R}(U_6 - U_5) = 10 \times (500 - 250) = 2.5(\text{M}\Omega)$$

4. 设计交流电压

根据要求，设计交流电压挡如图 21-16 所示，其中整流二极管选用锗二极管 2AP9，它具有导通电压低的特点. 硅二极管 IN4007 是为了防止整流二极管被反向击穿而设置的.

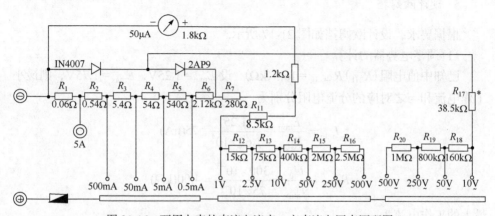

图 21-16 万用电表的直流电流表、交直流电压表原理图

(1)根据交流电压灵敏度计算交流电压挡的工作电流为

$$I_{\underline{V}} = \frac{1}{\mathfrak{R}} = \frac{1}{4.00 \times 10^3} = 0.250(\text{mA}) = 250(\mu\text{A})$$

(2)整流后的直流电流为

$$I_{-} = 250\mu\text{A} \times 0.441 = 110.25\,(\mu\text{A})$$

(3)等效表头内阻.

分流电阻为

$$R_{S_6} = \frac{U_0}{I_{-}} = \frac{300 \times 10^{-3}}{110.25 \times 10^{-6}} = 2.72(\text{k}\Omega)$$

$$R_6 = R_{S_6} - R_{S_5} = 2.72 - 0.60 = 2.12(\text{k}\Omega)$$

因此，并联等效电阻为

$$R_{\text{并}} = \frac{2.72 \times 10^3 \times 3.28 \times 10^3}{2.72 \times 10^3 + 3.28 \times 10^3} = 1.49(\text{k}\Omega)$$

交流电压挡等效的表头内阻为

$$R_{g\underline{V}} = R_{\text{并}} + R_{D}^{*} = 1.49 + 0.01 = 1.50(\text{k}\Omega)$$

(4)求出倍率电阻 R_{M}.

10.0 $\underline{V}$ 挡：　$R_{17} = \mathfrak{R}U_1 - R_{g\underline{V}} = 4.0 \times 10^3 \times 10.0 - 1.50 \times 10^3 = 38.5(\text{k}\Omega)$

50.0 $\underline{V}$ 挡：　$R_{18} = \mathfrak{R}(U_2 - U_1) = 4.0 \times 10^3 \times (50 - 10.0) = 160(\text{k}\Omega)$

250 $\underline{V}$ 挡：　$R_{19} = \mathfrak{R}(U_3 - U_2) = 4.0 \times 10^3 \times (250 - 50) = 800(\text{k}\Omega)$

500 $\underline{V}$ 挡：　$R_{20} = \mathfrak{R}(U_4 - U_3) = 4.0 \times 10^3 \times (500 - 250) = 1(\text{M}\Omega)$

5. 设计欧姆挡

根据要求，设计欧姆挡如图 21-17 所示.

(1)调零电势器的计算.

已知中值电阻 $(R_{\times 1\text{k}})R_{\text{中}\times 1\text{k}} = 16.5(\text{k}\Omega)$. 设 $E_{\min} = 1.25\text{V}$，$E_{\max} = 1.75\text{V}$，则最小工作电流和与之对应的分流电阻分别为

$$I_{\min} = \frac{E_{\min}}{R_{\text{中}\times 1\text{k}}} = \frac{1.25}{1.65 \times 10^4} = 75(\mu\text{A})$$

$$R_{S\min} = \frac{U_0}{I_{\min}} = \frac{300 \times 10^{-3}}{75 \times 10^{-6}} = 4.00(\text{k}\Omega)$$

最大的工作电流为

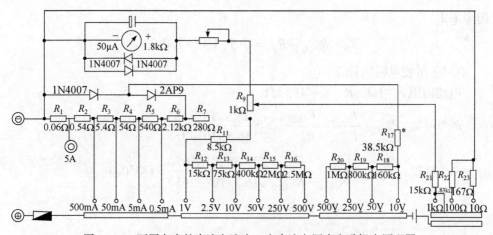

图 21-17 万用电表的直流电流表、交直流电压表和欧姆表原理图

$$I_{\max} = \frac{E_{\max}}{R_{\text{中}\times 1k}} = \frac{1.75}{1.65 \times 10^4} = 106(\mu A)$$

可见最大工作电流超过直流电压挡的工作电流,调零旋转式可变电阻器与 R_7 冲突,所以我们取 $E_{\max} = 1.65V$,一般情况下可以满足要求

$$I_{\max} = \frac{E_{\max}}{R_{\text{中}\times 1k}} = \frac{1.65}{1.65 \times 10^4} = 100.0(\mu A)$$

可见,此电流 $I_{\max}$ 刚好和直流电压挡的工作电流相等,直流电压挡后可直接接调零旋转式可变电阻器. 对应的分流电阻为

$$R_{S\max} = \frac{U_0}{I_{\max}} = \frac{300 \times 10^{-3}}{100 \times 10^{-6}} = 3.00(k\Omega)$$

所以

$$R_J = R_{S\min} - R_{S\max} = 4.00 - 3.00 = 1.00(k\Omega)$$

(2)限流电阻的确定.

求出电池电压 1.50V 时的工作电流和与之对应的分流电阻分别为

$$I = \frac{1.50}{16.50 \times 10^3} = 90.9(\mu A)$$

$$R_S = \frac{300 \times 10^{-3}}{90.9 \times 10^{-6}} = 3.30(k\Omega)$$

并联等效电阻

$$R_{g\Omega} = \frac{3.30 \times 10^3 \times 2.70 \times 10^3}{3.30 \times 10^3 + 2.70 \times 10^3} = 1.49(k\Omega)$$

限流电阻

$$R_{\text{D}} = R_{\text{中} \times 1\text{k}} - R_{\text{g}\Omega} = 16.5 - 1.49 \approx 15(\text{k}\Omega)$$

(3) 各量程电阻的计算.

电池内阻 $r_E \approx 1\Omega$, $R_{\text{中} \times 1\text{k}} = 16.5\text{k}\Omega$.

$R \times 10$ 挡: $R_{\text{S} \times 10} \approx \dfrac{R_{\text{中} \times 1\text{k}} \times R_{\text{中} \times 10}}{R_{\text{中} \times 1\text{k}} - R_{\text{中} \times 10}} - r_E = \dfrac{16.5 \times 10^3 \times 165}{16.5 \times 10^3 - 165} - 1 \approx 167(\Omega)$

$R \times 100$ 挡: $R_{\text{S} \times 100} \approx \dfrac{R_{\text{中} \times 1\text{k}} \times R_{\text{中} \times 100}}{R_{\text{中} \times 1\text{k}} - R_{\text{中} \times 100}} = \dfrac{16.5 \times 10^3 \times 1650}{16.5 \times 10^3 - 1650} = 1833(\Omega)$

实验 22　磁场的描绘

【背景、应用及发展前沿】

磁感应强度是描述磁场的一个重要物理量. 在实际应用中，除永久磁铁产生的恒定磁场外，还有恒定电流激发的稳恒磁场和交变电流激发的变化的磁场. 磁场的测量是物理测量方面的一个重要分支，是磁性测量的重要内容，在科学研究中常常涉及测磁技术. 磁场测量技术是研究与磁现象有关物理现象的重要手段，已经逐渐成为一门独立的科学. 在科学研究、国防建设、工业生产、日常生活等领域都涉及磁场测量问题，如磁探矿、地质勘探、磁性材料研制、磁导航、同位素分离、电子束和离子束加工装置、受控热核反应以及人造地球卫星等. 磁场测量尤其是弱磁场的测量，常常起着决定性的作用，测量手段的难易、精度的高低，以及经济性等诸方面的因素，将直接关系到仪器的实用性、可推广性.

作为一种测量手段，弱磁测量技术的发展在各相关领域也起着越来越重要的作用. 近三十多年来，磁场测量技术发展很快，目前常用的测量磁场的方法有十多种，常用的有冲击法、电磁感应法、核磁共振法、霍尔效应法、磁通门法、光泵法、磁光效应法、磁膜测磁法以及超导量子干涉器法等. 每种方法都是利用磁场的不同特性进行测量的，它们的精度也各不相同，在实际工作中将根据待测磁场的类型和强弱来确定采用何种方法. 本实验中，要求学习和掌握用电磁感应法测量磁场的方法，证明磁场叠加原理，根据教学要求描绘磁场分布等.

【实验目的】

(1)测量圆线圈、亥姆霍兹线圈的磁场分布.
(2)观测亥姆霍兹线圈磁场的特点，研究磁场叠加原理.
(3)研究亥姆霍兹线圈产生的均匀磁场区域.

【实验原理】

磁场起源于电荷的运动. 描述磁场性质常用的物理量为磁感应强度 B，它是一个矢量，大小与介质性质有关，而且是空间位置的函数.

1. 载流圆线圈与亥姆霍兹线圈的磁场

1)载流圆线圈磁场

一个圆形线圈半径为 R，匝数为 N，置于磁导率为 μ 的电介质中，如图 22-1 (a)

所示. 当通以电流 I 时，线圈将在其周围空间产生磁场.

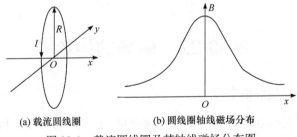

(a) 载流圆线圈　　　　　(b) 圆线圈轴线磁场分布

图 22-1　载流圆线圈及其轴线磁场分布图

(1)在线圈轴线上任意一点 P 产生的磁感应强度 B_P，可以根据毕奥-萨伐尔定理导出为

$$B_P = \frac{\mu N I R^2}{2(R^2 + x^2)^{3/2}} \tag{22-1}$$

式中，x 为轴上某一点到圆心 O 的距离. 其方向垂直于线圈平面，并按右手法则沿 x 轴正向. 其大小随 $|x|$ 的增大而减小，在线圈平面两侧呈对称分布，在 $x = 0$ 处有最大值 B_0，其大小为

$$B_0 = \frac{\mu N I}{2R} \tag{22-2}$$

轴线上磁场的分布如图 22-1(b)所示. 测量时，线圈一般被置于空气中，则 $\mu = \mu_0$，而 $\mu_0 = 4\pi \times 10^{-7} \text{N/A}^2$.

(2)由理论推导可知，在线圈平面内的径向上任意一点 y 处的磁感应强度为

$$B_y = \frac{\mu N I}{2R} \left\{ \frac{1}{1 - (y/R)^2} + \frac{\left(\dfrac{y}{R}\right)^2}{\left[1 - (y/R)^2\right]^{3/2}} + \cdots \right\} \tag{22-3}$$

其方向与轴向磁感应强度方向一致，大小随 y 值的增大而增大，并以线圈平面为中心对称分布. 在 $y = 0$ 处有最小值 B_0.

本实验取 $N = 400$ 匝，$R = 105\text{mm}$. 当 $f = 120\text{Hz}$，$I = 60\text{mA}$（有效值）时，在圆心 O 处 $x = 0$，可算得单个线圈的磁感应强度 $B = 0.144\text{mT}$.

2)亥姆霍兹线圈的磁场

亥姆霍兹线圈由一对半径为 R、匝数为 N 的完全相同的圆线圈组成，两线圈彼此平行且共轴. 线圈间距离正好等于半径 R. 理论计算证明：线圈间距 a 等于线圈半径 R 时，两线圈合磁场在其轴上(两线圈圆心连线)附近较大范围内是均匀的，如图 22-2(a)所示，坐标原点取在两线圈中心连线的中点 O. 这种均匀磁场在工程

运用和科学实验中应用十分广泛.

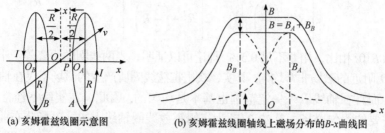

(a) 亥姆霍兹线圈示意图　　　　　　　(b) 亥姆霍兹线圈轴线上磁场分布的B-x曲线图

图 22-2　亥姆霍兹线圈及其轴线上磁场分布

　　给两线圈通以同方向、同大小的电流 I，它们对轴上任一点 P 产生的磁场的方向将一致. A 线圈在 P 点的磁感应强度 B_A 为

$$B_A = \frac{\mu_0 N I R^2}{2\left[R^2 + \left(\dfrac{R}{2} - x\right)^2\right]^{3/2}} \tag{22-4}$$

B 线圈在 P 点的磁感应强度 B_B 为

$$B_B = \frac{\mu_0 N I R^2}{2\left[R^2 + \left(\dfrac{R}{2} + x\right)^2\right]^{3/2}} \tag{22-5}$$

在 P 点 A、B 线圈的合磁感应强度 B 为

$$B = B_A + B_B = \frac{\mu_0 N I R^2}{2\left[R^2 + \left(\dfrac{R}{2} - x\right)^2\right]^{3/2}} + \frac{\mu_0 N I R^2}{2\left[R^2 + \left(\dfrac{R}{2} + x\right)^2\right]^{3/2}} \tag{22-6}$$

从式 (22-6) 可以看出，B 是 x 的函数，公共轴线中点 $x = 0$ 处 B 值为

$$B(0) = \frac{\mu_0 N I}{R}\left(\frac{8}{5^{3/2}}\right) = 0.7155\frac{\mu_0 N I}{R}$$

在两圆心 O_A、O_B 处产生的磁场相等，根据叠加原理，显然在圆心 O_A 或 O_B 处 B 的大小为

$$B(0) = \frac{\mu_0 N I}{2R} + \frac{\mu_0 N I R^2}{2(R^2 + R^2)^{3/2}} = 0.6768\frac{\mu_0 N I}{R} \tag{22-7}$$

在 O 点两侧各 $R/4$ 处两点的磁感应强度相等，其值为

$$B\left(\frac{R}{4}\right)=\frac{\mu_0 NIR^2}{2\left[R^2+\left(\frac{R}{4}\right)^2\right]^{3/2}}+\frac{\mu_0 NIR^2}{2\left[R^2+\left(\frac{3}{4}R\right)^2\right]^{3/2}}=0.7125\frac{\mu_0 NI}{R} \tag{22-8}$$

$B(R/4)$ 和 $B(0)$ 相比，相差不足 0.5%. 理论可以证明，当两线圈的距离等于半径时，在原点 O 附近的磁场非常均匀. 其实，亥姆霍兹线圈所产生的磁场不仅在轴线上是均匀的，而且在轴线以外一定范围也基本是均匀的. 因此，在实验室经常用它来获得所需要的均匀磁场. 图 22-2（b）为亥姆霍兹线圈轴线上 B-x 磁场分布曲线.

当实验取 $N=400$ 匝，$R=105$mm. 当 $f=120$Hz，$I=60$ mA（有效值）时，在中心 O 处 $x=0$，可算得亥姆霍兹线圈（两个线圈的合成）磁感应强度 $B=0.206$mT.

2. 电磁感应法测磁场

1）电磁感应法测量原理

当给线圈中通以交变电流时，线圈周围将产生交变磁场. 在此磁场中放置一探测小线圈，探测线圈中将会产生感应电动势. 使探测线圈法线方向与磁场方向一致（感应电动势最大状态），可以证明，探测线圈中的感应电动势大小与探测线圈所在位置的磁感应强度大小成正比. 用交流电压表测量探测线圈感应电动势的最大值，记录探测线圈法线方向，则可以确定磁感应强度大小和方向. 设由交流信号驱动的线圈产生的交变磁场，它的磁场强度瞬时值

$$B_i = B_m \sin\omega t$$

式中，B_m 为磁感应强度的峰值，其有效值记作 B，ω 为角频率.

当有一个探测线圈置于磁场中时，通过该探测线圈的有效磁通量为

$$\Phi = NSB_m\cos\theta\sin\omega t$$

式中，N 为探测线圈的匝数，S 为该线圈的截面积，θ 为线圈法线方向单位矢量 e_n 与磁感应强度 $\boldsymbol{B}$ 之间的夹角，如图 22-3 所示，线圈产生的感应电动势为

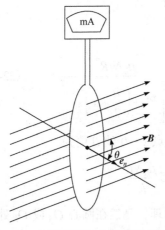

图 22-3　电磁感应法测量原理示意图

$$\varepsilon = -\frac{d\Phi}{dt} = -\omega NSB_m\cos\theta\cos\omega t = -\varepsilon_m\cos\omega t$$

式中，$\varepsilon_m = \omega NSB_m\cos\theta$ 为线圈法线与磁场成 θ 角时，感应电动势的幅值. 当 $\theta=0$ 时，$\varepsilon_{max}=\omega NSB_m$ 为感应电动势的最大幅值. 如果用数字式毫伏表测量此时线圈的电动势，则毫伏表的示值（有效值）U_{max} 为 $\varepsilon_{max}/\sqrt{2}$，则

$$B = \frac{B_m}{\sqrt{2}} = \frac{U_{\max}}{\omega NS} \tag{22-9}$$

2) 探测线圈的设计

实验中由于磁场的不均匀性，这就要求探测线圈要尽可能小. 实际的探测线圈又不可能做得很小，否则会影响测量灵敏度. 一般设计的线圈长度 L 和外径 D 的关系为 $L = 2/3D$；线圈的内径 d 与外径 D 的关系为 $d \leqslant 3/D$，尺寸结构示意图如图 22-4 所示. 线圈在磁场中的等效面积，由理论计算可表述为

$$S = \frac{13}{108}\pi D^2 \tag{22-10}$$

如此设计线圈所测量的平均磁感应强度可以近似看成是线圈中心点的磁感应强度.

将式 (22-10) 代入式 (22-9) 得

$$B = \frac{54}{13\pi^2 fND^2}U_{\max} \tag{22-11}$$

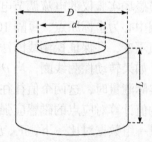

图 22-4　探测线圈尺寸结构示意图

本实验的 $D = 0.012\mathrm{m}$，$N = 1000$ 匝. 将不同的频率 f 代入式 (22-11) 就可得出 B 值. 例如：当 $I = 60\mathrm{mA}$，$f = 120\mathrm{Hz}$ 时，交流毫伏表读数为 5.95mV，则可根据式 (22-11) 求得单个线圈的磁感应强度 $B = 0.145\mathrm{mT}$.

3. 霍尔效应测量磁场原理

置于磁场中的霍尔元件，有电流通过元件时，其中运动的电荷(载流子)受洛伦兹力作用，运动方向发生偏转，在与运动方向垂直的元件两侧会有异号电荷积累，形成霍尔电势差. 通过测量磁场垂直穿过霍尔元件时所产生的霍尔电势差，就可求得磁感应强度的大小

$$B = \frac{U_{\mathrm{H}}}{kI_{\mathrm{H}}} \tag{22-12}$$

式中，k 为霍尔元件灵敏度，单位为 $\mathrm{V/(A \cdot T)}$，它是一个重要的参数，表示该元件在单位磁感应强度和单位工作电流时霍尔电压的大小.

本实验依据 $B \propto U_{\mathrm{H}}$ 的性质测量 B，事先将 k、I_{H} 用标准的特斯拉计校正好，即将 I_{H} 在标准的 B 值下调好，也就是将供给霍尔元件(探头)的工作电流源的电压值(mV)调好，然后以它作工具，将仪器从"校准"挡调到"测量"挡，则右边数字表头所示值即为霍尔探头处的磁感应强度值(以 $10^{-5}\mathrm{T}$ 作单位).

也可以通过对匝密度 n(匝/m)已知的螺线管产生的磁场测量进行"校准". 给螺线管通以电流 I_{M}，则在长螺线管的中部 $B = \mu nI_{\mathrm{M}}$.

【仪器用具】

磁场测量与描绘实验仪.

【实验内容】

1. 测量圆电流线圈轴线上磁场的分布

连接电路, 无误后打开电源, 调节频率调节电位器, 使频率表读数为 120Hz. 调节磁场实验仪的电流调节电位器, 使励磁电流有效值为 $I_M = 60\text{mA}$, 以圆电流线圈中心为坐标原点, 每隔 10.0mm 测一个 U_{max} 值, 测量过程中注意保持励磁电流值不变, 并保证探测线圈法线方向与圆电流线圈轴线的夹角为 0°(从理论上可知, 如果转动探测线圈, 当 $\theta = 0°$ 和 $\theta = 180°$ 时, 应该得到两个相同的 U_{max} 值, 但实际测量时, 这两个值往往不相等, 这时就应该分别测出这两个值, 然后取其平均值计算对应点的磁感应强度). 实验时, 可以把探测线圈从 $\theta = 0°$ 转到 180°, 测量一组数据对比一下, 正、反方向的测量误差如果不大于 2%, 则只做一个方向的数据即可; 否则, 应分别按正、反方向测量, 再求算平均值作为测量结果.

2. 测量亥姆霍兹线圈轴线上磁场的分布

连接电路, 并把磁场实验仪的两个线圈串联起来, 接到磁场测试仪的励磁电流两端. 无误后打开电源, 调节频率调节电位器, 使频率表读数为 120Hz. 调节磁场实验仪的电流调节电位器, 使励磁电流有效值为 $I_M = 60\text{mA}$. 以两个圆线圈轴线上的中心点为坐标原点, 每隔 10.0mm 测一个 U_{max} 值.

3. 测量亥姆霍兹线圈沿径向的磁场分布

固定探测线圈法线方向与圆电流轴线的夹角为 0°, 转动探测线圈径向移动手轮, 每移动 10mm 测量一个数据, 按正、负方测到边缘为止.

4. 验证公式 $\varepsilon_m = \omega NSB_m \cos\theta$, 当 ωNSB_m 不变时, ε_m 与 $\cos\theta$ 成正比

把探测线圈沿轴线固定在某一位置, 让探测线圈法线方向与圆电流轴线的夹角从 0°开始, 逐步旋转到 90°、180°、270°, 再回到 0°. 每改变 10°测一组数据.

5. 研究励磁电流频率改变对磁场强度的影响

把探测线圈固定在亥姆霍兹线圈中心点, 其法线方向与圆电流轴线的夹角为 0°(注: 亦可选取其他位置或其他方向), 并保持不变. 调节磁场测试仪输出电流频率, 在 20~150Hz 范围内, 每次频率改变 10Hz, 逐次测量感应电动势的数值并记录.

【实验数据及处理】

1. 圆电流线圈轴线上磁场分布的测量

将测量数据填入自拟表格,注意这时坐标原点设在圆心处[要求表格中包括测点位置,数字式毫伏表读数,以及由 U_{max} 换算得到的 $B = \dfrac{2.926}{f}U_{max}$ (mT) 值和与各测点对应的理论 $B = \dfrac{\mu_0 NIR^2}{2(R^2+x^2)^{3/2}}$ (mT) 值],并在同一坐标纸上描绘出实验 $B\text{-}x$ 曲线与理论 $B\text{-}x$ 曲线.

2. 亥姆霍兹线圈轴线上的磁场分布

将测量数据填入自拟表格,注意坐标原点设在两个线圈圆心连线的中点"O"处,并在坐标纸上描绘出 $B\text{-}x$ 曲线.

3. 测量亥姆霍兹线圈沿径向的磁场分布

将测量数据填入自拟表格,并在坐标纸上描绘出磁场分布曲线.

4. 绘制 $U\text{-}\theta$ 曲线

验证公式 $\varepsilon_m = NS\omega B\cos\theta$,以角度为横坐标,以实际测得的感应电压 U 为纵坐标,在同一坐标纸上描绘出实验 $U\text{-}\theta$ 曲线与理论 $U\text{-}\theta$ 曲线($U = U_{max}\cos\theta$).

5. 研究励磁电流频率改变对磁场的影响

调节励磁电流的频率 f 为 20Hz,调节励磁电流大小为 60mA. 注意:改变电流频率的同时,励磁电流大小也会随之变化,需调节电流调节电位器固定电流值不变. 以频率为横坐标,磁场强度有效值 B 为纵坐标作图,并对实验结果进行讨论.

【思考讨论】

(1)亥姆霍兹线圈是怎样组成的? 其基本条件有哪些? 它的磁场分布特点又怎样?

(2)探测线圈放入磁场后,不同方向上毫伏表指示值不同,哪个方向最大? 如何测准 U_{max} 值? 指示值最小表示什么?

(3)试分析圆电流磁场分布的理论值与实验值的误差产生原因?

【探索创新】

利用亥姆霍兹线圈设计一种能够测量地磁场水平分量的方案.

【拓展迁移】

[1] 王晨阳，赵立勋，蔡成江. 磁场描绘的示波法[J]. 高师理科学刊，2000，20（2）：16-17.

[2] 李达，戴文忠. 用磁场描绘仪测量地磁水平分量[J]. 赣南师范学院学报，2008，（6）：121-123.

[3] 岳开华. 利用LC谐振做"磁场的描绘"实验[J]. 物理实验，1997，17（3）：105.

[4] 蒙成举，苏安. Matlab 辅助磁场描绘实验教学研究[J]. 河池学院学报，2010，（S1）：108-111.

【主要仪器介绍】

1. DH4501 亥姆霍兹线圈架部分

磁场测量与描绘实验仪由两部分组成. 它们分别为励磁线圈架部分（见图 22-5 和图 22-6）和磁场测量仪器部分（见图 22-7）.

亥姆霍兹线圈架部分有一传感器盒，盒中装有用于测量磁场的感应线圈.

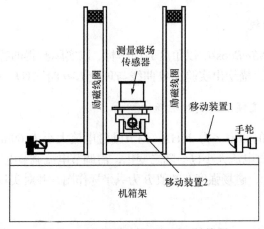

图 22-5　亥姆霍兹线圈架平面结构图

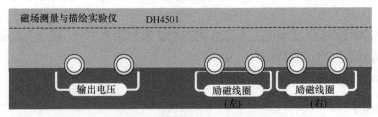

图 22-6　亥姆霍兹线圈架面板图

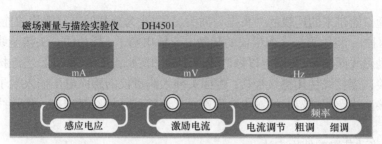

图 22-7 磁场测量仪面板图

其主要参数为：励磁线圈有效半径为 105mm，线圈匝数（单个）为 400 匝，两线圈中心间距为 105mm.

移动装置：横向可移动距离 250mm，纵向可移动距离 70mm，距离分辨率 1mm.

探测线圈：匝数 1000，旋转角度 360°.

2. DH4501 磁场测量仪部分

频率范围：20～200Hz. 频率分辨率：0.1Hz. 测量误差：1%.

正弦波：输出电压幅度最大 $20V$p-p；输出电流幅度最大 200mA.

数显毫伏表电压测量范围：0～20mV. 测量误差：1%，3 位半 LED 数显.

3. 使用方法

（1）准备工作：仪器使用前，请先开机预热 10min. 这段时间内请使用者熟悉亥姆霍兹线圈架和磁场测量仪上各个接线端子的正确连线方法和仪器的正确操作方法.

（2）实验仪实验连线如图 22-8 所示.

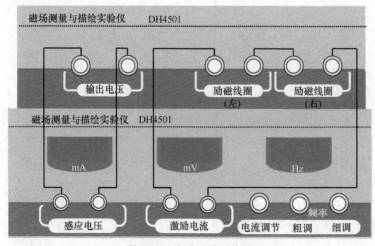

图 22-8 实验连线示意图

　　将随仪器带来的连线的一头作为插头、另一头为分开的带有插片的连接线(分红、黑两种),将插头插入测量仪的激励电流输出端子,插片的一头接至线圈测试架上的励磁线圈端子(分别可以做圆线圈实验和亥姆霍兹线圈实验),红接线柱用红线连接,黑接线柱用黑线连接. 将插头插入测量仪的感应电压输入端子,插片的一头接至线圈测试架上的输出电压端子,红接线柱用红线连接,黑接线柱用黑线连接.

　　(3)移动装置的使用方法.

　　亥姆霍兹线圈架上有一长一短两个移动装置,如图 22-5 所示. 慢慢转动手轮,移动装置上装的测磁传感器盒随之移动, 就可将装有探测线圈的传感器盒移动到指定的位置上. 用手转动传感器盒的有机玻璃罩就可转动探测线圈, 改变测量角度.

实验 23　*RLC* 电路谐振特性研究

【背景、应用及发展前沿】

在力学部分的实验中已完成简谐振动、阻尼振动和受迫振动等研究. 交流电路中，在一定条件下也可观测到类似上述的"振动"现象. 在力学的受迫振动中，振幅和相位随频率变化. 无论选取物体(系统)的固有频率 ω_0 或外界的激励频率 ω 作变量，位移和速度的振幅都有个极大值. 阻尼系数 β 愈小，幅值愈高，所描绘的曲线愈尖锐. 这种现象在力学中叫共振. 在机械的振动系统中，往往系统的固有频率是固定的；机械振动系统中的位移是直观的并直接产生效果的. 与此类似，在有电感、电容的交流电路里，系统的固有频率 ω_0 是可调的. 系统的驱动力是外来信号，其频率是给定的. 调整回路固有频率与外来(交变电源输出)信号频率相同或调整外来(交变电源输出)信号频率与回路固有频率相同，回路电压有个极大值，此刻电路发生了谐振(即力学中的共振). 同样，回路的损耗愈小，峰值愈高，曲线愈尖锐，回路的品质因数 Q 值愈大.

由电感、电容组成的电路与力学中的谐振子系统十分类似，理想的电感、电容组成的系统即可产生简谐形式的自由电磁振荡，而由于回路中总存在一定的电阻，因此这种振荡必然要衰减，形成阻尼振荡. 若回路中接入周期性的交变电源，不断给电路补充能量，使振荡得以持续进行，形成类似力学中的受迫振动，此时电路的许多参数都随交变电源频率的变化而变化，这便是交流谐振现象.

电感和电容在电路中的接法不同，分为串联和并联谐振. 谐振现象有着广泛的应用，无线电磁波接收器就是采用串联谐振电路作为调谐电路，接收某一频率的电磁波信号，收音机、电视机正是利用这种原理来接收无线电信号的.

【实验目的】

(1)研究和测量 *RLC* 串、并联电路的幅频特性.

(2)掌握 *RLC* 电路幅频特性的测量方法.

(3)理解电路品质因数的物理意义，并进行测量.

【实验原理】

1. *RLC* 串联电路

(1)回路中电流与频率的关系由 *RLC* 组成的电路在周期性交变电源的激励

下，将产生受迫形式的交流振荡，其振荡幅度将随交变电源电压和频率的改变而变化.

图 23-1(a) 为由电容器、电感器和电阻与正弦波信号源组成的串联电路图，实际电感器可等效为纯电感 L 和与之串联的损耗电阻 R_L，实际电容可等效为纯电容 C 和与之串联的等效损耗电阻 R_C，因此，可将 R' 理解为 $R' = R_L + R_C$.

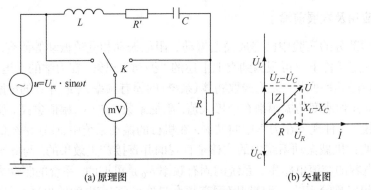

(a) 原理图　　　　　　　　　　(b) 矢量图

图 23-1　RLC 串联谐振电路

在具有电阻、电感和电容的电路里，对交流电所起的阻碍作用叫做阻抗，阻抗单位 Ω. 阻抗常用 Z 表示，是一个复数，实部称为电阻，虚部称为电抗. 电抗包括容抗和感抗，电抗单位 Ω，它们分别可用下面关系式表示.

电容的容抗或电抗：$X_C = \dfrac{1}{\omega C}$ 或 $Z_C = -\mathrm{j}X_C = -\mathrm{j}\dfrac{1}{\omega c}$，具有"通高频、阻低频"的特性.

电感的感抗或电抗：$X_L = \omega L$ 或 $Z_L = \mathrm{j}X_L = \mathrm{j}\omega L$，具有"通低频、阻高频"的特性.

由上式可看出容抗和感抗的大小与交流电频率有关，频率愈高则容抗愈小/感抗愈大，频率愈低则容抗愈大/感抗愈小.

纯电感上的电压 U_L 与纯电容上的电压 U_C 相位相差 180°；阻抗是电阻与电抗在向量上的矢量和，如图 23-1(b) 所示.

根据交流电路原理，回路中总阻抗 Z 为复阻抗，即

$$Z = (R + R') + \mathrm{j}\left(\omega L - \frac{1}{\omega C}\right) \tag{23-1}$$

复阻抗的大小(幅值)为

$$|Z| = \sqrt{(R + R')^2 + \left(\omega L - \frac{1}{\omega C}\right)^2} \tag{23-2}$$

回路总电压 U 与电路的总电流 I 之间的相位差 φ 为

$$\tan\varphi = \frac{U_L - U_C}{U_R + U_{R'}} = \frac{\omega L - \dfrac{1}{\omega C}}{R + R'} \tag{23-3}$$

或

$$\varphi = \arctan\left(\frac{\omega L - \dfrac{1}{\omega C}}{R + R'}\right) \tag{23-3a}$$

式(23-2)和式(23-3)中阻抗 Z 和相位差 φ 都是角频率 ω 的函数.

回路中电流 I 大小为

$$I = \frac{U}{|Z|} = \frac{U}{\sqrt{(R+R')^2 + \left(\omega L - \dfrac{1}{\omega C}\right)^2}} \tag{23-4}$$

上式说明,在保持信号源电压幅值 U 恒定的条件下,当 $\omega L - \dfrac{1}{\omega C} = 0$,即 $\omega_0 = \dfrac{1}{\sqrt{LC}}$ 时,阻抗 $|Z|$ 最小, $|Z| = R + R'$,且 $\varphi = 0$,这时,电流 I 达到最大值,电路的这种状态称为谐振状态. 此时,电阻 R 上的电压 U_R 最大,整个电路呈现纯电阻性. 电路达到谐振时的正弦波电源频率,即

$$f_0 = \frac{1}{2\pi\sqrt{LC}} \tag{23-5}$$

称为谐振频率. 电流 I 随频率 f 变化的关系曲线称为谐振曲线, 如图 23-2 所示.

(2)串联谐振电路的品质因数 Q.

串联电路在谐振状态下, $\varphi = 0$, $U_L = U_C$,即纯电感两端的电压与理想电容器两端的电压相等,且

$$U_L = I\omega_0 L = \frac{U}{R + R'}\omega_0 L = \frac{\omega_0 L}{R + R'}U$$

又 $\omega_0 = \dfrac{1}{\sqrt{LC}}$, 并代入上式, 整理可得

$$U_L = \sqrt{\frac{L}{(R+R')^2 C}}U = QU \tag{23-6}$$

其中, $Q = \sqrt{\dfrac{L}{(R+R')^2 C}}$.

则

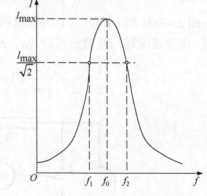

图 23-2　*RLC* 电路中的电流与频率关系曲线

$$U_L = U_C = QU \tag{23-7}$$

Q 称为串联谐振电路的品质因数. 当 $Q \gg 1$ 时，U_L 和 U_C 都远大于正弦波信号源输出电压，这种现象称为 RLC 串联电路的电压谐振，即电压谐振时，纯电感两端的电压与理想电容器两端的电压是信号源输出电压的 Q 倍. 这是 Q 值的第一个意义.

在谐振曲线上，电流值为 $I_{max} / \sqrt{2}$ 的两个频率点 f_1 和 f_2 称为半功率点. f_1–f_2 的值称为谐振曲线的频带宽度. 通常用 Q 值来表征电路选频性能的优劣，Q 值称为电路的品质因数，可表示为（见本实验附录）

$$Q = \frac{f_0}{f_2 - f_1} \tag{23-8}$$

上式说明，Q 值越大，即 RLC 串联电路的频带宽度 $\Delta f = f_2 - f_1$ 越窄，谐振曲线越尖锐，选频特性越好. 因此，品质因数 Q 标志着谐振曲线的尖锐程度，即电路对频率的选择性，这是品质因数 Q 的另一含义. 它也标志着电路中储存能量与每个周期内消耗能量之比. 当电路处于谐振频率 f_0 时，品质因数 Q 可表示为

$$Q = \frac{I_{max}^2 \omega_0 L}{I_{max}^2 (R + R')} = \frac{\omega_0 L}{R + R'} \tag{23-9}$$

因此，电阻 $R+R'$ 的值越小，电路的品质因数 Q 越大. 在相同的电感 L 和电阻 $R+R'$ 条件下，电路谐振频率 f_0 越大，Q 值也越大.

2. RLC 串并混联电路——RL（串联）与 C 并联电路

图 23-3 为 RL（串联）与 C 并联电路. 图中 R_S 为外接电阻，R_L 为电感线圈直流电阻. 由交流电路的复数法可知，a、b 两点之间的导纳为

$$\frac{1}{Z} = \frac{1}{R_L + j\omega L} + j\omega C = \frac{1 - \omega^2 LC + j\omega C R_L}{R_L + j\omega L}$$

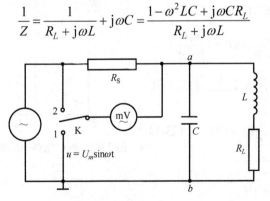

图 23-3　RL 与 C 并联电路原理

因此复阻抗为

$$Z = \frac{R_L + \mathrm{j}\omega L}{1 - \omega^2 LC + \mathrm{j}\omega CR_L} = |Z|\mathrm{e}^{\mathrm{j}\varphi} \tag{23-10}$$

其中

$$|Z| = \sqrt{\frac{R_L^2 + (\omega L)^2}{(1 - \omega^2 LC)^2 + (\omega CR_L)^2}} \tag{23-11}$$

为 a、b 两点之间阻抗大小. 而阻抗角为

$$\varphi = \arg\{R_L + \mathrm{j}\omega L\} - \arg\{1 - \omega^2 LC + \mathrm{j}\omega R_L C\}$$

$$= \arctan\frac{\omega L}{R_L} - \arctan\frac{\omega R_L C}{1 - \omega^2 LC}$$

$$= \arctan\frac{\omega L - \omega C\left[R_L^2 + (\omega L)^2\right]}{R_L}$$

当 $\omega L - \omega C\left[R_L^2 + (\omega L)^2\right] = 0$ 时,$\tan\varphi = 0$ 或 $\varphi = 0$,即此时交流信号源输出电压与输出电流同相,角频率满足

$$\omega = \sqrt{\frac{1}{LC} - \left(\frac{R_L}{L}\right)^2}$$

设 $|Z_\mathrm{p}|$、$\omega_{0\mathrm{p}}$ 和 $f_{0\mathrm{p}}$ 分别表示 $\varphi = 0$ 时所对应的阻抗、谐振角频率和谐振频率,则

$$\omega_{0\mathrm{p}} = \sqrt{\frac{1}{LC} - \left(\frac{R_L}{L}\right)^2} \tag{23-12}$$

$$f_{0\mathrm{p}} = \frac{1}{2\pi}\sqrt{\frac{1}{LC} - \left(\frac{R_L}{L}\right)^2} \tag{23-13}$$

当 $\dfrac{1}{LC} \gg \left(\dfrac{R_L}{L}\right)^2$ 时,*RL*(串联) 与 *C* 并联电路的谐振频率与 *RLC* 串联电路的谐振频率近似相等,式 (23-11) 可改写成为

$$\omega_{0\mathrm{p}} = \omega_0\sqrt{1 - \frac{1}{Q^2}} \tag{23-14}$$

其中,$Q = \sqrt{\dfrac{L}{R_L^2 C}}$ 为 *RL*(串联) 与 *C* 并联电路的品质因数.

由式 (23-11) 可知,并联电路谐振时 |*Z*| 有极大值. 若保持电压不变,则 *I* 有极

小值. 这和串联电路的情形恰好相反. 和串联谐振一样, Q 值越大, 电路的选择性越好. 在谐振时, 两分支电路中的电流几乎相等, 且近似为总电流 I 的 Q 倍. 因此并联谐振也称之为电流谐振.

如果作 RL(串联)与 C 并联电路的阻抗值与角频率($|Z|$-ω)关系曲线, 如图 23-4

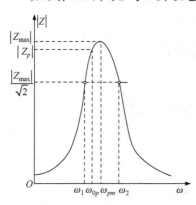

图 23-4 RL 与 C 并联电路中的阻抗值与角频率关系曲线

所示. 不难看出, 该曲线与串联谐振曲线非常相似, 但是也存在不同之处. 图中 ω_{pm} 为阻抗最大($|Z_{max}|$)时的角频率, 求极值可得

$$\omega_{pm} = \sqrt{\frac{1}{LC}\sqrt{\frac{2R_L^2 C}{L}+1}-\left(\frac{R_L}{L}\right)} \quad (23\text{-}15)$$

利用幂级数对上式展开, 可得

$$\omega_{pm} = \omega_0\left(1-\frac{1}{4Q^4}\right) \quad (23\text{-}16)$$

比较式(23-14)和式(23-16)可知, 当 $Q \geqslant 1$ 时, ω_{pm} 比 ω_{0p} 更接近 ω_0; 当 $Q \geqslant 5$ 时, ω_{pm} 与 ω_0 的相对差异小于 0.04%. 因此, 常取 ω_{pm} 与 ω_0 相等来处理问题.

【仪器用具】

DH4503 型 RLC 电路实验仪、交流毫伏表、连接线等.

【实验内容】

1. 测量 RLC 串联电路的特性曲线

1)改变正弦电压频率, 观察谐振现象

按图 23-1 接线, 应注意交流毫伏表的地线与信号源的地线必须接在一起. 为便于用一只毫伏表测量总电压 U 和电阻上电压 U_R, 可利用单刀双掷开关. 条件许可下, 使用双通道型交流毫伏表同时测量总电压 U 和电阻上电压 U_R. 测量过程中, 要保持总电压 U 值不变.

2)选取电路参数, 测量谐振曲线

取信号源总电压 U=3.00V, 电阻 R=10.0Ω, 电感 L=0.01H, 电容 C=0.1pF. 保持信号源电压幅度恒定, 改变其频率 f(1000～10000Hz), 测量电阻两端的电压 U_R, 在谐振频率 f_0 附近应多测一些数据.

毫伏表所用量程要按 U_R 的大小适当选择, 每次改变信号发生器频率后, 都要随时跟踪调其输出电压旋钮, 以保持总电压 U 不变. 将所测量数据填入表 23-1 中.

表 23-1 *RLC* 串联电路幅频特性数据记录表

$f/$Hz	1000	1500	2000	2500	3000	3500	4000	4500	4600
$U_R/$mV									
$f/$Hz	4700	4800	4850	4900	4950	5000	5050	5100	5150
$U_R/$mV									
$f/$Hz	5200	5250	5300	5400	5500	5600	6000	6500	7000
$U_R/$mV									
$f/$Hz	7500	8000	8500	9000	9500	10000	f_0	U_L	U_C
$U_R/$mV									

3) 测量谐振频率 f_0 及谐振时电感、电容上的电压 U_L、U_C

测量谐振时电感及电容上的电压 U_L、U_C 时，电感或电容位置要调整，应注意交流毫伏表的地线与信号源的地线必须接在一起. 由于 U_L、U_C 较大，毫伏表的量程要选择大一些.

4) 数据处理要求

(1) 由给出的 L、C 值，利用式(23-5)计算谐振频率 f_0，并与实验测量值比较.

(2) 计算电路对应不同频率下的电流值 $I(I = U_R/R)$，作 I-f 电流谐振曲线.

(3) 求电感的损耗电阻 R_L. 由总电压 U 和电路谐振时电阻上电压 U_R，利用公式 $\dfrac{U}{R+R'} = \dfrac{U_R}{R}$ 可求得 R'.

(4) 计算电路品质因数 Q. 用式(23-7)和式(23-8)分别计算 Q 值，并与理论计算值 $\dfrac{1}{R+R'}\sqrt{\dfrac{L}{C}}$ 进行比较.

2. 测量 *RLC* 并联电路的特性曲线

(1) 按图 23-3 连接电路. 取 L、C 的数值分别为 0.1H、0.044μF，R_S 取 $3 \times 10^4 \Omega$. 当开关 K 与 "2" 端接通时，电压表测量 R_S 两端的电压. 注意：保持固定，取 2.0V. 当开关 K 与 "1" 端接通时，电压表测量电容器 C 两端的电压.

(2) 频率从 1400Hz 开始，每隔 100Hz 测量一次，直到 3400Hz，在谐振点附近(理论值约 2400Hz 附近)每隔 50Hz 测量一次(参见串联电路实验内容).

(3) 数据处理要求.

a. 由给出的 L、C 值，利用式(23-13)计算谐振频率 f_0，并与实验测量值比较.

b. 计算电路对应不同频率下的电压值 U_{ab}，作 U_{ab}-f 电流谐振曲线.

c. 用最大电压法测量 RL 与 C 并联电路的 Q 值；用频带宽度法计算出 RL 与 C 并联电路的 Q 值.

【思考讨论】

(1)在实验中如何判断电路已经处于谐振状态?

(2)电路参数对 RLC 串联谐振电路的谐振曲线有何影响?

(3)RLC 串联谐振电路品质因数 Q 的物理意义是什么? 测量电路品质因数 Q 的方法有哪些?

【探索创新】

并联谐振电路:并联谐振是以 R、L 串联与 C 并联电路来讨论电路的谐振问题. 实验中,应使并联电路两端电压保持不变,通过调节电源频率达到电路谐振.并联谐振电路有如下特点:

(1)谐振时 $Z_{\text{并}}$ 近似为最大值,在并联电路两端电压保持不变的情况下,总电流有最小值,这和串联谐振电路相反;

(2)谐振时 $\varphi = 0$,电路呈纯电阻性,且 $Z = L/(RC)$;

(3)谐振时两分支电路中的电流 I_L、I_C 几乎相等,并近似为总电流 I 的 Q 倍.所以并联谐振电路也称为"电流谐振";

(4)电路的 Q 值越大,电路的选择性越好.

根据以上提示,从理论上进行具体分析,并结合实验研究并联谐振电路的特性.

串联谐振的现象在电力工程中应避免,这是因为,当串联谐振发生时,电感线圈或电容元件上的电压将增高,可能导致电感线圈或电容器绝缘层被击穿. 但在无线电工程中,利用串联谐振现象的选择性和所获得的较高电压,可将所需要接收的信号提取出来.

例如,收音机的输入电路就是一个由电感线圈(线圈电阻为 R)与可变电容器 C 组成的串联谐振电路,如图 23-5 所示.

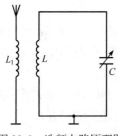

图 23-5　选频电路原理图

该电路的工作原理是:当各地电台所发出的不同频率的无线电波信号被天线线圈 L_1 接收后,经电磁感应作用,在线圈 L 上将感应出不同频率的电动势 $\varepsilon(f_1)$、$\varepsilon(f_2)$、$\varepsilon(f_3)$,…,这些电动势就是 RLC 串联谐振电路的信号源. 调节可变电容器的电容 C,可以改变 RLC 串联谐振电路的谐振频率 f_0,使它与欲选电台的频率 f_1 相等,这时电路发生谐振,对 $\varepsilon(f_1)$ 信号的阻抗最小,相应的电流最大. 在电容器两端可获得相应较高的输出电压,而对于图 23-5 中 $\varepsilon(f_2)$、$\varepsilon(f_3)$ 等信号的电波,RLC 电路呈现出较高的阻抗 Z,相应的电流很小,电容两端输出相应的电压也很小,这种情况相当于只有频率为 f_1 的电磁波信号被输入电路接收并选择出来,而其他频率的信号不被输入电路所接收，所以收音机就能收到频率为 f_1 的电台信号.

试分析其他无线电接收电路与上述收音机接收电路的共同之处，总结谐振电路在无线电接收电路中的两个重要作用.

【拓展迁移】

[1] 骆金锋，谢志寒，吴莎，等.*RLC* 串联谐振曲线对称性与品质因数 Q 的关系[J]. 大学物理实验，2021，34（1）：11-14.

[2] 张海军，邓斯达，陈湛，等.*RLC* 串联谐振电路的幅频特性研究[J]. 物理实验，2020，40（10）：17-21.

[3] 范海雯，张沫然，李鑫.*RLC* 串联谐振电路的研究与实验[J]. 电子制作，2020，（Z2）：89-90.

[4] 刘睿，刘力铭，郭思楠，等.*R* 对 *RLC* 串联谐振测量方法的影响[J]. 大学物理实验，2019，（2）：50-52.

[5] 张超军.*RLC* 串联谐振电路实验方法改进探究[J]. 大学物理实验，2019，（1）：53-58.

[6] 程亚洲，徐建强，咸夫正，等.*RLC* 串联谐振电路实验的相关问题探讨[J]. 物理实验，2017，37（6）：32-33.

【主要仪器介绍】

DH4503 型 *RLC* 电路实验仪技术说明.

DH4503 型 *RLC* 电路实验仪采用开放式设计，由学生自己连线来完成 *RC*、*RL*、*RLC* 电路的稳态和暂态特性的研究，从而掌握一阶电路、二阶电路的正弦波和阶跃波的响应过程，并理解积分电路、微分电路和整流电路的工作原理.

（1）仪器组成.

仪器由功率信号发生器、频率计、电阻箱、电感箱、电容箱和整流滤波电路等组成，见图 23-6.

（2）仪器主要技术参数.

a. 供电：单相 220V，50Hz.

b. 工作温度范围 5～35℃，相对湿度 25%～85%.

c. 信号源：正弦波分 50Hz～1kHz，1K～10kHz，10～100kHz 三个波段；方波为 50Hz～1kHz，信号幅度均 0～6Vpp 可调；直流 2～8V 可调.

d. 频率计工作范围：0～99.999kHz，5 位数显，分辨率 1Hz.

e. 十进式电阻箱：（10kΩ+1kΩ+100Ω+10Ω）×10，精度 0.5%.

f. 十进式电感箱：（10mH+1mH）×10，精度 2%.

g. 十进式电容箱：（0.1μF+0.01μF+0.001μF）×10，精度 1%.

h. 仪器外形尺寸：400mm×250mm×120mm.

(3)注意事项.

a. 仪器使用前应预热 10～15min，并避免周围有强磁场源或磁性物质.

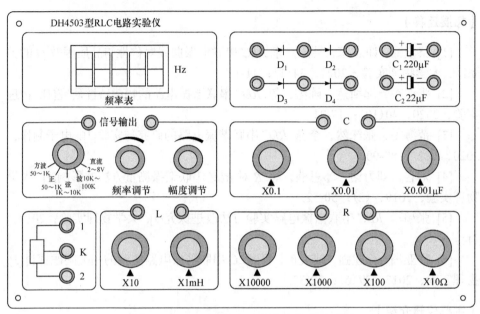

图 23-6　DH4503 型 *RLC* 电路实验仪面板图

b. 仪器采用开放式设计，使用时要正确接线，不要短路功率信号源，以防损坏. 使用完毕后应关闭电源.

c. 仪器的使用和存放应注意清洁干净避免腐蚀和阳光暴晒.

【附录】

1. 式(23-8)的推导

设 f_1、f_2 对应的圆频率分别为 ω_1、ω_2，由品质因数 Q 的定义，可得

$$\frac{U}{\sqrt{(R+R')^2+\left(\omega L-\dfrac{1}{\omega C}\right)^2}}=\frac{U}{\sqrt{2}(R+R')}$$

对比上式可得

$$\sqrt{(R+R')^2+\left(\omega L-\frac{1}{\omega C}\right)^2}=\sqrt{2}(R+R')$$

等式两边平方，整理可得

$$\left(\omega L - \frac{1}{\omega C}\right)^2 = (R + R')^2$$

当 $\omega L > \dfrac{1}{\omega C}$ 时，可得

$$\omega_2 L - \frac{1}{\omega_2 C} = R + R' \tag{附 1}$$

当 $\omega L < \dfrac{1}{\omega C}$ 时，可得

$$\frac{1}{\omega_1 C} - \omega_1 L = R + R' \tag{附 2}$$

将式(附 1)、(附 2)整理

$$(\omega_1 + \omega_2)L = \frac{1}{C}\left(\frac{1}{\omega_1} + \frac{1}{\omega_2}\right)$$

可得

$$LC = \frac{1}{\omega_1 \omega_2} = \frac{1}{\omega_0^2}$$

所以

$$\omega_0 = \sqrt{\omega_1 \omega_2} \tag{附 3}$$

再将式(附 1)与式(附 2)相加，整理可得

$$\omega_2 - \omega_1 = \frac{2(R + R')\omega_1 \omega_2 C}{1 + \omega_1 \omega_2 LC}$$

将 $LC = \dfrac{1}{\omega_1 \omega_2}$ 代入上式，可得

$$\omega_2 - \omega_1 = \frac{\omega_0}{Q}$$

所以

$$Q = \frac{\omega_0}{\omega_2 - \omega_1} = \frac{f_0}{f_2 - f_1}$$

显然 $f_2 - f_1$ 越小，曲线就越尖锐.

2. $\varphi = \arctan \dfrac{\omega L - \omega C \left[R_L^2 + (\omega L)^2 \right]}{R_L}$ 的推导

由于 $\varphi = \arctan \dfrac{\omega L}{R_L} - \arctan \dfrac{\omega R_L C}{1 - \omega^2 LC}$，可令 $\alpha = \arctan \dfrac{\omega L}{R_L}$，$\beta = \arctan \dfrac{\omega R_L C}{1 - \omega^2 LC}$

则

$$\tan \alpha = \frac{\omega L}{R_L}, \quad \tan \beta = \frac{\omega R_L C}{1 - \omega^2 LC}$$

因此

$$\tan \varphi = \tan(\alpha - \beta) = \frac{\tan \alpha - \tan \beta}{1 + \tan \alpha \cdot \tan \beta}$$

$$= \frac{\dfrac{\omega L}{R_L} - \dfrac{\omega R_L C}{1 - \omega^2 LC}}{1 + \dfrac{\omega L}{R_L} \cdot \dfrac{\omega R_L C}{1 - \omega^2 LC}}$$

$$= \frac{\omega L - \omega C [R_L^2 + (\omega L)^2]}{R_L}$$

所以

$$\varphi = \arctan \frac{\omega L - \omega C \left[R_L^2 + (\omega L)^2 \right]}{R_L}$$

实验 24 *RLC* 电路的暂态过程研究

【背景、应用及发展前沿】

由电阻 *R*、电感 *L*、电容 *C* 与直流电源组成的各种组合(*RC*、*RL*、*LC* 和 *LRC*)电路中，它们对阶跃电压的响应(如接通或断开直流电源)是不同的，当它们由一个电平的稳定状态变为另一个不同电平的稳定状态时，由于电路中电容上的电压不会瞬间突变，电感上的电流不会瞬间突变，这样电路由一个稳定状态变到另一个稳定状态中间要经历一个变化过程，这个变化过程称为暂态过程.

电路的暂态过程虽然在很短的时间内就会结束，但却能给电路带来比稳态大得多的过电流和过电压值. 在电磁测量中，用暂态过程的规律可以测量 *R*、*L*、*C* 元件的量值；在电子技术中应用更为广泛，即利用 *R*、*L*、*C* 元件不同组合电路的充电和放电过程来实现一些特定功能，如隔直流、耦合、延迟等，再如利用积分电路、微分电路、滤波电路、低通滤波电路、文氏电桥和运放构成的正弦波振荡电路等来产生所需要的信号等；在电力系统中，暂态过程的出现常常引起过电压和过电流，可能损坏电气设备，它们可能会使电气设备工作失效，甚至造成严重的事故，因而有必要对电路的暂态过程进行分析研究；在日常生活中，利用 *R*、*L*、*C* 元件组合不同电路，也得到了广泛的应用，如汽车点火电路等. 因此，暂态过程的规律在电磁学、电子技术、电力工程、日常生活等领域中的用途非常广泛.

本实验以示波器作为观测工具研究暂态过程中电路上电流和元件上的电压的变化规律.

【实验目的】

1. 观察 *RC* 和 *RL* 电路的暂态过程，加深对电容 *C* 和电感 *L* 特性的认识.
2. 观察 *LRC* 串联电路的暂态过程，加深对阻尼运动规律的理解.
3. 理解时间常数 τ 的概念及其测量方法.

【实验原理】

1. *RC* 电路的暂态过程

如图 24-1 所示，是由电阻 *R* 及电容 *C* 组成的直流串联电路，暂态过程就是电路中电容器的充放电过程. 当开关 K 置于 1 时，电源对电容器 *C* 充电，直到其

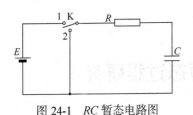

图 24-1　RC 暂态电路图

两端电压等于电源电压 E, 在充电过程中回路方程为

$$iR + u_C = E$$

或者表达为

$$\frac{\mathrm{d}u_C}{\mathrm{d}t} + \frac{1}{RC}u_C = \frac{1}{RC}E \qquad (24\text{-}1)$$

考虑到初始条件 $t = 0$ 时, $u_C = 0$, 方程的解为

$$\begin{cases} u_C = E(1 - \mathrm{e}^{-t/RC}) \\ u_R = E - u_C = E\mathrm{e}^{-t/RC} \\ i = \dfrac{E}{R}\mathrm{e}^{-t/RC} \end{cases} \qquad (24\text{-}2)$$

式(24-2)表明电容器两端的充电电压是按指数增长的一条曲线, 稳态时电容两端的电压等于电源电压 E, 如图 24-2(a)所示. 式中 $RC = \tau$ 具有时间量纲, 称为电路的时间常数, 是表征暂态过程进行得快慢的一个重要的物理量. 对于式(24-2), 可作如下讨论.

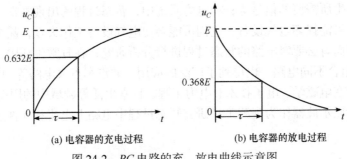

(a) 电容器的充电过程　　　　　　(b) 电容器的放电过程

图 24-2　RC 电路的充、放电曲线示意图

(1)当 $t = \tau = RC$ 时, 从式(24-2)可知

$$\begin{cases} u_C = E(1 - \mathrm{e}^{-1}) = 0.632E \\ u_R = E\mathrm{e}^{-1} = 0.368E \\ i = 0.368\dfrac{E}{R} \end{cases}$$

因此, 电压 u_C 由 0 上升到 $0.63E$ 时, 所对应的时间即为 τ.

(2)从理论上说, t 为无穷大时, 才有 $u_C = E$, $i = 0$, 即充电过程结束, 则 E 称为充电终止电压. 由于 $t = 5\tau$ 时, $u_C = E(1 - \mathrm{e}^{-5}) = 0.993E$, 可认为已充电完毕. 工程计算时, 通常约定暂态过程的持续时间为 3τ, 超过 3τ 电路稳定, 暂态过程结束.

当把开关 K 置于 2 时，电容 *C* 通过电阻 *R* 放电，回路方程为

$$iR + u_C = 0$$

或者表达为

$$\frac{\mathrm{d}u_C}{\mathrm{d}t} + \frac{1}{RC}u_C = 0 \tag{24-3}$$

此时，初始条件 $t = 0$ 时，$u_C = E$，方程的解为

$$\begin{cases} u_C = E\mathrm{e}^{-t/RC} \\ u_R = -E\mathrm{e}^{-t/RC} \\ i = -\dfrac{E}{R}\mathrm{e}^{-t/RC} \end{cases} \tag{24-4}$$

其中，负号表示放电电流与充电电流方向相反. 式(24-4)表明电容器两端的放电电压按指数规律衰减到零，τ 也可由此曲线衰减到 $0.368E$ 所对应的时间来确定. 放电曲线如图 24-2(b) 所示.

2. *RL* 电路的暂态过程

如图 24-3 所示，是由电阻 *R* 及电感 *L* 组成的直流串联电路，暂态过程就是电路中电感线圈储存或释放能量的过程. 在由电阻 *R* 及电感 *L* 组成的直流串联电路中，当开关 K 置于 1 时，由于电感 *L* 的自感作用，回路中的电流不能瞬间突变，而是逐渐增加到最大值 *E/R*. 回路方程为

$$L\frac{\mathrm{d}i}{\mathrm{d}t} + iR = E \tag{24-5}$$

考虑到初始条件 $t = 0$ 时，$i = 0$，可得方程的解为

$$\begin{cases} i = \dfrac{E}{R}\left(1 - \mathrm{e}^{-tR/L}\right) \\ U_L = E\mathrm{e}^{-tR/L} \end{cases}$$

可见，回路电流 *i* 是经过一指数增长过程，逐渐达到稳定值 *E/R* 的. *i* 增长得快慢由时间常数 $\tau = L/R$ 决定，其增长过程如图 24-4(a) 所示.

当电流达到稳定状态后，再将开关 K 置于 2，电路方程为

$$L\frac{\mathrm{d}i}{\mathrm{d}t} + iR = 0 \tag{24-6}$$

由初始条件 $t = 0$，$i = E/R$，可以得到方程的解为

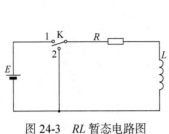
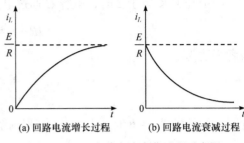

图 24-3　*RL* 暂态电路图　　　图 24-4　*RL* 电路电流变化过程示意图

$$\begin{cases} i = \dfrac{E}{R}\mathrm{e}^{-tR/L} \\ U_L = -E\mathrm{e}^{-tR/L} \end{cases}$$

该式表明回路电流从 $i = E/R$ 逐渐衰减到 0，其衰减过程如图 24-4(b)所示.

3. *LRC* 串联电路的暂态过程

以上讨论的都是理想化的情况，即认为电容和电感中都没有电阻，可实际上不但电容和电感本身都有电阻，而且回路中也存在回路电阻，这些电阻是会对电路产生影响的，电阻是耗散性元件，会使电能单向转化为热能，可以想象，电阻的主要作用就是把阻尼项引入到方程的解中.

1) 放电过程

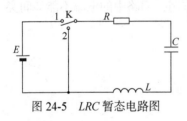

图 24-5　*LRC* 暂态电路图

在一个由电阻 R、电容 C 及电感 L 组成的直流串联电路中，如图 24-5 所示，当把开关 K 置于 2 时，电容器通过回路放电，其回路方程为

$$L\frac{\mathrm{d}i}{\mathrm{d}t} + iR + u_C = 0$$

或者表达为

$$L\frac{\mathrm{d}^2 u_C}{\mathrm{d}t^2} + R\frac{\mathrm{d}u_C}{\mathrm{d}t} + \frac{1}{C}u_C = 0 \tag{24-7}$$

令 $\lambda = \dfrac{R}{2}\sqrt{\dfrac{C}{L}}$，$\lambda$ 称为电路的阻尼系数. 此时可根据电路放电的初始条件，当 $t = 0$ 时，$u_C = E$，$\dfrac{\mathrm{d}u_C}{\mathrm{d}t} = 0$ 解方程. 其解可分为以下三种情况.

(1) 当阻尼较小(欠阻尼状态)时，$\lambda < 1$，即 $R^2 < 4L/C$，其解为

$$u_C = E\mathrm{e}^{-t/\tau}\cos(\omega t + \varphi) \tag{24-8}$$

其时间常数 $\tau = 2L/R$，衰减振动

$$\omega = \frac{1}{\sqrt{LC}}\sqrt{1-\frac{R^2C}{4L}} \tag{24-9}$$

u_C 随时间变化的规律如图 24-6 中曲线 I 所示，即阻尼振动状态. 此时，振动的振幅呈指数衰减，τ 的大小决定了振幅衰减的快慢，τ 越小，振幅衰减越迅速.

当 $\lambda \ll 1$，即 $R^2 \ll 4L/C$(R 很小) 时，振幅衰减变得十分缓慢，此时的角频率为

$$\omega \approx \frac{1}{\sqrt{LC}} = \omega_0$$

振荡变为 LC 电路的自由振荡，ω_0 为自由振荡的角频率.

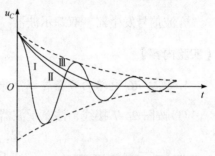

图 24-6 *LRC* 串联电路中，三种放电状态、电磁振荡曲线示意图

(2) 当阻尼较大(过阻尼状态)时，$\lambda > 1$，即 $R^2 > 4L/C$，其解为

$$u_C = Ee^{-t/\tau}\,\mathrm{ch}(\omega t + \varphi) \tag{24-10}$$

其中，时间常数 $\tau = 2L/R$，衰减振动 $\omega = \dfrac{1}{\sqrt{LC}}\sqrt{\dfrac{R^2C}{4L}-1}$. u_C 随时间变化的规律如图 24-6 中曲线 III 所示.

(3) 临界状态时，$\lambda = 1$，即 $R^2 = 4L/C$，其解为

$$u_C = E\left(1+\frac{t}{\tau}\right)e^{-t/\tau} \tag{24-11}$$

u_C 随时间变化的规律如图 24-6 中曲线 II 所示.

2) 充电过程

开关 K 先置于 2，待电容放电结束，再把 K 置于 1，电源 E 对电容充电，则回路方程为

$$L\frac{\mathrm{d}^2u_C}{\mathrm{d}t^2} + R\frac{\mathrm{d}u_C}{\mathrm{d}t} + \frac{1}{C}u_C = E \tag{24-12}$$

初始条件为 $t = 0$ 时，$u_C = 0$，$\dfrac{\mathrm{d}u_C}{\mathrm{d}t} = 0$，解微分方程得

当 $R^2 < 4L/C$ 时，$u_C = E\left[1 - e^{-t/\tau}\cos(\omega t + \varphi)\right]$

当 $R^2 > 4L/C$ 时，$u_C = E\left[1 - e^{-t/\tau}\,\mathrm{ch}(\omega t + \varphi)\right]$

当 $R^2 = 4L/C$ 时，$u_C = E\left[1 - \left(1+\frac{t}{\tau}\right)e^{-t/\tau}\right]$

可见，充电过程和放电过程十分类似，只是最后趋向的平衡位置不同.

用示波器显示 LRC 串联电路的暂态过程，可以用方波代替时通时断的直流电源，这时，电源电压在半个周期中为零，在半个周期中为正. 因此，在一个方波周期内，可以从示波器屏幕上观察到两个衰减振荡波形.

【仪器用具】

方波信号发生器、双踪示波器、电阻箱、电容箱、电感等.

【实验内容】

1. 观察 RC 电路的暂态过程，并测量电路的时间常数

(1)按图 24-7 接线，注意示波器的地线与方波信号发生器的地线必须接在一起. 将双踪示波器 CH1 端接电容，为便于比较，将 CH2 端接方波发生器(图中未画出).

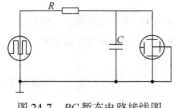

图 24-7　RC 暂态电路接线图

(2)取电容 $C=0.01\mu F$，调节方波发生器输出频率，使 $f=500Hz$，先调节电阻箱使 $R=0\Omega$，示波器上可观测到方波，其幅值等于方波电源的幅值 U_0，再调节电阻箱使 $R=1k\Omega$，这时，示波器上仍可观测到幅值为 U_0 的充放电曲线，然后调节 R 至 $10k\Omega$ 或 $20k\Omega$，示波器上显示如图 24-8 所示的充放电波形. 再调节 R，使之逐渐增加到 $90k\Omega$，可以发现图形发生明显变化，类似三角波，充电最大值小于 U_0，记录三种典型的波形，并说明为什么会产生这三种波形.

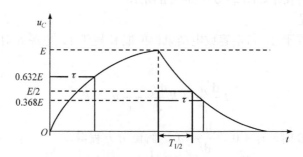

图 24-8　RC 暂态过程时间常数测量示意图

(3)取 $R=2.5k\Omega$，改变方波发生器的频率 f，示波器上可再次显示三种典型波形，记录产生上述三种波形时的频率 f，并说明产生相应波形的原因.

(4)测量 RC 串联电路的半衰期 $T_{1/2}$. 选择充放电充分的波形，即从图形可见充电最大值 U_0，放电最小值为零，由前述 $t=5\tau=5RC$ 时，充放电才是充分的. 在

测量 $T_{1/2}$ 时，应利用示波器时基调节开关，使示波器上显示的波形宽一些，以减小估读不确定度，记录 $T_{1/2}$ 值.

(5)理论上可以证明：充电与放电电压曲线上的交点所对应的时间即为半衰期 $T_{1/2}$. 同时，与测量 τ 比较，实验中更便于直接测量半衰期 $T_{1/2}$. 因此，由式(24-4)可得，$T_{1/2} = RC\ln 2 = 0.693\tau$，计算电路的时间常数 RC.

2. 观察 RL 电路的暂态过程(选做)

步骤和观察 RC 电路的暂态过程类似. 观察电感两端的电压 U_L 随时间变化的规律，并作出解释.

3. 观察 LRC 电路的暂态过程，并测量弱阻尼状态下的衰减指数 $a(a = 1/\tau)$

(1)按图 24-9 接线. 取 $L = 0.01\text{H}$，$C = 0.02\mu\text{F}$，适当调节方波发生器的频率 f，并调节电阻箱 R 产生图 24-6 所示的 LRC 串联电路阻尼振荡过程. 由于 $u_C(t) = q(t)/C$，所以，$q(t)$ 随时间的振荡曲线与 $u_C(t)$ 的振荡曲线完全相似，于是在示波器上就能观察到在不同 R(或阻尼状态)下的 $q(t)$ 随时间变化的三种状态.

(2)将临界阻尼状态时回路总电阻的实验值(包括电阻箱 R、电感的损耗电阻 R_L 和方波发生器的内阻 r)与理论值 $R_0 = \sqrt{4L/C}$ 比较.

(3)测量弱阻尼振荡周期 T，$T = \Delta t/n$，其中，Δt 为波形某两点之间的时间间隔，n 为 Δt 时间间隔内波形的周期数，将 T 与理论值 $T_0[T_0 = 2\pi/\omega$，ω 的关系式见式(24-8)]比较.

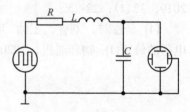

图 24-9　LRC 暂态电路接线图

(4)由式(24-7)可知，当 $\cos(\omega t + \varphi) = \pm 1$ 时，$u_C = Ee^{-t/\tau}$. 利用波器时基调节开关和垂直衰减开关，测出几组弱阻尼状态放电波峰的 (t, U_C) 值，用作图法或线性回归法，求出时间常数 τ，并与理论值 $\tau = 2L/R$ 进行比较.

【思考讨论】

(1)方波发生器的内阻可用半偏法进行测量，借助于示波器和电阻箱即可测得，请说明具体操作方法.

(2)在 RC 电路中，固定方波频率 f 而改变电阻 R，电容 C 两端的输出电压 u_C 为什么会有各种不同波形？若固定电阻 R 而改变方波频率 f，为什么会得到类似的波形？

(3)为什么具有暂态过程的电路均有 L 或 C 的元件？纯电阻 R 电路能有暂态过程吗？

(4)对于 LRC 电路的放电暂态实验，在逐步增大 R 的过程中，电容器上的电压 u_C 的暂态过程按顺序如何变化? 相应的波形是怎样的?

【探索创新】

实验测量值 τ 总是比理论值 $\tau_0 = 2L/R(R = r + R_L$，$r$ 为方波发生器的内阻，R_L 为电感箱铭牌上标明的直流电阻值)偏小，特别是当电路的振荡频率较大时，两者的误差可以达到百分之几十. 试分析引起误差的主要原因，并设计一种简单而又有效的方法加以修正，使得实验值和理论值之间能较好地吻合.

【拓展迁移】

[1] 金泓君，张力月，张钰新，等.RLC 暂态研究中系统电容对振荡周期和临界电阻的修正[J]. 大学物理实验，2020，33(5)：42-44.

[2] 张钰新，张力月，金泓君，等.R 取值范围对 RLC 串联暂态过程临界阻尼电阻的影响[J]. 大学物理实验，2020，33(2)：63-65.

[3] 吴明仁.RLC 串联电路暂态过程临界阻尼电阻谐波分析[J]. 物理实验，2019，32(1)：22-25.

[4] 金泓君，刘睿，王丽. 电容和电感对 RLC 串联电路暂态过程中临界阻尼电阻的修正[J]. 物理通报，2020，(9)：19-20.

实验 25　*RLC* 电路的稳态过程研究

【背景、应用及发展前沿】

由于交流电路中的电压和电流不仅有大小变化而且有相位差别，因此常用复数及其几何表示——矢量法来研究. 利用矢量图解法可以把简谐交流的峰值与矢量的大小相联系、相位或初相位与矢量的方向相联系，因此它可以作为计算交流电路的一种有用而直观的方法. 但在比较复杂的交流电路中却不容易得到对应的矢量图形. 利用简谐量的复数法可以解决上述问题，还可以得到相应于交流电路的欧姆定律和基尔霍夫定律的复数形式，对于纯电阻 *R*、纯电感 *L* 和纯电容 *C* 在交流电路上的作用可以用复抗阻 *Z* 来表示.

由电阻 *R*、电感 *L*、电容 *C* 与交流电源组成的各种组合(*RC*、*RL* 和 *RLC*)电路中，简谐电流和各元件上的电压随交流电源频率的变化关系称为幅频特性；简谐电流和各元件上的电压的相位差随交流电源频率的变化关系称为相频特性.

本实验以交流毫伏表和示波器作为观测工具，研究 *RC* 和 *RL* 串联电路中电压值随频率变化的规律(幅频特性)、电压与电流间的相位差随频率变化的规律(相频特性)以及 *RLC* 串联电路的相频特性.

【实验目的】

(1) 观测交流信号在 *RLC* 串联电路中的相频和幅频特性.

(2) 掌握用示波器测量相位差的方法.

(3) 学习交流电路中的矢量图解法和复数表示法.

【实验原理】

1. *RC* 串联电路的幅频特性和相频特性

RC 串联电路如图 25-1 所示，由于电阻值和频率无关，电阻两端电压与电流复有效值同相位，即

$$\dot{U}_R = \dot{I}R \tag{25-1}$$

或

$$U_R e^{j\varphi_u} = RIe^{j\varphi_i} \tag{25-1a}$$

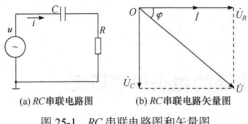

图 25-1　　(a) RC串联电路图　　(b) RC串联电路矢量图

若用矢量求解法则应以电流 i 为参考矢量，然后作出 $\dot{U}_R$，如图 25-1(b) 所示. 而纯电容的容抗值(复容抗的绝对值)和频率有关，纯电容两端电压复有效值滞后电流相位 $\pi/2$，即

图 25-1　RC 串联电路图和矢量图

$$\dot{U}_C = -\mathrm{j}\frac{1}{\omega C}\dot{I} \tag{25-2}$$

或

$$U_C \mathrm{e}^{\mathrm{j}\varphi_u} = -\mathrm{j}\frac{1}{\omega C}I\mathrm{e}^{\mathrm{j}\varphi_i} = \frac{1}{\omega C}I\mathrm{e}^{\mathrm{j}(\varphi_i - \pi/2)} \tag{25-2a}$$

若用矢量求解法则应以电流 i 为参考矢量，然后作出 $\dot{U}_C$，如图 25-1(b) 所示.

　　由交流电路基尔霍夫定律和欧姆定律可知，复有效电压值 $\dot{U}(=\dot{U}_C + \dot{U}_R)$ 和复有效电流值 $\dot{I}$ 之比，即为 RC 串联电路的复阻抗，可表达为

$$Z = \frac{\dot{U}}{\dot{I}} = R - \mathrm{j}\frac{1}{\omega C} = \sqrt{R^2 + \left(\frac{1}{\omega C}\right)^2}\,\mathrm{e}^{-\mathrm{j}\frac{1}{\omega RC}} \tag{25-3}$$

其中

$$z = \sqrt{R^2 + \left(\frac{1}{\omega C}\right)^2} \tag{25-4}$$

为阻抗幅值. $\dot{U}_C$、$\dot{U}_R$ 和总复有效电压值 $\dot{U}$ 的矢量图如图 25-1(b) 所示，总电压的有效值为

$$U = \sqrt{U_R^2 + U_C^2} = I\sqrt{R^2 + \left(\frac{1}{\omega C}\right)^2} \tag{25-5}$$

$\dot{U}$ 落后于 $\dot{I}$ 的相位为

$$\varphi = \arctan\frac{1}{\omega RC} \tag{25-6}$$

电阻 R 和电容 C 两端电压有效值分别为

$$U_R = U\cos\varphi = \frac{UR}{\sqrt{R^2 + \left(\frac{1}{\omega C}\right)^2}} = \frac{U\omega RC}{\sqrt{1 + (\omega RC)^2}} \tag{25-7}$$

$$U_C = U\sin\varphi = \frac{U}{\sqrt{1 + (\omega RC)^2}} \tag{25-8}$$

　　由式(25-4)可以绘出如图 25-2(a)所示的 z-ω 曲线. 由该图及式(25-4)可知，当 $\omega \to 0$ 时，$|Z_R| = R$，$|Z_C| \to \infty$，$z \to \infty$；当 $\omega \to \infty$ 时，$|Z_R| = R$，$|Z_C| = \frac{1}{\omega C} \to 0$，

$z \to R$. 综合上述分析可知:

(1)总阻抗在低频时趋于无穷大,在高频时趋于 R,反映电容具有"高频短路,低频开路"的性质.

(2)根据式(25-5)可以绘出 φ-ω 曲线,如图 25-2(b)所示. φ 表示 RC 串联电路中的总电压落后于电流的相位, φ 随 ω 的增加逐渐趋于 $-\pi/2$,利用相频特性的这一性质可以组成各种相移电路.

(3)若总电压 U 保持不变,根据式(25-7)和式(25-8)可以绘画出如图 25-2(c)所示的幅频特性曲线,由式(25-8)可知,在低频时,总电压主要降落在电容器两端,高频时电压主要降落在电阻两端. 利用幅频特性的这一性质可以把各种频率分开,组成各种滤波电路.

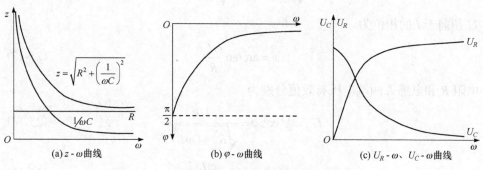

图 25-2　RC 串联电路的幅频和相频特性曲线示意图

2. RL 串联电路的幅频特性和相频特性

RL 串联电路如图 25-3(a)所示,由于纯电感的感抗值(复感抗的绝对值)和频率有关,纯电感两端电压复有效值超前电流相位 $\pi/2$,即

$$\dot{U}_L = j\omega L\dot{I} \tag{25-9}$$

或

$$U_L e^{j\varphi_u} = j\omega L I e^{j\varphi_i} = \omega L I e^{j(\varphi_i + \pi/2)} \tag{25-9a}$$

若用矢量求解法则应以电流 $\dot{I}$ 为参考矢量,然后作出 $\dot{U}_L$,如图 25-3(b)所示.

由交流电路基尔霍夫定律和欧姆定律可知,复有效电压值 $\dot{U}(=\dot{U}_L + \dot{U}_R)$ 和复有效电流值 $\dot{I}$ 之比,即为 RL 串联电路的复阻抗,可表达为

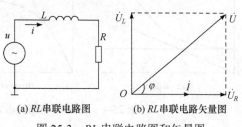

(a) RL 串联电路图　　(b) RL 串联电路矢量图

图 25-3　RL 串联电路图和矢量图

$$Z = \frac{\dot{U}}{\dot{I}} = R + \mathrm{j}\omega L$$

$$= \sqrt{R^2 + (\omega L)^2}\, \mathrm{e}^{\mathrm{j}\frac{\omega L}{R}} \tag{25-10}$$

令

$$z = \sqrt{R^2 + (\omega L)^2} \tag{25-11}$$

为阻抗幅值. $\dot{U}_L$、$\dot{U}_R$ 和总复有效电压值 $\dot{U}$ 的矢量图如图 25-3(b)所示,总电压的有效值为

$$U = \sqrt{U_R^2 + U_L^2} = I\sqrt{R^2 + (\omega L)^2} \tag{25-12}$$

$\dot{U}$ 超前于 $\dot{I}$ 的相位为

$$\varphi = \arctan\frac{\omega L}{R} \tag{25-13}$$

电阻 R 和电感 L 两端电压有效值分别为

$$U_R = U\cos\varphi = \frac{UR}{\sqrt{R^2 + (\omega L)^2}} \tag{25-14}$$

$$U_L = U\sin\varphi = \frac{\omega L U}{\sqrt{1 + (\omega L)^2}} \tag{25-15}$$

综合上述分析可知:

(1) RL 串联电路的阻抗随频率增加而增加,反之减少.

(2) 式(25-13)表明, RL 串联电路总电压的相位始终超前于回路电流的相位,相位差随频率的增加而逐渐增加,高频时相位差 $+\pi/2$. 同样利用 RL 的相频特性也可以构成相移电路,如图 25-4(b)所示.

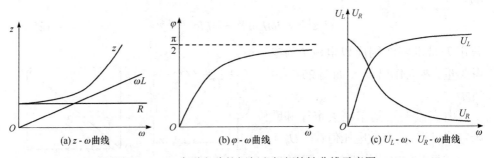

(a) z-ω曲线　　　　(b) φ-ω曲线　　　　(c) U_L-ω、U_R-ω曲线

图 25-4　RL 串联电路的幅频和相频特性曲线示意图

(3) 若总电压保持不变, U_L 与 U_R 随 ω 的变化趋势如图 25-4(c)所示,图示表

明，低频时电压主要降落在电阻两端，高频时电压主要降落在电感两端，这说明电感具有"高频开路，低频短路"的性质，利用 RL 幅频特性也可以组成各种滤波器.

3. RLC 串联电路的相频特性

RLC 串联电路如图 25-5 所示. 其复阻抗为

$$Z = \frac{\dot{U}}{\dot{I}} = R + \mathrm{j}\left(\omega L - \frac{1}{\omega C}\right)$$

$$= \sqrt{R^2 + \left(\omega L - \frac{1}{\omega C}\right)^2}\,\mathrm{e}^{\mathrm{j}\varphi} \qquad (25\text{-}16)$$

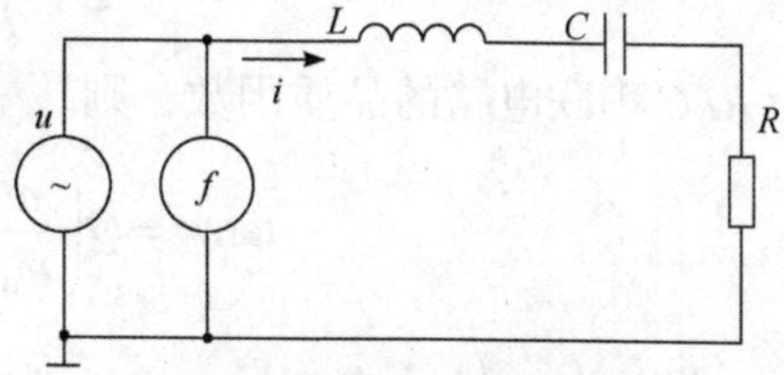

其中，$\varphi = \varphi_u - \varphi_i$，为总电压 $\dot{U}$ 和电流 $\dot{I}$ 间的相位差，大小为

图 25-5　RLC 串联电路图

$$\varphi = \arctan\frac{\omega L - \dfrac{1}{\omega C}}{R} \qquad (25\text{-}17)$$

可分为三种情况讨论：

(1) 当 $\omega L - \dfrac{1}{\omega C} = 0$ 时，$\varphi = 0$，总电压 $\dot{U}$ 和电流 $\dot{I}$ 同相位，电路中阻抗最小，呈纯电阻性，$z = R$，此时电路中电流达到最大值，串联谐振频率为

$$f_0 = \frac{1}{2\pi\sqrt{LC}} \qquad (25\text{-}18)$$

(2) 当 $\omega L - \dfrac{1}{\omega C} > 0$，电路呈电感性，$\varphi > 0$，此时总电压 $\dot{U}$ 的相位超前于电流 $\dot{I}$ 的相位，随着信号源 ω 的增大 φ 趋于 $+\pi/2$.

(3) 当 $\omega L - \dfrac{1}{\omega C} < 0$，电路呈电容性，$\varphi < 0$，表示总电压 $\dot{U}$ 的相位落后于电流 $\dot{I}$ 的相位，随着信号源 ω 的减小 φ 趋于 $-\pi/2$.

三种情况矢量图解如图 25-6(a)、(b) 和 (c) 所示.

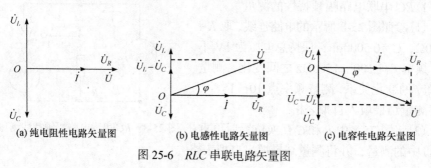

(a) 纯电阻性电路矢量图　　　(b) 电感性电路矢量图　　　(c) 电容性电路矢量图

图 25-6　RLC 串联电路矢量图

为了更简便地表述 RLC 串联电路的相频关系，现将式(25-17)做如下改写：

$$\tan\varphi = \frac{\omega L - \dfrac{1}{\omega C}}{R} = \frac{1}{R}\sqrt{\frac{L}{C}}\left(\sqrt{LC}\,\omega - \frac{1}{\sqrt{LC}\,\omega}\right) = \frac{1}{R}\sqrt{\frac{L}{C}}\left(\frac{\omega}{\omega_0} - \frac{\omega_0}{\omega}\right)$$

式中

$$Q = \frac{1}{R}\sqrt{\frac{L}{C}}$$

为 RLC 串联电路的品质因数，则

$$\tan\varphi = Q\left(\frac{\omega}{\omega_0} - \frac{\omega_0}{\omega}\right) = Q\left(\frac{f}{f_0} - \frac{f_0}{f}\right) \tag{25-19}$$

若以 $\dfrac{f}{f_0} - \dfrac{f_0}{f}$ 为自变量 x，$\tan\varphi$ 为因变量 y，则上式可表示为 $y = Qx$，即为通过原点 O、斜率为 Q 的直线. 至此式(25-17)可写成

$$\varphi = \arctan\left[Q\left(\frac{\omega}{\omega_0} - \frac{\omega_0}{\omega}\right)\right]$$

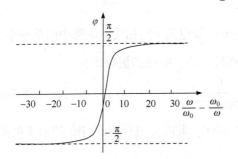

图 25-7　RLC 串联电路的相频特性曲线示意图

φ 随 $\left(\dfrac{\omega}{\omega_0} - \dfrac{\omega_0}{\omega}\right)$ 的变化曲线如图 25-7 所示.

【仪器用具】

函数发生器、双踪示波器、交流毫伏表、电阻箱、标准电容箱、标准电感等.

【实验内容】

1. RC 串联电路幅频特性和相频特性的测量

1)RC 串联电路幅频特性的测量

(1)参照图 25-8 所示的电路连线，取 $R = 500.0\Omega$，$C = 0.5000\mu\mathrm{F}$，保持总电压为 1V 不变，频率 f 在 $100\sim1500\mathrm{Hz}$ 之间变化，测量 U_C 随 f 的变化关系，测量频率点 $10\sim15$ 个，并将测量结果填入自拟表格.

(2)将图 25-8 中 R 和 C 互换位置后再重复(1)中的测量，并将测量结果填入自拟表格.

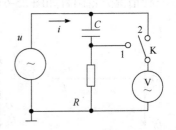

图 25-8　RC 串联电路幅频特性测量图

2) RC 串联电路相频特性的测量

保持图 25-8 中的元件参数不变,将电压表改为示波器,如将 CH1 垂直输入端接入电阻两端,CH2 接到总电压两端,频率 f 在 100~1500Hz 之间变化,测量出 10~15 个频率点对应的相差值

$$\Delta\varphi = 2\pi \times \frac{\Delta n}{N} \tag{25-20}$$

其中,Δn 表示两波(如:峰-峰值)相差格数,N 表示波形周期的格数,并用小格计,如图 25-9 所示. 最后将测量结果填入自拟表格.

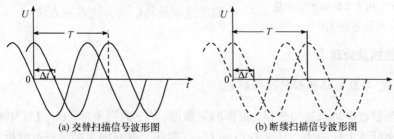

(a) 交替扫描信号波形图　　　　　　　　(b) 断续扫描信号波形图

图 25-9　RC 串联电路相位差测量示意图及"交替"和"断续"波形对比

2. RL 串联电路幅频特性和相频特性的测量*

取 $L = 0.01\text{H}$,$R = 500.00\Omega$,电路和测量方法参考 RC 电路的相频特性的测量自行设计.

3. RLC 串联电路相频特性的测量

方法一:

在图 25-8 所示的电路中,如果在 C 和 R 中间再串一只线圈 L,就可用来测量 RLC 电路的相频特性,即可测量总电压和电路中的电流之间的相位差和频率的关系.

使 RLC 串联电路的谐振频率 $f_0 = 2000\text{Hz}$,根据实验室提供的线圈 L 值(例如,$L = 0.01\text{H}$),计算出相应电容器 C 之值. 取 $R = 500.0\Omega$,测出 U_R 与 U 之间的相位差为零时所对应的频率,即为谐振频率(重复测几次).

为了考查相频特性,可从 f_0 向两侧扩展频率去测量,每侧有 5 个以上数据,所得 $\Delta\varphi$ 值尽量达到 $-50°~+50°$,将测量数据填入自拟表格. 注意:凡是 U 超前 U_R,$\Delta\varphi$ 取"+",相反则取"−".

方法二:

将示波器水平扫描速度开关置于 X-Y 位置,然后,将 U_R 和 U 分别接到示波器的 X、Y 输入端,则显示如图 25-10 所示的椭圆,参照此图测量 2X 和 2x 或 2Y

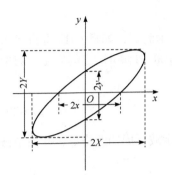

图 25-10　利用李萨如图形测量
　　　　相位差原理图

和 $2y$ 对应的格数 n_X、n_x 或 n_Y、n_y，则相位差

$$\Delta\varphi = \arcsin\left(\frac{n_x}{n_X}\right) \qquad (25\text{-}21)$$

或

$$\Delta\varphi = \arcsin\left(\frac{n_y}{n_Y}\right) \qquad (25\text{-}21a)$$

测量范围及其记录方法参见方法一.

【实验数据及处理】

1. RC 串联电路幅频特性的测量

将测量数据填入自拟表格，根据测量数据，以 f 为横坐标，U_R、U_C 为纵坐标，在同一坐标纸上作图 U_R-f(或 I-f) 和 U_C-f 曲线，并对测量结果进行分析，选取 $f = 1000\text{Hz}$ 时所测得的 U_R 和 U_C 值与理论值进行比较.

2. RC 串联电路相频特性的测量

将测量数据填入自拟表格，以 f 为横坐标、相位差 $\Delta\varphi$ 为纵坐标作 RC 相频曲线，并对测量结果进行分析，选取 $f = 1000\text{Hz}$ 时所测得的 φ 值与理论值进行比较.

3. 测定 RLC 串联电路相频特性的测量

将测量数据填入自拟表格，根据测量值以 $\left(\dfrac{f}{f_0} - \dfrac{f_0}{f}\right)$ 为横轴、$\Delta\varphi$ 为纵轴，作

$\Delta\varphi$-$\left(\dfrac{f}{f_0} - \dfrac{f_0}{f}\right)$ 曲线图. 将测得的谐振频率值与理论值相比较计算其相对偏差.

【思考讨论】

(1) 怎样测量 RC 串联电路 U 和 I 的相频特性？

(2) 测量相频特性时是否要保持电源输出电压不变？

(3) 如何测定 RLC 串联电路的谐振频率？其测量误差又如何估计？

(4) 在比较两正弦波的相位差时，它们的零电势线是否要一致？

(5) 如何判断 RLC 串联电路中 U 和 I 之间的相位差是超前还是落后？又怎样确定电路是呈电感性还是呈电容性？

(6) 测量 RLC 串联电路的谐振频率有几种方法？各有什么优缺点？

【探索创新】

根据示波器的原理和周期函数的性质，推导出式(25-21)或式(25-21a).

【拓展迁移】

[1] 马春林，周开尚，华正和. *RC* 串联电路的稳态特性研究[J]. 技术物理教学，2011，19(3)：52-53.

[2] 程小健，冯霞. *LR* 串联电路稳态特性实验的教与学[J]. 物理实验，2007，(11)：3-6.

[3] 廖传柱，曾春香. *LRC* 串联电路稳态特性的计算机仿真[J]. 赣南师范学院学报，2000，(6)：52-53.

实验 26　用电势差计校正电表

【背景、应用及发展前沿】

电势差计[1]是利用补偿原理和比较法精确测量直流电势差或电源电动势的常用仪器，它准确度高、使用方便，测量结果稳定可靠，还常被用来精确地间接测量电流、电阻和校正各种精密电表.

在 19 世纪 40 年代初，人们已经知道了测量电动势的方法，但当时只是以电动势恒定为根本的假设，而当时多数的测量使用的是伽伐尼电池，它严重地受到极化的影响，所以测量中很难得到一致的结果. 1841 年 Poggendorff 认识到这些测量差异的原因，并试图设计一种方法，使其测量结果不受电源极化的影响. 1862 年德国生理学家 Reymond 为了测量动物神经与肌肉的电动势，设计出了利用补偿原理测量电动势的电路，后来经过不断改进，演变为我们今天使用的电势差计.

在现代工程技术中，电子电势差计在非电量(温度、压力、位移和速度等)的测量中也占有重要地位，广泛用于各种自动检测和自动控制系统. 通过对电势差计结构的解剖，可以更好地学习和掌握电势差计的基本工作原理和操作方法.

通常用于改装的电表习惯上称之为"表头". 有的表头只能测量微安级电流，故而所测量的电压极为有限，为了使它能测量较大的电流值和电压值，就必须进行改装. 经过改装的电表具有测量较大电流、电压和电阻等多种用途和功能. 我们所接触到的各种电表几乎都是经过改装的，而改装后的电表要应用，又必须经过校准方能使用，因此学会改装和校准电表是非常重要的. 本实验就是利用补偿原理和比较法精确测量直流电势差(亦可用于校准电压表)和精确地间接测量电流、电阻(亦可用于校准电流表、欧姆表)等.

【实验目的】

(1)掌握电表的扩程原理和方法.

(2)学会校准电流表、电压表的方法，理解其意义.

(3)进一步熟悉应用电势差计补偿法测电压的原理和方法.

---

① 电势差计又称电位差计.

【实验原理】

1. 电表的改装与校正

众所周知，电流计的量程 I_g 与其内阻 R_g 是两个表示电流计特性的重要参数，常用测量 R_g 的方法有两种，参见实验 21 中图 21-1 所示方法测量出其内阻.

1）将表头改装成电流表

要将表头改装成能够测量较大电流的电流表，即扩大它的量程，是在表头两端并联一个分流电阻 R_S，如图 26-1 所示. 这样被测电流的大部分从分流电阻 R_S 流过，而表头仍保持原来容许通过的最大电流，但测量量程扩大了.

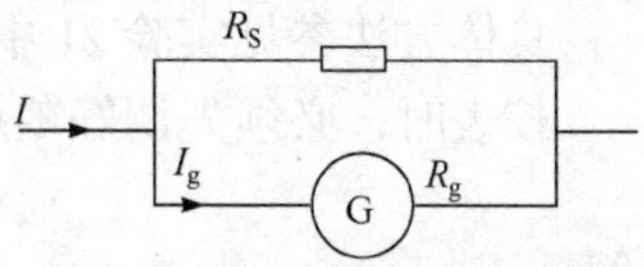

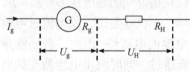

图 26-1　改装电流表原理图

设表头改装后的量程为 I，根据欧姆定律，有

$$\left(I - I_g\right)R_S = I_g R_g$$

若改装后量程 $I = nI_g$，n 为改装后量程的扩大倍数，则

$$R_S = \frac{R_g}{n-1} \tag{26-1}$$

可见，要使表头电流量程扩大为原来的 n 倍，就需给该表头并联一个阻值为 $\dfrac{R_g}{n-1}$ 的分流电阻.

2）将表头改装成电压表

当通过表头的电流为 I_g 时，表头两端压降 $U_g = I_g R_g$. 由于 I_g 较小，R_g 也不大，所以表头能够测量的电压范围很小，常不能满足实际测量的需要. 为了能测量较高的电压，就需要对表头进行改装. 方法是给表头串联一个分压电阻 R_H，如图 26-2 所示. 设表头改装后的电压量程为 U，当表头电流满偏时，有

图 26-2　改装电压表原理图

$$U = I_g R_g + I_g R_H$$

即

$$R_H = \frac{U}{I_g} - R_g \tag{26-2}$$

可见，将满偏电流为 I_g 的表头改装成量程为 U 的电压表，只要在表头上串联一个阻值为 R_H 的电阻即可.

3）将表头改装成欧姆表

表头改装成欧姆表的原理参见实验 21 中"欧姆表的原理及电路设计"部分（主要是图 21-6～图 21-8 部分）.

欧姆表在使用过程中电池的端电压会有所改变,而表头的内阻 R_g 及限流电阻 R' 为常量,故要求 R_0 要跟着 E 的变化而改变,以满足调零的要求. 实验设计时可调节电源电压来模拟电池电压的变化,范围取 $1.35 \sim 1.65 \mathrm{V}$ 即可.

4)电表的校准原理

改装后的电表必须经过校准以确定其准确度等级方可使用. 电表的校准通常使用比较法,即用标准表和改装表同时测量同一个物理量,取得标准表的读数和改装表的读数进行比较. 一般地,标准表的精度至少要比改装表高.

具体方法参见实验 21 中"电表的定标"部分.

校表时,必须先调好零点,再校准量程(满偏),在改装表零至量程范围内均

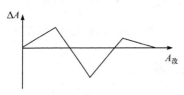

图 26-3　电表的校正曲线

匀地取一些点,取得一组标准表和改装表的读数,并画出校准曲线. 曲线是标准表和改装表的读数差 ΔA($\Delta A = A_标 - A_改$)与改装表读数 $A_改$ 的关系曲线. 如图 26-3 所示,曲线是将相邻两校准点之间用直线相连,成为一个折线图,不能画成光滑曲线. 以后在使用这个电表时,可以根据校准曲线对测量值作修正以获得较高的准确度.

2. 电势差计的测量原理

1)补偿原理

我们经常会将电压表并联到电池的两端测量其电动势(图 26-4). 但是,电池具有一定的内阻,根据欧姆定律,此时电压表的读数只是电池的端电压 $U = E_x - Ir$,而不是电池的电动势 E_x. 只有当 $I = 0$ 时,才有 $U = E_x$. 也就是说,仅当流过电池内部的电流为零时,测得的电池两端的电压才是电池的电动势. 因此,若要测量一个未知电池的电动势,必须使得电池内部无电流通过,同时测出电池两端的电压. 利用如图 26-5 电路所示的电压补偿法,即可以达到上述要求.

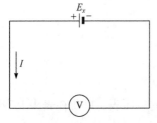

图 26-4　电压表测电动势原理图

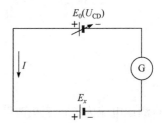

图 26-5　补偿法测电动势原理图

图 26-5 中, E_x 是待测电池, E_0 是可调电压的电源,二者的极性接成相对抗的形式. 电路中再串上一检流计,调节 E_0,使得检流计指针指零,这时必有

$$E_x = E_0$$

称这时的电路处于补偿状态或电路得到补偿. 若此时 E_0 的数值是可知的，就可求出 E_x. 据此原理构成的测量电动势或电势差的仪器称为电势差计. 可见，构成电势差计需要一个 E_0，而且它要满足两个要求：

（1）它的大小易于调节，使 E_0 能够和 E_x 补偿；

（2）它的电压很稳定，并能读出准确的电压值.

2）学生式电势差计的工作原理

实际的电势差计就是根据补偿原理构成的，它的基本电路原理如图 26-6 所示. 将图 26-5 和图 26-6 相比较可知，图 26-5 的可调电压源 E_0，在图 26-6 中由电源 E、变阻器 R 和精密电阻 R_{AB} 组成的 $EABRE$ 回路替代，此回路称辅助回路或工作回路. E_S 和 E_x 分别是标准电池和待测电池，回路 E_xCDGE_x 或 E_SCDGE_S 称作补偿回路.

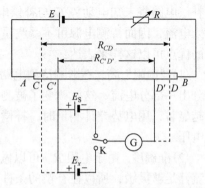

图 26-6　比较法测电动势基本电路原理图

当辅助回路中有一恒定的标准电流 I_0 通过时，将在电阻 R_{AB} 上产生均匀的电势差. 电势差 U_{CD} 将由两滑动头 C'、D' 间的电阻 $R_{C'D'}$ 的大小决定，$U_{C'D'} = I_0R_{C'D'}$，改变 C'、D' 两点的位置，即得到不同大小的 $U_{C'D'}$，它相当于图 26-5 中的 E_0. 由于 I_0 是预先选定不变的，因此，在不同的 C'、D' 位置上，不标 $R_{C'D'}$ 的值，而是根据 I_0 的大小，直接标出电压 $U_{C'D'}$ 的读数. 测量时，用 K 将 E_x 接入补偿回路，调节 $R_{C'D'}$ 的大小至 R_{CD}，使 C、D 两点间的电势差为 U_{CD}，回路得到补偿，这时电势差计上标出的电压值 U_{CD} 就是待测电动势的值 E_x，即 $E_x = U_{CD}$.

使用电势差计必须首先调整辅助回路中的工作电流 I_0，使它等于仪器规定的标准工作电流的数值，这个过程称作电势差计的校准或标准化. 由于电势差计上标出的 U_{CD} 是用标准工作电流 I_0 计算的，所以校准也就是使实际的 U_{CD} 与标出的 U_{CD} 一致. 具体做法是：闭合开关 K 于 E_S 端，将 E_S 接入补偿回路，调节 R_{CD} 使电势差计上标出的电压值与 E_S 值相同，再调节辅助回路中的 R（即调节工作电流），使检流计指针指零，回路达到补偿，因此有 $U_{C'D'} = E_S$. 此时，实际 U_{CD} 的大小与标出的一致，电流已被标准化，电势差计已被校准.

如果要测量任意电路中两点之间的电势差，只需将待测两点接入电路取代 E_x 即可，此时需注意，这两点中高电势的一点应替换 E_x 的正极，低电势的一点替换 E_x 的负极.

综上所述，电势差计是一个精密的电阻分压装置，用来产生一个有一定调节范围且标度值准确稳定的电压，并用它来与被测电压或电动势相补偿，以得到被测电压或电动势的量值. 电势差计的基本电路由三部分组成：工作电流回路、标准化电流回路和测量电流回路. 在电势差计的测量过程中，其标准化电流回路和测量电流回路中的电流均为零，表明测量时，既不从标准电池 E_S 或待测电池 E_x 中产生电流，也不从电势差计工作电流回路中分出电流，因而是一种不改变被测对象状态的测量方法，从而避免了测量回路的导线电阻、标准电池内阻、待测电池内阻等对测量结果的影响，使得测量结果的准确度仅取决于电阻比和标准电池的电动势，因而可以达到很高的测量准确度.

电势差计是用补偿法测电动势的仪器，除了具有一般比较法的优点外，在通过补偿电路将未知电动势 E_x 与补偿电压 E_0 比较时，不从 E_x 输出电流，也不向 E_x 输入电流，因而待测电源可不受测量干扰而保持原态，这称为原位测量，电势差计的优点可以这样来表达：

(1)"内阻"高，不影响待测电路，用电压表测量未知电压时总要从被测电路上分出一部分电流，这就改变了被测电路的工作状态，电压表内阻越小，这种影响越显著，用电势差计测量时，补偿回路中电流为零，可测出电路被测两端的真正电压.

(2)准确度. 由于电阻 R_{AB} 可以做得很精密，标准电池的电动势精确且稳定，检流计足够灵敏，所以在补偿的条件下能提供相当准确的补偿电压，在计量工作中常用电势差计来校准电表.

值得注意的是电势差计在测量的过程中，其工作条件会发生变化(如回路电源 E 不稳定、限流电阻 R 不稳定等)，为保证电流保持规定的数值，每次测量都必须经过校准和测量两个基本步骤，两个基本步骤的间隔时间不能过长，而且每次要达到补偿都要细致地调节，因此操作繁杂、费时.

【仪器用具】

数字电势差计、表头、滑动变阻器、电阻箱、固定电阻、可变电阻器、直流电源、交流电源、开关等.

【实验内容】

(1)测定待改表头的内阻. 利用替代法(图 21-1(a))和半偏法(图 21-1(b))分别测量表头内阻，分析两种方法测量结果的准确性.

(2)电流表的改装. 按图 21-10(a)连接电路，图中标准表改为 10.00000Ω 标准电阻及其与标准电阻并联电势差计，测量出通过回路的电流，将待改表头改装成量程为 10.00mA 的电流表，并进行校正，校准点不少于 10 个，然后将测量数据填入自拟表格.

（3）电压表的改装. 按图 21-10（b）连接电路，图中标准表改为电势差计，将待改表头改装成量程为 5.00V（或 2.00V）的电压表，并进行校正，校准点不少于 10 个，然后将测量数据填入自拟表格.

（4）将给定表头改装成图 21-6 所示的简易欧姆表，参考图 21-8 所示的标度尺，用改装的欧姆表测量标准电阻箱的阻值，或对同一个测量点，在图中再串入一只 10.00000Ω 标准电阻（需重新校零）及其与标准电阻并联的电势差计，测量出通过回路的电流，再用电势差计测出标准电阻箱两端的电势差，然后将测量数据填入自拟表格，最后对表头刻度进行标度. 步骤如下：

a. 按图 21-6 进行连线. 将 R_0、R'电阻箱（这时作为被测电阻 R_x）接于欧姆表的 A、B 端，调节 R_0、R'，使 $R_x = R_{中} = R_0 + R' = 1500\Omega$.

b. 调节电源 $E = 1.5$V，调节 R_0 使表头指针处于半偏位置.

c. 调节 $R_x = 0$，观察表头指针是否处于满偏位置. 如果是，则进行步骤 d，否则适当调节电源电压 E 和 R_0，使得 $R_x = 0$ 时表头指针满偏，而且 $R_x = R_{中} = 1500\Omega$ 时指针在半偏位置.

d. 取电阻箱的阻值为一组特定的数值 R_{xi}，读出相应的偏转格数 d_i. 利用所得读数 R_{xi}、d_i 绘制出改装欧姆表的标度盘.

【实验数据及处理】

1. 表头内阻的对比分析

结合改装表的实际应用和电路理论，分析替代法和半偏法测量结果的准确性.

2. 改装表的定标

以改装表读数作为横坐标，改装表与标准表读数差值作为纵坐标，分别作出改装后的电流表和电压表的校正曲线，计算出改装表的准确度等级.

确定改装表的准确度等级：

再由校正曲线找出 ΔI 和 ΔU 的绝对值的最大值$|\Delta I_m|$和$|\Delta U_m|$，根据电表准确度等级的定义计算改装电表等级的计算值为

$$K_I'\% = \frac{|\Delta I_{max}|}{I_m} \times 100\% \quad 和 \quad K_U'\% = \frac{|\Delta U_{max}|}{U_m} \times 100\%$$

式中，I_m 和 U_m 分别为改装电流表和改装电压表的量程.

$$K_I = K_I' + K_0 \quad 和 \quad K_U = K_U' + K_0$$

式中，K_0 为标准表等级. 最后，根据我国磁电式仪表等级规定，确定改装表等级.

3. 简易欧姆表的校准

通过对表头刻度进行的标度，说明其指针偏转方向及刻度的特点.

【思考讨论】

(1)实验中如果发现检流计指针总是偏向一边，无法将补偿回路调节到补偿，试分析可能的原因.

(2)电势差计的直接测定量是什么？如何用它测量其他电学量？试画出其电路图.

【探索创新】

直流电势差计是测量直流电压的较精密的仪器，广泛地应用在工业生产和计量部门的检修工作中. 它采用补偿测量法以标准电池的电动势作为标准，直接测量电动势或电压. 尽管电势差计在测量时几乎不损耗被测对象的能量，测量结果稳定可靠，具有很高的准确度，但是在测量中仍然会产生误差，尤其是热电势产生的误差在测量中最为常见.

深入分析电势差计产生热电势的原因，进而找出消除热电势误差的有效方法.

提示：热电势产生的原因有如下.

(1)两种不同的金属接触在一起，如果接触端与不接触端的温度不相同，就会产生热电势. 电势差计本身有许多元件，如电阻、电刷、开关、端钮等，它们之间要用导线连接在一起，在使用时又要连接检流计、电池、被测电路等，这就构成了许多不同金属的接触点，这是仪器产生热电势的主要原因.

(2)引起它们温度不同有许多因素，如人手的热传导、电刷上的摩擦生热、闸刀开关的摩擦热，外部冷源或热源引起仪器内部温度不均匀，是产生热电势的外部原因.

【拓展迁移】[①]

[1] 刘永萍，辛言君，袁淑立，等. 用箱式电位差计测电阻的 4 种方法[J]. 实验技术与管理，2008，(3)：29-30.

[2] 王婷. 电位差计校准微安表的综合性实验设计[J]. 实验技术与管理，2014，12(3)：15-17.

[3] 谢英英，罗晓琴. 有关电位差计测表头内阻的探讨[J]. 大学物理实验，2015，28(2)：83-85.

[4] 朱林. 电阻箱在板式电位差计测干电池内阻实验中的应用[J]. 内江科技，2019，40(9)：34-35.

_____

① 文献中的电位差计应为电势差计.

【主要仪器介绍】

UJ33D-2 型数字电势差计技术特性及使用说明等.

1. 结构特征及工作原理

1) 结构特征

产品采用"上海双特电工仪器有限公司"生产的直流仪器通用型便携式机箱，性能坚固可靠，面板结构排列图如图 26-7 所示.

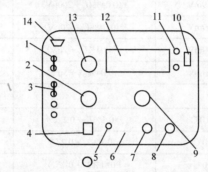

图 26-7　UJ33D-2 型数字电势差计面板图

1. 信号端钮；2. 功能转换开关；3. 导电片；4. 电源开关；5. 外接电源插座；6. 调零旋钮；7. 粗调旋钮；8. 细调旋钮；9. 量程转换开关；10. 温度直读开关；11. 发光指示管；12. LCD 显示器；13. 分度号选择开关；14. RS-232 接口针座

2) 工作原理

产品工作原理框图如图 26-8 所示.

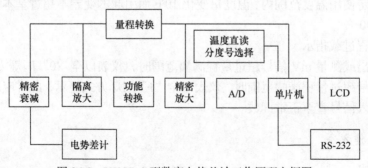

图 26-8　UJ33D-2 型数字电势差计工作原理方框图

电势差计发生稳定直流电压经精密衰减、隔离放大后由四端方式输出，量程转换选择所需测量输出量程范围，功能转换选择输出或测量方式，测量或输出信号经精密放大后送 A/D 转换成数字信号，经单片机处理后由 LCD 数字直读显示和送 RS232 通信口.

2. 技术特性

1)主要性能参数

产品在参考条件下，环境温度(20 ± 2)℃，环境湿度(45～75)%RH，主要技术指标应符合表 26-1 规定.

表 26-1　UJ33D-2 型数字电势差计主要性能参数

量程	测量、输出范围	基本误差	分辨力	额定负载
2V	0～1999.9mV	$\pm(0.04\%U_x + 200\mu V)$	100μV	2mA
200mV	0～199.99mV	$\pm(0.04\%U_x + 20\mu V)$	10μV	2mA
20mV	0～19.999mV	$\pm(0.04\%U_x + 2\mu V)$	1μV	2mA
*50mV	0～49.999mV	$\pm(0.04\%U_x + 5\mu V)$	3μV	2mA
(分度号)				
(K)	0～1230.0℃	$\pm(0.1\%T_x + 0.2\ ℃)$	0.1℃	
(E)	0～660.0℃	$\pm(0.1\%T_x + 0.2℃)$	0.1℃	
(J)	0～860.0℃	$\pm(0.1\%T_x + 0.2℃)$	0.1℃	
(S)	0～1768.0℃	$\pm(0.1\%T_x + 1℃)$	0.5℃	
(T)	0～380.0℃	$\pm(0.1\%T_x + 0.2℃)$	0.1℃	

注：*50mV 挡量程为附加量程，显示读数末位数字步进值为 3 个字.

2)温度附加误差

在额定使用温度范围内，温度每变化 10℃ 而引起的变差不超过基本误差允许极限的 100%.

3)量程过载指示

当输出或测量 mV 信号超过量程满幅范围时，仪表以全"0"闪烁方式显示，当温度信号超过量程满幅范围时，仪表以全"1"闪烁方式显示，此时应减小调节输出或输入信号直至正常读数.

3. 操作方法

1)输出

接线方式如图 26-9 所示. 按下电源开关至"1"，或插上外接 9V 直流电源(外接电源插头正负极性见图 26-10 示)，显示屏立即显示读数，注意信号端钮与短路导电片必须旋紧，功能转换开关旋置"输出"，量程转换开关旋置合适量程，调节粗、细调电位器即可获得所需量值的稳定电压. 在 200mV、2V 挡使用时不需预热，开机即可获得符合精度要求的电压输出. 在 20mV、50mV 挡量程使用时应有

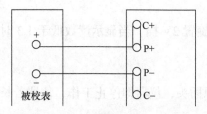

图 26-9　UJ33D-2 型数字电势差计输出方式
接线图

图 26-10　外接电源插头正负极性

5～10min 的预热时间，并在使用前调零，方法见步骤 5）. 在校验低阻抗仪表时应采用四端钮输出方式，以消除测量导线压降带来的读数误差，此时应去掉信号端钮上短路导电片，接线方法如图 26-11 所示，仪表显示读数即为被校表输入端子上的实际电压值.

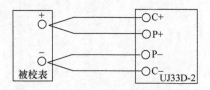

图 26-11　四端钮输出方式接线图

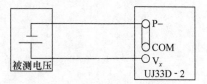

图 26-12　测量方式接线图

2）测量

如图 26-12 接线，在 20mV、50mV 挡量程测量时按步骤 5）调零，功能转换开关置"测量"，选择合适量程，显示读数即为被测电压值.

3）保护端方式

仪器在使用时由于环境共模干扰引起跳字不稳定，这时应将输入、输出低端（COM）同仪器保护端（G）相连接，如图 26-13 所示.

4）温度直读

功能转换开关根据需要置"测量"或"输出"，接线方法同测量或输出方式，分度号选择开关置所需热电偶分度号位置，量程选择置 20mV（S，T）或 50mV（K，E，J），"温度直读"开关拨到向上位置，即显示当前测量或发生毫伏值时所选择分度号的温度读数. 量程选择若置于 200mV 或 2V 挡时，仪器将以全"2"闪烁方式显示，提示应选择正确量程.

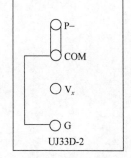

图 26-13　保护端连接

5）调零

功能选择开关旋置"调零"，量程开关根据需要选择 20mV 或 50mV 挡，调节调零电位器使数字显示为零.

6)电池检查

功能选择开关旋置"电池检查",量程旋置 2V 挡,当显示读数低于 1.3 时应考虑更换电池.

7)关机

按下电源开关至"0",或拔去外接电源插头,仪器即停止工作,仪器若长期不使用,应将底部电池盒内电池取出.

实验 27　开尔文电桥测量低电阻

【背景、应用及发展前沿】

电阻按阻值的大小大致可分为三类：1Ω 以下的为低值电阻；10Ω 到 100kΩ 之间的为中值电阻；100kΩ 以上的为高电阻. 不同阻值的电阻，测量方法是不尽相同的.

1862 年英国的 W.汤姆孙在研究利用单臂电桥测量小电阻时遇到困难，发现引起测量产生较大误差的原因是引线电阻和连接点处的接触电阻，这些电阻值可能远大于被测电阻值. 如：当阻值在 1Ω 以下的低值时，引线电阻和接触电阻(总称附加电阻)约 $10^{-3}\sim10^{-1}\Omega$ 数量级，相对被测电阻已不能忽略掉. 因此，他设计了一种新的桥路进行测量，被称为汤姆孙电桥. 后因他晋封为开尔文勋爵，故又称开尔文电桥.

开尔文电桥又称直流双臂电桥，主要用以测量 $10^{-5}\sim10^{2}\Omega$ 的电阻，其特点是能消除与待测电阻同数量级的附加电阻所造成的误差，使测量结果更准确.

双臂电桥是生产及施工企业常备的一种仪器，在电气工程中常用它测量金属的电阻率、分流器的电阻值、断路器的接触电阻、电机和变压器绕组的电阻以及各类低阻值的电气元器件电阻值等.

【实验目的】

(1)进一步掌握用伏安法测量低电阻的方法.

(2)了解双臂电桥的设计思想及电阻器四端引线的意义.

(3)学习双臂电桥测量低电阻的原理和方法.

【实验原理】

1. 在测量低电阻时消除附加电阻的一种方法

用单臂电桥和伏安法测量中等阻值的电阻是很容易的，但在测低值电阻 R_x 时将遇到困难，在图 27-1 中以伏安法为例加以探讨，图(a)是伏安法的一般电路；如果把接线电阻和接触电阻考虑在内，并设想把它们用普通导体电阻的符号表示，其等效电路如图 27-1 (b)所示，其中 r_1、r_2 分别是连接电流表及变阻器用的两根导线与被测电阻两端接头处的接触电阻及导线本身的接线电阻，r_3、r_4 是电压表和电流表、滑动变阻器接头处的接触电阻和接线电阻. 通过安培表的电流 I 在接头处分为 I_1、I_2 两支, I_1 流经电流表和 R 间的接触电阻再流入 R, I_2 流经电流表和电压表接头处的接触电阻再流入电压表. 因此, r_1、r_2 应算作与 R_x 串联; r_3、r_4 应算作与电压表串联, 由于电压表的内阻较大, 串接小电阻 r_3、r_4 对其测量影响不大. 由于 r_1 和 r_2 串接到被测低值电阻 R_x 后, 使被测电阻成为 $r_1 + R + r_2$, 其中 r_1 和 r_2 与 R_x 相比是不可不计的, 有时甚至超过 R_x. 因此, 如图 27-1 所示的电路不能用以测量低值电阻 R_x.

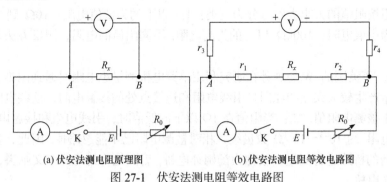

(a) 伏安法测电阻原理图　　　　　(b) 伏安法测电阻等效电路图

图 27-1　伏安法测电阻等效电路图

　　解决上述测量的困难在于消除 r_1 和 r_2 的影响, 图 27-2 的电路可以达到这个目的. 它是将低值电阻 R_x 两侧的接点分为两个电流接点(C, C)和两个电压接点(P, P), 这样电压表测量的是长 l 的一段低值电阻(其中不包括 r_1 和 r_2)两端的电压. 这样的四点测量电路使低值电阻测量成为可能.

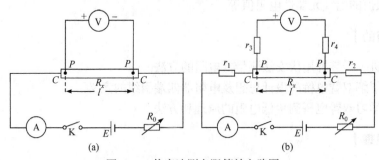

(a)　　　　　　　　　(b)

图 27-2　伏安法测电阻等效电路图

　　(1) 电压的测量. 设 $R_x = 0.002\Omega$, 则当电流 $I = 1.5\text{A}$ 时, $U_l = 0.003\text{V}$, 即 3.0mV, 因此测低值电阻时要用毫伏表测电压.

　　(2) 电流的测量. 用电流表测量如图 27-2 电路中的电流, 当选用量限 2A, 0.5 级电流表时, 对于 1.5A 的电流能使电流 I 的测量相对误差达到 0.67%, 即低值电阻的测量误差将超过 0.67%. 如要提高低值电阻测量的精确度, 就要改用如图 27-3 所示的间接测量电流的方法, 即精确测量串联的标准电阻 R_S 两端的电压 U_S, 由 $I =$

U_S/R_S 求得电流 I 的数值.

由于 U_S 可以设法测得很精确,所以可提高电流 I 的精确度.

综上,为了避免引线电阻的影响,可将待测电阻 R_x 两端的连线缩短为零,使 R_x 直接到接线柱 A、B 上,如图 27-1 所示. 为了消除 A、B 上的接触电阻,又将接线柱 A、B 各分为两个 C_1,P_1 和 C_2,P_2,于是

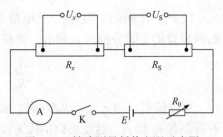

图 27-3　精确测量低值电阻示意图

电阻 R 上共有 4 个接线柱,称为四端电阻,如图 27-4 所示,图中 C_1、C_2 是通过电流的接线柱,通常做得粗大些,称为电流端钮;P_1、P_2 是测量的接线柱,通常做得细小些,称为电势端钮,待测电阻 R_x 是 P_1、P_2 之间 l 段的电阻值(图 27-2). 因此,引入四端电阻概念后,就为避免接触电阻和接线电阻对测量低值电阻的影响提供了设计方案.

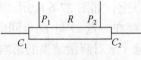

图 27-4　四端电阻示意图

2. 开尔文电桥工作原理

如果将惠斯通电桥中的比较臂 R_0 和待测臂 R_x 都采用四端电阻,且为低值电阻,如图 27-5 所示,可否达到消除附加电阻影响的目的呢? 或者说,引入四端电阻后,如何做才能实现精确测量低值电阻 R_x 呢?

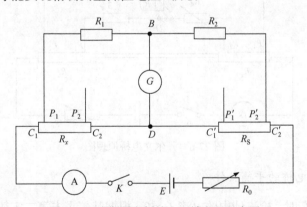

图 27-5　惠斯通电桥接入四端电阻示意图

在图 27-5 中,接到 C_1、C_2' 两接线柱的接线电阻和接触电阻都串入电源支路,它们的阻值对测量结果没有影响;接到 P_1、P_2' 两接线柱的引线电阻及接触电阻分别串入阻值大于 10Ω 的 R_1、R_2 两桥臂支路,也对测量结果没有影响;剩下的是 C_2、C_1' 之间的接线电阻及它们的接触电阻没有被排除,为了消除这部分电阻对测量结果的影响,就需要在测量技术和测量电路上予以特殊考虑了.

设 P_2、P_1' 间的电阻为 r，当电桥平衡时，检流计引线的端 D 把 r 分配给 R_x 和 R_S 两桥臂的电阻分别为 r_x 和 r_S，则根据电桥的平衡条件应有

$$\frac{R_x + r_x}{R_S + r_S} = \frac{R_1}{R_2}$$

可以证明，当 $r_x/r_S = R_x/R_S$ 时，必有 $R_x/R_S = R_1/R_2$. 可见，电桥的平衡条件中不再含有 r_x 和 r_S，这就可以消除 C_2、C_1' 间的接线电阻及它们的接触电阻对测量结果的影响. 但是由于 C_2、C_1' 处的接触电阻不是恒定的，要在 P_2、P_1' 之间找到把 r 分成与 R_x 和 R_S 成比例的两部分 r_x 和 r_S 的分界点 D，实际上是不可能的. 为了解决该问题，可选取与 R_1 和 R_2 成比例的两个电阻 R_4 和 R_3，并把它们串联起来并联在 r 上，再将检流计的 D 端接在 R_4 和 R_3 的串联接点上，如图 27-6 所示. 当电桥平衡时必有 $R_x/R_S = R_1/R_2 = R_4/R_3$. 这时在 r 上必然存在一点 D' 与 D 点同电势，且把 r 按比例 R_1/R_2 分配给 R_x 和 R_S 两桥臂，从而消除了 r 对测量结果的影响. 按这样的电路组成的电桥称为开尔文电桥，也称双臂电桥.

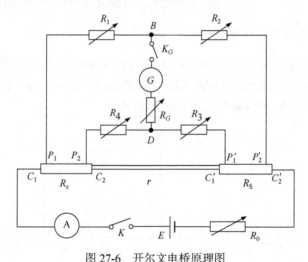

图 27-6　开尔文电桥原理图

3. 开尔文电桥的平衡条件

当电桥平衡时，检流计中的电流 $I_G = 0$，根据基尔霍夫第二定律，可列出下列方程组

$$\begin{cases} I_1 R_1 = I_x R_x + I_4 R_4 \\ I_1 R_2 = I_x R_S + I_4 R_3 \\ I_4 (R_4 + R_3) = (I_x - I_4) r \end{cases}$$

把上面三式联解，并消去 I_1、I_4 和 I_x 可得

$$R_x = \frac{R_1}{R_2}R_S + \frac{R_3 r}{R_3 + R_4 + r}\left(\frac{R_1}{R_2} - \frac{R_4}{R_3}\right) \tag{27-1}$$

当 $R_1/R_2 = R_4/R_3$ 时，等式右边第二项为零，于是

$$R_x = \frac{R_1}{R_2}R_S \tag{27-2}$$

即开尔文电桥的平衡条件. 为满足此平衡条件，在调节电桥平衡的过程中，必须始终满足辅助条件 $R_1/R_2 = R_4/R_3$，且 R_1、R_2、R_3 和 R_4 的阻值应远大于 R_x 和 R_S 的接线电阻和接触电阻，这些要求都可以由电桥的结构来保证.

4. 开尔文电桥测量电阻的误差

由于开尔文电桥测量电阻的计算公式与惠斯通电桥相同，因此，测量误差原则上也与其相同，这里不再详细讨论. 应当注意的是：在测量低值电阻时，由于待测电阻阻值很小，因而电阻两端的电压也很小，而工作电流又不会很小，此时，热电势的存在有使电阻两端的电压加大或减小的可能，这将破坏电桥的平衡条件. 在有热电势的情况下，检流计指零时，桥臂参数之间不满足 $R_1/R_2 = R_4/R_3$ 的关系. 但由于热电势与电流方向无关，故可采用改变电源极性的办法予以消除. 电源在某一极性时测得结果为

$$R_{x_1} = \frac{R_1}{R_2}R_{S_1}$$

电源在另一极性时测得结果为

$$R_{x_2} = \frac{R_1}{R_2}R_{S_2}$$

取两次测量结果的平均值作为 R_x 的测量值，即

$$R_x = \frac{R_{x_1} + R_{x_2}}{2} = \frac{R_1}{R_2}\frac{R_{S_1} + R_{S_2}}{2}$$

【仪器用具】

电阻箱、电流表、毫伏表、标准电阻、检流计、螺旋测微器、待测低电阻、滑动变阻器、开关及导线等.

【实验内容】

(1) 用伏安法测金属线上一段长为 l (50cm 以上) 的电阻.

参照图 27-2 或图 27-3，用实验室提供的实验仪器设计电路进行测量. 为了增大低值电阻两端的电势差，电路的电流要根据待测金属截面积的大小适当取大一些 (比如 1~2A). 要注意如果电流过大，被测金属线的温度升高，电阻值要变化.

改变几次 l 值进行测量.

(2)用组装双臂电桥测上述金属线的电阻.

参照图 27-6 的电路,用 4 只电阻箱、1 个标准低值电阻 R_S、待测低值电阻 R_x 和检流计、等仪器搭接成开尔文双臂电桥,R_x 和 R_S 均用四端电阻.

开始测量时,R_0 和 R_G 都取大一些的阻值,这样容易调节电桥的平衡,R_1、R_2、R_3、R_4 可取同一值(如 1000). 操作时根据检流计的偏转,同时改变 R_2、R_3 或 R_1、R_4 的值,并保持 $R_1/R_2 = R_4/R_3$,逐渐使电桥平衡. 每次调节时,要先断开电源开关 K,调节并确认无误后,再闭合 K_G.

当粗调平衡后,减小 R_G 和 R_0 再细调平衡. 改变几次 l 值进行反复测量.

(3)用箱式电桥测量以上各 l 的电阻值.

(4)测量金属线直径 d 和长度 l.

(5)用伏安法测量导线与接线柱间的接触电阻,测量方法步骤自行设计.

【实验数据及处理】

(1)将测量数据填入自拟表格,用电阻率 $\rho = \dfrac{\pi d^2}{4l} R_x$,求各组$(l, R_x)$的 ρ 值,再求 $\overline{\rho}$ 及 $U(\rho)$,比较用伏安法、组装双臂电桥法和箱式双臂电桥法的测量结果.

(2)将用伏安法测量导线与接线柱间的接触电阻的数据填入自拟表格,通过分析数据和与理论对比,看看是否达到了目的,并加以分析.

【思考讨论】

(1)双臂电桥平衡的条件是什么? 为何 R_2 和 R_3 或者 R_1 和 R_4 要同时调节?

(2)怎样测量两根导线连接点的接触电阻?

(3)在双臂电桥电路中,如果待测电阻 R_x 的 P_1 与 P_2 相互交换而接错,电桥能否平衡? 会产生什么现象?

(4)用电阻箱组装双臂电桥测量时,电路哪些地方接触不良会对测量结果产生较大的影响?

【探索创新】

低值电阻测量仪按其测试电流的大小可分为两类:一类测试电流较大,主要用于接插件、开关、导体等产品的直流低值电阻的测量;另一类测试电流很小(一般为 1mA 左右),主要用于电雷管、点火具或其他危险易爆场合的接插件、开关等元器件的直流低值电阻的测量. 低值电阻测量仪对安全性能要求很高,必须增加多种保护电路. 请你设计一种安全性能较高的测试电流小的低值电阻的测试实验方案.

【拓展迁移】

[1] 王佑明，张志利，龙勇. 直流双臂电桥测量低电阻的误差分析[J]. 电子测量技术，2007，30(1)：154-156.

[2] 隗群梅，韩立立，尹教建. 双臂电桥测量接触电阻的研究[J]. 物理实验，2016，36(1)：21-23.

[3] 杨欣，郭露芳. 双臂电桥测低电阻接线问题研究及 r 的测定[J]. 物理与工程，2016，26(3)：33-36.

[4] 黄宁一. 双臂电桥的接线和测量[J]. 标准化报道，2001，22(5)：22-23.

[5] 叶春锋，朱震康. QJ57 直流双臂电桥测量导体电阻的测量结果不确定度评定[J]. 品牌与标准化，2015，(7)：58-59.

实验 28　交流电桥测量电容电感

【背景、应用及发展前沿】

　　交流电桥由直流电桥演化而来，早期的交流电桥曾用音叉振物器作为交流电源，用类似听筒的器具作为检测仪表. 到 20 世纪 60 年代，已开发出几十种用于不同目的的桥路，这类测量电桥统称为经典交流电桥，曾广泛应用于科学研究和技术领域，由于受组成桥臂元件的电参量值准确度的限制，经典交流电桥测量的准确度不高. 利用电磁感应耦合臂供给电压比值或电流比值的交流电桥，称感应耦合比例臂电桥，其测量准确度比经典交流电桥高几个数量级. 同时，由于电子技术的发展，大量半导体器件被用于构成桥臂，形成有源电桥.20 世纪 70 年代以来，数字技术被引入到电磁测量领域，出现了数字电桥，除了使读数数字化外，还使电桥操作自动化并与计算机联合使用.

　　长期以来，电桥(比较)法、冲击(机械积分)法、谐振法(Q 表)测量原理及测量仪器是电磁测量的主要方法，利用交流电桥可以测量(或分离)材料交流特性. 交流电桥是将被测对象和标准量具，如标准电容、标准电感，在桥路上进行比较的测量仪器，可得到比较高的测量准确度. 它除了可用来正确测量交流电阻、电感、电容外，还可测量电容器的介质损耗、两线圈间的互感及耦合系数、磁性材料的磁导率及饱和特性，并且当电桥的平衡条件与频率有关时，可用于测量频率，也可测量液体的电导等. 借助传感器，交流电桥还可以实现多种非电量的电学测量.

【实验目的】

　　(1)了解交流电桥的基本原理和特点.

　　(2)掌握交流电桥调节平衡的方法.

　　(3)测量电容、电感及其损耗.

【实验原理】

　　交流电桥的原理图如图 28-1 所示. 它与直流单臂电桥原理相似. 在交流电桥中，四个桥臂不全是由电阻元件组成，还包括电感或电容，桥臂为复阻抗. 电桥的电源是交流电源；交流平衡指示仪的种类很多，适用于不同频率范围. 频率为200Hz 以下时可采用谐振式检流计；音频范围内可采用耳机作为平衡指示器；音

频或更高的频率时也可采用电子示零仪器；也有
用电子示波器或交流毫伏表作为平衡指示器的.
本实验采用高灵敏度的电子放大式指零仪. 指示
器指零时，表示电桥达到了平衡状态.

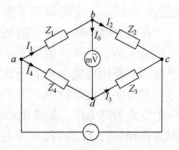

图 28-1　交流电桥原理图

1. 交流电桥的平衡条件

当调节电桥参数，使交流指零仪中无电流通
过时(即 $I_0 = 0$)，b、d 两点在任意时刻的瞬时电势
相等，电桥达到平衡，由交流电路欧姆定律可得

$$\begin{cases} \dot{U}_{ab} = \dot{U}_{ad} \\ \dot{U}_{bc} = \dot{U}_{dc} \end{cases} \tag{28-1}$$

或

$$\begin{cases} \dot{I}_1 Z_1 = \dot{I}_4 Z_4 \\ \dot{I}_2 Z_2 = \dot{I}_3 Z_3 \end{cases} \tag{28-2}$$

两式相除，可得

$$\frac{Z_1}{Z_2} = \frac{Z_4}{Z_3} \quad \text{或} \quad Z_1 Z_3 = Z_2 Z_4 \tag{28-3}$$

上式就是交流电桥的平衡条件. 它说明：当交流电桥达到平衡时，相对桥臂的复
阻抗的乘积相等. 由图 28-1 可知，若第一桥臂由被测复阻抗 Z_x 构成，则

$$\frac{Z_x}{Z_2} = \frac{Z_4}{Z_3} \tag{28-4}$$

当其他桥臂的参数已知时，就可决定被测复阻抗 Z_x 的值.

由交流电路可知，纯电阻 R 的复阻抗为 $Z = R$；纯电容 C 的复容抗为 $Z = -1/j\omega C$；纯电感 L 的复感抗为 $Z = j\omega L$，因此，复阻抗是复数，桥臂复阻抗可以
写成指数式及代数式. 如果把复阻抗用指数形式表示，式(28-3)可写成

$$z_1 \mathrm{e}^{\mathrm{j}\varphi_1} \cdot z_3 \mathrm{e}^{\mathrm{j}\varphi_3} = z_2 \mathrm{e}^{\mathrm{j}\varphi_2} \cdot z_4 \mathrm{e}^{\mathrm{j}\varphi_4} \quad \text{或} \quad z_1 z_3 \mathrm{e}^{\mathrm{j}(\varphi_1 + \varphi_3)} = z_2 z_4 \mathrm{e}^{\mathrm{j}(\varphi_2 + \varphi_4)} \tag{28-5}$$

根据复数相等的条件，等式两端的模(即阻抗)和辐角必须分别相等，即

$$\begin{cases} z_1 z_3 = z_2 z_4 \\ \varphi_1 + \varphi_3 = \varphi_2 + \varphi_4 \end{cases} \tag{28-6}$$

式(28-6)是交流电桥平衡条件的一种表达形式，也就是说当式(28-6)中两个方程
同时满足时，电桥方达到平衡状态. 可见要使交流电桥平衡，除了相对桥臂阻抗
乘积要相等外，还必须满足相角条件，这是交流电桥与直流电桥不同之处，因为
平衡条件实际上是两个，因此交流电桥必须按一定方式配置桥臂参数. 如果任意

配置，电桥不一定能调节平衡.

在交流电桥中，为了满足上述两个条件，必须调节两个桥臂的参数，才能使电桥完全达到平衡，而且往往需要对这两个参数进行反复调节，所以交流电桥的平衡调节要比直流电桥的调节困难一些.

在很多交流电桥中，为了使交流电桥结构简单、调节方便，常将 4 个臂中的两个设计为纯电阻，如果相邻两臂为纯电阻，则另外两臂应选择相同性质的阻抗. 因为若相邻臂 Z_3、Z_4 接入纯电阻 R_3、R_4，那么式(28-6)中 $\varphi_3 = \varphi_4 = 0$，$\varphi_1 = \varphi_2$，所以另外两臂元件要同为容性，或同为感性；若相对两臂 Z_2、Z_4 接入纯电阻 R_2、R_4，那么式(28-6)中 $\varphi_2 = \varphi_4 = 0$，$\varphi_1 = -\varphi_3$，所以另外两臂应一为容性，一为感性. 根据不同的测量目的，电桥臂可有多种形式的配置，因而就构成了多种形式的交流电桥.

2. 电容电桥

实际电容器并非理想元件，它的介质在电路中要消耗一定的能量，即存在着介质损耗，所以通过电容器 C 的电流和它两端的电压的相位差并不是 90°，而且比 90°

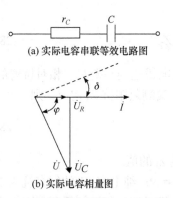

(a) 实际电容串联等效电路图

(b) 实际电容相量图

图 28-2　实际电容等效电路及相量图

要小一个 δ 角，称为介质损耗角. 小损耗的电容可以用一个理想电容和一个电阻串联来等效，电路如图 28-2(a) 所示. 在等效电路中，理想电容表示实际电容器的等效电容，而串联等效电阻则表示实际电容器的发热损耗.

图 28-2(b) 为小损耗电容的电压、电流的相量图. 因此，为了表示方便起见，通常用电容器的损耗角 δ (= 90° − φ) 的正切 $\tan\delta$ 来表示它的介质损耗特性，并用符号 D 表示，通常称它为损耗因数，在等效串联电路中可表示为

$$D = \tan\delta = \frac{U_R}{U_C} = r_C \omega C \tag{28-7}$$

由交流电桥平衡条件和测量小损耗电容的要求可构成如图 28-3 所示的测量电路图. 图中 C_x 是待测电容器的电容，r_x 是待测电容器的损耗电阻，C_0 是标准电容器的电容，它的损耗电阻忽略不计，R_0 是标准电阻箱，R_2、R_3 是纯电阻. 这种电桥结构是按照相邻两臂选择纯电阻，另外两臂接入性质相同的元件构成的，它的 4 个桥臂阻抗分别为

$$Z_1 = r_x + \frac{1}{\mathrm{j}\omega C_x}, \quad Z_2 = R_2, \quad Z_3 = R_3, \quad Z_4 = R_0 + \frac{1}{\mathrm{j}\omega C_0}$$

将以上关系式代入式(28-3)可得

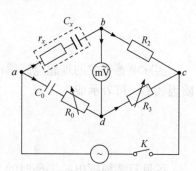

$$\left(r_x + \frac{1}{\mathrm{j}\omega C_x}\right)R_3 = R_2\left(R_0 + \frac{1}{\mathrm{j}\omega C_0}\right) \qquad (28\text{-}8)$$

令等式两边的实部与虚部分别相等，求得平衡条件分别为

$$r_x = \frac{R_2}{R_3}R_0 \qquad (28\text{-}9)$$

$$C_x = \frac{R_3}{R_2}C_0 \qquad (28\text{-}10)$$

图 28-3　电容电桥测量原理图

由此可见，根据电桥平衡时的 C_0、R_0、R_2 和 R_3 可测得待测电容 C_x 及其损耗 r_x，进而根据式(28-7)还可以求得电容器的损耗因数 D.

如果要测较大损耗的电容器，可用电阻与电容并联的电桥. 测绝缘材料或电瓷在高压下的介质损耗，可用西林电容电桥，对这两种电桥同学们可查阅资料学习，这里不再讨论.

3. 电感电桥

电感电桥是用来测量电感的, 电感电桥有多种线路，通常可以采用标准电容、标准电感作为与被测电感相比较的标准元件. 从前面的分析可知，根据实际的需要，当采用标准电感作为标准元件时，这时标准电感一定要安置在与被测电感相邻的桥臂中. 一般实际的电感线圈都不是纯电感，可看作是理想电感 L 和一只损耗电阻 r_L 串联而成的，如图 28-4 所示的电感电桥电路中的虚线框内就是其等效电路，图中 L_x 是待测电感，r_x 是它的损耗电阻，在这种电桥线路中，它的四臂阻抗分别为

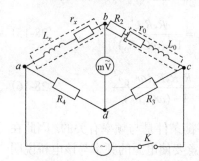

图 28-4　电感电桥测量原理图

$$Z_1 = r_x + \mathrm{j}\omega L_x , \quad Z_2 = (R_2 + r_0) + \mathrm{j}\omega L_0 , \quad Z_3 = R_3 , \quad Z_4 = R_4$$

将以上关系式代入式(28-3)得到

$$(r_x + \mathrm{j}\omega L_x)R_3 = \left[(R_2 + r_0) + \mathrm{j}\omega L_0\right]R_4 \qquad (28\text{-}11)$$

令等式两边实部和虚部分别相等，得到

$$L_x = \frac{R_4}{R_3}L_0 \qquad (28\text{-}12)$$

$$r_x = \frac{R_4}{R_3}(R_2 + r_0) \tag{28-13}$$

实际电感等效的理想电感感抗 $X_L = \omega L$ 与损耗电阻 r_L 之比称为电感线圈的品质因数 Q，可表示成

$$Q = \frac{\omega L_x}{r_x} \tag{28-14}$$

可见只要根据电桥平衡时的 L_0、r_0、R_2、R_3 和 R_4 即可求得待测电感 L_x 及其损耗 r_x，这种电桥适于测量低品质因数的电感器，测量时应选择 L_0 和 R_2 为可调参量.

4. 海氏电感电桥

海氏电桥的原理图如图 28-5 所示，该电桥是一种测量高 Q 值的电感电桥. 电桥平衡时，根据平衡条件可得

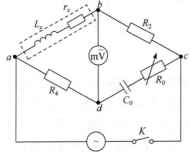

图 28-5　海氏电桥原理图

$$(r_x + \mathrm{j}\omega L_x)\left(R_0 + \frac{1}{\mathrm{j}\omega C_0}\right) = R_2 R_4$$

令等式两边实部和虚部分别相等，得到

$$L_x = \frac{R_2 R_4 C_0}{1 + (\omega C_0 R_0)^2} \tag{28-15}$$

$$r_x = \frac{R_0 R_2 R_4 (\omega C_0)^2}{1 + (\omega C_0 R_0)^2} \tag{28-16}$$

由式(28-15)和式(28-16)可知，海氏电桥的平衡条件是与频率有关的. 因此在应用成品电桥时，若改用外接电源供电，必须注意要使电源的频率与该电桥说明书上规定的电源频率相符，而且电源波形必须是正弦波，否则，谐波频率就会影响测量的精度.

海氏电桥测量时，其品质因数 Q 值为

$$Q = \frac{\omega L_x}{r_x} = \frac{1}{\omega C_0 R_0} \tag{28-17}$$

由式(28-17)可知，被测电感 Q 值越小，则要求标准电容 C_0 的值越大，但一般标准电容的容量都不能做得太大，此外，若被测电感的 Q 值过小，则海氏电桥的标准电容的桥臂中所串的 R_0 也必须很大，但当电桥中某个桥臂阻抗数值过大

时,将会影响电桥的灵敏度,可见海氏电桥电路是宜于测 Q 值较大的电感参数的,而在测量 $Q < 10$ 的电感元件的参数时, 则需用麦克斯韦电桥(利用标准电容的条件下).

麦克斯韦电桥与海氏电桥所不同的是, 标准电容的桥臂中的 C_0 和可变电阻 R_0 是并联的. 值得一提的是, 麦克斯韦电桥的平衡条件是与频率无关的. 详细情况请同学们查阅资料学习.

5. 交流电桥测量中的几个问题

(1)由前面的分析可以看出,有些交流电桥测量时与电源的频率无关,但实践证明, 电桥工作在 1000Hz 频率下时, 灵敏度最高, 产生的测量误差也最小, 因此, 一般的交流电桥电源选取 1000Hz 的正弦交流电.

(2)由于交流电桥的平衡需要同时满足两个条件,因此各臂的参量中至少要有两个是可以调节的, 只有这两个被调节的参量达到平衡时的数值, 指零仪才指零, 然而实际调节时总是先固定一个参量, 使指零仪中的电流达到某一小值, 然后, 固定这个参量的数值, 调节另一个, 使指零仪中的电流达到更小的值, 为了将电桥调得完全平衡, 必须反复调节这两个参量, 逐次逼近平衡.

【仪器用具】

DH4518 型交流电桥实验仪、QS18A 型万能电桥等.

【实验内容】

将信号发生器输出电压调为 1~3V, 输出频率为 1000Hz. 交流毫伏表(指零仪)使用过程中, 应根据具体情况调节量程(或灵敏度), 使得指针偏转角度不要太小, 也不应超过满量程.

(1)按照图 28-3 电容电桥连接电路, 测量待测电容器的电容量及其损耗电阻. 改变电源频率为 100Hz, 重复测量.

(2)按照图 28-4 电感电桥连接电路, 测量待测电感的电感量及其损耗电阻, 并计算品质因数. 改变电源频率为 100Hz, 重复测量.

(3)用 QS18A 箱式万能电桥或数字电桥, 测量上述电容和电感.

【实验数据及处理】

(1)将测量数据填入自拟表格, 计算所测电容器的电容量及其损耗电阻, 并计算损耗因数, 结合两次测量结果给出结论.

(2)将测量数据填入自拟表格, 计算所测电感的电感量及其损耗电阻, 并计算品质因数, 结合两次测量结果给出结论.

(3)将用 QS18A 箱式万能电桥或数字电桥测量电容量和电感量的数据填入自拟表格, 并与前面的测量结果进行比较.

【思考讨论】

(1)交流电桥和直流电桥有何区别?

(2)测量电感的电桥中, 电阻和电容构成串联形式和构成并联形式, 哪一种形式的电桥适合测量 Q 值高的电感? 哪一种形式的电桥适合测量 Q 值低的电感?

(3)若将交流电桥的电源和指零仪互换位置, 是否仍然能够调到平衡?

(4)试将图 28-5 改为麦克斯韦电桥, 推导平衡条件关系式.

【探索创新】

(1)空间杂散信号对指零仪的干扰简介.

在交流电桥的调节中, 很难出现指零仪完全指零的情况, 即使电桥确已达到平衡, 指零仪仍不指零, 这说明仍有微小电流流过它, 这是由于空间中存在的杂散交流信号进入了指零仪, 如无线电信号、电机干扰、人体上带的交流信号, 特别是市电 50Hz 交流电的影响更为显著. 所以在交流电桥的调节中只能要求调节指零仪示数到不能再小的程度就认为电桥平衡了. 这显然使电桥的不平衡和外界对指零仪的干扰混淆不清, 考虑实验操作过程中应如何设法消除或削弱外界的干扰?

交流电路中的导体存在着分布电容及电感是不争的事实. 设计实验方案验证这一现象, 并分析之.

(2)选择合适的电桥测量耳机的电感.

(3)电桥调节平衡后, 验证和分析人体、金属体与导线之间存在的分布电容.

(4)电桥调节平衡后, 验证和分析导线中存在电感.

【拓展迁移】

[1] 赵欢, 董巧燕, 闫海涛, 等. 交流电桥测量精度和灵敏度的分析研究[J]. 大学物理实验, 2018, 31(6): 51-55.

[2] 盛妍. 交流电桥的调节技巧[J]. 大学物理实验, 2011, 24(6): 29-30.

[3] 武丽艳, 郑文君, 高建峰, 等. 交流频率对交流电桥法测定电解质溶液电导率的影响[J]. 实验技术与管理, 2006, 23(12): 36-39.

[4] 田源, 梁霄, 铁位金. 交流电桥法测相对位移和转动角度[J]. 大学物理实

验，2013，26(2)：36-38.

[5] 杜全忠. 交流电桥实验的开发与应用研究[J]. 大学物理实验，2016，29(6)：50-55.

实验 29　电致伸缩系数的测定

【背景、应用及发展前沿】

　　电致伸缩材料因其出色的物理、化学和机械性能在机器人、人工肌肉、自动调焦等领域有广泛的潜在应用. 这类材料能够在通电的条件下产生形变, 其应变量与电场强度的二次项成正比, 并将电能转化为机械能, 从而实现能量的转换. 电致伸缩材料在电刺激下产生形变的方式多样, 主要有以下几类: ①通过正负离子的移动来产生形变; ②通过材料本身的电偶和效应的改变实现应变; ③凭借分子内作用力的变化或化学键的变化而变化. 电致伸缩材料具有良好的光学、力学和机械等性能, 与此同时它还对电、机、热、声、光具有很高的敏感性, 因此在诸多电力转换领域有潜在的用途. 但是, 目前电致伸缩材料仍存在弹性系数低、介电常数小、使用寿命短、易失效、材料易被击穿等问题, 因此极大地限制了该类材料的广泛应用.

　　经过广大科学研究者的共同努力, 已取得了显著的成果. 通过增加介电常数、减小弹性模量、复合材料等多种手段, 使电致伸缩材料的性能得到了显著的提高, 应用非常广泛, 从家用电器到火箭制导多方面均有涉及.

　　迈克耳孙干涉仪是一种用分振幅方法产生双光束, 以实现干涉的仪器, 它在近代物理和计量技术中有着广泛的应用. YJ-MDZ-Ⅱ压电陶瓷电致伸缩实验仪利用了迈克耳孙干涉仪的原理, 测定压电陶瓷的电致伸缩系数.

【实验目的】

　　(1) 了解迈克耳孙干涉仪的工作原理, 掌握其调整方法.
　　(2) 观察等倾干涉、等厚干涉和非定域干涉现象.
　　(3) 利用电致伸缩实验仪观察研究压电陶瓷的电致伸缩现象, 测定压电陶瓷的电致伸缩系数.

【实验原理】

　　1. 压电效应

　　1880 年, 居里兄弟在研究热电现象和晶体对称性的时候, 发现在石英单晶切片的电轴方向施加机械应力时, 可以观测到在垂直于电轴的两个表面上出现大小相等、符号相反的电荷. 1881 年，居里兄弟又发现了前者的逆效应，即在上述晶体相对表面施以外加电场时，在该晶体垂直于电场的方向上产生应变的应力. 通常把上述的现象称为压电效应，前者称为正压电效应，后者则称为逆压电效应.

具有压电效应的物体称为压电体，现已发现具有压电特性的多种物体，其中有单晶、多晶(多晶陶瓷)及某些非晶固体. 本实验选用的待测样品是一种圆管形的压电陶瓷，它由锆酸铅(PbZrO₃)制成，圆管的内外表面镀银，作为电极，接上引出导线，就可对其施外加电压，实验表明，当在它的外表面加上电压(内表面接地)时，圆管伸长，反之，加负电压时，它就缩短.

设用 E 表示圆管内外表面加上电压后，在内外表面间形成的径向电场的电场强度，用 ε 表示圆管轴向的应变，表示压电陶瓷在准线性区域内的电致伸缩系数，于是

$$\varepsilon = \alpha E$$

若压电陶瓷的长度为 L，加在压电陶瓷内外表面的电压为 U，加电压后，长度的增量为 ΔL，圆管的壁厚为 δ (均以 nm 为单位)，则由上式可得

$$\frac{\Delta L}{L} = \alpha \frac{U}{\delta}$$

所以

$$\alpha = \frac{\Delta L \delta}{LU} \tag{29-1}$$

在电致伸缩系数的表达式中，δ 和 L 可以用游标卡尺直接测量，电压 U 可由数字电压表读出，由于所加的电压变化时，长度 L 的变化量 ΔL 很小，无法用常规的长度测量方法解决，所以必须采用光干涉测量的方法，即由电致伸缩实验仪的原理光路进行测量.

2. 原理光路

如图 29-1 所示，从光源 S 发出的一束光经分光板 G_1 的半反半透分成两束光强近似相等的光束 1 和 2，由于 G_1 与反射镜 M_1 和 M_2 均成 45°角，所以反射光 1 近于垂直地入射到 M_1 后经反射沿原路返回，然后透过 G_1 而到达 E，透射光 2 在透射过补偿板 G_2 后近于垂直地入射到 M_2 上，经反射也沿原路返回，在分光板后表面反射后到达 E 处，与光束 1 相遇而产生干涉，由于 G_2 的补偿作用，使得两束光在玻璃中走的光程相等，

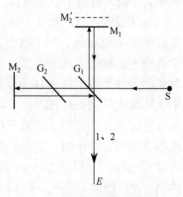

图 29-1 实验仪的原理光路图

因此计算两束光的光程差时，只需考虑两束光在空气中的几何路程的差别.

从观察位置 E 处向分光板 G_1 看去，除直接看到 M_1 外还可以看到 M_2 被分光板反射的像，在 E 处看来好像是 M_1 和 M_2' 反射来的，因此干涉仪所产生的干涉条纹和由平面 M_1 与 M_2' 之间的空气薄膜所产生的干涉条纹是完全一样的，这里 M_2' 仅是 M_2 的像，M_1 与 M_2' 之间所夹的空气层形状可以任意调节，如使 M_1 与 M_2' 平行(夹层为空气平板)、不平行(夹层为空气劈尖)、相交(夹层为对顶劈尖)，甚至完全重合，这为讨论干涉现象提供了极大的方便，这也是该实验仪的优点之一，其另一优点是迈克耳孙干涉仪光路中把两束相干光相互分离得很远，这样就可以在任一支光路里放进被研究的东西，通过干涉图像的变化可以研究物质的某些物理特性，如气体折射率等，也可以测透明薄板的厚度.

3. 等倾干涉花样的形成

调节 M_1 与 M_2 垂直，则 M_1 与 M_2' 平行，设 M_1 与 M_2' 相距为 d，如图 29-2 所

图 29-2　等倾干涉

示. 当入射光以 i 角入射，经 M_1、M_2' 反射后成为互相平行的两束光 1 和 2，它们的光程差为

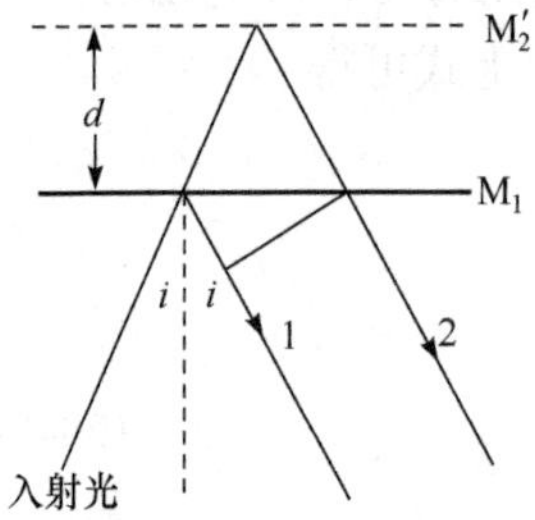

$$\Delta L = 2d\cos i \qquad (29\text{-}2)$$

上式表明，当 M_1 与 M_2' 间的距离 d 一定时，所有倾角相同的光束具有相同的光程差，它们将在无限远处形成干涉条纹，若用透镜会聚光束，则干涉条纹将形成在透镜的焦平面上，这种干涉条纹为等倾干涉条纹，其形状为明暗相间的同心圆，其中第 k 级亮条纹形成的条件为

$$2d\cos i = k\lambda \qquad (k = 1,2,3,\cdots) \qquad (29\text{-}3)$$

式中，λ 是入射的单色光波长.

从式(29-3)知，若 d 一定，则 i 角越小，$\cos i$ 越大，光程差 ΔL 也越大，干涉条纹级次 k 也越高，但 i 越小，形成的干涉圆环直径越小，同心圆的圆心是平行于透镜主光轴的光线的会聚，对应的入射角 $i = 0$，此时两相干光束光程差最大，对应的干涉条纹的级次(k 值)最高，从圆心向外的干涉圆环的级次逐渐降低，与牛顿环级次排列正好相反.

再讨论 d 变化时干涉圆环的变化情况，移动 M_1 位置使 M_1 和 M_2' 之间的距离减小，即当 d 变小时，如果我们看到干涉图像中某一级条纹 k_1，则 $2d\cos i_1 = k_1\lambda$，当 d 变小时，为保持 $2d\cos i_1$ 为一常数，使条纹的级次不变，则 $\cos i$ 必须增大，i 必须减小，随着 i 减小，干涉圆环的直径同步减小，当 i 小到接近 0 时，干涉圆环直径趋近于 0，从而逐渐"缩"进圆中心处，同时整体条纹变粗、变稀，反之，当 d 增大时，会看到干涉圆环自中心处不断"冒"出，并向外扩张，条纹整体变细、

变密.

"冒"出或"缩"进一个干涉圆环,相应的光程差改变了一个波长,也就是 M_1 和 M_2' 之间的距离变化了半个波长,若观察到视场中有 N 个干涉条纹的变化("冒"出或"缩"进),则 M_1 和 M_2' 之间的距离变化了 Δd,显然有

$$\Delta d = N\frac{\lambda}{2} \tag{29-4}$$

由式(29-4)可知,若入射光的波长 λ 已知,而且数出干涉环"缩"或"冒"的个数 N,就能算出动镜移动的距离,这就是使用干涉现象在迈克耳孙干涉仪上精确测量长度的原理,这里是以光波为尺度来测量长度变化的,其测量精度之高可想而知,反之,若能测移动距离(可从实验仪上直接读出),数出干涉环变化数,就能间接测定单色光波长(测量波长的方法之一),在实际观察干涉条纹时,并不一定要用凸透镜会聚,直接用眼就能看到干涉条纹(为什么?).

【仪器用具】

YJ-MDZ-II 电致伸缩实验仪.

【实验内容】

1. 调整压电陶瓷电致伸缩实验仪

(1)打开电源开关点燃半导体激光器,使光源有较强且均匀的光入射到分光板上.

(2)调节千分尺,移动动镜 M_1,使 M_1 到分光板的距离 M_1G_1 与动镜 M_2 距 G_1 的距离 M_2G_1 接近相等.

(3)使激光束大致垂直于 M_2,移开扩束镜,可看到两排激光光点,每排都有几个光点,调节 M_2 背面的三个螺丝,使两排中两个最亮的光点重合,如果经调节两排中两个最亮的光点难以重合,可略调一下镜背面的螺丝,直至其完全重合为止,这时 M_1 与 M_2 处于相互垂直状态,M_1 与 M_2' 相互平行,安放好扩束镜,至此实验仪原理光路的光路系统调整完毕.

2. 观察激光的非定域干涉现象

(1)观察屏上的弧形条纹,改变 M_1 和 M_2' 之间的距离,根据条纹的形状、粗细和密度判断 d 变大还是变小,并记录条纹的变化情况.

(2)调节 M_2 的两个微动螺丝,使 M_1 和 M_2' 严格平行,观察屏上出现的圆形条纹.

3. 观察等倾干涉条纹

(1)观察屏上出现的圆形条纹.

(2)仔细调节 M$_2$ 的两个微动螺丝,使干涉条纹变粗,曲率半径变大,旋动千分尺,观察干涉环的"冒""缩"现象,记录等倾干涉图像的特点.

4. 测量激光的波长

选定非定域干涉中某一清晰的区域进行测定,干涉条纹的调节参考以前所述.

(1)调节读数装置的零点,将千分尺沿某一方向(如顺时针方向)旋转至零,然后以同方向转动千分尺,以后测量时转动千分尺仍以同一方向移动 M$_1$ 镜,记下 M$_1$ 镜的初始位置.

(2)在屏上选定某一点作为参考点,每经过该点 50 条干涉条纹记一次 M$_1$ 镜的位置(也可按每"冒"出或"缩"进 50 个干涉环记一次 M$_1$ 镜的位置),沿同方向转动千分尺手轮,连续记录 M$_1$ 的位置 7 次(在此过程中,千分尺手轮的转向不变),记录千分尺的读数 Δx_i(注意:调节千分尺移动 x,可使反光镜 M$_1$ 沿反光镜垂直方向移动 $x/20$),由公式 $\lambda = 2\Delta d / \Delta N$,用逐差法计算激光光源的波长(激光波长参考值:650nm).

5. 测定压电陶瓷的电致伸缩系数

安装好实验仪专用电源,连接压电陶瓷电压输入与实验仪专用电源输出电缆线,调节电源输出,观测压电陶瓷的电致伸缩效应,作出压电陶瓷的 n-U 曲线,测量时,要求加压电陶瓷的电压由 0V 慢慢增加到约 600V,再逐步降低到 0V,同时记录每当中心涨出(或缩进)一环的电压值,最后,根据实验数据,作出 n-U 曲线,根据式(29-1)用线性回归法求准线性区域的电致伸缩系数(注意:式(29-1)中 δ、L 不易测量,仪器提供参考值为 $\delta = 1.388 \times 10^{-3}$m;$L = 1.4 \times 10^{-2}$m).

【实验数据及处理】

(1)将测量数据填入自拟表格.

(2)用逐差法计算出待测光的波长,正确表达出测量结果(可根据公式 $\lambda = 2\Delta d / \Delta N$ 计算).

(3)在同一图中作 n-U 曲线(两条曲线:升压过程和降压过程),建议运用你熟悉的计算机作图软件画出 n-U 曲线. 用线性回归法求准线性区域的电致伸缩系数,可以运用你熟悉的计算机作图软件直接处理,也可以人工计算,求出电致伸缩系数及不确定度.

【思考讨论】

(1)什么是压电效应? 电致伸缩与逆压效应有何异同?

(2)什么是电滞现象?

【探索创新】

压电陶瓷:压电晶体中的压电陶瓷是各向同性多晶体, 自 1954 年发现锆钛酸铅(PZT)以来, 由于克服了压电性弱和压电性随温度变化大的缺点, 应用非常广泛, 从家用电器到火箭制导多方面均有涉及, 现举例说明.

压电陶瓷点火器:PZT 材料在常温下, 晶胞发生离子位移极化, 正负电荷质心不重合, 内部出现许多自发极化的小区域, 称为电畴. 不同电畴的极化方向不同, 总极化强度为零. 但在强外电场的作用下, 电畴极化方向沿电场方向排列, 当外电场去掉后, 大多数电畴仍沿原外电场方向排列, 总极化强度不为零. 对极化后的压电陶瓷, 沿极化方向施加压力, 使内部正负电荷质心不重合程度加大, 极化强度加大. 因压力而产生的极化电荷面密度与压力成正比, 当冲击力很大时, 可在压电陶瓷元件两侧面输出很高的电压. 若把压电元件连接在闭合回路中, 并留一适当间隙, 当电压足够高时, 可引起间隙火花放电, 若有可燃气体通过即可点燃. 点火器可用于日常生活、工业生产以及军事等各方面, 种类繁多, 家用煤气灶点火器就是其中一种.

压电陀螺:力学中已经讲过回转仪(又称陀螺仪)可作为自动定向装置, 若回转体角动量 L 很大, 有一与 L 垂直但不是很大的力矩 M 作用于回转体, 则回转体绕与 L、M 垂直的第三轴进动. 利用 L 很大, 使回转体绕定轴进动, 从而起定向作用. 压电陀螺是根据科里奥利力原理设计的, 利用压电效应在某一方向产生直线振动, 其线动量为 P, 用 P 代替普通陀螺的角动量 L 起定向作用. 若干扰角速度 ω 的方向与 P 垂直, 则在 ω、P 的垂直方向产生科里奥利力, 用压电换能器将此信息读出, 控制导弹正确飞行方向. 这种定向装置现已用于导弹制导系统中.

逆电压效应:压电体放入两电极之间产生机械形变, 如晶体喇叭、耳机.

查阅资料, 了解更多的应用.

【拓展迁移】

[1] 张涵琦. 电致伸缩材料的研究进展[J]. 行业动态, 2018, (12): 4-5.

[2] 甄佳奇, 仲维丹, 布音嘎日迪, 等. 用激光干涉法测量电致伸缩系数[J]. 物理实验, 2017, 29(6): 4-7.

[3] 刘爱华. 正弦调制多光束激光外差测量压电材料电致伸缩系数[J]. 发光学报, 2017, 38(12): 1661-1667.

[4] 魏海娥，蒋泉，周志东. 电致伸缩材料非线性力学计算中的几个问题[J]. 南通大学学报（自然科学版），2011，10（3）：46-52.

【主要仪器介绍】

YJ-MDZ-Ⅱ电致伸缩实验仪的结构如图 29-3 所示. 它由机械台面、半导体激光器、千分尺、杠杆放大装置等组成.

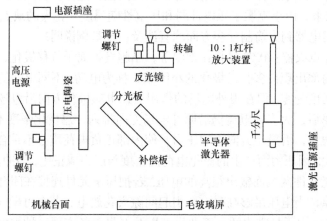

图 29-3　YJ-MDZ-Ⅱ电致伸缩实验仪结构示意图

一个机械台面固定在底座上，底座上有 4 个调节螺钉，用来调节台面的水平，在台面上装有半导体激光器、分光板 G_1（内表面为半反射面）、补偿板 G_2、反光镜 M_1、反光镜 M_2、毛玻璃屏、千分尺、10∶1 杠杆放大装置，台面下装有激光电源插座. 调节千分尺 x(mm) 可使反光镜 M_1 沿反光镜垂直方向移动 $x/20$(mm). 反射镜 M_1、M_2 可沿导轨移动，M_1、M_2 两镜的背面各有三个螺钉，可调节镜面的倾斜度.

注意事项：

（1）电致伸缩实验仪是精密光学仪器，使用前必须先弄清楚使用方法，然后再动手调节.

（2）各镜面必须保持清洁，严禁用手触摸.

（3）千分尺手轮有较大的反向空程，为得到正确的测量结果，避免转动千分尺手轮时引起空程，使用时应始终向同一方向旋转，如果需要反向测量，应重新调整零点.

（4）注意压电陶瓷的电致伸缩现象与磁滞回线相似，也有迟滞现象，测量中，要缓慢地增加电压，等到条纹稳定后再读数，电压逐渐减小时，再读一次数.

实验 30　铁磁物质动态磁滞回线的测试

【背景、应用及发展前沿】

铁磁材料在电机、电器和仪器制造等工业部门中应用十分广泛，从常用的永久磁铁、变压器铁芯到录音、录像、计算机存储用的磁带、磁盘等都采用铁磁性材料. 熟悉和掌握这类材料的磁特性，对于这些部门产品的设计和生产制造具有非常重要的意义. 由于磁化曲线和磁滞回线能够较完整地描绘这类材料的磁特性，所以常常通过测定这类材料的磁化曲线和磁滞回线了解其特性. 根据磁滞回线的不同，可将铁磁材料分为硬磁和软磁两大类，其根本区别在于矫顽磁力 H_c 的大小不同. 硬磁材料的磁滞回线宽，剩磁和矫顽磁力大(大于 $10^2 A/m$)，因而磁化后，其磁感应强度可长久保持，适宜做永久磁铁. 软磁材料的磁滞回线窄，矫顽磁力 H_c 一般小于 $10^2 A/m$，但其磁导率和饱和磁感应强度大，容易磁化和去磁，故广泛用于电机、电器和仪表制造等工业部门.

测量铁磁材料磁滞回线的方法很多，传统方法采用冲击(机械积分)法测量；示波器动态测绘的原理与冲击法基本相同，只是用电子积分取代了机械积分，使得测量系统易于操作，经过定标直接绘制磁滞回线，实现了计算机控制测量，用示波器测绘动态磁滞回线具有直观、方便、迅速及能在不同磁化状态下(交变磁化及脉冲磁化等)进行观察和测绘的独特优点. 本实验通过示波器来观测不同磁性材料的磁滞回线和基本磁化曲线，以加深对材料磁特性的认识.

【实验目的】

(1)认识铁磁物质的磁化规律，比较两种典型铁磁材料的动态磁化特性.

(2)掌握铁磁材料磁滞回线的概念,学会用示波器测绘动态磁滞回线的原理和方法.

(3)测定样品的基本磁化曲线，作 $\mu\text{-}H$ 曲线.

(4)测定样品的矫顽力 H_c、剩磁 B_r、磁场强度 H_S 和磁感应强度 B_S 等参数，描绘样品的磁滞回线，估算其磁滞损耗.

【实验原理】

铁磁材料在交变磁场中反复磁化时，它的磁化状态沿磁滞回线变化. 由于回线上的每一点都对应磁性材料的非平衡磁化状态，故交变磁滞回线是一种动态磁滞回线. 铁磁材料在交变磁场中反复磁化时,还存在磁滞损耗和涡流损耗. 这些损耗不仅与铁磁材料本身的物理性质和所用样品的几何尺寸有关,还与磁化场的幅度和频率有关. 可以证明:铁磁材料的磁滞回线所围成的面积,等于该材料在特定磁化条件下一个磁化循环过程中单位体积内的总的损耗(包括磁滞损耗和涡流损耗). 因此,迅速而准确地测定铁磁材料的动态磁滞回线、磁滞损耗、矫顽力和剩磁,对于检测材料的交流性能具有十分重要的意义.

　　1. 起始磁化曲线、基本磁化曲线和磁滞回线

　　铁磁材料(如铁、镍、钴和其他的铁磁合金)具有独特的磁化性质,其特性之一是在外磁场中强烈磁化,故磁导率$\mu = B/H$很高. 取一块未磁化的铁磁材料,以外面密绕线圈的钢圆环样品为例. 如果流过线圈的磁化电流从零逐渐增大,则钢圆环中的磁感应强度B随励磁场强度H的变化,如图30-1中Oa段所示. 这条曲线称为起始磁化曲线. 继续增大磁化电流,即增大磁场强度H时,B上升很缓慢. 如果H逐渐减小,则B也相应减小,但并不沿aO段下降,而是沿另一条曲线ab下降. B随H变化的全过程如下.

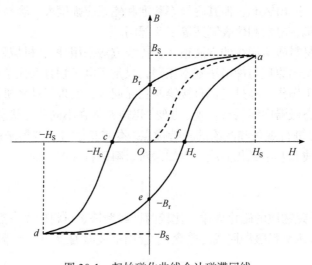

图30-1　起始磁化曲线会让磁滞回线

　　当H按$O \rightarrow H_S \rightarrow O \rightarrow -H_c \rightarrow -H_S \rightarrow O \rightarrow H_c \rightarrow H_S$的顺序变化时,$B$相应地沿$O \rightarrow B_S \rightarrow B_r \rightarrow O \rightarrow -B_S \rightarrow -B_r \rightarrow O \rightarrow B_S$的顺序变化. 将上述的变化过程的各点连接起来,就得到一条封闭曲线$abcdefa$,这条曲线称为磁滞回线. 从图中可以看出:

　　(1)当$H = 0$时,B不为零,铁磁材料还保留一定值的磁感应强度B_r. 通常称B_r为铁磁材料的剩磁.

　　(2)要消除剩磁B_r,使B降为零,必须加一个反向的磁场H_c. 这个反向的磁

场 H_c 称为该铁磁材料的矫顽磁力.

(3)H 上升到某一个值和下降到同一数值时，铁磁材料内的 B 值并不相同，即磁化过程与铁磁材料过去的磁化经历有关.

对于同一铁磁材料，若开始不带磁性，依次选取磁化电流 I_1, I_2, …, I_m（$I_1 < I_2 < … < I_S$），则相应的磁场强度为 H_1, H_2, …, H_S. 在每一个选定的磁场值下，使其方向发生两次变化. 可以看出，铁磁材料的 B 和 H 不是直线，即铁磁材料的磁导率 $\mu = B/H$ 不是常数. 由于铁磁材料磁化过程的不可逆性及具有剩磁的特点，在测定磁化曲线和磁滞回线时，首先必须将铁磁材料预先退磁，以保证外加磁场 $H = 0$ 时，$B = 0$；其次磁化电流在实验过程中只允许单调增加或减小，不可时增时减.

2. 用示波器显示动态磁滞回线

如图 30-2 所示，如果在 X 偏转板输入正比于样品的励磁场 H 的电压，同时又在 Y 偏转板输入正比于样品中磁感应 B 的电压，结果在屏上得到样品的 B-H 曲线.

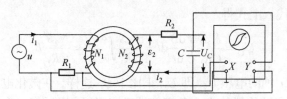

图 30-2　用示波器观测磁滞回线的电路图

如果电阻 R_1（要求 R_1 比线圈 N_1 的阻抗小得多，通常为几欧姆）上的电压降 $U_x = i_1 R_1$ 加在 X 偏转板上，因为 $i_1 = \dfrac{HL}{N_1}$（N_1 为原线圈的匝数，L 为待测样品的平均周长），所以

$$U_x = \frac{LR_1}{N_1} H \tag{30-1}$$

它表明：在交变磁场中，任意时刻将电压 U_x 接到 X 轴输入端，则电子束的水平偏转正比于励磁场强度 H.

为了获得与样品中磁感应强度瞬时值 B 成正比的电压 U_y，我们采用电阻 R_2 和电容 C 组成的积分电路，并将电容器 C 两端的电压 U_C 接到 Y 轴输入端. 交变磁场在样品中产生的交变磁感应强度 B，在副线圈 N_2 内产生感应电动势，其大小为

$$\varepsilon_2 = \frac{\mathrm{d}\Phi}{\mathrm{d}t} = N_2 S \frac{\mathrm{d}B}{\mathrm{d}t} \tag{30-2}$$

式中，N_2 为副线圈的匝数，S 为待测样品的面积.

对于副线圈回路有

$$\varepsilon_2 = i_2 R_2 + L' \frac{\mathrm{d}i_2}{\mathrm{d}t} + U_C$$

式中，ε_2 为副线圈的感应电动势，L' 为副线圈的自感系数.

当积分电路的时间常数 R_2C 比 $1/2\pi f$(其中 f 为交流电频率)大 100 倍以上时，上式中右边第二、三项可以忽略，上式变为

$$\varepsilon_2 = i_2 R_2 \tag{30-3}$$

在满足上述条件的情况下，U_C 的振幅很小，如果直接加在 Y 偏转板上，得不到大小适合的磁滞回线. 为此，需要将 U_C 经过 Y 轴放大器衰减后再输给 Y 偏转板. 考虑到式(30-3)的结果，C 两端的电压为

$$U_C = \frac{Q}{C} = \frac{1}{C}\int i_2 \mathrm{d}t = \frac{1}{CR_2}\int \varepsilon_2 \mathrm{d}t$$

它表明输出电压 U_C 是输入电压对时间的积分. 这就是"积分电路"名称的由来.

将式(30-2)代入上式得

$$U_C = \frac{N_2 S}{CR_2}\int \frac{\mathrm{d}B}{\mathrm{d}t}\mathrm{d}t = \frac{N_2 S}{CR_2}\int_0^B \mathrm{d}B = \frac{N_2 S}{CR_2}B \tag{30-4}$$

上式表明，输给 Y 轴的电压 U_C(即 U_y)正比于 B. 这样，在磁化电流变化的一个周期内，电子束的径迹将描绘出一条完整的磁滞回线. 以后每一个周期都重复此过程. 由于电源频率为 50Hz，结果在荧光屏上看到一条连续的磁滞回线. 利用磁滞回线测试仪，按式(30-1)和式(30-4)给出的结果，测量一系列实验数据，如矫顽力 H_c、剩磁 B_r、磁场强度 H_S、磁感应强度 B_S、磁滞损耗和磁导率 μ 等参数，就可以在坐标纸上描绘出磁化曲线和磁滞回线.

【仪器用具】

磁滞回线实验仪、示波器、智能磁滞回线测试仪等.

【实验内容】

1. 电路连接，对样品进行退磁

电路连接：选样品 1 按实验仪上所给的电路图连接线路，并令 $R_1 = 2.5\Omega$，将"U 选择"置于 0 位. $U_H(U_x)$ 和 $U_B(U_C)$ 分别接示波器的"X 输入"和"Y 输入"，插孔为公共端.

样品退磁：开启实验仪电源，对试样进行退磁，即顺时针方向转动"U 选择"旋钮，令 U 从 0 增至 3V. 然后逆时针方向转动旋钮，将 U 从最大值降为 0. 其目

的是消除剩磁. 确保样品处于磁中性状态，即 $B = H = 0$，如图 30-3 所示.

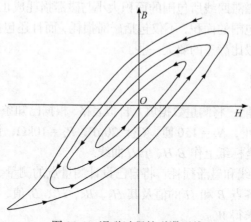

图 30-3　退磁过程的磁滞回线

2. 观测、比较样品 1 和样品 2 的磁化性能

观察磁滞回线：开启示波器电源，令光点位于坐标网格中心，令 $U = 2.2\text{V}$，并分别调节示波器 X 轴和 Y 轴的灵敏度，使显示屏上出现图形大小合适的磁滞回线. 若图形顶部出现编织状的小环，如图 30-4 所示，这时应该检查示波器的通道输入方式(其中 X 通道应该打到交流输入，Y 通道应该打到直流输入，同时适当降低励磁电压 U 予以消除).

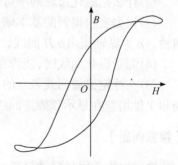

图 30-4　调节不当引起的畸变现象

观测基本磁化曲线：首先对样品进行退磁，然后，从 $U = 0$ 开始，逐挡提高励磁电压，将在显示屏上得到面积由小到大一个套一个的一簇磁滞回线. 记录下这些磁滞回线顶点的连线就是样品的基本磁化曲线. 另外，如果借助长余辉示波器，便可观察到该曲线的轨迹.

3. 测绘 μ-H 曲线

连接电路，开启电源. 首先对样品 1 进行退磁，然后，依次测定 $U = 0.5\text{V}$，1.0V，$\cdots$，3.5V 时的 7 组 U_B、U_H 值.

对样品 2 重复上述测量.

4. 测绘磁滞回线

调节电压 U(如样品 1，$U = 3.0\text{V}$)、电阻 R_1(如样品 1，$R_1 = 2.5\Omega$)，利用测试

仪测定样品 1 和样品 2 的 H 及其对应 B 值.

注意：静态的磁滞回线所包围的面积大小与磁滞损耗成正比，而实验中用交流磁化所得的回线包围的面积，不仅包括磁滞损耗，而且还包括涡流损耗，因此，动态的磁滞回线一般比静态的要大一些.

【实验数据及处理】

(1) 观测磁化性能：将测量数据填入自拟表格. 根据已知条件：$L = 75\text{mm}$，$S = 120\text{mm}^2$，$N_1 = 150$ 匝，$N_2 = 150$ 匝，$C_2 = 20\mu\text{F}$，$R_2 = 10\text{k}\Omega$，计算出相应的 H_S、B_S 和 μ 值，在同一坐标纸上作 $B\text{-}H$、$\mu\text{-}H$ 曲线.

(2) 测绘磁滞回线和磁滞损耗：将自己设计测量点的测量数据填入自拟表格，根据得到(计算)的各点 B 和 H 的值及其 H_S、B_S、H_c、B_r 值，绘制磁滞回线，并估算曲线的面积来求得 W_{BH}.

【思考讨论】

(1) 测定铁磁材料的基本磁化曲线和磁滞回线各有什么实际意义？

(2) 什么是磁化过程的不可逆性？

(3) 根据实验得到的基本磁化曲线($B\text{-}H$ 曲线)，利用 $B = \mu H$ 关系，试以 H 为横轴，μ 为纵轴画出 $\mu\text{-}H$ 曲线，从这条曲线可得出什么结论？

(4) 测量磁化曲线时，能否在样品被磁化后存在剩磁的情况下进行？为什么？

(5) 在标定磁滞回线各点的 B 和 H 值时，为什么一定要严格保持示波器的 X 轴和 Y 轴增益在显示该磁滞回线时的位置上？

【探索创新】

铁磁性物质属强磁性材料，它在电工设备和科学研究中的应用非常广泛，按它们的化学成分和性能的不同，可以分为金属磁性材料和非金属磁性材料(铁氧体)两大族.

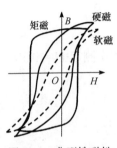

图 30-5　典型铁磁性
物质的磁滞回线

金属磁性材料还可分为硬磁、软磁和压磁材料等. 实验表明，不同铁磁性物质的磁滞回线形状有很大差异. 图 30-5 给出三种不同铁磁材料的磁滞回线，其中软磁材料的面积最小；硬磁材料的矫顽力较大，剩磁也较大；而铁氧体材料的磁滞回线则近似于矩形，故亦称矩磁材料.

软磁材料的特点是相对磁导率 μ_r 和饱和磁感应强度 B_S 一般都比较大，但矫顽力 H_c 比硬磁质小得多，磁滞回线所包围的面积很小，磁滞特性不显著. 软磁材料在磁场中很容易被磁化，而由于它的矫顽力很小，所以也容易去磁. 因此，软磁材料很适宜用于制造电磁铁、变压器、交流电动机、交流发电机等电器中的铁心.

硬磁材料又称永磁材料，它的特点是剩磁 B_r 和矫顽力 H_c 都比较大，磁滞回线所包围的面积也就大，磁滞特性非常显著. 所以把硬磁材料放在外磁场中充磁后，仍能保留较强的磁性，并且这种剩余磁性不易被消除，因此硬磁材料适宜用于制造永磁体. 在各种电表及其他一些电器设备中，常用永磁铁来获得稳定的磁场.

压磁材料具有很强的磁致伸缩性能. 所谓磁致伸缩是指铁磁性物体的形状和体积在磁场变化时也会发生变化，特别是改变物体在磁场方向上的长度. 当交变磁场作用在铁磁性物体上时，它随着磁场的强弱变化伸长或缩短，如钴钢是伸长，而镍则缩短. 不过长度的变化是十分微小的，约为其原长的 1/100000. 磁致伸缩效应的应用是随着超磁致伸缩材料器件的不断开发而得到广泛应用的，迄今为止已有 1000 多种超磁致伸缩材料器件问世，应用面涉及航空航天、国防军工，电子，机械，石油，纺织，农业等诸多领域.

非金属磁性材料铁氧体，是一族化合物的总称，它由三氧化二铁(Fe_2O_3)和其他二价的金属氧化物(如 NiO、ZnO、MnO 等)的粉末混合烧结而成.

铁氧体的特点是不仅具有高磁导率，而且有很高的电阻率. 它的电阻率在 $10^4 \sim 10^{11}\Omega\cdot m$ 之间，有的则高达 $10^{14}\Omega\cdot m$，比金属磁性材料的电阻率(约为 $10^{-7}\Omega\cdot m$)要大得多，所以铁氧体的涡流损失小，常用于高频技术中. 在电子计算机中就是利用矩磁铁氧体的矩形回线特点作为记忆元件的. 利用正向和反向两个稳定状态可代表 "0" 与 "1"，故可作为二进制记忆元件. 此外，电子技术中也广泛利用铁氧体作为天线和电感中的磁心.

实际上铁磁质磁化的规律远比上面描述的要复杂得多. 上述磁滞回线只是外场的幅值足够大时形成的最大磁滞回线. 如果外场在上述循环过程的中途，H 变化方向略有波动，例如在图 30-6 中当介质的磁化状态到达 P 点时，负方向的外场由增加改为减小，这时介质的磁化状态并不沿原路折回，而是沿着一条新的曲线 PQ 移动. 当介质的磁化状态到达 Q 点后，若外场的变化方向又改变，介质的磁化状态也不沿原来路径返回 P 点，而是在 PQ 之间形成一个小的磁滞回线. 如果外场的数值在这小范围内往复变化(即在一定的直流偏场上叠加一个小的交流信号)，介质的磁化状态便沿着这小磁滞回线循环. 类似这样的小磁滞回线，到处都可以产生.

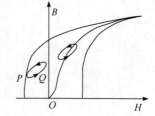

图 30-6　H 变化方向波动
引起磁化状态变化图

当我们研究一个磁性材料的起始磁化特性时，需要首先使之去磁，亦即令其磁化状态回到 $B\text{-}H$ 图中的原点 O. 为此我们必须使外场在正负值之间反复变化，同时使它的幅值逐渐减小，最后到原点 O. 这样才能使介质的磁化状态沿着一次比一次小的磁滞回线，最后回复到未磁化状态 O 点. 实际的做法是: 将样品放在交流磁场中，然后抽出即可.

　　铁磁质的磁化和温度有关. 随着温度的升高，它的磁化能力逐渐减小，当温度升高到某一温度时，铁磁性就完全消失，铁磁质退化成顺磁质，这个温度叫做居里温度或居里点. 这是因为铁磁质中自发磁化区域因剧烈的分子热运动而遭破坏，磁畴也就瓦解了，铁磁质的铁磁性消失，过渡到顺磁质，从实验知道，铁的居里温度是 1043K，78%坡莫合金的居里温度是 580K，30%坡莫合金的居里温度是 343K.

【拓展迁移】

　　[1] 章国荣，汪金芝，胡国琦，等. 磁性材料基本特性的研究——磁化曲线的实验[J]. 浙江工商职业技术学院学报，2012，(4)：93-96.

　　[2] 张俊武，王红理，黄丽清. 铁磁材料交流磁化曲线及磁滞回线的观测[J]. 物理实验，2017，37(8)：17-21.

　　[3] 刘少杰，于健，王旭东. 测量铁磁材料的交流磁化曲线及磁性参量[J]. 物理实验，2005，25(1)：39-40.

　　[4] 陈文涛，张国友，张安明. 不同制式的消磁电流对铁磁物质磁化作用的分析[J]. 四川兵工学报，2010，31(12)：139-142.

实验 31　磁　阻　效　应

【背景、应用及发展前沿】

磁阻效应是指某些金属或半导体的电阻值随外加磁场的变化而变化的现象. 磁阻效应是 1857 年由英国物理学家威廉·汤姆孙发现的, 应用也较早, 但是其研究范围、应用领域直到当代才有了很大的发展. 磁场引起的电阻相对改变量, 从一般磁阻效应开始, 经历巨磁阻(GMR)、庞磁阻(CMR)、穿隧磁阻(TMR)、直冲磁阻(BMR)和异常磁阻(EMR)几个阶段, 得到了很大提高, 且逐步实现了小型化、微型化和超小型化, 最小的器件直径只有几个原子大小, 从而大大扩展了它的应用领域. 目前, 磁阻效应广泛应用于磁传感、磁力计、电子罗盘、位置和角度传感器、车辆探测、GPS 导航、仪器仪表、磁存储(磁卡、硬盘)等领域. 磁阻器件由于灵敏度高、抗干扰能力强等优点, 在工业、交通、仪器仪表、医疗器械、探矿等领域得到了广泛应用, 如数字式罗盘、交通车辆检测、导航系统、伪钞鉴别、位置测量等. 磁阻传感器的种类和型号相当多, 各有特殊的用途. 锑化铟(InSb)传感器价格低廉, 灵敏度高, 在旋阀等场合常常使用.

【实验目的】

(1)测量电磁铁的磁感应强度与励磁电流的关系和电磁铁磁场分布.

(2)测量锑化铟(InSb)传感器的电阻与磁感应强度的关系.

(3)学会画出锑化铟传感器电阻变化与磁感应强度的关系曲线, 并进行相应曲线和直线拟合.

(4)学习用磁阻传感器测量磁场的方法.

【实验原理】

1. 磁阻效应原理

一定条件下, 导电材料的电阻值 R 随磁感应强度 B 的变化规律称为磁阻效应. 如图 31-1 所示, 当材料处于磁场中时, 导体或半导体的载流子将受洛伦兹力的作用发生偏转, 在两端产生积聚电荷并产生霍尔电场. 如果霍尔电场作用和某一速度的载流子的洛伦兹力作用刚好抵消, 那么小于或大于该速度的载流子将发生偏转, 因而沿外加电场方向运动的载流子数量将减少, 电阻增大, 表现出横向磁阻效应. 如果将图 a 端和 b 端短路, 磁阻效应更明显. 显然可以以电阻率的相对改变量来表示磁阻的大小, 即用 $\Delta\rho / \rho(0)$ 表示, 其中 $\rho(0)$ 为零磁场时的电阻率, 设磁电阻的电阻值在磁感应强度为 $\boldsymbol{B}$ 的磁场中电阻率为 $\rho(B)$, 则

$$\Delta\rho = \rho(B) - \rho(0) \tag{31-1}$$

由于磁阻传感器电阻的相对变化率 $\Delta R / R(0)$ 正比于 $\Delta\rho / \rho(0)$, 这里 $\Delta R = R(B) - R(0)$, 因此也可以用磁阻传感器电阻的相对改变量 $\Delta R / R(0)$ 来表示磁阻效应的大小.

测量磁电阻阻值 R 与磁感应强度 B 大小关系的实验装置及线路如图 31-2 所示. 实验证明, 当金属或半导体处于较弱磁场中时, 一般磁阻传感器电阻相对变化率 $\Delta R / R(0)$ 正比于磁感应强度 B 大小的二次方, 而在强磁场中 $\Delta R / R(0)$ 与磁感应强度 B 大小呈线性函数关系. 磁阻传感器的上述特性在物理学和电子学方面有着重要应用.

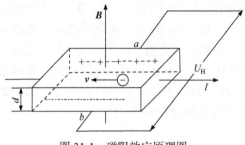

图 31-1　磁阻效应原理图

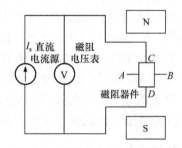

图 31-2　测量磁电阻原理示意图

2. 磁阻传感器的倍频效应

如果半导体材料磁阻传感器处于频率为 ω 的弱正弦波交流磁场中, 由于磁电阻相对变化量 $\Delta R / R(0)$ 正比于 B^2, 那么磁阻传感器的电阻 R 将随角频率 2ω 作周期性变化, 这就是在弱正弦波交流磁场中磁阻传感器具有交流电倍频性能.

若外界交流磁场的磁感应强度 B 为

$$B = B_0 \cos\omega t \tag{31-2}$$

式中, B 为磁感应强度的振幅, ω 为角频率, t 为时间.

设在弱磁场中

$$\Delta R / R(0) = kB^2 \tag{31-3}$$

式中, k 为常量. 由式(31-2)和式(31-3)可得

$$R(B) = R(0) + \Delta R = R(0) + R(0) \cdot [\Delta R / R(0)]$$

$$= R(0) + R(0)kB_0^2 \cos^2 \omega t$$

$$= R(0) + \frac{1}{2}R(0)kB_0^2 + \frac{1}{2}R(0)kB_0^2 \cos 2\omega t \tag{31-4}$$

式中，$R(0) + \frac{1}{2}R(0)kB_0^2$ 为不随时间变化的电阻值，而 $\frac{1}{2}R(0)kB_0^2 \cos 2\omega t$ 为以角频率 2ω 作余弦变化的电阻值. 因此，磁阻传感器的电阻值在弱正弦波交流磁场中，将产生倍频交流阻值变化.

3. 磁阻材料的交流正弦倍频特性

如图 31-3 所示，将电磁铁的线圈引线与函数发生器输出端相接，锑化铟磁阻传感器通以 2.5mA 直流电，用示波器测量磁阻传感器两端电压与电磁铁两端电压构成的李萨如图形，证明在弱正弦交流磁场情况下，磁阻传感器的阻值具有交流正弦倍频特性. 李萨如图形如图 31-4 所示.

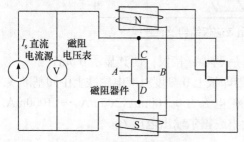

图 31-3 观察磁阻传感器倍频效应

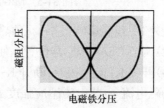

图 31-4 李萨如图形

4. 仪器描述

仪器连接示意图如图 31-5 所示，其中 I_M 励磁电流：0～1000mA 连续可调. 霍尔、磁阻传感器工作电流 $I_1(I_2)$ 0～5mA；水平位移范围±20mm；霍尔元件的灵敏度 $k = 177\text{mV}/(\text{mA} \cdot \text{T})$ 或见设备所给出的参数.

【仪器用具】

MR-1 型磁阻效应实验仪、函数发生器、示波器.

【实验内容】

1. 测量励磁电流 I_M 与 B 的关系

(1)按图 31-5 进行连线，调节砷化镓(GaAs)霍尔传感器位置，使其在电磁铁

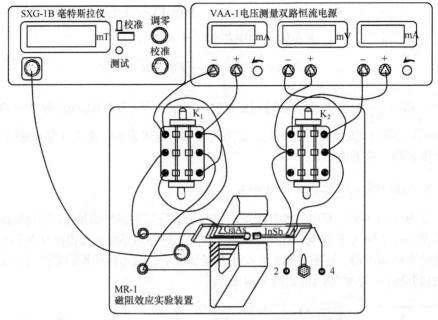

图 31-5　MR-1 型磁阻效应仪结构及其连线

气隙最外(受残磁影响最小)，预热 5min 后调零毫特仪，使其显示 0.0mT.

(2)调节 GaAs 传感器位置，使传感器印板上 0 刻度对准电磁铁上中间基准线.

(3)开关 K_1 向上接通，断开 K_2. 调励磁电流为 0,100mA,200mA,…,1000mA. 记录励磁电流 I_M 与电磁感应强度 B 的大小或霍尔输出电压 U_H.

2. 测量电磁铁气隙磁场沿水平方向的分布

调节励磁电流 $I_M = 500$mA，$I_H = 5.00$mA 时，测量霍尔输出电压 U_H 与水平位置的关系.

3. 测量磁感应强度和磁阻大小的关系

(1)调节锑化铟(InSb)样品位置于电磁铁水平方向的中央位置. 开关 K_2 向上闭合，测量磁电阻元件输入电流端的电压 U 和输入电流 I. 并测量每个 I_M 对应的 B.

(2)I_M 的调节范围为 0～950mA，其中 0～100mA 区间内每改变 10mA 测量一个点；在 100～250mA 区间内每 15mA 测量一个点；在 250～950mA 区间内每 50mA 测量一个点.

(3)在整个实验过程中，通过调节 VAA-1 的恒流输出 I_2(即调节恒流输出旋钮)使 U_2 保持在 800mV 左右，并将 InSb 的 2、4 脚短接，使其处于恒压短路状态.

4. 观察磁阻材料的交流正弦倍频特性*

将电磁铁的线圈引线与函数发生器输出端相接, 锑化铟磁阻传感器通以 2.5mA 直流电, 用示波器观察磁阻传感器两端电压与电磁铁两端电压形成的李萨如图形.
注意事项:
(1) 毫特仪与实验装置要对号使用, 不得混淆.
(2) 绝对不可将励磁大电流接入实验样品.
(3) 实验装置附近不宜放置铁磁物品.
(4) 插座必须对准回槽才能插入.

【实验数据及处理】

(1) 根据实验内容测量情况要求, 自拟实验数据记录表格, 并将测量数据记录入对应表格内.

(2) 对于测量霍尔输出电压 U_H 的情形, 由霍尔效应中磁场 B 的表达式 $B = \dfrac{U_H}{kI_H}$, 先计算出 B 的大小, 绘制 I_M 与 B 的磁化曲线.

(3) 根据电磁铁气隙磁场沿水平方向的分布数据作 B-x 关系曲线.

(4) 用 U 和 I 计算在 I_M 下的磁电阻 $R(B) = \dfrac{U}{I}$.

(5) 作出 $\dfrac{\Delta R(B)}{R(0)}$ 与 B 的关系曲线, 将曲线分为线性与非线性两部分. 在 $B <$ 0.12T 的非线性段, 设 $x = B^2$, $y = \dfrac{\Delta R(B)}{R(0)}$; 在 $B > 0.12T$ 的线性段, 设 $x = B$, $y = \dfrac{\Delta R(B)}{R(0)}$. 那么两段数据都可以用线性函数 $y = ax + b$ 来表示, 用最小二乘法拟合数据得出经验公式和相关系数, 其曲线拟合参考图如图 31-6 所示.

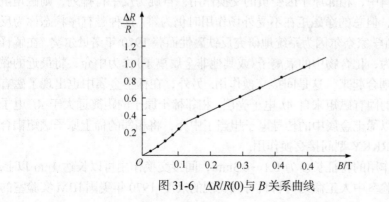

图 31-6 $\Delta R/R(0)$ 与 B 关系曲线

(6)根据磁阻传感器两端电压与电磁铁两端电压形成的李萨如图形，计算其倍率．

【思考讨论】

(1)什么是磁阻效应？与霍尔效应有何不同之处？

(2)当励磁电流 $I_M = 0$ 时，$B \neq 0$，请分析产生的原因，其大小跟什么有关．

(3)锑化铟磁阻传感器在弱磁场和强磁场时的电阻值与磁感应强度关系有何不同？这两种特性有什么应用？

(4)进一步了解巨磁阻、庞磁阻、穿隧磁阻、直冲磁阻和异常磁阻．

【探索创新】

巨磁电阻效应及其应用

2007 年诺贝尔物理学奖授予了巨磁电阻(giant magneto resistance，GMR)效应的发现者——法国物理学家艾尔贝·费尔和德国物理学家彼得·格伦贝格．诺贝尔奖委员会说明："这是一次好奇心导致的发现，但其随后的应用却是革命性的，因为它使计算机硬盘的容量从几百、几千兆，一跃而提高几百倍，达到几百吉乃至上千吉．"

凝聚态物理研究原子、分子在构成物质时的微观结构，它们之间的相互作用力及其与宏观物理性质之间的联系．

人们早就知道过渡金属铁、钴、镍能够出现铁磁性有序状态．量子力学出现后，德国科学家海森伯(1932 年诺贝尔奖得主)明确提出铁磁性有序状态源于铁磁性原子磁矩之间的量子力学交换作用，这个交换作用是短程的，称为直接交换作用．

后来发现很多的过渡金属和稀土金属的化合物具有反铁磁有序状态，即在有序排列的磁材料中，相邻原子因受负的交换作用，自旋为反平行排列，则磁矩虽处于有序状态，但总的净磁矩在不受外场作用时仍为零．这种磁有序状态称为反铁磁性．法国科学家奈尔因为系统地研究反铁磁性而获 1970 年诺贝尔奖．在解释反铁磁性时认为，化合物中的氧离子(或其他非金属离子)作为中介，将最近的磁性原子的磁矩耦合起来，这是间接交换作用．另外，在稀土金属中也出现了磁有序，其中原子的固有磁矩来自 $4f$ 电子壳层．相邻稀土原子的距离远大于 $4f$ 电子壳层直径，所以稀土金属中的传导电子担当了中介，将相邻的稀土原子磁矩耦合起来，这就是 RKKY 型间接交换作用．

直接交换作用的特征长度为 $0.1 \sim 0.3$ mm，间接交换作用可以长达 1nm 以上．1nm 已经是实验室中人工微结构材料可以实现的尺度．1970 年美国 IBM 实验室的江崎和朱兆祥提出了超晶格的概念，所谓的超晶格就是指由两种(或两种以上)组分(或导电类型)不同、厚度 d 极小的薄层材料交替生长在一起而得到的一种多周期结构材料. 由于这种复合材料的周期长度比各薄膜单晶的晶格常数大几倍或更长，因此取得"超晶格"的名称. 20 世纪 80 年代，由于摆脱了以往难以制作高质量的纳米尺度样品的限制，金属超晶格成为研究前沿，凝聚态物理工作者对这类人工材料的磁有序、层间耦合、电子输运等进行了广泛的基础方面的研究.

德国尤利希科研中心的物理学家彼得·格伦贝格一直致力于研究铁磁性金属薄膜表面和界面上的磁有序状态. 研究对象是一个三明治结构的薄膜，两层厚度约 10nm 的铁层之间夹有厚度为 1mm 的铬层. 选择这个材料系统并不是偶然的，首先金属铁和铬是周期表上相近的元素，具有类似的电子壳层，容易实现两者的电子状态匹配. 其次，金属铁和铬的晶格对称性和晶格常数相同，它们之间晶格结构也是匹配的，这两类匹配非常有利于基本物理过程的探索. 但是，很长时间以来制成的三明治薄膜都是多晶体，格伦贝格和很多研究者一样，并没有特别的发现. 直到 1986 年他采用了分子束外延(MBE)方法制备薄膜，样品成分还是铁-铬-铁三层膜，不过已经是结构完整的单晶. 在此金属三层膜上利用光散射以获得铁磁矩的信息，实验中逐步减小薄膜上的外磁场，直到取消外磁场. 他们发现，在铬层厚度为 0.8nm 的铁-铬-铁三明治中，两边的两个铁磁层磁矩从彼此平行(较强磁场下)转变为反平行(弱磁场下). 换言之，对于非铁磁层铬的某个特定厚度，没有外磁场时，两边铁磁层磁矩是反平行的，这个新现象成为巨磁电阻效应出现的前提. 既然磁场可以将三明治两个铁磁层磁矩在彼此平行与反平行之间转换，相应的物理性质会有什么变化? 格伦贝格接下来发现，两个磁矩反平行时对应高电阻状态，平行时对应低电阻状态，两个电阻的差别高达 10%. 格伦贝格将结果写成论文，与此同时，他申请了将这种效应和材料应用于硬盘磁头的专利. 当时的申请需要一定的胆识，因为铁-铬-铁三明治上出现巨磁电阻效应所需磁场高达上千高斯，远高于硬盘上磁比特单元能够提供的磁场，但日后不断改进的结构和材料，使这个设想成为现实.

另一方面，1988 年巴黎第十一大学固体物理实验室物理学家艾尔贝·费尔的小组将铁、铬薄膜交替制成几十个周期的铁铬超晶格，也称为周期性多层膜. 他们发现，当改变磁场强度时，超晶格薄膜的电阻下降近一半，即磁电阻比率达到 50%. 他们称这个前所未有的电阻巨大变化现象为巨磁电阻，并用两电流模型解释这种物理现象. 显然，周期性多层膜可以被看成是若干个格伦贝格三明治的重叠，所以德国和法国的两个独立发现实际上是同一个物理现象.

人们自然要问，在其他过渡金属中，这个奇特的现象是否也存在? IBM 公司的斯图尔特·帕金给出了肯定的回答. 1990 年他首次报道，除了铁-铬超晶格，还有钴-钌和钴-铬超晶格也具有巨磁电阻效应. 并且随着非磁层厚度增加，上述超晶格的磁电阻值振荡下降. 在随后的几年, 帕金和世界范围的科学家在过渡金属超晶格和金属多层膜中, 找到了 20 种左右具有巨磁电阻振荡现象的不同体系. 帕金的发现在技术层面上特别重要. 首先, 他的结果为寻找更多的 GMR 材料开辟了广阔空间, 最后人们的确找到了适合硬盘的 GMR 材料, 1997 年制成了 GMR 磁头. 其次, 帕金采用较普通的磁控溅射技术, 代替精密的 MBE 方法制备薄膜, 目前这已经成为工业生产多层膜的标准, 磁控溅射技术克服了物理发现与产业化之间的障碍, 使巨磁电阻成为基础研究快速转换为商业应用的国际典范. 同时, 巨磁电阻效应也被认为是纳米技术的首次真正应用.

诺贝尔奖委员会还指出:"巨磁电阻效应的发现打开了一扇通向新技术世界的大门——自旋电子学, 这里, 将同时利用电子的电荷以及自旋这两个特性."

GMR 作为自旋电子学的开端具有深远的科学意义. 传统的电子学是以电子的电荷移动为基础的, 电子自旋往往被忽略了. 巨磁电阻效应表明, 电子自旋对于电流的影响非常强烈, 电子的电荷与自旋两者都可能载运信息. 自旋电子学的研究和发展, 引发了电子技术与信息技术的一场新的革命. 目前, 计算机、音乐播放器等各类数码电子产品中所装备的硬盘磁头, 基本上都应用了巨磁电阻效应. 利用巨磁电阻效应制成的多种传感器, 已广泛应用于各种测量和控制领域. 除利用铁磁膜-金属膜铁磁膜的 GMR 效应外, 由两层铁磁膜夹一极薄的绝缘膜或半导体膜构成的隧穿磁阻(IMR)效应, 已显示出比 GMR 效应更高的灵敏度. 除在多层膜结构中发现 GMR 效应, 并已实现产业化外, 在单晶、多晶等多种形态的钙钛矿结构的稀土锰酸盐中, 以及一些磁性半导体中, 都发现了巨磁电阻效应.

【拓展迁移】

[1] 汪连城. 磁阻效应实验曲线拐点的确定[J]. 大学物理实验, 2017, 30(3): 47-50.

[2] 丁鸣. 锑化铟传感器的磁阻效应特性数据的回归分析[J]. 南京工程学院学报(自然科学版), 2011, 9(1): 20-25.

[3] 刘爱华. 磁阻效应实验的设计[J]. 实验技术与管理, 2006, 23(6): 21-22, 34.

[4] 徐海英. 用 Origin8.5 软件处理磁阻效应实验数据[J]. 化学工程与装备, 2015, (11): 23-24.

[5] 何斌, 何雄, 刘国强, 等. $SnSe_2$ 的忆阻及磁阻效应[J]. 物理学报, 2020, 69(11): 308-317.

实验 32 数字多用表的测量原理和应用

【背景、应用及发展前沿】

数字多用表(digital multimeter，DMM)是一种能够进行精确电学测量，同时利用数字显示的方式来表明测量数据的仪表. 通常能测量多种电学参数，如交直流电压、直流电阻、交直流电流等. 此外，还能衍生出其他更多的功能，如自校准、频率、周期、连续性、二极管测试、数字运算等功能，但是它的主体仍为直流电压测量. 其他参量需经转换成等效的直流参数来显示.

数字多用表按类型划分可以分为三种类型：手持式、实验室式和台式/系统式数字多用表. 其中手持式数字多用表具有体积小、携带方便、功能多、性价比高等特点，是较常用的一类数字多用表，在日常测试中被广泛应用；后两类数字多用表一般只能测量直流电压、交流电压、直流电流、交流电流和电阻五种基本量值，但是具有很高等级的分辨率和准确度，带有 GPIB 或 RS-232 接口，多作为高准确度的测量设备，用于较高要求的测试情形. 通常情况下，5 位半至 8 位半高精度仪表主要应用在科研、设计和开发实验室中，这类仪表的测量准确度高，工作环境也相对比较严格. 3 位半至 6 位半表则主要使用在生产维护和企业的各种测试中.

数字多用表由精密的电子元器件构成，使得仪表的准确度更高，增加了测量数据的准确性和可靠性. 因此，数字多用表是现代化电子、电气等测量中最常用的测试工具，目前广泛应用在国防、科研、工厂、学校、计量测试等技术领域. 多功能、高准确度、智能化数字多用表在仪器测量领域中日益占据重要的地位，是生产、实验和科研中不可或缺的计量器具.

【实验目的】

(1)了解数字电表的基本原理及常用双积分模数转换芯片外围参数的选取原则、电表的校准原则以及测量误差来源.

(2)用数字表测量电压、电流、电阻、二极管和校正电表.

(3)了解交流电压、三极管和二极管相关参数的测量.

【实验原理】

众所周知，普通多用表中由灵敏度较高的指针电流表(又称"表头")和测量的线路组成，"表头"将测量到的电压和电流显示出来，线路实现将待测量转换成电流值的功能．数字多用表也有类似"表头"功能的集成电路，称为数字表芯电路，该电路需要把模拟电信号（通常是电压信号）转换成数字信号，再进行显示和处理．例如 ICL7107（或 ICL7106）是一种通用数字表芯电路的类型（这种类型属于双积分式 A/D 转换形式，其特点是高精密度低速的类型，还有低精密度高速和高精密度高速等类型）．主要功能有：测量直流电压；最大显示数为 1999，常称为 3 位半或 $3\frac{1}{2}$ 数字电压表；具有极性自动显示；当输入电压超出量程或过低时，芯片电路供电电压低到起码标准时，都会发出专门信号；可连续测量，每秒测量 3 次左右；可直接与 LCD 液晶（或数码）显示屏相连．

　　数字信号与模拟信号不同，其幅值大小是不连续的，就是说数字信号的大小只能是某些分立的数值，所以需要进行量化处理．若最小量化单位为 Δ，则数字信号的大小是 Δ 的整数倍，该整数可以用二进制码表示．设 $\Delta = 0.1\mathrm{mV}$，我们把被测电压 U 与 Δ 比较，看 U 是 Δ 的多少倍，并把结果四舍五入取为整数 N（二进制）．一般情况下，$N \geqslant 1000$ 即可满足测量精度要求（量化误差 $\leqslant 1/1000 = 0.1\%$）．所以，最常见的数字表头的最大示数为 1999，被称为 3 位半 $\left(3\frac{1}{2}\right)$ 数字表．如：U 是 $\Delta(0.1\mathrm{mV})$ 的 1861 倍，即 $N = 1861$，显示结果为 186.1（mV）．这样的数字表头，再加上电压极性判别显示电路和小数点选择位，就可以测量显示-199.9～199.9mV 的电压，显示精度为 0.1mV．

1. 双积分模数转换器（ICL7107）的基本工作原理

　　双积分模数转换电路的原理比较简单，当输入电压为 $V_{\mathrm{IN}}(V_x)$ 时，在一定时间 T_1 内对电量为零的电容器 C 进行恒流（电流大小与待测电压 V_{IN} 成正比）充电，这样电容器两极之间的电量将随时间线性增加，当充电时间 T_1 到后，电容器上积累的电量 Q 与被测电压 V_{IN} 成正比．然后让电容器恒流放电（电流大小与参考电压 V_{REF} 成正比），这样电容器两极之间的电量将线性减小，直到 T_2 时刻减小为零．所以，可以得出 T_2 也与 V_{IN} 成正比．如果用计数器在 T_2 开始时刻对时钟脉冲进行计数，结束时刻停止计数，得到计数值 N_2，则 N_2 与 V_{IN} 成正比．

　　双积分式 A/D 转换器的工作原理就是基于上述电容器充放电过程中计数器读数 N_2 与输入电压 V_{IN} 成正比构成的．ICL7107 是一种应用非常广泛的集成电路，现就以实验中所用到的 3 位半 $\left(3\frac{1}{2}\right)$ 模数转换器 ICL7107 为例来讲述它的整个工作过程．该双积分式 A/D 转换器的基本组成如图 32-1 所示，它可直接驱动 LED 数码管，由积分器、过零比较器、逻辑控制电路、闸门电路、计数器、时钟脉冲

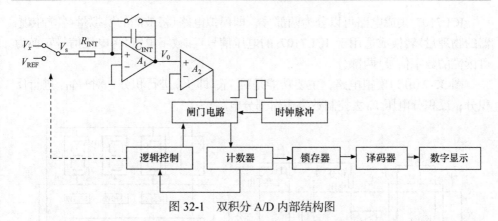

图 32-1　双积分 A/D 内部结构图

源、锁存器、译码器及显示驱动(可直接驱动 LED 数码管)等电路所组成. 各部分的功能如下.

(1)双积分型 A/D 转换器——ICL7107 是一种间接 A/D 转换器. 它通过对输入模拟电压 V_{IN} 和参考电压 V_{REF} 分别进行两次积分，将输入电压平均值变换成与之成正比的时间间隔，然后利用脉冲时间间隔，进而得出相应的数字性输出.

(2)它包括积分器、比较器、计数器、逻辑控制和时钟脉冲源. 积分器是 A/D 转换器的心脏，在一个测量周期内，积分器先后对输入信号电压 V_{IN} 和基准电压 V_{REF} 进行两次积分. 比较器将积分器的输出信号 V_0 与零电平进行比较，比较的结果作为数字电路的控制信号.

(3)时钟脉冲源的标准周期 T_{CP} 作为测量时间间隔的标准时间. 它是由内部的两个反向器以及外部的 RC 组成的.

(4)计数器对反向积分过程的时钟脉冲进行计数. 控制逻辑包括分频器、译码器、相位驱动器、控制器和锁存器.

分频器用来对时钟脉冲逐渐分频，得到所需的计数脉冲 f_{CP} 和共阳极 LED 数码管公共电极所需的方波信号 f_{CP}.

(5)译码器为 BCD-7 段译码器，将计数器的 BCD 码译成 LED 数码管七段笔画组成数字的相应编码. 驱动器是将译码器输出对应于共阳极数码管七段笔画的逻辑电平变成驱动相应笔画的方波.

(6)控制器的作用有三个：第一，识别积分器的工作状态，适时发出控制信号，使各模拟开关接通或断开，A/D 转换器能循环进行；第二，识别输入电压极性，控制 LED 数码管的负号显示；第三，当输入电压超量限时发出溢出信号，使千位显示"1"，其余码全部熄灭.

(7)锁存器用来存放 A/D 转换的结果，锁存器的输出经译码器后驱动 LED. 它的每个测量周期包括自动调零(AZ)、信号积分(INT)和反向积分(DE)三个阶段.

　　ICL7107 集成电路可以分为两部分，即模拟电路(将被测的模拟量(各种传感器的物理量)转换成适用于 ICL7107 的电压信号)和数字电路(将电压信号转换为可读懂的数字信号)两部分.

　　图 32-2(a)为模拟电路，主要功能是对 V_{IN}(即 V_x)进行积分，对±V_{REF} 进行反积分；反积分电压 V_0 去控制数字逻辑部分电路.

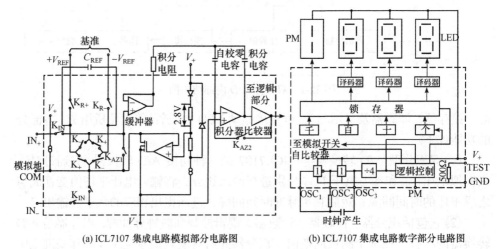

(a) ICL7107 集成电路模拟部分电路图　　　　(b) ICL7107 集成电路数字部分电路图

图 32-2　ICL7107 集成电路图

　　图 32-2(b)为数字电路部分，主要功能是数字逻辑控制模拟电路进行积分、反积分，译码、显示驱动.

　　模拟电路由转换开关和运放等组成，以实现信号采样和积分，它采用差动输入，输入阻抗为 $10^{10}\Omega$；数字电路由计数器、锁存器、控制逻辑和显示译码器组成. 输入的模拟信号电压值首先转换成一个与之成正比的时间宽度信号，然后在这个时间宽度里对固定频率的时钟脉冲进行计数，则计数结果就是正比于输入模拟信号的数字. 最后进行数字的锁存和译码显示.

　　ICL7107 采用双积分的方法实现 A/D 转换，以 4000 个计数脉冲周期，即用 4000 个脉冲的时间作为 A/D 转换的一个周期，每个转换周期分成自动稳(校)零(AZ)、信号积分(INT)和反积分(DE)三个阶段，如图 32-3 所示.

　　逻辑控制电路控制电子开关 K_2 使双积分电路进入自动稳零(AZ)阶段，自动稳零(2999～1000T_{CL})后，由运算放大器 A_1 和 R、C 组成双积分电

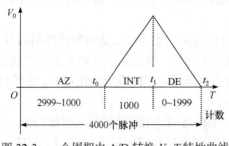

图 32-3　一个周期内 A/D 转换 V_0-T 特性曲线

路，开始对-V_{IN}进行积分，积分 1000 个脉冲(T_{CL})后；逻辑控制电路控制电子开关 K_1 切换到 +V_{REF} 或者是-V_{REF} 进行反积分；反积分到 $V_0=0$ 时，过零比较器 A_2 关闭闸门电路，计数器停止计数 2000 T_{CL}(0～1999 T_{CL})，完成一个工作周期.

每个测量(转换)周期在各阶段的工作过程可具体描述如下.

(1)自动稳零(AZ)阶段.

在自动校零阶段做三件事：第一，内部高端输入和低端输入与外部管脚脱开，在内部与模拟共管脚短接；第二，参考电容充电到参考电压值；第三，围绕整个系统形成一个闭合回路，对自动校零电容 C_{AZ} 进行充电，以补偿缓冲放大器、积分器和比较器的失调电压. 由于比较器包括在回路中，因此自动校零的精度仅受限于系统噪声. 任何情况下，折合到输入端的失调电压小于 10μV.

即进入自动稳零阶段后，通过电路内部的模拟开关，使 IN$_+$ 和 IN$_-$ 两个输入端与 COM 端短接，闭合反馈回路；然后参考电容 C_{REF} 充电到参考电压值 V_{REF}；同时自动稳零电容 C_{AZ} 充电，使缓冲放大器、积分器和比较器的输出回复到零态，这个阶段称为自动稳零阶段. 自动稳零阶段的时间 T_{AZ} 为

$$T_{AZ} = t_0 = 1000T_{CL} + 2000T_{CL} - \frac{1000T_{CL}V_{IN}}{V_{REF}}$$

式中，T_{CL} 为时钟脉冲的周期；$1000T_{CL}V_{IN}/V_{REF}$ 为反积分阶段时间.

(2)信号积分(INT)阶段.

在信号积分阶段，自动校零回路断开，内部短接点也脱开，内部高端输入和低端输入与外部管脚相连. 转换器将 IN$_+$ 和 IN$_-$ 之间输入的差动输入电压进行一固定时间的积分，此差动输入电压可以在一很宽的电压范围内：与正、负电源的差距各为 1V 之内；另一方面，若该输入信号相对于转换器的电源电压没有回转，可将 IN$_-$连接到模拟公共端上，以建立正确的共模电压. 在此积分阶段的最后，积分信号的极性也已经确定了.

信号一旦进入积分阶段，则断开反馈回路，输入端短路消失，使电路从自动稳零阶段转入到对模拟信号进行取样积分阶段，本阶段的时间固定为 $N_1 = 1000$ 个计数脉冲的时间(对于三位半模数转换器，$N_1 = 1000$). 输入的模拟信号-V_{IN} 首先经过缓冲放大器放大，信号放大 k 倍后送至积分器进行积分.

积分器在 0～t_1 的时间里，即在 0～1000 个计数脉冲时间里从零开始积分，取样积分结束后，积分器的输出电压为

$$V_{INT_0} = V_0 = \frac{1}{R_{INT}C_{INT}} \int_0^{t_1} kV_{IN}dt$$

式中，R_{INT} 为积分电阻；C_{INT} 为积分电容；k 为缓冲放大器的电压放大系数；V_{IN} 为模拟信号电压；t_1 为积分时间，相当于计 1000 个计数脉冲的时间.

$$V_0 = V_{INT_0} = k \frac{V_{IN}}{R_{INT} C_{INT}} t_1 = k \frac{V_{IN}}{R_{INT} C_{INT}} T_{INT}$$

信号积分阶段的固定时间：$T_{INT} = T_1 = N_1 \times T_{CL} = 1000 T_{CL}$.

为了便于理解，对比图 32-1，此阶段可以理解为：在此阶段 V_s 接到 V_x 上，使之与积分器相连，这样积分电容器 C 将被以恒定电流 V_x/R_{INT} 充电，与此同时计数器开始计数，当计到特定值 N_1 时，逻辑控制电路使充电过程结束，即采样时间 T_1 也是一定的. 在此阶段积分器输出电压 $V_0 = -Q_0/C_{INT}$（因为 V_0 与 V_x 极性相反），Q_0 为 T_1 时间内恒流(V_x/R_{INT})给电容器 C_{INT} 充电得到的电量，所以存在下式：

$$Q_0 = \int_0^{T_1} \frac{V_x}{R_{INT}} \cdot \mathrm{d}t = \frac{V_x}{R_{INT}} T_1 \tag{32-1}$$

$$V_0 = -\frac{Q}{C_{INT}} = -\frac{V_x}{R_{INT} C_{INT}} T_1 \tag{32-2}$$

上式说明，在 T_1 固定条件下 V_0 与 V_x 成正比.

(3)反积分(DE)阶段.

最后一个阶段是反向积分阶段. 低端输入在芯片内部连接到模拟公共端，高端输入通过先前已充电的参考电容进行连接，内部电路能使电容的极性正确地连接以确保积分器的输出能回到零. 积分器的输出回到零的时间正比于输入信号的大小. 对应的数字输出显示值为

$$DIS = 1000 \times \frac{V_{IN}}{V_{REF}} \tag{32-3}$$

双积分 A/D 转换器的反积分阶段是实现对与输入模拟信号极性相反的参考电压 V_{REF} 的积分，反相积分的最大时间为

$$(T_{DE})_{MAX} = (T_2)_{MAX} = 2000 T_{CL}$$

在反积分开始时，开关 K_1 转至参考电容上的参考电压 V_{REF} 一侧，并将 V_{REF} 送入缓冲放大器进行放大，放大后的参考电压再送入积分器进行积分，这时，积分器从 V_{INT_0} 开始积分. 反积分(DE)积分器的输出电压为

$$V_{DE_0} = V_{INT_0} - \frac{1}{R_{INT} C_{INT}} \int_{t_1}^{t_2} k V_{REF} \mathrm{d}t \tag{32-4}$$

$$0 = \frac{t_1}{R_{INT} C_{INT}} k V_{IN} - \frac{t_2 - t_1}{R_{INT} C_{INT}} k V_{REF}$$

$$V_{IN} = V_{REF} \frac{(t_2 - t_1)}{t_1} \quad 或 \quad T_2 = \frac{T_1}{V_{REF}} V_{IN} \tag{32-5}$$

V_{IN} 与 R_{INT} 和 C_{INT} 的值无关，从而不需要精确的积分电阻、积分电容的值. 从

式(32-5)可以看出，由于 T_1 和 V_{REF} 均为常数，所以 T_2 与 V_x (即 V_{IN}) 成正比，从图 32-4 可以看出. 若时钟最小脉冲单元为 T_{CP}，则 $T_1 = N_1 \times T_{CP}$ 和 $T_2 = N_2 \times T_{CP}$，代入式(32-4)，即有

$$N_2 = \frac{N_1}{V_{REF}} \cdot V_{IN} \tag{32-6}$$

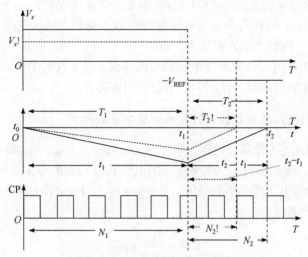

图 32-4　积分和反积分阶段曲线图

可以得出测量的计数值 N_2 与被测电压 V_x (即 V_{IN}) 成正比.

若用计数脉冲的个数表示时间，t_1 等于 1000 个计数脉冲，t_2-t_1 等于 T_2 个计数脉冲 (即反向积分到 $V_0 = 0$ 的时间间隔)，那么便有

$$V_{IN} = V_{REF} T_2 / 1000$$

若 V_{REF} 取作 1000mV，则更为直观，这时在数值上有

$$V_{IN} 的数值 = T_2 的数值(mV)$$

这就是精确测量电路设计方法的典范.

从反积分开始到积分器输出回到模拟公共端(COMMON)电压 V_{COM} 的时间正比于输入模拟电压的大小，其数字读数可由式(32-3)表述.

在反积分期的输入时钟脉冲数最大值是 2000，当等于或超过 2000 时溢出；当不足 2000 时，只要反相积分期结束，即转入自动稳零期. 综上，A/D 转换的三个阶段共需 4000 个 T_{CL} 时钟周期，因为振荡周期 4 分频 T_{CL}，所以整个转换时间为 16000 个 T_{OSC} (振荡周期)，即

$$总转换时间 = 4000 \times T_{clock} = 16000 \times T_{OSC}$$

图 32-4 是对负模拟信号进行数字转换时，积分器的输出波形. 积分器的输出

信号经比较器进行比较后作为逻辑部分的程序控制信号. 逻辑电路不断地重复产生 AZ、INT、DE 三个阶段的控制信号，适时地指挥计数器、锁存器、译码器等协调工作. DE 阶段最多计数是 0～1999，即为 3 位半数字电压表.

总之，对于 ICL7107，INT 阶段时间固定是 1000 个 T_{CP}，即 N_1 的值为 1000 不变. 而 N_2 的计数随 V_x 的不同范围为 0～1999，同时自动校零的计数范围为 2999～1000，也就是测量周期总保持 4000 个 T_{CP} 不变，即满量程时 $N_{2max} = 2000 = 2 \times N_1$，所以 $V_{xmax} = 2V_{REF}$，这样若取参考电压为 100mV，则最大输入电压为 200mV；若参考电压为 1V，则最大输入电压为 2V.

对于 ICL7107 的工作原理这里我们不再多说，以下我们主要讲述它的引脚功能和外围元件参数的选择，让同学们学会使用该芯片.

2. 用 ICL7107A/D 转换器进行常见物理参量的测量

数字表芯电路有五个重要的输入端：V_{REF+}、V_{REF-}、V_{IN+}、V_{IN-} 和 COM；输入电阻可认为无穷大. V_{REF+} 和 V_{REF-} 为测量电压的上限值和下限值，令 $V_{REF} = V_{REF+} - V_{REF-}$；$V_{IN+}$ 和 V_{IN-} 为待测电压的高值和低值，令 $V_{IN} = V_{IN+} - V_{IN-}$. 由式（32-6）可知，数字表芯电路的显示值为

$$DIS = \frac{V_{IN}}{V_{REF}} \times N_1 \tag{32-7}$$

式中，$V_{IN}/V_{REF} < 2$，如果采用的数字多用表为 3 位半，则 $N_1 = 1000$，显示的最大值可取 1999；当 $V_{IN} = 0$，$V_{REF} \neq 0$ 时，DIS 显示 "0000"；当 $V_{REF+} = 100mV$，$V_{REF-} = 0$；$V_{IN+} = 199.9mV$，$V_{IN-} = 0$ 时，则 DIS 显示 "1999" mV，其中小数点是由分线器（即量程选择开关）联动给出的；如果 $V_{IN}/V_{REF} \geqslant 2$ 时，最高位将显示 "1"，而后面三位不显示任何数，表示测量已 "溢出"；当 $V_{REF} = 0$ 时，V_{IN} 任何值都会出现 "溢出" 现象.

数字多用表测量时的随机误差可写成：$\Delta = \pm\alpha\%$读数值$\pm\beta\%$满度值. $\pm\alpha\%$ 读数值由刻度、非线性等因素引起，与读数值成正比；$\pm\beta\%$ 满度值由量化、内部噪声及漂移等因素引起，与量程有关，与读数无关，也可写成最低位的几个单位.

下面简单讨论怎样将交-直流电压、电流和电阻转换为直流电压并与数字表芯片电路连接.

1）直流电压测量的实现（直流电压表）

多量程直流电压挡电路图如图 32-5 所示. 量程选择开关由五个固定输出的分压器组成，测量端的输入电阻固定为 10MΩ，与选用的量程无关，数字表芯电路的内阻更高，所以分压的准确度很高，对一般的电压测量可不考虑分流的影响.

（1）当参考电压 $V_{REF} = 100mV$ 时，$R_{INT} = 47k\Omega$. 此时采用分压法实现测量 0～

2V 的直流电压,电路图见图 32-5.

待测电压经过量程选择开关进入 V_{IN} 的最大值为 199.9mV, $DIS|_{max}$ 显示 "1999",因此取 V_{REF} = 100.0mV;测量电压时,表内没有接保险丝,待测电压过高时,会显示"溢出"的现象;如果显示负的电压值,表示"COM"的电势高于"VΩ"端.

(2)直接使参考电压 V_{REF} = 1V, R_{INT} = 470kΩ 来测量 0~2V 的直流电压,电路图参考图 32-5,只是量程扩大了 10 倍.

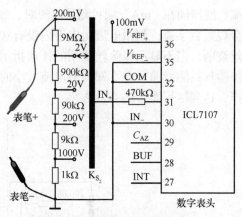

图 32-5 多量程直流电压挡电路图

2)直流电流测量的实现(直流电流表)

测量电流的原理是:根据欧姆定律,用合适的取样电阻把待测电流转换为相应的电压,再进行测量. 如图 32-6,由于电压表内阻 $r \gg R$,所以取样电阻 R 上的电压降为

$$U_i = I_i R$$

若数字表头的电压量程为 U_0,欲使电流挡量程为 I_0,则该挡的取样电阻(也称分流电阻)$R_0 = U_0/I_0$. 若 U_0 = 200mV,则 I_0 = 200mA 挡的分流电阻为 R = 1Ω.

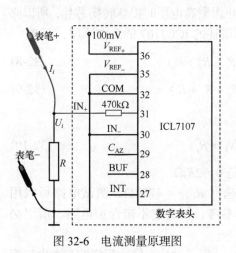

图 32-6 电流测量原理图

多量程分流器原理电路如图 32-7 所示. 图中的分流器(见实验仪中的分流器 b)在实际使用中有一个缺点,就是当换挡开关接触不良时,被测电路的电压可能使数字表头过载,所以,实际数字万用表的直流电流挡电路见"积分式数字电表的设计与定标"实验中多量程直流电流表电路图.

多量程直流电流挡电路图如图 32-7 所示. 注意图中五个重要输入引线端的接法. 由图可见,不论选用哪种直流电流量程,$V_{IN|max}$ = 200mV,而 V_{REF} = 100mV;同样取 DIS_{max} 显示 1999,与数字表芯电路的要求一致;测量时为了保证有最多的有效数字,要选用合适的电流量程;同时也要考虑电流表的内阻对电流测量带来的影响;测量电流时,黑棒插在"COM"

端，红棒插在"mA"端；测量电流时，如果表棒的颜色插反了，则显示负值，不会烧毁数字表；测量电流时电表内设有(0.3A)保险丝，当测量的电流过大时保险丝烧断，但不显示保险丝烧断的任何指示，也不能再测量电流了，除非更换新的保险丝；测量前，在不知待测电流大小时，通常先取最大的量程，根据读数作选择，达到尽可能多的有效数字.

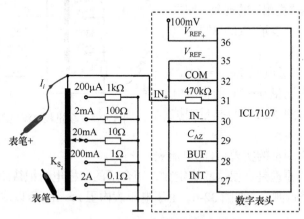

图 32-7　多量程分流器原理电路图

3) 电阻值测量的实现(欧姆表)

(1) 当参考电压选择在 100mV 时，此时选择 $R_{INT} = 47 \text{k}\Omega$，实验电路如图 32-8所示，图中 D_w 是提供测试基准电压，而 R_t 是正温度系数(PTC)热敏电阻，既可以使参考电压低于 100mV，同时也可以防止误测高电压时损坏转换芯片，所以必须满足 $R_x = 0$ 时，$V_{REF} \leqslant 100 \text{mV}$. 由前面所讲述的 ICL7107 的工作原理，存在

$$V_{REF} = V_d \times R_s / (R_s + R_x + R_t) \tag{32-8}$$

$$V_{IN} = V_d \times R_x / (R_s + R_x + R_t) \tag{32-9}$$

由式(32-6)可得

$$R_x = (N_2 / N_1) \times R_s \tag{32-10}$$

所以从上式可以得出电阻的测量范围始终是 $0 \sim 2R_s \Omega$.

(2) 当参考电压选择在 1V 时，此时选择 $R_{INT} = 470 \text{k}\Omega$，测试电路可以用图 32-9 实现，此电路仅供有兴趣的同学参考，因为它不带保护电路，所以必须保证 $V_{REF} \leqslant 1 \text{V}$.

在进行多量程实验时(万用表设计实验)，为了设计方便，我们的参考电压都将选择为 100mV，除了比例法测量电阻时我们使 $R_{INT} = 470 \text{k}\Omega$，在进行二极管正向导通压降测量时也使 $R_{INT} = 470 \text{k}\Omega$，并且加上 1V 的参考电压.

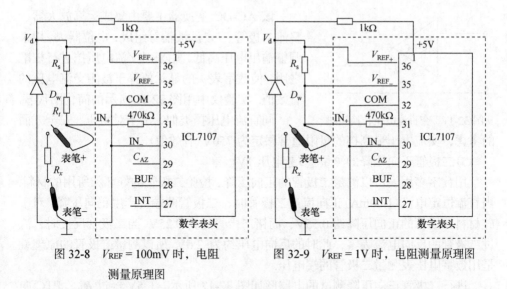

图 32-8　V_{REF} = 100mV 时，电阻　　　图 32-9　V_{REF} = 1V 时，电阻测量原理图
　　　　　测量原理图

　　所以用数字表测电阻时也要注意量程的选择. 当待测电阻不接时，V_{IN} : V_{REF} 值超过 2，说明电阻挡没有"连接"待测电阻或选择了不合适的电阻测量挡，产生"溢出"现象；当两表棒短接时，显示带有小数点的零，小数点的位置与选用的测量量程有关.

　　注意：千万不能用数字多用表测量通电回路的电阻！

　　4) 交流电压、交流电流测量(参考电压 100mV)

　　数字万用表中交流电压、电流测量电路是在直流电压、电流测量电路的基础上，在分压器(图 32-5)或分流器(图 32-7)之后加入了交直流转换电路，即 AC-DC 变换电路就可以了. AC-DC 变换电路的功能是将交流(正弦波有效值)的 0～199.9mV 的电压信号转变为等同值的直流信号，然后再与数字表芯电路连接. AC-DC 转换电路图如图 32-10 所示，频率响应 40～400Hz(实际测量时，频率还要宽，在 10kHz 频率下还有一定的响应).

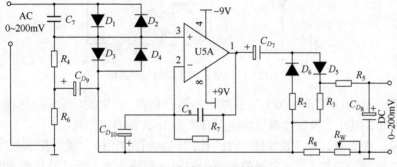

图 32-10　交直流电压转换电路

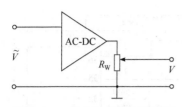

图 32-11　交直流电压转换简图

该 AC-DC 变换器主要由集成运算放大器、整流二极管、RC 滤波器等组成，电位器 R_W 用来调整输出电压高低，用来对交流电压挡进行校准之用，使数字表头的显示值等于被测交流电压的有效值. 实验仪中用图 32-11 所示的简化图代替. 同直流电压挡类似，出于对耐压、安全方面的考虑，交流电压最高挡的量限通常限定为 750V(有效值).

5)二极管正向压降的测量(参考电压 1V)

用数字多用表可以测量二极管的正向压降，检验二极管的好坏和所用的材料. 当直流恒定电流(1.00mA)正向流过二极管时，二极管两端会产生正向压降. 对于硅材料二极管的正向压降约 0.55V，而锗二极管约为 0.25V. 当二极管反接时，流过二极管的反向电流为零，此时的反向电压约为 2.6V. 所以测量二极管的原理就是用数字电压表测量二极管的端电压.

进行二极管正向压降测试的电路图如图 32-12 所示，+ 5V 经过 R_{36}、PTC 向二极管提供 5V 的测试电压，使二极管 D_9 导通，测试电流(即二极管正向工作电流)$I_f \approx 1\text{mA}$，导通压降 V_f 输入到 IN^+ 和 IN^- 端，由于 V_f 的大小一般在 0～2V 之间，所以我们可以选择参考电压为 1V，此时通过拨位开关选择 $R_{int} = 470\text{k}\Omega$，这样可以直接测出 V_f 的值. 如果想用 200mV 挡测试，必须要对 V_f 分压才行，请同学们自己分析.

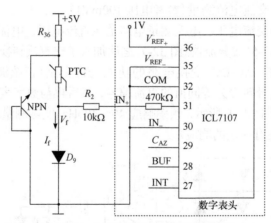

图 32-12　二极管正向压降测量电路图

如果显示的端电压为 "000"，说明二极管已短路. 否则就显示端电压值，但小数点不显示. 因此二极管的测量电路里有产生 1mA 的直流恒流源.

测量二极管时，"红"表棒插 "VΩ"孔，接二极管的正极，"黑"表棒插 "COM"孔，接二极管的负极. 由于二极管测量仅仅属于判断功能，所以没有准确度的计算公式.

6）三极管参数 h_{FE} 的测量（参考电压 100mV）

测量 NPN 管的 h_{FE} 大小的电路如图 32-13 所示，三极管的固定偏置电阻由 R_{37} 和 R_{39} 组成，调整 R_{37} 可使基极电流 $I_B=10\mu A$，R_{42} 为取样电阻，这样输入直流电压表的电压为

$$V_{IN}=V_{XNO}\approx h_{FE}\times I_B\times R_{42}=h_{FE}\times 10\mu A\times 10\Omega=0.1h_{FE}(mV)$$

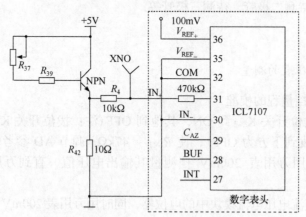

图 32-13　NPN 管测量电路图

若表头为 200mV 的量程，则理论上测量范围为 0～1999，但为了不出现较大误差，实际测量范围限制在 0～1000 之间，测量过程中可以让小数点消隐（即不点亮）．测量 PNP 管的 h_{FE} 大小的电路如图 32-14 所示，原理和测量 NPN 管的 h_{FE} 大小一样，所以不再赘述.

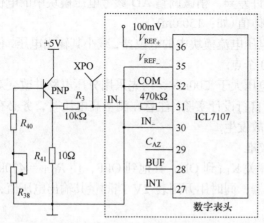

图 32-14　PNP 管测量电路图

测量 h_{FE} 时需注意以下事项：

（1）仅适用于测量小功率晶体管. 这是测试电压较低,同时测试电流较小的缘故. 倘若去测大功率晶体管,测量的结果就与典型值差很大.

（2）当 $V_{in} \geqslant 200\text{mV}$ 时,仪表将显示过载,应该立即停止测量.

【仪器用具】

DH6505 数字电表原理及万用表设计实验仪、4 位半通用数字万用表、示波器、电阻箱、待测二极管、待测三极管等.

【实验内容】

1. 直流电压表的测量

1）200mV 挡量程的校准

（1）拨动拨位开关 K_{1-2} 到 ON,其他到 OFF(注：拨位开关 K_1 和 K_2,拨到上方为 ON,拨到下方为 OFF),使 $R_{INT} = 47\text{k}\Omega$. 调节 AD 参考电压模块中的电位器,同时用万用表 200mV 挡测量其输出电压值,直到万用表的示数为 100mV 为止.

（2）调节直流电压电流模块中的电位器,同时用万用表 200mV 挡测量该模块电压输出值,使其电压输出值为 0～199.9mV 的某一具体值(如：150.0mV).

（3）拨动拨位开关 K_{2-3} 到 ON,其他到 OFF,使对应的 ICL7107 模块中数码管的相应小数点点亮,显示 XXX.X. 然后,参照图 32-5 连接电路,使之成为 200.0mV 电压表.

（4）观察 ICL7107 模块数码管显示是否为前述 0～199.9mV 中那一具体值(如：150.0mV). 若有些许差异,稍微调整 AD 参考电压模块中的电位器,使模块显示读数为前述那一具体值(如：150.0mV).

（5）调节直流电压电流模块中的电位器,减小其输出电压,使模块输出电压改变,校准不少于 10 个点.

（6）若输入的电压大于 200mV,请先采用分压电路并改变对应的数码管再进行测量,请同学们自行设计实验. 注意在测量高电压时,务必在测量前确定线路连接正确,避免事故发生.

2）2V 挡量程校准

（1）拨动拨位开关 K_{1-1} 到 ON,其他到 OFF,使 $R_{INT} = 470\text{k}\Omega$. 调节 AD 参考电压模块中的电位器,同时用万用表 2V 挡测量其输出电压值,直到万用表的示数为 1.000V 为止.

（2）调节直流电压电流模块中的电位器,同时用万用表 2V 挡测量该模块电压输出值,使其电压输出值为 0～1.999V 的某一具体值(如：1.500V).

(3)拨动拨位开关 K_{2-1} 到 ON，其他到 OFF，使对应的 ICL7107 模块中数码管的相应小数点点亮，即显示 X.XXX．然后，参照图 32-5 连接电路，使之成为 2.000V 电压表．

(4)观察 ICL7107 模块数码管显示是否为 0～1.999V 中的前述的那某一具体值(如：1.500V)．若有些许差异，稍微调整 AD 参考电压模块中的电位器，使模块显示读数为前述那一具体值(如：1.500V)．

(5)调节直流电压电流模块中的电位器，减小其输出电压，使模块输出电压改变，校准不少于 10 个点．

(6)若输入的电压大于 2V，请先采用分压电路并改变对应的数码管再进行，请同学们自行设计实验．注意在测量高电压时，务必在测量前确定线路连接正确，避免事故发生．

2. **直流电流表的测量**

1) 20mA 挡量程校准

(1)参照直流电压表 200mV 挡量程设计中的步骤(1)～(3)做好准备．

(2)参照图 32-7 连接电路，使之成为 20.00mA 电流表．然后调节直流电压电流模块中的电位器，使万用表显示为 0～19.99mA 的某一具体值(如：15.00mA)．

(3)观察模数转换模块中显示值是否为 0～19.99mA 中的前述的那一具体值(如：15.00mA)．若有些许差异，稍微调整 AD 参考电压模块中的电位器，使模块显示数值为 0～19.99mA 中的前述的那一具体值(如：15.00mA)．

(4)调节直流电压电流模块中的电位器，减小其输出电压，使模块输出电压改变，校准不少于 10 个点．

2) 2mA 挡量程校准

同学们参照 20mA 挡量程自行设计，注意分流器 b 中电阻的正确选择．

3. **欧姆表的测量**

(1)由于电阻挡基准电压为 1V，所以在进行电阻测量时，选择参考电压为 1V 的设置，即拨动拨位开关 K_{1-1} 到 ON，其他到 OFF，使 $R_{INT}=470k\Omega$．这样可以保证在 $R_x=0$ 时，R_S 上的电压最大为 1V，即参考电压 $V_{RFE} \leqslant 1V$．

(2)进行 $2k\Omega$ 挡校准．把高精度电阻箱的电阻值给定为 1500Ω；拨动拨位开关 K_{2-1} 到 ON，其他到 OFF．使对应的 ICL7107 模块中数码管的相应小数点点亮，显示 X.XXX．然后，参照图 32-9 连接电路，使之成为 $1.999k\Omega$ 欧姆表．

(3)观察模数转换模块中显示值是否为 1.500．若有些许差异，稍微调节 R_{WS} 使模块显示数值为 1.500．

(4)调节外接高精度电阻箱，使显示模块显示不同读数，校准不少于 10 个点．

(5)用万用表和改装表对未知电阻 R_x 的阻值进行测量. 使用改装表时，注意调节电位器 R_{Wx}，使之在 0～1.999kΩ之间.

(6)* 其他挡也可以通过调节电位器 R_{W_S} 改变 R_S 的值，并用相应的外接高精度电阻箱进行校准，请同学们自行设计实验.

4. 200mV 交流电压表的校准

(1)先进行 200mV 直流电压挡量程的校准(参照直流电压的测量).

(2)调节交流电压电流模块的交流电压输出，用万用表测量，使之为 0～199.9mV 中的某一具体值(如：150.0mV).

(3)参照图 32-5 和图 32-11 连接电路，使之成为 200.0mV 交流电压表.

看模块的显示值是否为 0～199.9mV 中的前述那一具体值(如：150.0mV). 若有差别，调节"交直流电压转换"模块中的电位器，使模块与万用表测量的值相同即可.

(4)调节交流电压电流模块中的电位器，减小其输出电压，使模块输出电压改变，校准不少于 10 个点.

(5)如果要测量大于 200mV 的交流信号，必须在交直流转换模块前加入分压器后再进行测量，与多量程直流电压测量一样. 注意在测量高电压时，务必在测量前确定线路连接正确，避免事故发生.

5. 20mA 交流电流表的测量

(1)进行 200mV 交流电压表的校准. 然后，将交流电压电流模块中的电压输出改接为电流输出，再在其后接入分流器 b(参照图 32-7)，最后与已经校准的 200mV 交流电压表连接.

(2)调节交流电压电流模块中的电位器，减小其输出电流，使模块输出电流改变，校准不少于 10 个点.

(3)若需要测量更高量程的输入，需用分流器 a 来实现，请同学们自行设计实验. 注意在测量大电流时，务必在测量前确定线路连接正确，避免伤亡事故.

6. 二极管正向压降的校准和测量

(1)拨动拨位开关 K_{1-1} 到 ON，其他到 OFF，使 R_{IEF} = 470kΩ. 调节 AD 参考电压模块中的电位器，同时用万用表 2V 挡测量其输出电压值，直到万用表的示数为 1.000V 为止.

(2)用万用表测量一个二极管(如：1N4007)的正向导通压降.

(3)参照图 32-12 连接电路，注意在 XDA 和 XDK 插孔中插入二极管.

此时，模块显示的值即为此二极管的正向导通压降. 若与万用表测量值有些许差异，可以稍微调整 AD 参考电压的输出与之相同即可. 再进行其他二极管的正向导通压降测量.

7. *三极管 h_{FE} 参数的测量

(1)连接 200mV 直流数字电压表头，并进行校准.

(2)用万用表对待测的 NPN 管 9013 进行 h_{FE} 参数测量，并记录数据.

(3)参照图 32-13 连接电路，为测量 NPN 三极管 h_{FE} 参数做好准备. 注意此时用设计表测量时，小数位应全部处于不点亮状态.

(4)利用 9013 管，检查模块显示的值是否与万用表测量的值一致. 若有些许差别，调整 NPN 测量模块中的 100K 电位器，使两者显示相同即可. 对其他 NPN 三极管 h_{FE} 参数进行测量，并记录数据.

(5)用万用表对待测的 PNP 管 9012 进行 h_{FE} 参数测量，并记录数据.

(6)按照图 32-14 连接电路，为测量 PNP 三极管 h_{FE} 参数做好准备. 注意此时用设计表测量时，小数位应全部处于不点亮状态.

(7)检测并调整设计表，使之与万用表测量值一致. 对 PNP 三极管 h_{FE} 参数进行测量，并记录数据.

注意事项：

(1)严格按照实验操作规程及要求进行实验. 要遵循"先接线，再通电；先断电，再拆线"的原则. 在通电前应确认接线已准确无误(特别是在测量高压或大电流时)，避免短路造成不必要的事故.

(2)虽然测量电路已加入保护电路，注意不要用电流挡或电阻挡测量电压，避免对仪器造成的损失.

(3)当数字表头最高位显示"1"而其余位都不亮时，表明输入信号过大，即超量程. 此时应尽快换大量程挡或减小(断开)输入信号，避免长时间超量程工作损坏仪器.

【实验数据及处理】

(1)对 200.0mV 挡和 2.000V 挡直流电压表进行校准，将实验数据填入自拟表格，然后在坐标纸上作出校准曲线，并确定所设计电压表的等级.

(2)对 2mA 挡和 20mA 挡直流电流表进行校准，将实验数据填入自拟表格，然后在坐标纸上作出校准曲线，并确定所设计电流表的等级.

(3)对 2kΩ 挡欧姆表进行校准，将实验数据填入自拟表格，然后在坐标纸上作出校准曲线，并确定所设计欧姆表的等级.

将 2kΩ 挡欧姆表和万用表所测量的不同待测电阻的数据(重复多次测量)填入自拟表格，比较两者测量的误差，分析误差来源.

(4)对 200.0mV 交流电压表进行校准，将实验数据填入自拟表格，然后在坐标纸上作出校准曲线，并确定所设计电压表的等级.

(5)对 20mA 交流电流表进行校准，将实验数据填入自拟表格，然后在坐标纸上作出校准曲线，并确定所设计电流表的等级.

(6)利用改装表和万用表测量不同二极管的正向电压，将实验数据填入自拟表格，比较两者测量的结果，说明原因.

(7)*利用改装表和万用表测量不同三极管的 h_{FE} 参数，将实验数据填入自拟表格，比较两者测量的结果.

【思考讨论】

(1)数字电表与普通的指针电表有什么区别？

(2)3 位半数字电压表的显示数最大和最小是什么？与哪些量有关？

(3)数字欧姆表测量电阻值的原理是什么？其任意电阻挡理论上可否测量很大的电阻？

【探索创新】

由数字电压表构成的数字电子秤.

ICL7107 A/D 转换器的用途非常广泛，用它可以组装成 3 位半数字电压表、数字电子秤、数字温度计、数字压力计、数字式水平仪等各种体积小、重量轻的数字仪表. 下面简介由数字电压表构成的数字电子秤. 其主要工作原理如下.

利用数字电压表表头接应变式力传感器就可以设计出数字电子秤. 下面介绍一种简单的电子秤的设计，如图 32-15 所示. 由电阻应变式传感器组成的测量电路测出物质的重量信号，以模拟信号的方式传送到差动放大器电路. 由差动放大器电路把传感器输出的微弱信号进行一定倍数的放大，然后送 A/D 转换电路中. 再由 A/D 转换电路把接收到的模拟信号转换成数字信号，传送到显示电路，最后

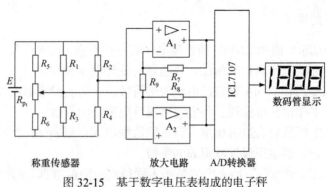

图 32-15　基于数字电压表构成的电子秤

由显示电路显示数据. 其中电桥由箔式电阻应变片电阻 R_1、R_2、R_3、R_4 组成测量电桥, 测量电桥的电源由稳压电源 E 供给. 物体的重量不同, 电桥不平衡程度不同, 指针式电表指示的数值也不同. 滑动式线性可变电阻器 R_{p1} 作为物体重量弹性应变的传感器, 组成零调整电路, 当载荷为 0 时, 调节 R_{p1} 使数码显示屏显示零. 若考虑系统高稳定性, 可选用 Tedea-Huntleigh 的 2kg 拉式称重传感器. 放大器的选型很多, 这里介绍一种用途非常广泛的仪表放大器, 就是典型的差动放大器. 它只需高精度 LM358 和几只电阻器, 即可构成性能优越的仪表用放大器.

【拓展迁移】

[1] 于夕然, 陈艳伟. 改装数字万用表测量三极管 h_{FE} 参数教学模式探讨[J]. 大学物理实验, 2020, 33(1): 64-68.

[2] 李淑侠. ICL7107 在数显稳压电源中的应用[J]. 大连教育学院学报, 2006, 22(2): 55-56.

[3] 宋嘉鸿. 用 ICL7107 制作数字表的几个技巧[J]. 电子制作, 2005, (11): 44-45.

[4] 冯占岭. 数字电压表的误差和计算[J]. 电子测量技术, 1982, (1): 15-23.

[5] 王清. 直流数字电压表不确定度评定分析[J]. 云南电力技术, 2011, 39(6): 63-66.

【附录】

1. ICL7107 双积分模数转换器引脚功能、外围元件参数的选择

ICL7107 芯片的引脚图如图 32-16 所示, 它与外围器件的连接图如图 32-17 所示. 图 32-17 中 ICL7107 芯片的引脚和数码管相连的脚以及电源脚是固定的, 所以不加详述. 芯片的第 32 脚为模拟公共端, 称为 COM 端; 第 36 脚 V_{r+} 和 35 脚 V_{r-} 为参考电压正负输入端; 第 31 脚 IN+ 和 30 脚 IN- 为测量电压正负输入端; C_{INT} 和 R_{INT} 分别为积分电容和积分电阻, C_{AZ} 为自动调零电容, 它们与芯片的 27、28 和 29 相连, 用示波器接在第 27 脚可以观测到前面所述的电容充放电过程, 该脚对应实验仪上示波器接口 V_{INT}; 电阻 R_1 和 C_1 与芯片内部电路组合提供时钟脉冲振荡源, 从 40 脚可以用示波器测量出该振荡波形, 时钟频率的快慢决定了芯片的转换时间(因为测量周期总保持 4000 个 T_{CP} 不变)以及测量的精度. 下面我们来分析一下这些参数的具体作用.

R_{INT} 为积分电阻, 它是由满量程输入电压和用来对积分电容充电的内部缓冲放大器的输出电流来定义的, 对于 ICL7107, 充电电流的常规值为 $I_{INT} = 4\mu A$, 则

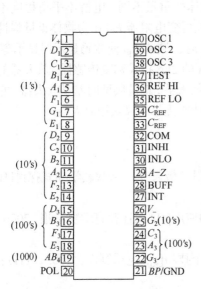

图 32-16　ICL7107 芯片引脚图　　　图 32-17　ICL7107 芯片和外围器件连接图

R_{INT} = 满量程/4μA. 所以在满量程为 200mV，即参考电压 V_{REF} = 0.1V 时，R_{INT} = 50kΩ，实际选择 47kΩ 电阻；在满量程为 2V，即参考电压 V_{REF} = 1V 时，R_{INT} = 500kΩ，实际选择 470kΩ 电阻. $C_{\text{INT}} = T_1 I_{\text{INT}} / V_{\text{INT}}$，一般为了减小测量时工频 50Hz 干扰，$T_1$ 时间通常选为 0.1s，具体下面再分析，这样又由于积分电压的最大值 V_{INT} = 2V，所以，C_{INT} = 0.2μF，实际应用中选取 0.22μF.

对于 ICL7107，38 脚输入的振荡频率为 $f_0 = 1/(2.2R_1C_1)$，而模数转换的计数脉冲频率是 f_0 的 4 倍，即 $T_{\text{cp}} = 1/(4f_0)$，所以测量周期 $T = 4000T_{\text{cp}} = 1000/f_0$，积分时间（采样时间）$T_1 = 1000T_{\text{cp}} = 250/f_0$. 所以 f_0 的大小直接影响转换时间的快慢，频率过快或过慢都会影响测量精度和线性度. 一般情况下，为了提高在测量过程中抗 50Hz 工频干扰的能力，应使 A/D 转换的积分时间选择为 50Hz 工频周期的整数倍，即 $T_1 = n \times 20\text{ms}$，考虑到线性度和测试效果，我们取 $T_1 = 0.1\text{s}\,(n = 5)$，这样 $T = 0.4\text{s}$，$f_0 = 40\text{kHz}$，A/D 转换速度为 2.5 次/s. 由 $T_1 = 0.1 = 250/f_0$，若取 C_1 = 100pF，则 $R_1 \approx 112.5\text{k}\Omega$.

2. LED 显示器的结构与原理简介

LED 数码管显示器用来显示电压值等，其具有耗电低、亮度高、视角大、结构简单、耐振动和寿命长等优点.

从结构上来讲，数码管内部由七个条形发光二极管和一个小圆点发光二极管组成, 根据各管的亮暗组合成字符. 常见数码管有 10 根管脚. 管脚排列如图 32-18(a) 所示, 其中小圆点和七个条形发光二极管分别命名为 dp、a、b、c、d、e、f 和 g, 而 COM 为公共端.

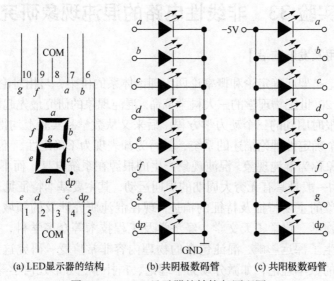

(a) LED显示器的结构　　(b) 共阴极数码管　　(c) 共阳极数码管

图 32-18　LED 显示器的结构与原理图

根据内部发光二极管的接线形式可分为共阴极和共阳极两种, 分别如图 32-18 (b)、(c) 所示. 共阴极数码管公共端接地, 共阳极数码管公共端接电源. 每个发光二极管需要 5~10mA 的驱动电流才能正常发光, 一般要加限流电阻控制电流的大小.

当某些发光二极管导通时, 相应的条形或圆点发光二极管明亮, 其他发光二极管暗淡, 从而形成不同的字符. 例如: 要显示 "0", 则 dp、a、b、c、d、e、f 和 g 分别为 0、1、1、1、1、1、1 和 0. 若要显示多个数字, 只要让若干个数码管的位码循环为低电平就可以了.

实验 33　非线性电路的混沌现象研究

【背景、应用及发展前沿】

　　混沌理论是架起确定论和概率论两大理论体系的桥梁，与相对论、量子力学一起被称为 20 世纪物理学的三大科学革命. 混沌现象的研究最先起源于 Lorenz 研究天气预报时用到的三个动力学方程，后来又从数学和实验上均得到证实. 通常可以将一个确定性理论描述的系统，其行为却表现为不确定性、不可重复、不可预测的现象称为混沌现象. 混沌现象产生的根源在系统自身，而不在外部的影响. 混沌运动一般是具有无穷大周期的周期运动，其主要基本特征见表 33-1 所给出的混沌现象的主要特征及特征的描述. 现在混沌研究涉及的领域包括数学、物理学、生物学、化学、天文学、经济学及工程技术等众多学科，并对这些学科的发展产生了深远影响. 混沌包含的物理内容非常广泛，研究这些内容更需要比较深入的数学理论，如微分动力学理论、拓扑学、分形几何学等. 目前混沌的研究重点已转向多维动力学系统中的混沌、量子及时空混沌、混沌的同步及控制等方面.

表 33-1　混沌现象的主要特征及其描述

特征	特征描述
有界性	它的轨线始终局限于混沌吸引域，从整体看混沌系统是稳定的
内在随机性	无需任何随机因数，却会出现类似随机性的行为
遍历性	有限时间内混沌轨道经过混沌区内每一个状态点
分形的性质	Lorenz 吸引子，Henon 吸引子都具有分形的结构
标度不变性	一种无周期的有序. 由分岔导致混沌的过程中，遵从 Feigenbaum 常数系
初值敏感性	只要初始条件稍有偏差或微小的扰动，则会使得系统的最终状态出现巨大的差异. 因此混沌系统的长期演化行为是不可预测的

　　现代电路理论的一个重要内容就是现代非线性电路理论，而混沌电路是现代非线性电路的重要内容之一. 由于电学量(如电压、电流)易于观察和显示，因此非线性电路逐渐成为混沌及混沌同步应用的重要途径，其中最典型的电路是美国科学家蔡少棠教授 1983 年发明的蔡氏混沌电路，已被希尔尼柯夫定理严格证明存在混沌现象，促进了现代非线性电路理论的发展. 就实验而言，可用示波器观察到电路混沌产生的全过程，并能得到双涡卷混沌吸引子.

【实验目的】

(1)通过研究一个简单的非线性电路，了解混沌现象和产生混沌的原因.

(2)对混沌电路进行调试，观察混沌现象的各种相图，并对所观察的奇怪吸引子的各种图像进行探讨.

(3)测量有源非线性电路负阻的伏安特性.

【实验原理】

蔡氏混沌电路的电路原理如图 33-1 所示，其非线性元件可用多种方法实现，电路的主要特点也与电压控制非线性元件 R_N 有关，R_N 的驱动点特征应符合至少有两个不稳定平衡点的要求，因此，蔡氏电路是至少三阶的自洽电路，可观测到无交变电源激励下的混沌振荡，它是产生混沌振荡的一种典型非线性电路. 电路中电感 L 和电容 C_1 并联构成一个其损耗可忽略的振荡电路. 可变电阻 R_0 和电容 C_2 串联构成移相器，它可将振荡器产生的正弦信号移相输出. 有源非线性负阻 R_N 的阻值呈分段线性，其伏安特性曲线如图 33-2 所示，可以看出加在 R_N 上的电压与其通过的电流极性相反，即电压增加时，其通过的电流却减小，因此，元件 R_N 称为非线性负阻元件. 耦合电阻 R_0 呈正阻性，它将振荡电路与非线性电阻 R_N 和电容 C_2 组成的电路耦合起来并且消耗能量，以防止由于 R_N 的负阻效应使电路中的电压、电流不断增大. 不断地改变电阻 R_0 的数值，可以得到各种周期相图和吸引子.

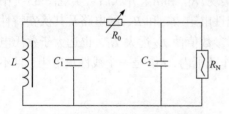

图 33-1　蔡氏混沌电路的电路原理图

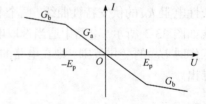

图 33-2　蔡氏混沌电路的伏安特性曲线

电路的非线性动力学方程组(电路中的电流与电压关系式)为

$$
\begin{cases}
C_1 \dfrac{\mathrm{d}U_{C_1}}{\mathrm{d}t} = G\left(U_{C_2} - U_{C_1}\right) + i_L \\[2mm]
C_2 \dfrac{\mathrm{d}U_{C_2}}{\mathrm{d}t} = G\left(U_{C_1} - U_{C_2}\right) - GU_{C_2} \\[2mm]
L \dfrac{\mathrm{d}i_L}{\mathrm{d}t} = -U_{C_1}
\end{cases}
\tag{33-1}
$$

式中，U_{C_1} 与 U_{C_2} 分别是电容 C_1 与 C_2 上的电压，i_L 是电感 L 上的电流，$G = 1/R_N$

表示非线性电阻 R_N 的电导，是 R_N 的特征函数.

如果 R_N 是线性的，G 是常数，电路就是一般的振荡电路，得到的解是正弦函数. 电阻 R_0 的作用是调节 C_1 和 C_2 的相位差，把 C_2 和 C_1 两端的电压分别输入到示波器的 X 轴，Y 轴，则显示的图形是椭圆.

如果 R_N 是非线性的，其伏安特性曲线如图 33-2 所示. 蔡氏电路中 G 的表达式为

$$G = G_b + \frac{1}{2}(G_a - G_b) \times \left(\left| 1 + \frac{E_p}{U_{C_1}} \right| - \left| 1 - \frac{E_p}{U_{C_1}} \right| \right) \tag{33-2}$$

或
$$G = \begin{cases} G_b + (G_b - G_a)\dfrac{E_p}{U_{C_1}} & (U_{C_1} < -E_p) \\[2mm] G_a & (-E_p \leqslant U_{C_1} \leqslant E_p) \\[2mm] G_b + (G_a - G_b)\dfrac{E_p}{U_{C_1}} & (U_{C_1} > E_p) \end{cases} \tag{33-2a}$$

式中，G 总体是非线性函数，三元非线性方程组没有解析解. 若用计算机编程进行数值计算，当取适当电路参数时，可在显示屏上观察到模拟实验的混沌现象.

除了计算机数学模拟方法之外，更直接的方法是用示波器来观察混沌现象. 蔡氏电路中的非线性电阻 R_N 又称为蔡氏二极管，可采用多种方式实现. 两个非线性电阻 R_{N_1} 和 R_{N_2} 的并联是一种较简单的实现，R_{N_1} 和 R_{N_2} 并联后可实现图 33-1 中非线性电阻 R_N 的伏安特性曲线. 两个非线性电阻 R_{N_1} 和 R_{N_2} 的电路及其伏安特性曲线如图 33-3 所示. 电路中适当选取电阻参数值使 E_2 远大 E_1，也远大于蔡氏电路工作时 U_{C_1} 的变化范围，则在电路的工作范围内，R_{N_2} 是一个线性负电阻，且不难导出

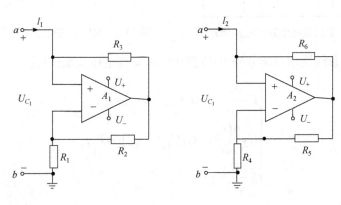

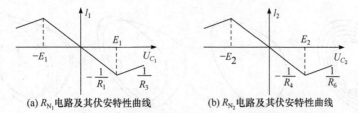

(a) R_{N_1}电路及其伏安特性曲线   (b) R_{N_2}电路及其伏安特性曲线

图 33-3 两个非线性电阻及其伏安特性曲线

$$\begin{cases} E_p = E_1 = \dfrac{R_1}{R_1 + R_2} U_{C_1} \\[2mm] G_a = -\dfrac{1}{R_1} - \dfrac{1}{R_4} \\[2mm] G_b = \dfrac{1}{R_3} + \dfrac{1}{R_6} \end{cases} \tag{33-3}$$

混沌现象表现了非周期有序性,看起来似乎是无序状态,但呈现一定的统计规律,其基本判据如下.

(1)频谱分析: G 很小时,系统只有一个稳定的状态(对应一个解),随 G 的变换系统由一个稳定状态变成在两个稳定状态之间跳跃(两个解),即由 1 倍周期变为 2 倍周期,这在非线性理论中成为倍周期分岔.它揭开了动力学进入混沌的序幕.进而两个稳定状态分裂为四个稳定状态(4 倍周期,四个解)、八个稳定状态(8 倍周期,八个解)……直至分裂进入无穷周期,即为连续频谱,接着进入混沌,系统的状态无法确定;分岔是进入混沌的途径.

(2)无穷周期后,由于产生轨道排斥,系统出现局部不稳定.

(3)奇异吸引子(strange attractor)存在.奇异吸引子有一个复杂但明确的边界,这个边界保证了在整体上的稳定,在边界内部具有无穷嵌套的自相似结构,运动是混合和随机的.它对初始条件十分敏感.

实验中改变电路中 G 的大小,双漩涡结构沿 1P→2P→4P→8P→混沌→3P→混沌……而变化.

将电导值 G 取最小,同时用示波器观察 $U_{C_1} \sim U_{C_2}$ 的李萨如图形.它相当于由方程 $x = U_{C_2}(t)$ 和 $y = U_{C_1}(t)$ 消去时间变量得到的空间曲线,在非线性理论中这种曲线称为相图."相"的意思是运动状态,相图反映了运动状态的联系.一开始系统存在短暂的稳定状态,示波器上的李萨如图形表现为一个光点.随着 G 值的增加(电阻减小),李萨如(1 倍周期)图形表现为接近斜椭圆的图形,如图 33-4(b)所示(与其对应的 U_{C_1} 和 U_{C_2} 波形图如图 33-5 所示).它表明系统开始自激振荡,其频率取决于电感与非线性电阻组成的回路特性.

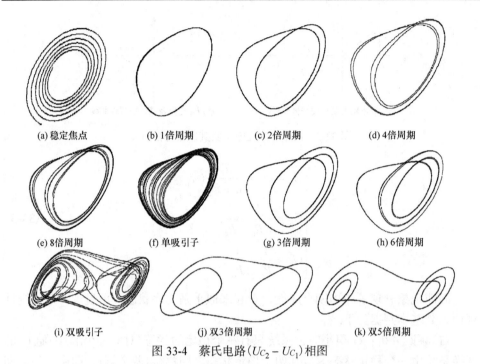

(a) 稳定焦点　　　(b) 1倍周期　　　(c) 2倍周期　　　(d) 4倍周期

(e) 8倍周期　　　(f) 单吸引子　　　(g) 3倍周期　　　(h) 6倍周期

(i) 双吸引子　　　　　(j) 双3倍周期　　　　　(k) 双5倍周期

图 33-4　蔡氏电路$(U_{C_2} - U_{C_1})$相图

应该指出的是,无论相图是代表稳态的"光点",还是开始自己振荡的"椭圆",

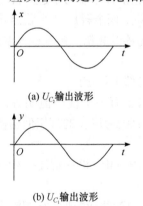

(a) U_{C_2}输出波形

(b) U_{C_1}输出波形

图 33-5　1 倍周期时各电压曲线

都是系统经过一段暂态过程的终态. 示波器显示的是系统进入稳定状态后的"相"图. 实验和理论证:只要在各自的对应系统参数(G、C1、C2、R 和 L)下,无论给什么样的激励条件(初始条件),最终都将落到各自终态集上,故它们称为"吸引子". 在非线性动力学中,前者又叫做"不动点",后者则属于"极限环".

继续增加电导,此时示波器屏幕上出现两个相交的椭圆,运动轨迹线从其中一个椭圆跑到另一个椭圆上. 他说明原先的 1 倍周期(1P)变成了 2 倍周期(2P),如图 33-4(c)所示(与其对应的 U_{C_1}

和 U_{C_2} 波形图如图 33-6 所示). 这在非线性理论中成为倍周期分岔. 它揭开了动力学进入混沌的序幕.

继续减小电导,一次出现 4 倍周期(4P)、8 倍周期(8P)、16 倍周期(16P)……与阵法混沌. 再减小电导值,出现 3 倍周期(3P,根据 Yorke 的著名论断"3P"意味着混沌,说明电路即将出现混沌),随着 1/G 的值进一步减小,系统完全进入混沌区(单个吸引子、双吸引子——蝴蝶效应),部分相图及波形图如图 33-4~图 33-8 所

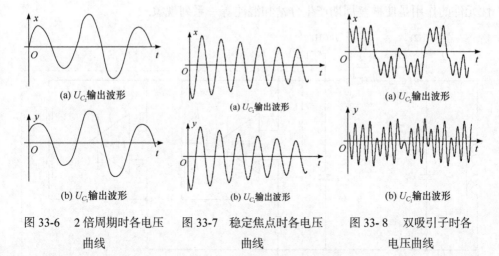

(a) U_{C_2}输出波形

(b) U_{C_1}输出波形

图 33-6 2 倍周期时各电压
曲线

(a) U_{C_2}输出波形

(b) U_{C_1}输出波形

图 33-7 稳定焦点时各电压
曲线

(a) U_{C_2}输出波形

(b) U_{C_1}输出波形

图 33-8 双吸引子时各
电压曲线

示. 当调节微调电位器时, 吸引子的形状与尺寸发生激烈的变化, 这是因为它对电路的初始值十分敏感. 相点貌似无规则游荡不会重复已走过的路. 线圈的轨道本身是有界的, 其极限集合呈现出奇特的形状, 具有某种规律. 仍把这种解集称为吸引子, 通常叫做奇异吸引子或混沌吸引子, 如图 33-4(f) 所示.

混沌作为一个科学术语, 它应该被这样描述: 混沌是一种运动状态, 是确定性中出现的无规律性, 其主要特征是动力学特性对初始条件的依赖性非常敏感. 一个混沌系统既是确定的又是不可预测的, 不可分解为两个子系统的一个系统, 通向混沌有三条主要途径: ①倍周期分岔道路, 改变一些系统的参数, 使系统周期加倍, 直到丧失周期性, 进入混沌; ②阵发性道路, 在非平衡的系统中, 某些参数的变化达到某一临界值时, 系统会表现出在时间行为上时而周期, 时而混沌的状况, 最终进入混沌; ③准周期道路, 茹厄勒-塔根斯提出, 由于某些参数的变化使得系统有不同频率的震荡相互耦合时, 会产生一些新的频率, 进而导致混沌. 另外还有湍流道路和剪切流转等产生混沌.

一般的电阻器件是线性正阻, 即当电阻两端的电压升高时, 电阻内的电流也会随之增加, 并且 i-u 呈线性变化, 或者说所谓正阻, i-u 曲线正相关, 其斜率 $\Delta u/\Delta i$ 为正. 相对应的有非线性的器件和负阻, 有源非线性负阻表现在当电阻两端的电压增大时, 电流减小, 并且不是线性变化. 负阻只有在电路中有电流时才会产生, 而正阻则不论有没有电流流过总是存在的, 从功率意义上说, 正阻在电路中消耗功率, 是耗能元件; 而负阻不但不消耗功率, 反而向外界输出功率, 是产能元件.

有源非线性负阻元件的实现方法有多种, 本实验采用两个运算放大器(LF353)和六个配置电阻来实现, 其电路(虚线框内)及伏安特性曲线如图 33-9 和图 33-10所示, 它主要是一个负阻电路(元件), 能输出电流维持振荡器不断振荡, 而非线性元件的作用是使振荡周期产生分岔和混沌等一系列现象.

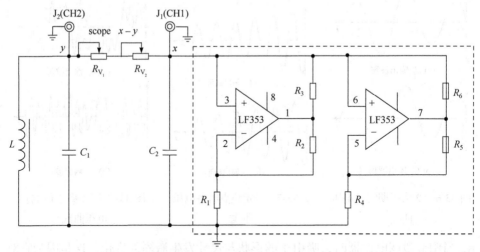

图 33-9　非线性电路混沌实验电路图

　　混沌振荡电路板如图 33-9 所示，图中 $R_{V_1} + R_{V_2}$ 等效于图 33-1 中的可变电阻 R_0，其中 R_{V_1} 为粗调，R_{V_2} 为细调；双运放 LF353 的前级和后级正负反馈同时存在，正反馈的强弱与比值 R_3/R_V、R_6/R_V 有关，负反馈的强弱与比值 R_2/R_1、R_5/R_4 有关. 当正反馈大于负反馈时，振荡电路才能振荡. 若调节 R_V，正反馈就发生变化，因为双运放 LF353 处于振荡状态，所以是一种非线性应用，混沌振荡电路实际上是一个可调的特殊振荡器. 图中电感 L 采用铁氧体做磁芯，约为 20mH. 若调节 R_V，正反馈就发生变化，LF353 处于振荡状态，表现出非线性.

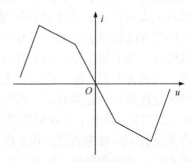

图 33-10　非线性电阻的伏安特性曲线

【仪器用具】

　　FD-NCE-Ⅱ非线性电路混沌实验仪、双踪示波器等.

【实验内容】

　　1. 测量一个铁氧体电感器的电感量，观测倍周期分岔和混沌现象

　　(1)按图 33-9 连接电路，熟悉电路结构.

　　(2)利用串联谐振法测量电感器的电感量，电路如图 33-11 所示. 把自制电感、

电容(0.1μF)和电阻箱(30.0Ω 或 100Ω)串联,并与信号源相接. 利用示波器测量电阻箱和电路两端的电压,利用 $L = 1/\left(4\pi^2 C f_0^2\right)$ 计算电感器的电感量.

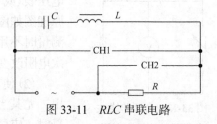

图 33-11 *RLC* 串联电路

(3)倍周期现象、周期性窗口、单吸引子和双吸引子的观察、记录和描述.

a. 将电容 C_2、C_1 上的电压输入到示波器的 X(CH1)、Y(CH2)轴,将式(33-1)中的 1/G,即利用电阻 $R_{V_1} + R_{V_2}$ 把 1/G 的大小值先调到一较大值,此时示波器屏上可观察到李萨如图形(1P),如图 33-4(b)所示. 再用扫描挡观察,两输入信号为具有一定相移(相位差)的正弦波图形,如图 33-6 所示,观察并记录该 U_{CH1}-t、U_{CH2}-t 图和二者的双通道图.

b. 逐步减小 1/G 值,开始出现两个"分列"的环图,出现了分岔现象,即由原来的 1 倍周期(1P)变为 2 倍周期(2P),示波器上显示李萨如图形,如图 33-4(c)所示. 再用扫描挡观察,两输入信号为具有一定相移(相位差)的正弦波图形,如图 33-7 所示,观察并记录该电压-时间图.

c. 逐步减小 1/G 值,出现 4 倍周期(图 33-4(d))、8 倍周期(图 33-4(e))、16 倍周期与阵发混沌交替现象,即由原来的 2 倍周期(2P)变为 4 倍周期(4P)……,并利用示波器观察李萨如图形和电压-时间图.

(4)再减小 1/G 值,出现 3 倍周期,示波器上显示李萨如图形,如图 33-4(g)所示. 然后观察电压-时间图.

(5)再减小 1/G 值,出现单个吸引子(一系列难以计数的无首尾的环状曲线,这是一个单涡旋吸引子集),示波器上显示李萨如图形,如图 33-4(f)或图 33-12 所示. 然后观察电压-时间图.

(a) 单吸引子   (b) 阵发混沌

图 33-12 单吸引子和阵发混沌对比图

(6)再减小 1/G 值,出现双吸引子,示波器上显示李萨如图形,如图 33-4(i)所示. 然后观察电压-时间图.

2. 测量有源非线性电阻的伏安特性,并画出伏安特性图

(1)将电路的 *LC* 振荡等与非线性部分(非线性电阻)直接断开,并将电阻箱与

图 33-13　有源非线性
负阻元件测量原理图

电压表（或 CH2）并联后，接到非线性电流两端，测量原理图如图 33-13 所示. 因为非线性电阻是含源的，测量时不用另接电源. 调节电阻箱，用伏特表测出每次电阻改变时的电压，记录相应的电阻值和电压读数.

(2) 使用电阻箱可以较为精确地改变电阻和输出，尤其当电阻微小改变时，输出亦可微小改变. 测量时，应尽量多地测得各数据点.

【实验数据及处理】

(1) 测量电感值随电流的变化关系.

① 利用样品 A，检验有铁心线圈中通过的电流越大，铁磁效应越明显，即该线圈的电感量 L 随着通过电流强度 I 的增大而增加. 将测量数据记录到自拟表格.

作出 $L\text{-}I$ 曲线，给出实验结果.

② 利用样品 B，检验有铁心线圈中通过的电流增大到一定值（如本实验中增大到 25mA 左右）时，电感量 L 已基本达到了饱和，然后，随着电流的增大，其值渐渐减小（为什么？）. 将测量数据记录到自拟表格.

作出 $L\text{-}I$ 曲线，给出实验结果.

(2) 观察并记录倍周期现象、周期性窗口、单吸引子和双吸引子等.

(3) 测量有源非线性电阻的伏安特性，将测量数据记录到自拟表格，并画出伏安特性图.

【注意事项】

(1) 双运算放大器的正负极不能接反，地线与电源接地点必须接触良好.

(2) 关掉电源以后，才能拆实验板上的接线.

(3) 预热 10min 以后再开始测数据.

【思考讨论】

(1) 非线性电阻 R 的伏安特性如何测量？如何对实验数据进行分段拟合？实验中使用的是哪一段曲线？

(2) 分析讨论你所观察的混沌现象有哪些特征，并列举一些你所了解的混沌现象，以及发生混沌现象的途径.

(3) 非线性负阻电路（元件）在本实验中的作用是什么？

(4) 为什么要有 RC 移相器，并且用相图来观测倍周期分岔等现象？如果不要移相器，可用哪些仪器和什么方法？

(5)通过本实验阐述周期分岔、混沌、奇怪吸引子等概念的物理含义.

(6)实验中需自制以铁氧体为介质的电感器,该电感器的电感量与哪些因素有关? 此电感量可用哪些方法测量?

【探索创新】

1. 三体问题

一颗质量很小的卫星在两颗大质量(设它们质量相等)的行星作用下运动. 假定行星在它们之间的万有引力的作用下绕其连线中心做圆周运动,而卫星质量很小,对行星运行的影响可以忽略. 同时假定三个天体在同一平面内运动,那么,卫星在两颗行星作用下的运动情况如何呢?

上述模型及由牛顿运动定律和万有引力定律所列出的方程看上去很简单,但它们所代表的运动却十分复杂,竟然无法得到解的数学解析式.

试用计算机模拟该模型,并进行计算,能得出怎样的结果?

2. 昆虫繁衍是个有代表性的混沌现象

有分析昆虫繁衍提出的虫口(即昆虫数量,昆虫"人口",简称虫口)模型及描述昆虫繁衍的非线性方程——虫口方程,在研究果木产量及家畜数量变化时也大体适用,甚至在研究地球上日益严重的人口爆炸问题时也有重要的借鉴作用,其现实意义是很大的.

查阅资料,了解在生物、政治、经济、战争、教育等领域中的混沌现象实例及混沌理论的应用.

【拓展迁移】

[1] 李世海,蔡海兴. Chen 氏混沌电路实现与同步控制实验研究[J]. 物理学报,2004,53(6):1687-1693.

[2] 黄丽莲、项建弘、王霖郁,等. 非线性变形蔡氏混沌电路实验仪[J]. 物理实验,2019,39(9):28-32.

[3] 张晓芳、陈章耀、毕勤胜. 非线性电路系统动力学的研究进展及展望[J]. 电路与系统学报,2012,17(5):124-129.

[4] 薛雪、刘晓文、陈桂真,等. 蔡氏混沌电路综合设计性实验[J]. 实验技术与管理,2017,34(6):44-49.

[5] 陈立宏、陈莉、高龙,等. 改进蔡氏混沌电路的实现[J]. 物理实验,2009,29(6):35-37.

实验 34　硅光电池特性研究

【背景、应用及发展前沿】

　　光电池(即太阳能电池也称为光生伏特电池)是一种光电转换元件,它不需外加电源而能直接把光能转换为电能.光电池的种类很多,常见的有硒、锗、硅、砷化镓、氧化铜、氧化亚铜、硫化铊、硫化镉等.其中,应用最广的是硅光电池———一种根据光生伏特效应制成的光电转换元件,它的用途主要有两方面:一是作为光辐射探测器件,在气象、农业和林业等部门探测太阳光的辐射,或在工程技术、科学研究等领域用于各种光电自动控制和测量装置;二是作为太阳能电源装置,可作为相关仪器仪表或设备的轻便、安全和清洁等的电源.作为电源,它具有一系列的优点:性能稳定、光谱响应范围宽、转换效率高、线性响应好、使用寿命长、耐高温辐射、光谱灵敏度和人眼灵敏度相近等.

【实验目的】

　　(1)了解硅光电池的基本结构及基本原理.
　　(2)研究硅光电池的基本特性,测量硅光电池的开路电压、短路电流以及它们与入射光强度的关系.
　　(3)研究硅光电池的输出伏安特性等.

【实验原理】

　　1.硅光电池的基本结构

　　目前,半导体光电探测器在数码摄像、光通信、太阳能电池等领域得到广泛应用.硅光电池是半导体光电探测器的一个基本单元,深入学习硅光电池的工作原理和具体使用特性,可以进一步领会半导体 PN 结原理、光电效应理论和光伏电池产生机理.

　　由于 PN 结具有单向导电性,在 PN 结上加正向电压时,PN 结电阻很低,正向电流较大,PN 结处于正向导通状态;加反向电压时,PN 结电阻很高,反向电流很小,PN 结处于截止状态.

　　图 34-1 是半导体 PN 结在零偏、反偏、正偏下的耗尽区示意图.当 P 型和 N 型半导体材料结合时,由于 P 型材料空穴多电子少,而 N 型材料电子多空穴少,

结果 P 型材料中的空穴向 N 型材料这边扩散,N 型材料中的电子向 P 型材料这边扩散,扩散的结果使得结合区两侧的 P 型区出现负电荷,N 型区带正电荷,形成一个势垒,由此而产生的内电场将阻止扩散运动的继续进行,当两者达到平衡时,在 PN 结两侧形成一个耗尽区,耗尽区的特点是无自由载流子,呈现高阻抗.

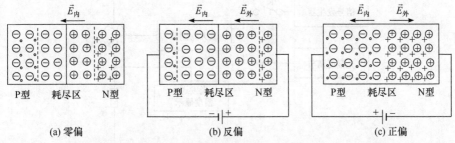

图 34-1 半导体 PN 结在零偏、反偏、正偏下的耗尽区示意图

当 PN 结反偏时,外加电场与内电场方向一致,耗尽区在外电场的作用下变宽,使势垒加强;当 PN 结正偏时,外加电场与内电场方向相反,耗尽区在外电场的作用下变窄,势垒削弱,使载流子扩散运动继续形成电流,此即为 PN 结的单向导电性,电流方向从 P 指向 N.

2. LED 的工作原理

当某些半导体材料形成的 PN 结加正向电压时,空穴与电子在 PN 结复合时将产生特定波长的光,发光的波长与半导体材料的能级间隙 E_g 有关. 发光波长 λ_p 可由下式确定

$$\lambda_p = hc / E_g \tag{34-1}$$

式中,h 为普朗克常量,c 为光速. 在实际的半导体材料中能级间隙 E_g 有一个宽度,因此发光二极管发出光的波长不是单一的,其发光波长半宽度一般在 25~40nm,随半导体材料的不同而有差别. 发光二极管输出光功率 P 与驱动电流 I 的关系由下式决定:

$$P = \eta E_p I / e \tag{34-2}$$

式中,η 为发光效率,E_p 是光子能量,e 是电荷常数.

输出光功率与驱动电流呈线性关系,当电流较大时由于 PN 结不能及时散热,输出光功率可能会趋向饱和. 系统采用的发光二极管驱动和调制电路如图 34-2 所示. 本实验用一个驱动电流可调的红色超高亮度发光二极管作为实验用光源. 信号调制采用光强度调制的方法,发送光强度调节器用来调节流过 LED 的静态驱动电流,从而改变发光二极管的发射光功率. 设定的静态驱动电流调节范围为 0~

20mA，对应面板上的光发送强度驱动显示值为 0～2000 单位.

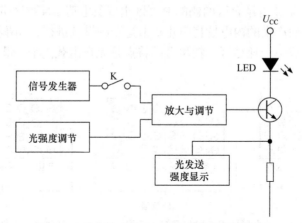

图 34-2　发送光的设定、驱动和调制电路框图

正弦调制信号经电容、电阻网络及运放跟随隔离后耦合到放大环节，与发光二极管静态驱动电流叠加后，使发光二极管发送随正弦波调制信号变化的光信号，如图 34-3 所示，变化的光信号可用于测定光电池的频率响应特性.

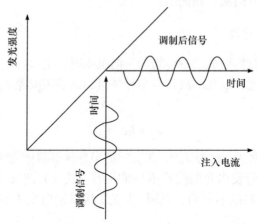

图 34-3　LED 发光二极管的正弦信号调制原理

3. 硅光电池的工作原理

光电转换器件主要是利用物质的光电效应，即当物质在一定频率的照射下，释放出光电子的现象. 当光照射金属氧化物或半导体材料的表面时，会被这些材料内的电子所吸收，如果光子的能量足够大，吸收光子后的电子可挣脱原子的束缚而溢出材料表面，这种电子称为光电子，这种现象称为光电子发射，又称为外光电效应. 有些物质受到光照射时，其内部原子释放电子，但电子仍留在物体内

部，使物体的导电性增强，这种现象称为内光电效应.

光电二极管是典型的光电效应探测器，具有量子噪声低、响应快、使用方便等优点，广泛用于激光探测器. 外加反偏电压与结内电场方向一致，当 PN 结及其附近被光照射时，就会产生载流子(即电子–空穴对). 结区内的电子–空穴对在势垒区电场的作用下，电子被拉向 N 区，空穴被拉向 P 区而形成光电流. 同时势垒区一侧一个扩展长度内的光生载流子先向势垒区扩散，然后在势垒区电场的作用下也参与导电. 当入射光强度变化时，光生载流子的浓度及通过外回路的光电流也随之发生相应的变化. 这种变化在入射光强度很大的动态范围内仍能保持线性关系.

单体硅光电池在太阳的照射下，其电动势为 0.5~0.6V，最佳负荷状态工作电压为 0.4~0.5V，实际应用中，可根据需要将多个硅光电池串联使用.

4. 硅光电池的光电转换效率

硅光电池在实现光电转换时，并不能将所有照射在电池表面的光能全部转换为电能. 目前，在太阳直射下的转换效率仅为 22%左右. 究其原因，有很多种，如反射损失；波长过长的光子能量小，不能激发电子–空穴对，波长较短的光固然能激发电子–空穴对，但一般一个光子也只能激发一个电子–空穴对；在离 PN 结较远处被激发的电子–空穴对会自行重新复合，对电动势无贡献；在晶体内部和表面存在晶格缺陷时，也会使电子–空穴对重新复合；光电流通过 PN 结时会有漏电等.

5. 硅光电池的基本特性

1)硅光电池的伏安特性

硅光电池是一个大面积的光电二极管，它被设计用于把入射到它表面的光能转化为电能，因此，可用作光电探测器和光电池，被广泛用于太空和野外便携式仪器等的能源. 光电池的基本结构如图 34-4 所示，当半导体 PN 结处于零偏或反偏时，在它们的结合面耗尽区存在一内电场.

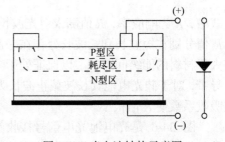

图 34-4　光电池结构示意图

当没有光照射时，光电二极管相当于普通的二极管. 其伏安特性是

$$I = I_S \left[\exp\left(\frac{eU}{kT}\right) - 1 \right] \tag{34-3}$$

式中，I 为流过二极管的总电流，I_S 为反向饱和电流，e 为电子电荷，k 为玻尔兹曼常量，T 为工作绝对温度，U 为加在二极管(PN 结)两端的电压. 对于外加正向

电压, I 随 U 指数增长, 称为正向电流; 当外加电压反向时, 在反向击穿电压之内, 反向饱和电流基本上是个常数.

当有光照时, 入射光子将把处于介带中的束缚电子激发到导带, 激发出的电子-空穴对在内电场作用下分别飘移到 N 型区和 P 型区, 当在 PN 结两端加负载时就有一光生电流流过负载. 流过 PN 结两端的电流可由下式确定:

$$I = I_S\left[\exp\left(\frac{eU}{kT}\right) - 1\right] + I_P \tag{34-4}$$

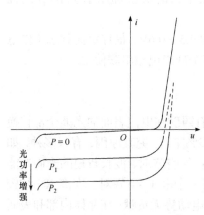

图 34-5　硅光电池与普通二极管的
伏安特性曲线对比图

此式表示硅光电池的伏安特性. 式中, I_P 为产生的反向光电流. 从式中可以看到, 当光电池处于零偏时, $U = 0$, 流过 PN 结的电流 $I = I_P$; 当光电池处于反偏时(在本实验中取 $U = -5V$), 流过 PN 结的电流 $I = I_P + I_S$. 因此, 当光电池用作光电转换器时, 光电池必须处于零偏或反偏状态.

比较式(34-3)和式(34-4)可知, 光照下的硅光电池伏安特性曲线相当于把普通二极管(无光照下的硅光电池)的伏安特性曲线向下平移, 如图 34-5 所示.

光电池处于零偏或反偏状态时, 产生的光电流 I_P 与输入光功率 P_i 有以下关系:

$$I_P = RP_i \tag{34-5}$$

式中, R 为响应率, R 值随入射光波长的不同而变化, 对不同材料制作的光电池, R 值分别在短波长和长波长处存在一截止波长, 在长波长处要求入射光子的能量大于材料的能级间隙 E_g, 以保证处于介带中的束缚电子得到足够的能量被激发到导带, 对于硅光电池其长波截止波长为 $\lambda_c = 1.1\mu m$, 在短波长处也由于材料有较大吸收系数使 R 值很小.

图 34-6 是光电池光电信号接收端的工作原理框图, 光电池把接收到的光信号转变为与之成正比的电流信号, 再经 I/U 转换模块把光电流信号转换成与之成正比的电压信号. 比较光电池零偏和反偏时的信号, 就可以测定光电池的饱和电流 I_S. 当发送的光信号被正弦信号调制时, 则光电池输出电压信号中将

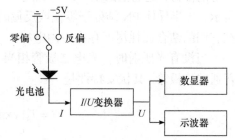

图 34-6　光电池光电信号接收框图

包含正弦信号，据此可通过示波器测定光电池的频率响应特性.

2) 硅光电池的开路电压与入射光强度的关系

硅光电池的开路电压是硅光电池在外电路断开时阳端的电压，用 U_∞ 表示，在无光照射时，开路电压为零.

硅光电池的开路电压不仅与硅光电池材料有关，而且与入射光强度有关. 理论上，开路电压的最大值等于材料禁带宽度的一半. 例如，禁带宽度为 1.1eV 的硅做硅光电池，开路电压为 0.5～0.6V. 对于给定的硅光电池，其开路电压随入射光强度的变化而变化，其规律是：开路电压与入射光强度的对数成正比. 即开路电压随入射光强度增大而增大，但入射光强度越大，开路电压增大得越缓慢.

3) 硅光电池的短路电压与入射光强度的关系

硅光电池的短路电流就是它正负端子短路时回路中的电流，用 I_{SC} 表示. 对给定的硅光电池，其短路电流与入射光强度成正比，对此，我们是容易理解的，因为入射光强度越大，光子越多，由光子激发的电子–空穴对也就越多，短路电流就越大.

4) 在一定入射光强度下硅光电池的输出特性

当硅光电池两端连接负载而使电路闭合时，如果入射光强度一定，则电路中的电流 I 和路端电压 U 均随负载电阻的改变而改变，同时，硅光电池的内阻也随之变化. 硅光电池的输出伏安特性曲线如图 34-7 所示.

曲线上任意一点对应的电流和电压的乘积，就是硅光电池在相应负载电阻时的输出功率 P. 曲线上有一点 M，对应 I_{mP} 和 U_{mP} 的乘积（即图中所见矩形面积）最大. 可见，硅光电池在此情况下的输出功率最大. 这个负载电阻值称为最佳负载电阻值，用 R_{mP} 表示.

5) 硅光电池在一定入射光强度下的曲线因子（或填充因子）

曲线因子定义为

$$FF = U_{mP} I_{mP} / (U_\infty I_{SC}) \quad (34\text{-}6)$$

在一定入射光强度下，硅光电池的开路电压 U_∞ 和短路电流 I_{SC} 是一定的，而 U_{mP} 和 I_{mP} 分别是硅光电池在该入射光强度下输出功率最大时的电压和电流. 可见，曲线因子的物理意义是硅光电池在该入射光强下的最大输出效率.

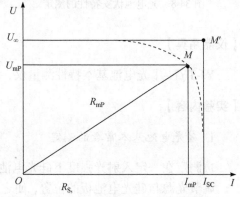

图 34-7　硅光电池的输出伏安特性曲线

从硅光电池的输出伏安特性曲线来看，曲线因子 FF 的大小等于小矩形的面积（与 M 点对应）与矩形 $U_\infty I_{SC}$ 的面积（与 M' 点对应）之比. 如果输出伏安特性曲线越接近矩形, 则 M 与 M' 就越接近重合, 曲线因子就越接近于 1, 硅光电池的最大输出效率也就越高.

6) 硅光电池的负载特性

光电池作为电池使用如图 34-8 所示. 在内电场作用下, 入射光子由于内光电效应把处于介带中的束缚电子激发到导带, 而产生光伏电压, 在光电池两端加一个负载就会有电流流过, 当负载很小时, 电流较小而电压较大; 当负载很大时, 电流较大而电压较小. 实验时可改变负载电阻 R_L 的值来测定硅光电池的伏安特性.

在线性测量中, 光电池通常以电流形式使用, 故短路电流与光照度(光能量)呈线性关系, 是光电池的重要光照特性. 实际使用时都接有负载电阻 R_L, 输出电流 I_L 随照度(光通量)的增加而非线性缓慢地增加, 并且随负载 R_L 的增大线性范围也越来越小. 因此, 在要求输出的电流与光照度呈线性关系时, 负载电阻在条件许可的情况下越小越好, 并限制在光照范围内使用, 如图 34-9 所示.

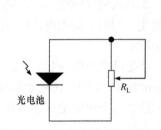
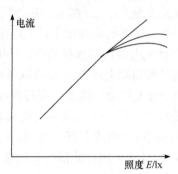

图 34-8　光电池伏安特性的测定　　　　图 34-9　光电池光照与负载特性曲线

【仪器用具】

YJ-TYN-Ⅰ光电池基本特性测量仪、光源、负载电阻箱等.

【实验内容】

1. 硅光电池基本常数的测定

1) 测定在一定入射光强度下硅光电池的开路电压(即电动势)和短路电流

调节光源与硅光电池板的位置, 使之适当, 并保持不变, 测出开路电压 U_∞ 和短路电流 I_{SC}.

2) 测定硅光电池的开路电压和短路电流与入射光强度的关系

(1) 光源与硅光电池板正对时, 测出开路电压 $U_{\infty1}$ 和短路电流 I_{SC1}.

(2) 将硅光电池板转动一定的角度(如 15°), 测出此时的开路电压 $U_{\infty2}$ 和短路电流 I_{SC2}.

(3)然后分别转动硅光电池板 30°、45°、60°、75°、90°，测出不同位置下的开路电压和短路电流.

2. 在一定的入射光强度下，研究硅光电池的输出特性

保持光源与硅光电池板处于适当的位置不变，即保持入射光强度不变.

(1)测量开路电压 U_∞ 和短路电流 I_{SC}.

(2)分别测出不同负载电阻下的电流 I 和电压 U.

(3)根据 U_∞、I_{SC} 及一系列相应的 R、U 和 I 值，将以上测得的数据填入自拟的表格中.

注意事项：

(1)当电压表和电流表显示为"1"是说明超过量程，应更换为合适量程.

(2)连接电路时，保持电源开关断开.

(3)实验过程中，请勿同时拨开两种或两种以上的光源开关，这样会造成实验所测试的数据不准确.

(4)辐射光源的温度较高，应避免与灯罩接触.

(5)辐射光源的供电电压为 220V，应小心触电.

【实验数据及处理】

(1)硅光电池基本常数的测定. 将所测量数据填入自拟表格，并用坐标纸画出 θ-I_{SC} 和 θ-U_∞ 曲线.

(2)在一定入射光强度下，研究硅光电池的输出特性. 将所测量数据填入自拟表格，计算在该入射光强度下，与各个 R 相对应的输出功率 $P = IU$，求出最大输出功率 P_{max}，以及相应的硅光电池的最佳负载电阻 R_{mP}、U_{mP} 和 I_{mP}；作出 P-R 及输出伏安特性 I-U 曲线. 最后计算曲线因子 $FF = U_{mP}I_{mP}/(U_\infty I_{SC})$.

【思考讨论】

(1)光电池在工作时为什么要处于零偏或反偏？

(2)光电池用于线性光电探测器时，对耗尽区的内部电场有何要求？

(3)光电池对入射光的波长有何要求？

(4)当单个光电池外加负载时，其两端产生的光伏电压为何不会超过 0.7V？

(5)如何获得高电压、大电流输出的光电池？

【探索创新】

利用硅光电池完成以下实验内容设计：

(1)验证马吕斯定律. 用两块格兰棱镜充当起偏器和检偏器，通过用硅光电池

的响应电流检测偏光强度的方法来验证马吕斯定律，绘制硅光电池的响应曲线.

(2)测量高锰酸溶液与透射光强的关系. 当溶液的浓度较小时，透射光强满足比尔定律. 测量通过不同浓度溶液的短路电流，作短路电流与浓度的关系曲线，判断是否线性.

【拓展迁移】

[1] 杜梅芳，姜志进. 光电池非线性区 PN 结光生伏特效应的研究[J]. 上海理工大学学报，2002，24(1)：66-69.

[2] 代如成，郭强，王中平，等. 硅光电池实验设计[J]. 物理实验，2019，39(1)：15-18.

[3] 王志军，李守春，王连元，等. 硅太阳能电池特性的实验研究[J]. 大学物理实验，2013，26(6)：27-30.

[4] 曾振武，肖荣辉，林映燕. 温度对硅光电池光电特性影响的实验设计[J]. 科技经济市场，2013，(10)：3-4.

[5] 白日午，王浦. 硅光电池辐射测温的误差分析[J]. 焊管，2013，26(4)：21-24.

[6] 喻秋山，方超，曹江涛，等. 测量硅光电池伏安特性曲线的改进研究[J]. 中国高新技术企业，2013，275(32)：21-22.

实验 35　地磁场水平分量测量

【背景、应用及发展前沿】

众所周知，地球本身具有磁性，所以地球和近地空间之间所存在的磁场，通常称为地磁场. 而地磁场也有南、北两极，但是磁南极和磁北极与地理意义上的南、北极并不一致.

地磁场作为一种天然弱磁源，其数值比较小，地磁场在地面上的平均磁感应强度约为 5.0×10^{-5}T，最强的两极处也只约为 7.0×10^{-5}T，陕西省当地的地磁场约为 5.38×10^{-5}T(参照西安)，其中水平分量约为 3.6×10^{-5}T，垂直分量约为 4.0×10^{-5}T. 地磁场在军事、工业、医学、探矿等众多领域有着广泛的应用，但在直流磁场测量，特别是弱磁场测量中，往往需要知道其数值，并设法消除其影响.

目前弱磁场的精确测量方法有：流水式核磁共振磁强计法、磁通门法、超导量子干涉磁强计法等. 这些方法所用的仪器设备都较昂贵，不宜推广普及. 本实验所用的磁力法是易普及且常用的测量方法之一.

【实验目的】

(1)掌握弱磁场测量的基本原理.
(2)掌握一种测量大地磁场的基本测量方法.
(3)学习分析系统误差的方法.

【实验原理】

1. 地磁场与地磁要素

地磁场主要来源于地球内部，从磁荷观点看，其主要部分是一个偶极场. 地心磁偶极子轴线与地球表面的两个交点成为地磁极，地磁的南(北)极实际上是地心磁偶极子的北(南)极，如图 35-1 所示. 地心磁偶极子的磁轴 N_m、S_m 与地球的旋转轴 NS 斜交一个 θ_0，$\theta_0 \approx 11.5°$，所以地磁

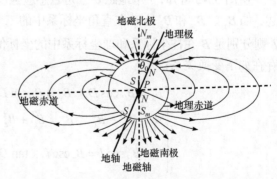

图 35-1　地磁的南(北)极与地心磁偶极子的北(南)极
分布示意图

极与地理极相近但不相同.

　　由于地球磁感应强度随不同的地理位置、时间而发生变化，另外地磁场还跟太阳、月球和太阳黑子等一些现象有关，所以要精确地测量地球上某点的地磁感应强度往往不容易做到.

　　地磁场是一个向量场. 在如图 35-2 的地理直角坐标系中，O 点表示地球上的测量点，x 轴指向北，即地理子午线(经线)的方向；

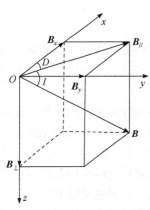

图 35-2　地球表面任一点地
　　　　磁要素示意图

y 轴指向东，即地理纬线的方向；z 轴垂直地面指向地心.xOy 面代表地平面，地磁场磁感应强度矢量 $\boldsymbol{B}$ 在 xOy 平面上的投影 $\boldsymbol{B}_{//}$ 称为水平分量，水平分量 $\boldsymbol{B}_{//}$ 所指的方向就是磁针北极所指的方向，即磁子午线的方向. 地球表面任一点的地磁场矢量 $\boldsymbol{B}$ 所在的垂直平面(图 35-2 中 $\boldsymbol{B}_{//}$ 与 z 构成的平面，称地磁子午面)，与地理子午面(图 35-2 中 x、z 构成的平面)之间的夹角 D 称为磁偏角，也就是磁子午线与地理子午线的夹角. 由地理子午线计起，磁偏角向东偏为正，向西偏为负. 地磁场矢量 $\boldsymbol{B}$ 与 xOy 平面之间的夹角 I 称为磁倾角. 在北半球的大部分地区磁针的 N 极向下倾，而在南半球磁针的 N 极则向上仰，通常规定 N 极向下倾为正，向上仰为负. 地磁场矢量 $\boldsymbol{B}$ 的水平分量 $\boldsymbol{B}_{//}$ 在 x、y 轴上的投影，分别称为北向分量 $\boldsymbol{B}_x$ 和东向分量 $\boldsymbol{B}_y$；地磁场矢量 $\boldsymbol{B}$ 在 z 轴上的投影 $\boldsymbol{B}_z$ 称为垂直分量. 通常地球上某一点 O 的地磁要素有 7 个，即地磁场磁感应强度矢量 $\boldsymbol{B}$、水平强度 $\boldsymbol{B}_{//}$、垂直强度 $\boldsymbol{B}_{\perp}$、$\boldsymbol{B}_{//}$ 在 x 轴上的投影 $\boldsymbol{B}_x$(北向分量)、$\boldsymbol{B}_{//}$ 在 y 轴上的投影 $\boldsymbol{B}_y$(东向分量)、磁偏角 D 和磁倾角 I.

　　由图 35-2 可知，7 个地磁要素是磁感应强度矢量 $\boldsymbol{B}$ 在不同坐标系中的坐标表述，如 $\boldsymbol{B}_x$、$\boldsymbol{B}_y$ 和 $\boldsymbol{B}_z$ 是 $\boldsymbol{B}$ 在直角坐标系中的三个分矢量；$\boldsymbol{B}_z$、$\boldsymbol{B}_{//}$、D 和 $\boldsymbol{B}_{//}$、D、I 则分别是 $\boldsymbol{B}$ 在柱坐标系和球坐标系中的坐标值，这三种坐标体系彼此独立，且存在如下变换关系：

$$\begin{cases} B_x = B_{//}\cos D, \quad B_y = B_{//}\sin D, \quad B_z = B_{//}\tan I \\ B_{//}^2 = B_x^2 + B_y^2, \quad B^2 = B_{//}^2 + B_z^2 \\ B = B_{//}\sec I = B_z\csc I, \quad \tan D = \dfrac{B_y}{B_x} \end{cases} \tag{35-1}$$

　　描述空间某一点地磁场的强度和方向，需要 3 个独立的地磁要素，通常选水平分量 $\boldsymbol{B}_{//}$、磁倾角 I 和磁偏角 D. 测量地磁场的这三个参量，就可确定某一地点

地磁场 **B** 矢量的方向和大小.

2. 定地磁场的水平分量 B_G.

从电学的右手定则可以知道, 当线圈中通过电流时, 线圈的周围就会产生一定量的磁场, 右手握拳, 假设四个小手指所环绕的方向就是电流的流向, 那么大拇指所指的方向就是磁场的方向.

根据毕奥-萨伐尔定律, 载流圆线圈产生的磁场, 在轴线上磁场强度大小为

$$B_R = \frac{\mu_0 R^2}{2(R^2 + x^2)^{3/2}} NI$$

其中, I 为通过圆环线圈的电流强度, N 为圆环线圈的匝数, R 为圆环线圈的平均半径, x 为圆环线圈圆心到场点的距离. 轴线上磁场分布如图 35-3 所示. 因此, 圆心处的磁感应强度 B_0 大小为

$$B_0 = \frac{\mu_0}{2R} NI \tag{35-2}$$

线圈轴线外的磁场分布计算公式较复杂, 请参见相关参考书.

在线圈通电前, 先将线圈平面与罗盘指针相平行, 即线圈平面与地磁子午面一致. 然后, 在线圈中通一直流电, 此时圆环线圈产生的磁场 **B$_R$** 与大地磁场 **B$_G$** 正交, 罗盘中的磁针就在 **B$_R$**、**B$_G$** 两磁场所产生的磁力矩的同时作用下偏离地磁子午面, 与地磁子午面成一定的角度, 如图 35-4 所示. 由图可知

$$\tan\theta = \frac{B_R}{B_G} \tag{35-3}$$

将式(35-2)代入上式, 可得

$$B_G = \frac{\mu_0 NI}{2R} \frac{1}{\tan\theta}$$

即

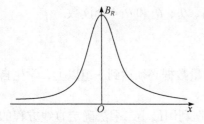

图 35-3 圆环线圈磁场在轴线上的分布

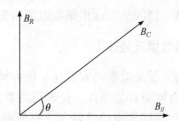

图 35-4 大地磁场与圆环线圈磁场矢量合成

$$I = \frac{2RB_G}{\mu_0 N} \tan \theta = k \tan \theta \tag{35-4}$$

其中，$k = \dfrac{2RB_G}{\mu_0 N}$. 对于同一个测量地点，$B_G$、$R$ 和 N 均为不变量，故 k 为一常量.

由式(35-4)可知，电流 I 与磁针偏角 θ 的正切成正比. 若能测得通过线圈的电流 I 与罗盘指针的偏角 θ，即能测得地磁的水平分量 B_G 值.

【仪器用具】

DH4515 型地磁场水平分量测试仪.

【实验内容】

1. 实验开始前准备

(1)将电流源输出旋钮调到最小位置上.

(2)将测试仪电流输出端子连接到圆环线圈选定匝数的接线端上. 连接好线，调节正切电流计底座脚螺丝使水准器气泡调节至中间，这会使罗盘位于水平位置，这样线圈平面就铅直了.

(3)调整机架，使罗盘指针和线圈轴线基本在一垂线上，即使线圈平面与地磁子午面一致，并使磁针的 N 极指向 "0" 刻度线，这样线圈通电后由线圈产生的磁场 B_G 与地磁水平分量 B_R 相互垂直.

2. 测量数据

(1)固定电流值. 使输出电流 I 固定不变(如 50mA)，而线圈匝数分别取 10 匝、20 匝、30 匝、50 匝、100 匝. 从罗盘上读得磁针的偏转角 θ_1，为了消除罗盘磁针偏心误差，还需从罗盘上读取磁针的另一侧偏转角 θ_2，通过调节接线使电流换向，同样在罗盘上又可读 θ_3、θ_4，则偏转角 $\theta = \dfrac{1}{4}(\theta_1 + \theta_2 + \theta_3 + \theta_4)$.

(2)固定线圈匝数 $N = 30$. 使输出电流分别为 20mA、40mA、60mA、80mA、100mA、150mA，读出每组电流值对应的 θ_1、θ_2、θ_3 和 θ_4 4 个读数.

【实验数据及处理】

为了保证数据的有效性，每种情况的测量数据必须达到 5 组以上，学生自拟表格(含测量环境条件、仪器仪表参数等).

(1)对固定电流值情况，对所测量的数据利用最小二乘法确定直线方程的参数，并计算出斜率 k 的值：

$$k = \frac{n\sum(\tan\theta \cdot N) - \sum\tan\theta\sum N}{n\sum(\tan\theta)^2 - \left(\sum\tan\theta\right)^2}$$

并用作图法(N-$\tan\theta$ 图)求出斜率 k 值,即可分别根据式(35-4)求得地磁场水平分量.

(2)对固定线圈匝数两种情况,对所测量的数据利用最小二乘法确定直线方程的参数,并计算出斜率 k 的值

$$k = \frac{n\sum(\tan\theta \cdot I) - \sum\tan\theta\sum I}{n\sum(\tan\theta)^2 - \left(\sum\tan\theta\right)^2}$$

并用作图法(I-$\tan\theta$ 图)求出斜率 k 值,即可分别根据式(35-4)求得地磁场水平分量.

(3)对上述所求得的地磁场水平分量求平均,并与当地的地磁场给定值进行对比分析.

【思考讨论】

(1)地磁场的地磁要素有哪些?它们之间有何关系?

(2)本实验中测量地磁场水平分量的基本思想方法是什么?

(3)通过阅读资料,给出一种测量地磁场的方法.

【探索创新】

地磁场与动物感磁.

地球具有全球分布的偶极子磁场,它起源于地球内部液态外核的导电流体的对流运动(发电机原理),向外延伸至太空,与太阳风作用形成巨大的磁层. 地磁场有效地阻挡了高能带电粒子对地球上生命的有害辐射,也保护着大气和水分,避免其被太阳风剥蚀、逃逸. 因此,地磁场为地球上生物的起源和演化提供着温和的环境.

地磁场是一个轴向地心偶极子场,在地磁两极处强度最大,现今约 64μT,磁赤道处最小,现今约 24μT. 在地球任一地点,地磁场可以通过磁倾角、磁偏角及磁场强度三个参量来表征. 受地球内部过程控制,地磁场在变化. 自 1840 年有地磁实测以来,地磁场强度已降低了 10%;估计如果以这样的速度持续衰减,地磁场将在数千年后消失,或可发生地磁极性倒转. 古地磁研究表明,在极性倒转期间(持续时间数千年至上万年)磁场强度减弱至倒转前强度的 10%~20%,甚至更低. 模拟实验结果显示,地磁场强度减弱会使得磁层向阳面在太阳风压缩下退缩,或可导致臭氧层成分和结构的改变,从而造成到达地表的有害辐射增强,或引起部分高层大气氧离子和水分逃逸加剧等,这些变化会对地球上的生命产生一系列

直接或间接的影响.

　　地球上很多生物在进化的过程中很早就获得了类似"磁罗盘"的感磁能力，它们利用地磁场信息来定向和导航. 动物地磁导航的证据目前主要来自行为学和神经生理学研究. 常见的行为学研究方法有两类：一是在自然界自由活动的动物身体周围，利用永磁块或小型线圈产生干扰磁场，放飞动物后追踪动物归巢或迁徙路线的变化；二是利用人工模拟线圈或磁屏蔽设备，在实验装置内观察动物的定向行为. 神经生理学研究则主要利用电生理记录神经细胞的电信号变化，或神经细胞活跃性依赖基因的表达差异，来研究动物对周围磁场环境变化响应的神经元、神经通路或特定脑区.

　　动物地磁导航研究最早开始于迁徙性鸟类——知更鸟. 知更鸟在其迁徙季节里，具有强烈地自发性地向迁徙方向运动的行为. 前人通过行为学研究已发现，鸟的体内具有"磁倾角罗盘"，能够指导鸟类向赤道方向或背离赤道方向(即两极方向)飞行. 随着研究的深入，目前已发现几乎所有的动物门类都具有感磁能力，包括脊椎动物门的鱼类(大马哈鱼、珊瑚鱼)、两栖类(蝾螈)、爬行类(海龟)、鸟类(信鸽)、哺乳类(鼹鼠、蝙蝠)以及无脊椎动物门的甲壳类(龙虾)、昆虫类(蜜蜂、白蚁)和软体类(蜗牛)等，并且不断地在发现新的感磁物种. 在这些感磁动物中，研究人员发现两类感磁罗盘：一类是以鸟类为代表的"磁倾角罗盘"，通过感知地磁场的倾角变化来获得定向. 昆虫类、两栖类、爬行类动物等也多使用磁倾角罗盘. 另一类是"磁极性罗盘"，例如蝙蝠、硬骨鱼和甲壳类动物，它们体内的罗盘能够识别地磁场的方向信息，类似于人类使用的指南针. 研究还发现，具有感磁能力的动物并不仅仅局限于迁徙性或洄游性物种，很多非迁徙性动物也有感磁能力，例如：软体动物、昆虫类以及一些偶蹄目动物. 这些动物虽然不进行长距离运动，但在周围短距离活动区域也需要运动定向和觅食定向.

　　动物感磁现象在自然界是普遍存在的. 这可能是由于生命的起源和演化都是在地磁场环境中进行的，在长期的演化过程中，动物演化出感磁能力来适应地磁场环境，从而帮助动物更好地完成某些生理活动. 动物地磁导航感磁受体类型可能具有物种差异性. 将来在获得足够多的感磁物种后，结合系统发育分析可能会得到感磁能力与物种演化之间的联系. 不同的动物可能利用不同的感磁受体或者二者兼具，只是会针对不同的生理活动和所处环境条件来选择使用. 目前感磁受体的大致定位多位于动物的头部，包括地磁场可能作用于鸟类内耳瓶状，然后将感知的地磁场信息传递到脑干某些特定神经元细胞被感知. 越来越多的证据表明，地磁场是地球上生物维持正常的生理活动、生长发育必不可少的环境因子.

【拓展迁移】

[1] 刘竹琴. 利用亥姆霍兹线圈测量地磁场强度及磁倾角[J]. 电子测量技术，

2015，38(5)：119-121.

[2] 唐艳妮，赵云芳，李雪琴. 磁阻传感器测量地磁场实验教学体会[J]. 大学物理实验，2019，32(2)：94-97.

[3] 陈贸辛，王福合. 基于阻尼振动模型测量地磁场水平分量[J]. 物理与工程，2018，28(1)：76-79.

[4] 李微. 地磁场水平分量的测量研究[J]. 沈阳师范大学学报(自然科学版)，2009，27(4)：430-431.

[5] 许磊，方立青，肖杉，等. 霍尔效应副效应研究及地磁场水平分量测量[J]. 大学物理，2019，38(8)：30-38.

[6] 张容，王星雨，郑鑫玉，等. 基于智能手机地磁场水平分量的测量[J]. 大学物理实验，2020，33(1)：47-79.

【主要仪器介绍】

DH4515 型地磁场水平分量测试仪简介.

DH4515 地磁场测定仪由两部分组成，它们分别为地磁场水平分量测定仪(图 35-5(a))和地磁场测试架(图 35-5(b)). 而地磁场水平分量测定仪由一个电流显示器和一个恒流源组成；地磁场测试架由励磁线圈和罗盘等组成.

使用方法：

(1) 准备工作. 仪器使用前，请先开机预热 10min，这段时间内请先熟悉地磁场测定实验仪上各个接线端子的正确连线方法和仪器的正确操作方法.

(2) 正确地把罗盘放在线圈正中间的架子上.

(3) 调整测试架水平. 首先观察测试架上罗盘右侧的水准气泡所处的位置，据此调节测试架底座下的机脚高低，同时，一边调节机脚一边观察气泡的位置，直至使其处于中心位置为止.

(4) 调整机架，使罗盘指针和线圈在一条直线上.

(5) 连线，选择线圈匝数.

(6) 数显直流毫伏表的使用方法. 它的测量范围为 0~200mV，频率响应为

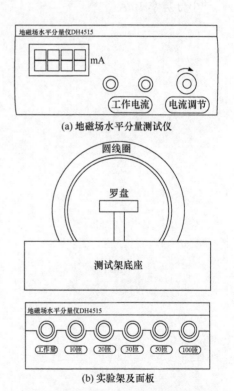

图 35-5 DH4515 型地磁场水平分量测试仪

20Hz～1kHz. 使用之前, 必须先进行调零, 具体方法是将输入短接, 调节电位器, 使显示值为 0, 调零完毕, 即可进入正常测量过程.

(7)调节电位器, 使罗盘指针从原有角度偏移 45°, 利用电磁场计算公式计算磁场强度.

主要技术性能:

(1)环境适应性: 工作温度 10～35℃, 相对湿度 25%～85%.

(2)抗电强度: 仪器能经受 50Hz 正弦波 500V 电压 1min 耐压实验.

(3)励磁工作台.

　　一个励磁线圈: 线圈有效半径 105mm.

　　　　线圈匝数 10 匝、20 匝、30 匝、50 匝、100 匝.

　　其他: 罗盘精确度 ≪ 1°.

(4)地磁场测定仪主要参数.

恒流源输出电流 0～200mA; 工作电压不大于 24V; 电压表 3 位半数显, 最小分辨率 1mA.

实验 36　周期信号的傅里叶分解与合成

【背景、应用及发展前沿】

一般来说，将周期信号分解得到的三角函数形式的傅里叶级数的项数是无限的. 也就是说，通常只有无穷项的傅里叶级数才能与原函数精确相等. 但在实际应用中，显然无法取至无穷多项，而只能采用有限项级数来逼近无穷项级数. 而且，所取项数越多，有限项级数就越逼近原函数，原函数与有限项级数间的方均误差就越小，而且低次谐波分量的系数不会因为所取项数的增加而变化. 因此，将具有不连续点的周期函数(如矩形脉冲)进行傅里叶级数展开后，选取有限项进行合成时，当选取的傅里叶有限级数的项数越多时，所合成的波形的峰起就越靠近 $f(t)$ 的不连续点. 当所取的项数 N 很大时，该峰值趋于一个常数，约等于总跳变值的 9%，这种现象称为 Gibbs 现象.

周期性函数可以用傅里叶级数来逐项展开，用傅里叶级数展开来进行分析的方法在数学、物理和工程技术等领域有着大量的应用. 周期信号的频谱分析在理工科，特别是电信专业的课程中有着很重要的地位.

【实验目的】

(1) 用 RLC 串联谐振方法将方波分解成基波和各次谐波，并测量它们的振幅与相位关系.

(2) 学会利用一组振幅与相位可调的正弦波由加法器合成方波.

(3) 了解傅里叶分析的物理含义和分析方法.

【实验原理】

1. 数学基础

任何具有周期为 T 的波函数 $f(t)$ 都可以表示为三角函数所构成的级数之和，即

$$f(t) = \frac{1}{2}a_0 + \sum_{n=1}^{\infty}(a_n \cos n\omega t + b_n \sin n\omega t) \tag{36-1}$$

其中，$\omega(=2\pi/T)$ 为角频率，T 为周期；第一项 $a_0/2$ 为直流分量.

所谓周期性函数的傅里叶分解就是将周期性函数展开成直流分量、基波和所有 n 阶谐波的叠加. 如图 36-1 所示的方波可以写成

$$f(t) = \begin{cases} h & \left(0 \leqslant t < \dfrac{T}{2}\right) \\ -h & \left(-\dfrac{T}{2} \leqslant t < 0\right) \end{cases}$$

此式说明，方波为奇函数，它没有常数项. 可以证明，数学上此方波可表示成

$$f(t) = \frac{4h}{\pi}\left(\sin\omega t + \frac{1}{3}\sin 3\omega t + \frac{1}{5}\sin 5\omega t + \frac{1}{7}\sin 7\omega t + \cdots\right)$$

$$= \frac{4h}{\pi}\sum_{n=1}^{\infty}\left(\frac{1}{2n-1}\right)\sin(2n-1)\omega t$$

同理，如图 36-2 所示的三角波可表示成

$$f(t) = \begin{cases} \dfrac{4h}{T}t & \left(-\dfrac{T}{4} \leqslant t \leqslant \dfrac{T}{4}\right) \\ 2h\left(1-\dfrac{2t}{T}\right) & \left(\dfrac{T}{4} \leqslant t \leqslant \dfrac{3T}{4}\right) \end{cases}$$

$$f(t) = \frac{8h}{\pi^2}\left(\sin\omega t - \frac{1}{3^2}\sin 3\omega t + \frac{1}{5^2}\sin 5\omega t - \frac{1}{7^2}\sin 7\omega t + \cdots\right)$$

$$= \frac{8h}{\pi^2}\sum_{n=1}^{\infty}(-1)^{n-1}\frac{1}{(2n-1)^2}\sin(2n-1)\omega t$$

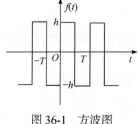

图 36-1　方波图

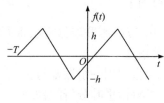

图 36-2　三角波图

2. 周期性波形傅里叶分解的选频电路

若用 RLC 串联谐振电路作为选频电路，对方波或三角波进行频谱分解. 在示波器上显示这些被分解的波形，测量它们的相对振幅. 也可以利用一参考正弦波，与被分解出的波形构成李萨如图形，确定基波与各次谐波初相位的关系.

FD-FLYI 型傅里叶分解合成仪具有 1kHz 的方波和三角波供做傅里叶分解实验，方波和三角波的输出阻抗低，可以保证顺利地完成分解实验，实验电路图如图 36-3 所示. 这是一个简单的 RLC 电路，其中 R、C 是可变的，L 一般取 0.1～1H 范围.

　　当输入信号的频率与电路的谐振频率相匹配时，此电路将有最大的响应. 谐振频率 ω_0 为

$$\omega_0 = \frac{1}{\sqrt{LC}}$$

这个响应的频带宽度以 Q 值来表示

$$Q = \frac{\omega_0 L}{R}$$

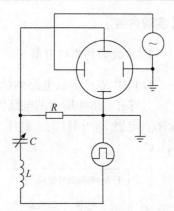

图 36-3　利用 RLC 串联电路分离基波与各次谐波的实验电路图

　　当 Q 值较大时，在 ω_0 附近的频带宽度较狭窄，所以实验中应该选择 Q 值足够大，大到足够将基波与各次谐波分离出来.

　　如果调节可变电容 C，在 $n\omega_0$ 频率谐振，将从此周期性波形中选择出这个单元，它的值为

$$u(t) = b_n \sin n\omega_0 t$$

这时电阻 R 两端的电压为

$$u_R(t) = I_0 R \sin(n\omega_0 t + \varphi)$$

式中，$\varphi = \arctan \dfrac{X}{R}$，$X = X_L + X_C = j\left(\omega L - \dfrac{1}{\omega C}\right)$ 为串联电路感抗和容抗之和，$I_0 = \dfrac{b_n}{Z}$，Z 为串联电路的总阻抗.

　　在谐振状态 $X = 0$，此时，阻抗

$$Z = r + R + R_L + R_C = r + R + R_L$$

其中，r 为方波(或三角波)电源的内阻；R 为取样电阻；R_L 为电感的损耗电阻；R_C 为标准电容的损耗电阻(一般 R_C 值较小而常被忽略).

　　由于电感用良导体缠绕而成，由于趋肤效应，R_L 的数值将随频率的增加而增加. 实验证明碳膜电阻及电阻箱的阻值在 $1\sim7\mathrm{kHz}$ 范围内，阻值不随频率变化.

　　3. 傅里叶级数的合成

　　本仪器提供振幅和相位连续可调的 1kHz、3kHz、5kHz、7kHz 四组正弦波. 如果将这四组正弦波的初相位和振幅按一定要求调节好以后，输入到加法器，叠加后，就可以分别合成出方波、三角波等波形.

【仪器用具】

　　FD-FLY-I 型傅里叶分解合成仪、示波器、电阻箱、标准电容箱、标准电感等.

【实验内容】

1. 方波的傅里叶分解

1) 利用 RLC 串联电路测量电容

(1) 按图 36-4 所示的电路图连接线路，先确定正弦波频率分别为 1kHz、3kHz、5kHz，电感 $L=0.1$H 时，利用 RLC 串联电路的谐振特性，测量对应的电容值 C_1、C_3、C_5.

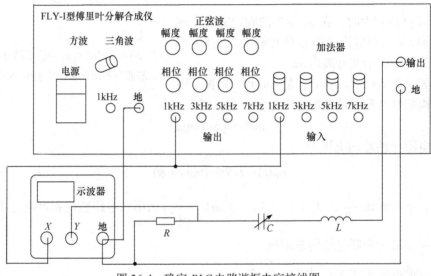

图 36-4　确定 RLC 电路谐振电容接线图

(2) 取正弦波频率为 1kHz，示波器扫描方式置 "X-Y" 后，按图 36-4 所示，将电源信号和电阻两端的电压信号分别接到 "X" 通道和 "Y" 通道，调节电容器，同时观察李萨如图形的变化，等图形为一直线时，说明串联电路呈现纯电阻特性，达到谐振状态，读取电容器的时数.

(3) 再取正弦波频率分别为 3kHz 和 5kHz，测量对应的电容.

2) 将 1kHz 方波进行频谱分解，测量基波和 n 阶谐波的相对振幅和相对相位

(1) 按图 36-5 所示的电路图连接线路，取方波频率为 1kHz，然后调节电容器的电容分别为上述的测量值 C_1、C_3、C_5，利用示波器的 "Y" 通道分别测量与 C_1、C_3、C_5 对应谐振状态时 R 两端电压信号的振幅 b_1、b_3、b_5（注意：此时只需比较基波和各次谐波的振幅比，所以只要读取同一量程挡下示波器的峰值即可）.

(2) 取正弦波频率为 1kHz，示波器扫描方式置 "X-Y"，利用李萨如图形确定从 1kHz 方波中分解出的 1kHz、3kHz、5kHz 正弦波的相位关系.

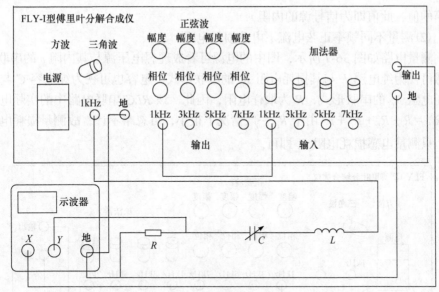

图 36-5　频谱分解连线图

3)利用分压原理校正测量振幅的系统误差

(1)测量方波信号源的内阻 r. 先直接将方波信号接入示波器，如图 36-6 所示，读出峰值.

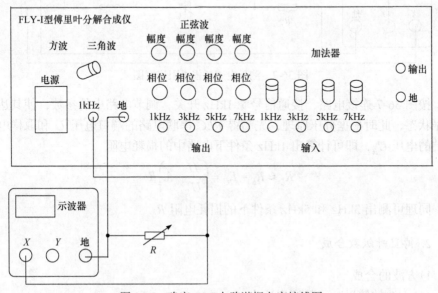

图 36-6　确定 RLC 电路谐振电容接线图

再将一电阻箱接入电路中，调节电阻箱，当示波器上的幅度减半时，记下电阻箱的值，此值即为信号源的内阻 r.

(2)测量不同频率正弦电流下电感损耗电阻.

测量电路如图 36-7 所示，图中的电源可看成理想电压源与其内阻 r 的串联，电感可视为纯电感 L 与其损耗电阻 R_L 的串联形式，电容也可视为纯电容 C 与其损耗电阻 R_C 的串联形式，R 为取样电阻，因此，该 RLC 串联电路中的实际电阻为 $R_{总} = R + R_L + R_C + r$. 由于 R_C 一般情况下很小，可忽略不计，故测量损耗电阻时，只测量电感损耗电阻 R_L 即可.

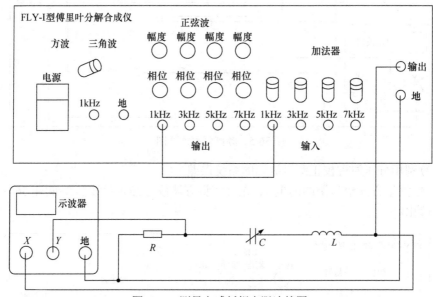

图 36-7　测量电感耗损电阻连接图

按图 36-7 连接电路，接通信号源 1kHz 开关，调节电路中的参数，使其达到谐振状态，此时根据分压原理，先测得 RLC 串联电路的端口电压 U 和取样电阻两端的电压 U_R，即可计算出 1kHz 条件下电路中的损耗电阻

$$R_L \approx R_L + R_C = \left(\frac{U}{U_R} - 1 \right) R$$

同理可测出 3kHz 和 5kHz 条件下的损耗电阻 R_L.

2. 傅里叶级数合成

1)方波的合成

(1)方波的傅里叶函数可表达为

$$f(t) = \frac{4h}{\pi} \left(\sin \omega t + \frac{1}{3} \sin 3\omega t + \frac{1}{5} \sin 5\omega t + \frac{1}{7} \sin 7\omega t + \cdots \right)$$

该式说明方波由一系列正弦波(奇函数)合成. 这一系列正弦波振幅比为 $1:\frac{1}{3}:\frac{1}{5}:\frac{1}{7}$,它们的初相位为同相,即要合成方波,必须要调节各组正弦波幅度之比为 $1:\frac{1}{3}:\frac{1}{5}:\frac{1}{7}$,且经反复调节移相器使 1kHz、3kHz、5kHz、7kHz 的正弦波初相位相同.

(2) 调节各组正弦波幅度和初相位.

按图 36-8 连接线路,示波器 X 轴输入 1kHz 正弦波,Y 轴输入 1kHz、3kHz、5kHz、7kHz 正弦波,然后调节 1kHz、3kHz、5kHz、7kHz 正弦波的振幅比为 $1:\frac{1}{3}:\frac{1}{5}:\frac{1}{7}$;再将示波器扫描方式置于"X-Y",利用李萨如图形反复调节各组移相器,使 1kHz、3kHz、5kHz、7kHz 正弦波同相位,即在示波器上分别显示图 36-9 的李萨如图形,说明基波和各阶谐波初相位相同. 也可以用双踪示波器调节 1kHz、3kHz、5kHz、7kHz 正弦波初相位同相.

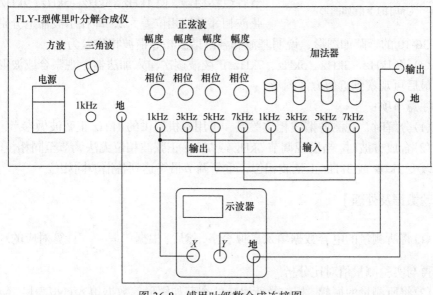

图 36-8　傅里叶级数合成连接图

(3) 将 1kHz、3kHz、5kHz、7kHz 正弦波逐次输入加法器,观察合成波形变化,最后可观察到近似方波图形.

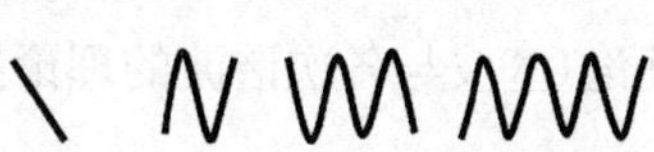

2) 三角波的合成

(1) 三角波傅里叶级数表示式:

图 36-9　基波和各阶谐波与参考信号相位差为π时的李萨如图形

$$f(t) = \frac{8h}{\pi^2} \left(\frac{\sin \omega t}{1^2} - \frac{\sin 3\omega t}{3^2} + \frac{\sin 5\omega t}{5^2} - \frac{\sin 7\omega t}{7^2} + \cdots \right)$$

该式说明方波由一系列正弦波(奇函数)合成. 这一系列正弦波振幅比为 $1 : \frac{1}{3^2}$:
$\frac{1}{5^2} : \frac{1}{7^2}$, 它们的初相位或同相或反相, 即要合成方波, 必须要调节各组正弦波幅

度之比为 $1 : \frac{1}{3^2} : \frac{1}{5^2} : \frac{1}{7^2}$, 且经反复调节移相器使 1kHz 和 5kHz 同相, 而 3kHz 和
7kHz 的正弦波初相位与基波相比为反相.

　　(2)参考方波合成, 将 1kHz 正弦波从 X 轴输入, Y 轴输入 1kHz、3kHz、5kHz、
7kHz 正弦波, 然后调节 1kHz、3kHz、5kHz、

图 36-10　相邻谐波相位差
为π时的李萨如图形

7kHz 正弦波的振幅比为 $1 : \frac{1}{3^2} : \frac{1}{5^2} : \frac{1}{7^2}$; 再将示波
器扫描方式置于"X-Y", 利用李萨如图形反复调
节各组移相器, 使 1kHz、3kHz、5kHz、7kHz 正
弦波相邻谐波相位差为π, 即在示波器上分别显
示图 36-10 的李萨如图形, 说明基波和各阶谐波相邻谐波相位差为π.

　　(3)将 1kHz、3kHz、5kHz、7kHz 正弦波逐次输入加法器, 观察合成波形变
化, 最后可观察到近似方波图形.

　　注意事项:

　　(1)分解时, 观测各谐波相位关系, 可用本机提供的 1kHz 正弦波做参考.

　　(2)合成方波时, 当发现调节 5kHz 或 7kHz 正弦波相位无法调节至同相位时,
可以改变 1kHz 或 3kHz 正弦波相位, 重新调节最终达到各谐波同相位.

【实验数据及处理】

　　(1)将所测量的电容数据填入自拟表格, 然后, 根据 $C_i = \dfrac{1}{\omega_i^2 L}$ 计算对应的理论
值, 再与实验测量值对比分析.

　　(2)将所测量的振幅、相位及所对应的李萨如图形等数据填入自拟表格, 结合
理论(基波与各次谐波的理论振幅比为 $1 : \dfrac{1}{3} : \dfrac{1}{5}$, 方波分解为基波和各次谐波初相位
相同)值对比分析.

　　设 b_3 为 3kHz 谐波校正后的振幅, b_3' 为 3kHz 谐波未被校正时的振幅. R_{L1}
是频率为 1kHz 时的损耗电阻, R_{L3} 是频率为 3kHz 时损耗电阻, r 为信号源内
阻, 则

$$b_3 : b_3' = \frac{R}{R_{L_1} + R + r} : \frac{R}{R_{L_3} + R + r}$$

或

$$b_3 = b_3' \times \frac{R_{L_3} + R + r}{R_{L_1} + R + r}$$

对 5kHz 谐波亦可作类似校正.

(3)对于方波的合成,观察基波上逐一叠加谐波时,合成波方波前沿、后沿的变化过程,并测量基波与合成方波的振幅,将所测量的振幅数据填入自拟表格,求出其振幅比.

(4)对于三角波的合成,观察基波上逐一叠加谐波时,合成波三角波前沿、后沿的变化过程,并测量基波与合成三角波的振幅,将所测量的振幅数据填入自拟表格,求出其振幅比.

【思考讨论】

(1)实验中可有意识增加串联电路中的电阻 R 的值,将 Q 值减小,观察电路的选频效果,从中理解 Q 值的物理意义.

(2)良导体的趋肤效应是怎样产生的?如何测量不同频率时,电感的损耗电阻?如何校正傅里叶分解中各次谐波振幅测量的系统误差?

(3)用傅里叶合成方波的过程证明方波的振幅与它的基波振幅之比为 $1 : \frac{4}{\pi}$.

【探索创新】

在本实验的基础上,设计利用串联谐振电路实现周期非正弦电压信号(如锯齿波等)的分解或合成.要求给出数学基础和实现思路等.

【拓展迁移】

[1] 张丕进,周红,奎丽荣,等.串联谐振电路综合提高实验(之一)——周期非正弦信号的分解与合成[J].实验室研究与探索,2017,36(5):192-195.

[2] 张丕进,周红,奎丽荣,等.串联谐振电路综合提高实验(之二)——周期非正弦电压信号的谐波分析[J].实验室研究与探索,2017,36(10):180-185.

[3] 闫红梅,吴冬梅,吴延海.Matlab 在周期信号分解及频谱中的应用[J].实验技术与管理,2016,33(5):37-39.

[4] 郗艳华. 基于 Matlab 周期信号的分解与合成[J]. 计算机与现代化，2011，193（9）：156-158.

[5] 徐强. 基于 Multisim 的电信号傅里叶分解与合成仿真实验[J]. 大学物理实验，2019，32（2）：85-89.

实验 37　积分式数字电表的设计与定标

【背景、应用及发展前沿】

万用表是电工电子常用的测量仪器，分为模拟万用表和数字万用表. 传统的模拟万用表虽然不断改进，但随着大规模集成电路技术的飞速发展和 LED 显示器件的广泛应用，逐渐被数字万用表取代.

模拟式万用表（VOM）的结构框图如图 37-1 所示，其核心元件是一只磁电系电流表，俗称表头. 因此，电阻、电压需经过各种转换器转换成直流电流后进行测量，这些转换器通常由一些精密电阻网络构成.

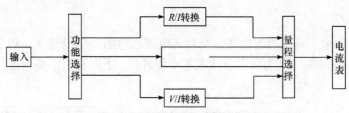

图 37-1　模拟万用表的结构框图

交流量的测量需用整流器件将交流变成直流. 电阻/电流变换电路还需电池作为电源，功能和量程通过旋动多层开关来实现.

数字万用表（DMM）的结构框图如图 37-2 所示. 与模拟万用表相比，它的核心电路是由 A/D 转换器、显示电路等组成的基本量程数字电压表. 被测参数需转换成直流电压再进行测量. 与模拟万用表相同，电压、电流测量电路采用电阻网络，而交流、R、C 等参数测量的转换电路，一般采用有源器件组成的网络，以改善转换的线性度和准确度.

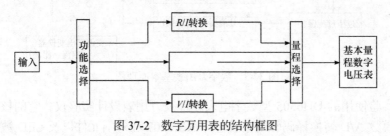

图 37-2　数字万用表的结构框图

数字万用表按照量程转换方式来分类，可划分成三种类型：手动量程万用表、自动量程万用表和自动/手动量程万用表. 根据功能、用途及价格的不同, 数字万用表大致可分为: 低挡数字万用表(亦称普及型数字万用)、中挡数字万用表、中/高挡(智能)数字万用表 $\left(5\dfrac{1}{2} \sim 8\dfrac{1}{2}\right)$、数字/模拟混合式仪表、数字/模拟图双显示的仪表、万用示波表(将数字万用表、数字存储示波器等功能集于一身)和专用数字仪表等.

数字万用表的性能特点(详见本实验附录)有: 显示直观、较高的准确度和分辨力、测量速度快、测量功能强、输入阻抗高、抗干扰能力强等.

【实验目的】

(1)了解万用表的特性、组成和工作原理.
(2)掌握分压、分流电路的原理以及对电压、电流和电阻的多量程测量.
(3)用数字万用表测量电压、电流、电阻和校正电表.

【实验原理】

万用表常用于对交直流电压、交直流电流、电阻、三极管 h_{FE} 和二极管正向压降的测量等, 图 37-3 为数字万用表基本原理图. 下面我们主要讨论提到的几种参数的测量.

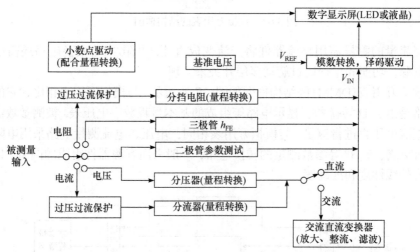

图 37-3　数字万用表基本原理图

本实验使用的 DH6505 型数字电表原理及万用表设计实验仪, 它的核心由双积分式模数 A/D 转换译码驱动集成芯片 ICL7107 和外围元件以及 LED 数码管构成. 为了同学们能更好地理解其工作原理, 我们在仪器中预留了 8 个输入端, 包括 2 个测量电压输入端(IN_+、IN_-)、2 个基准电压输入端($V_{\mathrm{REF}+}$、$V_{\mathrm{REF}-}$)、3 个小数点驱动输入端(dp_1、dp_2 和 dp_3)以及模拟公共端(COM).

1. 直流电压量程扩展测量

在实验 32 中所述的直流电压表前面加一级分压电路(分压器),可以扩展直流电压测量的量程. 多量程分压器原理电路如图 37-4(虚线框外)所示,电压表的量程 U_0 为 200mV,即实验 32 参考电压选择 100mV 时所组成的直流电压表,r 为其内阻(如 10MΩ),R_1、R_2、R_3、R_4 和 R_5 为分压电阻,该分压电路的优点在于能在不降低输入阻抗(大小为 $R//r$,$R = R_1 + R_2 + R_3 + R_4 + R_5$)的情况下,达到很高准确度的分压效果,对一般的电压测量可不考虑分流的影响. U_i 为扩展后的量程,则扩展后的量程(以图 37-4 所示为例)为

$$U_i = \frac{R_1 + R_2 + R_3 + R_3 + R_5}{R_2 + R_3 + R_3 + R_5} \times U_0$$

$$= \frac{9\mathrm{M}\Omega + 900\mathrm{k}\Omega + 90\mathrm{k}\Omega + 9\mathrm{k}\Omega + 1\mathrm{k}\Omega}{900\mathrm{k}\Omega + 90\mathrm{k}\Omega + 9\mathrm{k}\Omega + 1\mathrm{k}\Omega} \times 200\mathrm{mV}$$

$$= 10 \times 200\mathrm{mV} = 2.000\mathrm{V}$$

多量程分压器的分压比(以 20V 挡为例)为

$$\frac{R_3 + R_4 + R_5}{R_1 + R_2 + R_3 + R_4 + R_5} = \frac{100\mathrm{k}\Omega}{10\mathrm{M}\Omega} = 0.01$$

其余各挡的分压比也可照此算出.

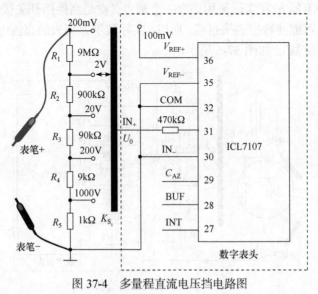

图 37-4 多量程直流电压挡电路图

可见，多量程分压器的分压比分别为 1、0.1、0.01、0.001 和 0.0001，对应的量程分别为 200mV、2V、20V、200V 和 2000V.

实际设计时是根据各挡的分压比和考虑输入阻抗要求所决定的总电阻来确定各分压电阻的. 首先确定总电阻

$$R = R_1 + R_2 + R_3 + R_4 + R_5 = 10\text{M}\Omega$$

再计算 2000V 挡的分压电阻

$$R_5 = 0.0001R = 1\text{k}\Omega$$

然后计算 200V 挡分压电阻

$$R_4 + R_5 = 0.001R$$
$$R_4 = 9\text{k}\Omega$$

这样依次逐挡计算 R_3、R_2 和 R_1.

尽管上述最高量程挡的理论量程是 2000V，但通常的数字万用表出于耐压和安全考虑，规定最高电压量限为 1000V. 由于只重在掌握测量原理，所以我们不提倡大家做高电压测量实验.

在转换量程时，波段转换开关可以根据挡位自动调整小数点的显示. 同学们可以自行设计这一实现过程，只要对应的小数位 dp_1、dp_2 或 dp_3 插孔接地就可以实现小数点的点亮.

2. 直流电流量程扩展测量(参考电压 100mV)

多量程分流器原理电路图如图 37-5 所示. 实验 32 中的图 32-7 的分流器(见实验仪中的分流器 b)在实际使用中有一个缺点，就是当换挡开关接触不良时，被测电路的电压可能使数字表头过载，所以，实际数字万用表的直流电流挡电路(见实验仪中的分流器 a)如图 37-5 所示.

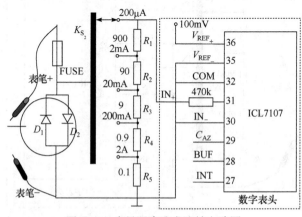

图 37-5　多量程直流电流挡电路图

图 37-5 中各挡分流电阻的阻值是这样计算的：先计算最大电流挡的分流电阻 R_5

$$R5 = \frac{U_0}{I_{m5}} = \frac{0.2}{2} = 0.1(\Omega)$$

同理，下一挡的电阻 R_4 为

$$R4 = \frac{U_0}{I_{m4}} - R5 = \frac{0.2}{0.2} - 0.1 = 0.9(\Omega)$$

这样依次可以计算出 R_3、R_2 和 R_1 的值.

图 37-5 中的 FUSE 是 2A 保险丝管，起过流保护作用. 两只反向连接且与分流电阻并联的二极管 D_1、D_2 为硅整流二极管，它们起双向限幅过压保护作用. 正常测量时，输入电压小于硅二极管的正向导通压降，二极管截止，对测量毫无影响. 一旦输入电压大于 0.7V，二极管立即导通，两端电压被钳制在 0.7V 内，保护仪表不被损坏.

用 2A 挡测量时，若发现电流大于 1A，应尽量减小测量时间，以免大电流引起的较高温升影响测量精度甚至损坏电表.

3. 电阻挡扩展测量(参考电压 0～1V)

数字万用表中的电阻挡采用的是比例测量法，其原理电路图见实验 32 的图 32-8，测量时我们拨动拨位开关 K_{1-1}，使 $R_{INT} = 470k\Omega$，使参考电压的范围为 0～1V.

由实验 32 可知

$$R_x = (N_2 / N_1) \times R_S$$
$$N_2 = 1000 \times R_x / R_S$$

当 $R_x = R_S$ 时，数字显示将为 1000，若选择相应的小数点位就可以实现电阻值的显示. 若构成 200Ω 挡，取 $R_S = 100\Omega$，小数点定在十位上，即让 dp_3 插孔接地，当 R_x 变化时，显示 0.1～199.9Ω；若构成 2kΩ 挡，取 $R_S = 1k\Omega$，小数点定在千位上，即让 dp_3 插孔接地，当 R_x 变化时，显示 0.001～1.999kΩ；其他挡类推.

数字万用表多量程电阻挡电路如图 37-6 所示，由上述分析给电阻参数的选择如下：

$$R_1 = 100\Omega$$
$$R_2 = 1000\Omega - R_1 = 900\Omega$$
$$R_3 = 10k\Omega - R_1 - R_2 = 9k\Omega$$
$$R_4 = 100k\Omega - R_1 - R_2 - R_3 = 90k\Omega$$
$$R_5 = 1000k\Omega - R_1 - R_2 - R_3 - R_4 = 900k\Omega$$

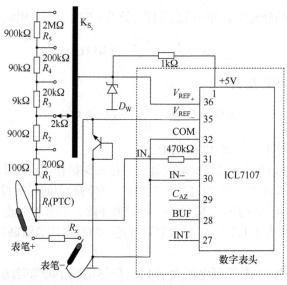

图 37-6　多量程电阻挡电路图

图 37-6 中由正温度系数(PTC)热敏电阻 R_t 与晶体管 T 组成了过压保护电路，以防误用电阻挡去测高电压时损坏集成电路. 当误测高电压时，晶体管 T 发射极将击穿从而限制输入电压的升高. 同时 R_t 随着电流的增加而发热，其阻值迅速增大，从而限制电流的增加，使 T 的击穿电流不超过允许范围. 即 T 只是处于软击穿状态，不会损坏，一旦解除误操作，R_t 和 T 都能恢复正常.

4. 交流电压、交流电流扩展测量(参考电压 100mV)

数字万用表中交流电压、电流测量电路是在直流电压、电流测量电路的基础上，在分压器(图 37-4)或分流器(图 37-5)和虚线框之间加入了交直流转换电路，即 AC-DC 变换电路就可以了. AC-DC 变换电路的功能是将交流(正弦波有效值)的 0～199.9mV 的电压信号转变为等同值的直流信号.

5. 量程转换开关模块

量程转换开关模块如图 37-7 所示. 通过拨动转换开关，可以使 S_2 插孔依次和插孔 A、B、C、D、E 相连并且相应的量程指示灯亮，同时 S_1 插孔依次与插孔 a、b、c、d、e 相连. K_{S_1} 这组开关用于设计时控制模块小数点位的点亮，K_{S_2} 用于分压器、分流器以及分挡电阻上，实现多量程测量. 在进行多量程扩展时，注意把拨位开关 K_2 都拨向 OFF，然后把插孔 a、b、c、d、e 和 dp_1、dp_2、dp_3 连接组合成需要的量程(控制相应量程的小数点位)，当拨动量程转换开关时，dp_1、dp_2、dp_3 中仅有且只有一个通过 a、b、c、d、e 与 S_1 相连，从而对应的小数点将被点亮. 具

体的接线是 dp_1-b、dp_1-e; dp_2-c; dp_3-a、dp_3-d.

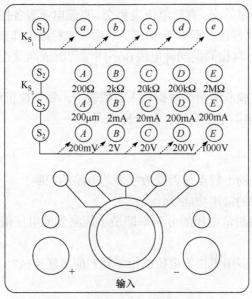

图 37-7 量程转换开关面板图

【仪器用具】

DH6505 数字电表原理及万用表设计实验仪、4 位半通用数字万用表、电阻箱等.

【实验内容】

(1)由直流稳压电源供电,对所设计的数字多用表直流电压挡的"200mV""2V"和"20V"挡进行校准.

(2)由直流稳压电源供电,通过滑动变阻器控制输出直流电流,对所设计的数字多用表直流电流挡的"2mA""20mA"和"200mA"挡进行校准,每挡校正点不少于 10 点.

(3)用高精度电阻箱作为标准电阻,对所设计的数字多用表欧姆表的"200Ω""2kΩ"和"20kΩ"挡进行校准,每挡校正点不少于 10 点.

(4)由交流信号源供电,对所设计的数字多用表交流电压挡的"200mV"和"2V"挡进行校准,每挡校正点不少于 10 点.

(5)由交流信号源供电,通过滑动变阻器控制输出交流电流,对所设计的数字多用表交流电流挡的"2mA"和"20mA"挡进行校准,每挡校正点不少于 10 点.

【实验数据及处理】

(1)将实验所测量的交、直流电压表和交、直流电流表各挡实验数据填入自拟表格，所有校准各挡校正点不少于 10 点. 然后在坐标纸上作出校准曲线，确定所设计电表的等级. 再对比同类同种电表在不同量程时或同量程交、直流时的准确度，并给出结论.

(2)将欧姆表实验所测量的数据填入自拟表格，每挡校正点不少于 10 点，检查数字多用表测量电阻的准确度，并分析原因.

【思考讨论】

(1)数字多用表的小数点是否受数字表芯电路的控制?

(2)数字多用表的常用功能是什么?

(3)数字多用表测量电压的分辨率即最小能测到的电压值是多少? 与量程有无关系?

(4)能否用数字多用表作为电桥的指零器? 应怎样连接?

【探索创新】

随着科技水平的提高，各种新型的电子产品在使用之前，必须经过测试仪器的合格检测，同时，当电子设备发生故障需要维修检测时，也需要用到测试仪器. 因此，研发先进的测量仪器已经成为电子行业发展的重要任务. 目前，随着检测、数显及集成电路技术的快速发展，为测量仪器的小物理尺寸、智能化、数字化创造了条件，所以在电子测量领域中，高精度智能万用表在测量中起着非常重要的作用.

数字万用表是一种多功能电参数测量的基础测量仪器，其主要技术优势是体积小、精度高、分辨率高、测量功能齐全. 数字万用表基本测量功能包括交流电压、交流电流、直流电压、直流电流、电阻、频率等的测量. 手持式低挡数字万用表的测量功能还包括二极管通断、三极管特性等，高挡数字万用表主要是具有高测量精度、高智能化、可程控校准(即实现数学计算、数据记录、图形显示等)功能. 所有高挡数字万用表的测量电路的原理结构完全相同，不同的是使用的元器件不同、模数转换类型差异、校准模型差异、电路板布局及工艺差异.

目前，很多数字万用表不仅具有前述功能，且还支持消除杂散电压的 ZLOW 和谐波比等特性；不仅提供所需要的测量特性和测量功能，还具有出色的防护、远程监测功能和更长的电池寿命，能够改善恶劣环境带来的诸多不便，还可以使测试和记录数据的时间更长，能满足电子测试行业严格的制造、安装与维护检测需求.

现如今，我国的仪器研发和生产技术也在积极地向国际靠拢，如微处理器、DSP、ARM 以及大规模集成电路等现代技术也逐渐应用于仪表的研发和设计中。近年来，不管是单台仪器还是测试系统都在朝着小型化、数字化、智能化方向发展，这种发展趋势也越来越快。

【拓展迁移】

[1] 居敏花. ICL7107 构成的数字电压表电路的应用[J]. 内江科技，2009，(6)：74.

[2] 陈鹏，杨阳，冯学超，等. 数字电表原理及万用表设计实验教学模式探讨[J]. 物理与工程，2017，27(3)：25-29.

[3] 秦辉，李静，董蓓蓓，等. 全自动数字万用表的设计[J]. 自动化与仪表，2010，(1)：14-17.

[4] 杜军，朱世国. 数字电表原理及应用技术实验[J]. 物理实验，2006，26(8)：36-40.

【附录】

数字万用表的性能简介。

数字万用表的性能特点如下。

(1)显示直观：采用数字显示，能消除视差、读数准确、迅速；同时数字万用表还有各种标记符号，如测量功能、量程单位、特殊标记符等，读数更加方便，有助于正确地操作、便于记录，易于实现数据的计算机处理。

数字万用表的显示位数有 $3\frac{1}{2}$、$3\frac{2}{3}$、$3\frac{3}{4}$、$3\frac{5}{6}$、$4\frac{1}{2}$、$4\frac{3}{4}$、$5\frac{1}{2}$、$6\frac{1}{2}$、$7\frac{1}{2}$、$8\frac{1}{2}$ 共 10 种，其中 $3\frac{1}{2}$ 位、$3\frac{2}{3}$ 位、$3\frac{3}{4}$ 位、$3\frac{5}{6}$ 位万用表的最大显示分别为 1999、2999、3999、5999，$8\frac{1}{2}$ 位为 199999999，最大显示加一即为满量程。

(2)有较高的准确度和分辨力。

a. 准确度是仪表的测量误差限度，它是测量结果中系统误差与随机误差的综合，表示测量值与标称值之间的一致程度。一般数字万用表的位数越多准确度就越高，测量误差也就越小。数字万用表的准确度有两种表示方法：

A. 准确度 = (a%RDG + b%FS)

式中，RDG 为读测值(即显示值)，FS 为满量程值。括号内的前一项表示转换器、分压器等产生的综合误差及读数误差，后一项称为满度误差，是由数字化处理带来的，它取决于不同量程的满度值。对于成品数字万用表而言，b 值是固定的，a

值与测量项目及量程有关，一般要求 $b \leqslant a/2$.

$$\text{B.} \quad \text{准确度} = (a\%\text{RDG} + n \text{个字})$$

式中，n 是量化误差反映在末位数字上的变化值，若把 n 个字折合成满量程的百分数，即是 A 中的准确度表示方法.

UT56 手持式数字万用表的测量误差就用这种表示方法. 例如：直流电压测量时，各量程的误差均小于 $\pm(0.15\% + 5)$.

一般数字电压表的位数越多准确度越高，测量误差也就越小.

若环境条件如温度、湿度等与规定的条件相差较大，应考虑由此产生的附加误差，除外，影响万用表准确度的主要因素是表内基准电压的准确度与稳定性以及时钟频率的稳定性.

b. 数字万用表最低量程末位一个字所对应的数值称为分辨力，它反映仪表灵敏度的高低，并且随着显示位数的增加而提高. 以 $4\frac{1}{2}$ 位数字万用表 200.00mV 挡为例，末位 1 个字表示 0.01mV，即分辨力为 0.01mV，比模拟万用表，例如最低量程 1V 挡的最小分度值（即灵敏度）0.02V 要高 2000 倍（表 37-1）.

表 37-1　UT56 手持式数字万用表与模拟万用表部分技术指标对比表

准确度　　　　　仪表 被测量	UT56 手持式数字万用表 $\left(4\frac{1}{2}\right)$		模拟万用表 准确度
	分辨力	准确度	
（直流电压）200mV 2V/20V/200V 1000V	10μV 100μV/1mV/10mV 100mV	$\pm(0.05\% + 3)$ $\pm(0.1\% + 3)$ $\pm(0.15\% + 5)$	$\pm(1.5\sim2.5)\%$
（直流电流）2mA/20mA 200mA 20A	0.1μA/1μA 10μA 1mA	$\pm(0.5\% + 5)$ $\pm(0.8\% + 5)$ $\pm(2\% + 10)$	$\pm(0.5\sim2.5)\%$
（交流电压）2V 20V/200V 750V	100μV 1mV/10mV 100mV	$\pm(0.5\% + 10)$ $\pm(0.6\% + 10)$ $\pm(0.8\% + 15)$	$\pm2.5\%$
（交流电流）2mA/20mA 200mA 20A	0.1μA/1μA 10μA 1mA	$\pm(0.8\% + 10)$ $\pm(1.2\% + 10)$ $\pm(2.5\% + 10)$	$\pm2.5\%$
电阻 200Ω 2kΩ 20kΩ/200kΩ/2MΩ 20MΩ 200MΩ	0.01Ω 0.1Ω 1Ω/10Ω/100Ω 1kΩ 10kΩ	$\pm(0.5\% + 10)$ $\pm(0.3\% + 3)$ $\pm(0.3\% + 1)$ $\pm(0.5\% + 1)$ $\pm[5\%(-1000) + 10]$	$\pm(2.5\sim4)\%$

（3）测量速度快：数字万用表每秒钟对被测电量的测量次数叫做测量速率. 完

成一次测量过程所需时间为测量周期，它与测量速率呈倒数关系. 测量速率主要取决于 A / D 转换器的转换速率，较高的测量速率可达几万次/秒.

（4）测量功能强：数字万用表不仅可以测量直流电压、直流电流、交流电压、电阻、二极管正向压降、晶体管共射极电流放大系数，还能测量交流电压、电容、电导、温度、频率、检查线路通断等.

（5）输入阻抗高：从数字万用表输入端看进去的有效阻抗为输入阻抗，用 R_i 和 C_i 的并联值表示. 在测量交流电压时，一般频率虽不高，但也会带来一些影响，在测量直流电压时 C_i 可不予考虑. 一般 R_i 为 10MΩ，高挡数字万用表可达 1GΩ 或更高. 这样在测量时就不至于影响被测电路或信号源的工作状态，减小测量误差.

（6）抗干扰能力强：数字万用表由于有较高的输入阻抗和灵敏度，也易于引起干扰，一般有串模干扰和共模干扰两种. 干扰电压以串联的方式与被测量一起作用于仪表的输入端形成串模干扰；而干扰电压和输入信号同时加在仪表两输入端形成共模干扰. 数字万用表中的双积分 A/D 转换器，对 50Hz 一类的周期信号产生的串模干扰有很强的抑制能力，同时对共模干扰也有较强的抑制能力.

（7）抗过载能力强：为了避免误操作而损坏仪表，专门设计了较为完善的保护电路，如过流保护、过压保护等电路，有较强的过载能力.

（8）采用 CMOS 大规模集成电路功耗低，便于装配维修，可靠性高，易于扩展成数字温度表、电容表、频率表、压力表、照度计等多种仪表.

（9）不足之处：难以像指针式仪表一样直观地反映被测量的连续变化过程及变化趋势. 例如：电容器的充放电过程等.

实验 38　温度传感器的特性研究

【背景、应用及发展前沿】

温度是一个表征物体冷热程度的基本物理量，自然界中的一切过程都与温度密切相关. 因此,温度的测量和控制在科研及生产实践上具有重要意义. 如果要进行可靠的温度测量，首先就需要选择正确的温度仪表，也就是温度传感器. 温度传感器是最早开发、应用最广的一类传感器.

温度传感器是利用一些金属、半导体等材料与温度相关的特性制成的. 常用的温度传感器的类型、测温范围和特点见表 38-1. 本实验将通过测量几种常用的温度传感器的特征物理量随温度的变化，来了解这些温度传感器的工作原理.

表 38-1　常用温度传感器的类型和特点

类型	传感器	测温范围/℃	特点
热电阻	铂电阻	−200～650	准确度高、测量范围大
	铜电阻	−50～150	
	镍电阻	−60～180	
	半导体热敏电阻	−50～150	电阻率大、温度系数大、线性差、一致性差
热电偶	铂铑-铂(S)	0～1300	用于高温测量、低温测量两大类，必须有恒温参考点(如冰点)
	铂铑-铂铑(B)	0～1600	
	镍铬-镍硅(K)	0～1000	
	镍铬-康铜(E)	−20～750	
	铁-康铜(J)	−40～600	
其他	PN 结温度传感器	−50～150	体积小、灵敏度高、线性好、一致性差
	IC 温度传感器	−50～150	线性度好、一致性好

【实验目的】

(1)了解 DS18B20 单线数字温度传感器的性能和使用方法.

(2)AD590 电流型集成温度传感器特性的测量和应用.

　　a. 测量 AD590 的输出电流和温度的关系,计算传感器灵敏度及 0℃时传感器输出电流值.

　　b. 用 AD590 传感器、电阻箱、数字电压表和 12V 直流电源等设计并安装成数字摄氏温度计.

　　c. 测量 DS18B20 单线数字温度传感器的伏安特性曲线,求出 AD590 线性使用范围的最小电压.

　　d. AD590 和 DS18B20 组装一个平均温度计、差示温度计或最低温度计.

　　(3)测量 PN 结二极管、热敏电阻与温度的关系,求它们的经验公式.

　　(4)其他材料(如金属)热电阻温度特性探讨.

【实验原理】

1. NTC 热敏电阻的温度特性

　　NTC 热敏电阻通常由 Mg、Mn、Ni、Cr、Co、Fe、Cu 等金属氧化物中的 2～3 种均匀混合压制后, 在 600～1500℃温度下烧结而成, 由这类金属氧化物半导体制成的热敏电阻, 具有很大的负温度系数, 在一定的温度范围内, NTC 热敏电阻的阻值与温度关系满足下列经验公式:

$$R = R_0 e^{B\left(\frac{1}{T} - \frac{1}{T_0}\right)} \tag{38-1}$$

式中, R 为该热敏电阻在热力学温度 T 时的电阻值, R_0 为热敏电阻处于热力学温度 T_0 时的阻值, B 是材料的常数, 它不仅与材料性质有关, 而且与温度有关, 在一个不太大的温度范围内, B 是常数.

　　由式(38-1)可得, NTC 热敏电阻在热力学温度 T_0 时的电阻温度系数 α 为

$$\alpha = \frac{1}{R_0}\left(\frac{dR}{dT}\right)_{T=T_0} = -\frac{B}{T_0^2} \tag{38-2}$$

由式(38-2)可知, NTC 热敏电阻的电阻温度系数与热力学温度的平方有关, 在不同的温度下, α 值不相同.

　　对式(38-1)两边取对数, 得

$$\ln R = B\left(\frac{1}{T} - \frac{1}{T_0}\right) + \ln R_0 \tag{38-3}$$

在一定温度范围内, $\ln R$ 与 $\frac{1}{T} - \frac{1}{T_0}$ 呈线性关系.

2. PTC 热敏电阻的温度特性

　　PTC 热敏电阻具有独特的电阻-温度特性, 这一特性是由其微观结构决定的,

当温度升高超过 PTC 热敏电阻突变点温度时，其材料结构发生了突变，它的电阻值有明显变化，可以从 $10^1 \Omega$ 变化到 $10^7 \Omega$，PTC 热敏电阻的温度大于突变点的温度时的阻值随温度变化符合以下经验公式：

$$R = R_0 \mathrm{e}^{A(T-T_0)} \tag{38-4}$$

其中，T 为样品的热力学温度，T_0 为初始温度，R 为样品在温度 T 时的电阻值，R_0 为样品在温度 T_0 的电阻值，A 为电阻温度系数，它的值在某一温度范围内近似为常数.

对于陶瓷 PTC 热敏电阻，在小于突变点温度时，电阻与温度的关系满足式(38-1)，为负温度系数性质；在大于突变点温度时，满足式(38-4)，为正温度系数热敏电阻，此突变点温度常称为居里点；而对有机材料 PTC 热敏电阻，在突变点温度上下均为正温度系数性质，但是其常数 A 也在突变点发生了突变，即 A 值在温度高于突变点后明显激增.

3. PN 结温度传感器的温度特性

1) PN 结的 U_{be} 与温度的关系

PN 结温度传感器是利用半导体 PN 结的结电压对温度的依赖性，实现对温度的检测. 实验证明在一定的电流通过的情况下，PN 结的正向电压与温度之间有良好的线性关系. 通常将硅三极管 b、c 极短路，用 b、e 极之间的 PN 结作为温度传感器测量温度. 硅三极管基极和发射极间正向导通电压 U_{be} 一般约为 $600\mathrm{mV}(25℃)$，且与温度成反比. 线性良好，温度系数约为 $-2.3\mathrm{mV/℃}$，测温精度较高，测温范围可达 $-50\sim150℃$. 缺点是一致性差，互换性差.

通常 PN 结组成二极管的电流 I 和电压 U 关系为

$$I = I_S \left(\mathrm{e}^{qU/(kT)} - 1 \right) \tag{38-5}$$

其中，q 为电子电量，k 为玻尔兹曼常量，T 为热力学温度，I_S 为 PN 结反向饱和电流，它是不随电压变化的常数(漏电流).

在常温条件下，一般 $\mathrm{e}^{qU/(kT)} \gg 1$，式(38-5)可近似为

$$I = I_S \mathrm{e}^{qU/(kT)} \tag{38-6}$$

正向电流保持恒定时，PN 结的正向电压 U 和摄氏温度 t 之间近似满足的线性关系为

$$U = Kt + U_{g0} \tag{38-7}$$

式中，U_{g0} 为半导体材料参数，K 为 PN 结的结电压温度系数. 测量电路如图 38-1 所示.

2)玻尔兹曼常量测定

PN 结的物理特性是物理学和电子学的重要基础之一. 模块通过专用电路来测量研究 PN 结扩散电流与结电压的关系, 证明此关系遵循指数变化规律, 并准确地推导出玻尔兹曼常量(物理学的重要常量之一).

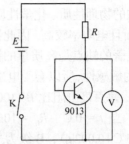

图 38-1　PN 结温度特性测量电路图

由半导体物理学可知, PN 结的正向电流-电压关系满足式(38-5). 由于在常温(300K) 时 $kT/e \approx 0.026V$, 而 PN 结正向压降约为几百毫伏, $\exp(eU/(kT)) \gg 1$, 则 PN 结的正向电流-电压关系满足式(38-6), 即 PN 结正向电流随正向电压按指数规律变化. 如当温度一定时, 测出 PN 结 I-U 关系值, 利用式(38-6)可以求出 $e/(kT)$, 即可求得玻尔兹曼常量 k.

在实际测量中, 二极管的 PN 结 I-U 关系虽也满足指数关系, 但求得的 k 往往偏小, 这是因为通过二极管的电流一般包括三个成分: ①扩散电流, 它严格遵循式(38-5); ②耗尽层复合电流, 它正比于 $\exp(eU/(2kT))$; ③表面电流, 它是由 Si 和 SiO$_2$ 界面中的杂质引起的, 其值正比于 $\exp(eU/(nkT))$, 一般 $n > 2$.

因此, 为了准确地测量出 k, 不宜采用二极管, 而采用硅三极管, 且接成共基极电路. 因为此时三极管 c 和 b 短接, c 极电流仅仅是扩散电流, 复合电流主要在 b 极中出现. 这样测量 e 极电流就能得到满意的结果.

4. 集成温度传感器的温度特性

AD590 集成电路温度传感器是由多个参数相同的三极管和电阻组成的. 当该器件的两引出端加有一定直流工作电压时(一般工作电压可在 4.5~20V 范围内), 它的输出电流与温度满足以下关系:

$$I = S\theta + I_0 \tag{38-8}$$

式中, I 为输出电流(单位 μA), θ 为摄氏温度, S 为电流灵敏度(一般 AD590 的 $S = 1$μA/℃, 即温度传感器的温度升高或降低 1℃, 传感器的输出电流将会增加或减少 1μA), I_0 为摄氏零度时的电流值, 该值恰好与冰点的热力学温度 273K 相对应(对市售一般 AD590, 其值从 273~278μA 略有差异). 利用 AD590 集成电路温度传感器的上述特性, 可以制成各种用途的温度计. 采用非平衡电桥线, 可以制作一台数字式摄氏温度计, 即 AD590 器件 0℃时, 数字电压显示值为"0", 而当 AD590 器件处于 θ℃时, 数字电压显示值为"θ".

5. Pt100 铂电阻温度传感器的温度特性

Pt100 铂电阻是一种利用铂金属导体电阻随温度变化的特性制成的温度传感

器. 铂的物理性质、化学性质都非常稳定, 抗氧化能力强, 复制性好, 容易批量生产, 而且电阻率较高. 因此铂电阻大多用于工业检测中的精密测温和作为温度标准. 显著的缺点是高质量的铂电阻价格十分昂贵, 并且温度系数偏小, 由于其对磁场的敏感性, 所以会受电磁场的干扰. 按 IEC 标准, 铂电阻的测温范围为−200～650℃. 每百度电阻比 $W(100) = 1.3850$, 当 $t = 0℃$、$R_0 = 100Ω$ 时, 称为 Pt100 铂电阻; 当 $t = 0℃$、$R_0 = 10Ω$ 时, 称为 Pt10 铂电阻. 其允许的不确定度 A 级为 $\pm(0.15℃+0.002|t|)$, B 级为 $\pm(0.3℃+0.05|t|)$. 铂电阻的阻值与温度之间的关系为

$$R_t = R_0\left[1+ At + Bt^2 + C(t-100)t^3\right] \tag{38-9}$$

其中, R_t、R_0 分别为铂电阻在温度 $t℃$、$0℃$时的电阻值, A、B、C 为温度系数, 对于常用的工业铂电阻其温度系数分别为 $A = 3.90802 \times 10^{-3}(℃)^{-1}$、$B = -5.80195 \times 10^{-7}(℃)^{-1}$、$C = -4.27350 \times 10^{-12}(℃)^{-1}$.

当温度在 $t = 0～650℃$ 之间时, 其关系式可近似表达为

$$R_t = R_0\left(1+ At + Bt^2\right) \tag{38-10}$$

当温度 $t = 0～100℃$ 之间时, 其关系式可近似表达为

$$R_t = R_0\left(1+ A_1 t\right) \tag{38-11}$$

其中, A_1 为温度系数, 可近似为 $A_1 = 3.85 \times 10^{-3}(℃)^{-1}$. Pt100 铂电阻的阻值, 其 $0℃$时, $R_t = 100Ω$; 而 $100℃$时, $R_t = 138.5Ω$.

【仪器用具】

FD-WTC-DA 型恒温控制温度传感器实验仪、2000mL 大烧杯(作恒温槽用)、磁性转子、加热器、$\phi16$mm 玻璃管、AD590 集成温度传感器及连接线、铝盖板、电源线、半导体温度传感器、电阻箱、电桥、导线若干.

【实验内容】

1. NTC 热敏电阻温度特性的测量

(1) 把 NTC 热敏电阻和玻璃温度计一起插在盛有变压器油的玻璃小试管内, 试管置于盛有水的可控恒温槽中, 当 NTC 热敏电阻、玻璃温度计和水温达到平衡时, 用玻璃温度计测出 NTC 热敏电阻的温度 t, 用图 38-2 所示的电路测量 NTC 热敏电阻的阻值(注意: 热敏电阻的电流应小于 300μA, 避免热敏电阻自己发热对实验测量的影响. 此时直流电桥臂往往不能严格取 1:1 比例, 直流电源最大取 15V).

(2) 先测出室温时(将 NTC 热敏电阻和温度计等插入室温水中)的温度 t 和 NTC 热敏电阻阻值. 然后逐步增加恒温槽温度, 每当温度达到稳定时, 测量相应的

t 与 R 的值. 要求在温度从 0.0℃ (或室温) 升到 70.0℃ 的范围内测出 8～10 组数据.

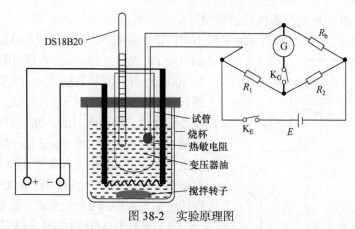

DS18B20

试管
烧杯
热敏电阻
变压器油

搅拌转子

图 38-2　实验原理图

(3) 为减小实验的系统误差, 采取对称测量法. 即把升温过程改为降温过程, 要求测量温度从 70.0℃ 降到 0.0℃ (或室温), 每隔 5.0℃ 设置一次, 控温稳定 5min 后, 再次用电桥测量上述 8 个 (最少 8 个) 温度点时 NTC 热敏电阻的阻值, 填入到实验数据及处理部分的表 38-2 内.

2. *PTC 热敏电阻温度特性的测量

1) 陶瓷 PTC 热敏电阻温度特性的测量

(1) 待测样品取用电蚊香加热用圆形陶瓷片, 两面涂银, 并用磷铜皮夹紧固定.

(2) 把待测样品放置在可调温度的恒温炉中, 采用铜-康铜热电偶测温, 用直流电桥测量陶瓷 PTC 热敏电阻的阻值, 当温度超过突变点 (居里点) 温度时, 温度变化引起阻值变化过快, 可采用数字万用表的电阻挡测量电阻, 并填入实验数据及处理部分的表 38-3 内.

2) 有机材料 PTC 热敏电阻特性测量

(1) 待测样品取用电器及马达等过载保护用的有机材料 PTC 热敏电阻.

(2) 把待测样品放在可调温度的恒温炉中, 用铜-康铜热电偶测温, 用直流电桥测电阻, 并将数据填入到自拟表格中.

3. PN 结温度传感器温度特性的测量

(1) 测量电路如图 38-1 所示, 图中 $E = 5V$ 为直流电源, $R = 51k\Omega$, 它们串联后, 使流过 PN 结的电流近似恒流. 测量过程与内容 1 的方法类似, 只是将测量物理量改为用数字万用表相应的直流电压挡测量出的 PN 结两端的正向电压 U_{be}.

(2) 取升温和降温两次测量结果的平均值作为 PN 结温度传感器在各个温度点的正向电压, 并将测量数据填入到实验数据及处理部分的表 38-4 内.

4. AD590 集成电路温度传感器温度特性的测量

1) AD590 集成电路温度传感器温度特性的测量

按图 38-3 接线(AD590 的正负极不能接错). 测量 AD590 集成电路温度传感器的电流 I 与温度 θ 的关系, 取样电阻 R 的阻值为 1000Ω, 并将测量数据填入到实验数据及处理部分的表 38-5 内. 实验时应注意 AD590 温度传感器为二端铜线引出, 为防止极间短路, 两铜线不可直接放在水中, 应用一端封闭的薄玻璃管套保护, 其中注入少量变压油, 使之有良好热传递. (实验中如何保证 AD590 集成温度传感器与水银温度计处在同一温度?)

注意: 由于 AD590 集成电路温度传感器对电流变化非常敏感, 必须避免实验中脉冲电流对 AD590 的干扰和影响.

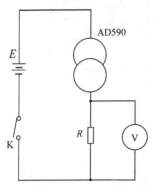

图 38-3　AD590 温度特性测量电路图

2) 数字温度计的设计*

(1) 制作量程为 0~50℃范围的数字温度计. 把 AD590、三只电阻箱、直流稳压电源及数字电压表按图 38-4 接好. 将 AD590 放入冰点槽中(冰点槽中的冰水混合物为湿冰霜状态才能真正达到 0℃温度), R_1 和 R_2 各取 1000Ω, 调节 R_b 使数字电压表示值为零. 然后把 AD590 放入其他温度如室温的水中, 用标准水银温度计进行读数对比, 将测量数据填入自拟表格, 求出百分差.

(2) 改变图 38-4 中电源输出电压, 如从 8V 变为 10V, 观测一下, AD590 传感器输出电流有无变化, 分析其原因.

3) AD590 传感器伏安特性的测量*

将 AD590 传感器处于恒定温度, 将直流电源、AD590 传感器、电阻箱、直流电压表等按图 38-5 所示电路连线. 调节电源输出电压在 1.5~10V 范围, 测量加在 AD590 传感器上的电压 U 与输出电流 $I(I = U_R/R)$ 的数据. 要求实验数据 10 点

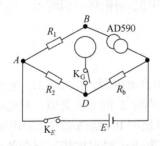

图 38-4　数字摄氏温度计原理图

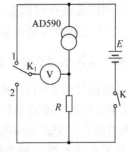

图 38-5　AD590 伏安特性测量原理图

以上，填入自拟表格.

【实验数据及处理】

1. NTC 热敏电阻温度特性的测量

利用公式 $T = 273.15 + t$，把摄氏温度 t 换算成热力学温度 T. 取升温和降温两次测量结果的平均值作为 NTC 热敏电阻在各个温度点的阻值. 根据式(38-3)，利用 Excel 或其他计算软件作出 $\ln R$-$1/T$ 的散点图，并将上述数据用最小二乘法直线拟合，求出材料常数 B. 根据式(38-2)求出 NTC 热敏电阻在温度 $t = 50.0$℃时的电阻温度系数 α.

表 38-2　NTC 热敏电阻温度特性的测量

温度	t/℃						
	T/K						
电阻 R/kΩ	升温						
	降温						
电阻平均值/kΩ							

2. PTC 热敏电阻温度特性的测量

(1) 陶瓷 PTC 热敏电阻温度特性的测量.

用公式 $T = 273.15 + t$，把摄氏温度 t 换算成热力学温度 T. 取升温和降温两次测量结果的平均值作为陶瓷 PTC 热敏电阻在各个温度点的阻值. 根据式(38-4)，利用 Excel 作出 $\ln R$-T 的散点图，并将上述数据用最小二乘法直线拟合，求出电阻温度系数 A 和陶瓷 PTC 热敏电阻突变点温度 T_r.

表 38-3　PTC 热敏电阻温度特性的测量

温度	t/℃						
	T/K						
电阻 R/kΩ	升温						
	降温						
电阻平均值/kΩ							

(2) 有机材料 PTC 热敏电阻特性测量.

用公式 $T = 273.15 + t$，把摄氏温度 t 换算成热力学温度 T. 取升温和降温两次测量结果的平均值作为有机材料 PTC 热敏电阻在各个温度点的阻值. 根据式(38-

4),利用 Excel 作出 ln$R$-T 的散点图,并将上述数据用最小二乘法直线拟合,求出电阻温度系数 A 和有机材料 PTC 热敏电阻突变点温度 T_r.

3.PN 结温度传感器温度特性的测量

根据式(38-7),利用 Excel 或其他计算软件绘画出 U-t 的散点图,并将上述数据用最小二乘法直线拟合,求出结电压温度系数 K;半导体材料 U_{g0} = ＿＿＿＿＿.

表 38-4　PN 结温度特性的测量

t/℃(升温)									
U_{be}/V									
t/℃(降温)									
U_{be}/V									

4.AD590 集成电路温度传感器温度特性的测量

(1)AD590 集成电路温度传感器温度特性的测量.

取升温和降温两次测量结果的平均值作为电阻 R 在各个温度点的端电压. 用公式 $I = U/R$ 把电阻 R 的端电压 U 换算成电流 I,即为流过 AD590 集成电路温度传感器的电流. 根据式(38-8),利用 Excel 作出 I-θ 的散点图,并将上述数据用最小二乘法直线拟合,求出电流灵敏度 S 和截距 I_0.

表 38-5　AD590 温度特性的测量

θ/℃(升温)									
U_R/V									
θ/℃(降温)									
U_R/V									

(2)AD590 传感器伏安特性的测量*.

用坐标纸作 AD590 传感器输出电流 I 与工作电压 U 的关系图,求出该温度传感器输出电流与温度呈线性关系的最小工作电压 U_r.

【思考讨论】

(1)电桥法比伏安法测电阻有哪些优点?

(2)如果电源输出的电压不稳定,对测量结果是否有影响?为什么?

(3)如果 AD590 集成电路温度传感器的灵敏度不是严格的 1.000μA/℃,而是略有差异,请思考如何通过改变图 38-4 中 R_2 的大小,使数字式温度计测量误差减小.

【探索创新】

(1)根据 Pt100 铂电阻温度传感器的温度特性(查阅资料,了解其特性及参数),设计一只数字式温度计.说明测量原理、测量范围及测量准确度.

(2)利用 PN 结的温度特性,设计测定玻尔兹曼常量的电路图,并说明测量原理.

【拓展迁移】

[1] 黄贤武,郑筱霞.传感器原理与应用[M].成都:电子科技大学出版社,1999.

[2] 何希才.传感器及其应用[M].北京:国防工业出版社,2001.

[3] 张翠莲,杨家强,邓善熙.铂电阻高精度非线性校正及其在智能仪表中的实现[J].微计算机信息,2002,(1):43-45.

[4] 金莲姬,牛生杰,成亚萍.测温传感器响应特性及其在资料同化中的应用[J].南京气象学院学报,2003,26(4):481-488.

[5] 彭庶修,吴汉水,占俐琳.半导体 PN 结测温实验的设计[J].实验技术与管理,2007,24(2):29-31.

【主要仪器介绍】

1. FD-WTC-DA 型恒温控制温度传感器实验仪使用方法

(1)使用前将电位器调节旋钮逆时针方向旋到底,把接有 DS18B20 传感器接线端插头插在后面的插座上,DS18B20 测温端放入注有少量油的玻璃管内(直径16mm);在 2000mL 大烧杯内注入 1600mL 的净水,放入搅拌器和加热器后盖上铝盖并固定.

(2)接通电源后待温度显示值出现"B==="时可按"升温"键,设定用户所需的温度,再按"确定"键,加热指示灯发光,表示加热开始工作,同时显示"A===",为当时水槽的初始温度,再按"确定"键显示"B===",表示原设定值,重复确定键可轮换显示 A、B 值;A 为水温值,B 为设定值,另有"恢复"键可以重新开始.

(3)注意事项.

a. AD590 集成温度传感器的正负极性不能接错,红线表示接线电源正极.

b. AD590 集成温度传感器不能直接放入水中或冰水混合物中测量温度,若测量水温或冰水混合物温度,须插入到加有少量油的玻璃细管内,再将玻璃细管插入待测物内测温.

c. 搅拌器转速不宜太快,若转速太快或磁性转子不在中心,有可能转子离开旋转磁场位置而停止工作,这时须将调节马达转速电位器逆时针调至最小,让磁性转子回到磁场中，再旋转.

(4)热敏电阻的工作电流应小于300μA，防止自热引入误差，实验时，直流电源调节旋钮可逆时针调到底. 用数字电压表测得电源为1.5V方可使用.

2. 单线数字温度传感器 DS18B20 的原理及其应用

DALLAS 最新单线数字温度传感器 DS18B20 简介新的"一线器件"体积更小、适用电压更宽、更经济 Dallas 半导体公司的数字化温度传感器 DS1820 是世界上第一片支持"一线总线"接口的温度传感器. 一线总线独特而且经济的特点，使用户可轻松地组建传感器网络，为测量系统的构建引入全新概念. DS18B20、DS1822"一线总线"数字化温度传感器同 DS1820 一样，DS18B20 也支持"一线总线"接口，测量温度范围为–55～+125℃，在–10～+85℃范围内，精度为±0.5℃. DS18B20 可以程序设定9～12位的分辨率，精度为±0.5℃. 可选更小的封装方式，更宽的电压适用范围. 分辨率设定，及用户设定的报警温度存储在 EEPROM 中，掉电后依然保存. DS18B20 的性能是新一代产品中最好的! 性能价格比也非常出色!

1)DS18B20 的新性能

(1)可用数据线供电，电压范围：3.0～5.5V.

(2)测温范围：–55～+125℃，在–10～+85℃时精度为±0.5℃.

(3)可编程的分辨率为9～12位，对应的可分辨温度分别为 0.5℃、0.25℃、0.125℃和 0.0625℃.

(4)12 位分辨率时最多在 750ms 内把温度值转换为数字.

(5)负压特性：电源极性接反时，温度计不会因发热而烧毁，但不能正常工作.

2)DS18B20 的外形

DS18B20 内部结构主要由四部分组成：64 位光刻 ROM、温度传感器、非挥发的温度报警触发器 TH 和 TL、配置寄存器. DS18B20 的管脚排列如图 38-6 所示：①DQ 为单线运用的数字信号输入输出端；②GND 为电源地；③V_{DD} 为外接供电电源输入端(在寄生电源接线方式时接地).

3)DS18B20 工作原理

DS18B20 是直接数字式高精度温度传感器，其内部含有两个温度系数不同的温敏振荡器，其中低温度系数振荡器相当于标尺，高温度系数振荡器相当于测温元件，通过不断比较两个温敏振荡器的振荡周期得到两个温敏振荡器在测量温度下的振荡频率比值. 根据频率比值和温度的对应曲线得到相应的温度值. 这种方式避免了测温过程中

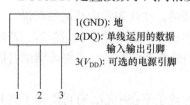

1(GND): 地
2(DQ): 单线运用的数据
　　　输入输出引脚
3(V_{DD}): 可选的电源引脚

图 38-6　DS18B20 的管脚排列示意图

的 A/D 转换，提高了温度测量的精度.

　　DS18B20 测温原理如图 38-7 所示. 图中低温度系数晶振的振荡频率受温度影响很小，用来向计数器 1 提供固定频率的脉冲信号. 高温度系数晶振的振荡频率受温度影响较大，随温度的变化而明显改变，其产生的信号作为计数器 2 的脉冲输入，用于控制闸门的关闭时间. 初态时，计数器 1 和温度寄存器被预置在与−55℃相对应的一个基值上. 计数器 1 对低温度系数晶振产生的脉冲信号进行减法计数，在计数器 2 控制的闸门时间到达之前，如果计数器 1 的预置值减到 0，则温度寄存器的值将作加 1 运算，与此同时，用于补偿和修正测温过程中的非线性的斜率，累加器将输出一个与温度变化相对应的计数值，作为计数器 1 的新预置值，计数器 1 重新开始对低温度系数晶振产生的脉冲信号进行计数，如此循环，直到计数器 2 控制的闸门时间到达亦即计数到 0 时，停止温度寄存器值的累加，此时温度寄存器中的数值即为所测温度. 在默认的配置中，DS18B20 的测温分辨率为 0.0625℃，以 12 位有效数据表示.

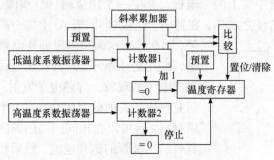

图 38-7　DS18B20 测温原理图

实验 39　金属电子逸出功的测定

【背景、应用及发展前沿】

20 世纪前半叶，物理学在工程技术方面最引人注目的应用之一是在无线电电子方面. 无线电电子学的基础是热电子发射. 当时名为热离子学的学科研究的就是热电子发射. 它的创始人之一，英国著名物理学家理查森，由于发现了热电子发射定律，即理查森定律，为设计合理的电子发射机构指明了道路，其研究工作对无线电电子学的发展产生了深远的影响，因而荣获 1928 年诺贝尔物理学奖.

在真空玻璃管中装上两个电极，其中一个用金属(钨)丝做成(一般称为阴极 K)，并通过电流 I_f 使之加热，在另一个电极(即阳极 A)上加一高于金属丝的正电

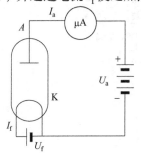

图 39-1　真空二极管外电路图

势，则在连接这两个电极的外电路中就有电流 I_a 通过，如图 39-1 所示. 这种从热金属灯丝(阴极)表面逸出电子的现象，称热电子发射. 从工程学上讲，研究热电子发射的目的之一是：用以选择合适的阴极材料，这可以在相同的加热温度下测量不同阴极材料的二极管的饱和电流，然后相互比较，加以选择；从学习物理学来讲，通过对阴极材料物理性质的研究，来掌握其热电子发射的性能，这是带有根本性的工作，因为研究各种材料在不同温度下的热电子发射，对于以热阴极为基础的各种真空电子器件的研制是极为重要的，电子的逸出电势正是热电子发射的一个基本物理参数.

电子发射分类
- 光电发射：光照射金属表面引起电子发射
- 热电子发射：加热金属使其中大量电子克服表面势垒而逸出
- 二次电子发射：用电子流或离子流轰击金属表面产生电子发射
- 场效应发射：外加强电场引起的电子发射

金属电子逸出功(功函数或逸出电势)的测定实验，综合性地应用了直线测量法、外延测量法和补偿测量法等多种基本实验方法. 在数据处理方面，有比较独特的技巧性训练. 因此，这是一个比较有意义的实验.

【实验目的】

(1)用理查森直线法测定金属(钨)电子的逸出功.

(2)学习直线测量法、外延测量法和补偿测量法等多种基本实验方法.

(3)进一步学习数据处理的方法.

(4)了解热电子发射的基本规律，验证肖特基效应.

【实验原理】

1. 金属电子的逸出功(功函数)

根据量子理论，原子内电子的能级是量子化的. 在金属内部运动着的自由电子遵循类似的规律：①金属中自由电子的能量是量子化的；②电子具有全同性，即各电子是不可区分的；③能级的填充要符合泡利不相容原理.

根据固体物理学中金属电子理论，金属中的传导电子能量的分布服从费米-狄拉克分布，即

$$f(E) = \frac{\mathrm{d}N}{\mathrm{d}E} = \frac{4\pi}{h^3}(2m)^{\frac{3}{2}} E^{\frac{1}{2}} \left[\exp\left(\frac{E - E_F}{kT}\right) - 1 \right]^{-1} \qquad (39\text{-}1)$$

其中，E_F 为费米能级.

在绝对零度时，电子数按能量的分布曲线如图 39-2 中的曲线(1)或图 39-3($T=$ 0K)所示，此时电子所具有的最大动能为 E_F，E_F 所处能级又称为费米能级. 当温度升高时，电子能量分布曲线如图 39-2 中的曲线(2)、(3)和(4)或图 39-3($T>0$K、$T>0\uparrow$和 $T>0\uparrow\uparrow$)所示，其中能量较大的少数电子具有比 E_F 更高的能量，并且电子数随能量的增加而以接近指数的规律减少.

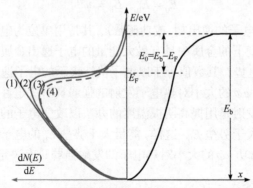

图 39-2　费米-狄拉克电子能量分布对比图

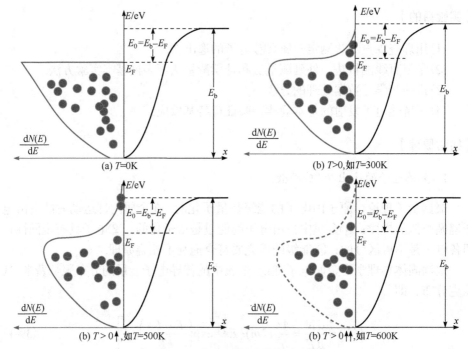

图 39-3　费米-狄拉克能量分布图

　　由于金属表面存在一个厚 10^{-10}m 左右的电子-正电荷电偶层,阻碍电子从金属表面逸出. 也就是说,金属表面与外界(真空)之间有势能壁垒(势垒)E_b,如图 39-2 所示,因此电子要从金属中逸出,必须具有至少 E_b 的能量,即必须克服电偶层的阻力做功,这个功就叫电子逸出功,大小以 E_0 表示,由图 39-2 或图 39-3 可知,在绝对零度时电子逸出金属至少要从外界得到的能量为

$$E_0 = E_b - E_F = e\varphi \tag{39-2}$$

E_0(或 $e\varphi$)称为金属电子的逸出功(或功函数),其常用单位为电子伏特(eV),它表征要使处于绝对零度下的金属中具有最大能量的电子逸出金属表面所需要给予的能量;φ 称为逸出电势,其数值等于以电子伏特表示的电子逸出功,单位为伏特(V). 因此,逸出功 $e\varphi$ 的大小对热电子发射的强弱具有决定性作用.

　　可见,热电子发射是用提高阴极温度的办法以改变电子的能量分布,使其中一部分电子的能量大于势垒 E_b. 这样,能量大于势垒 E_b 的电子就可以从金属中发射出来. 因此,逸出功 $e\varphi$ 的大小对热电子的发射强弱具有决定性的作用.

　　2. 热电子发射公式

　　1911 年理查逊提出的第二个热电子发射公式经受住了量子理论的考验. 1927~1928 年,泡利和索末菲根据费米-狄拉克能量分布关系式(39-1),也可以导

出热电子发射的理查森-杜斯曼公式

$$I = AST^2 \exp\left(-\frac{e\varphi}{kT}\right) \tag{39-3}$$

式中，I 为热电子发射的电流强度，单位为 A；A 为和阴极表面化学纯度有关的系数，单位为 $A \cdot m^{-2} \cdot K^{-2}$；$S$ 为阴极的有效发射面积，单位为 m^2；T 为发射热电子的阴极的绝对温度，单位为 K；k 为玻尔兹曼常量，$k = 1.38 \times 10^{-23} J \cdot K^{-1}$.

根据式(39-3)，原则上我们只要测定 I、A、S 和 T 等量，就可以根据式(39-3)计算出阴极材料的逸出功 $e\varphi$. 但困难在于 A 和 S 这两个量是难以直接测定的，因为 A 这个量直接与金属表面对发射电子的反射系数 R_e 有关，而 R_e 又与金属表面的化学纯度有很大的关系，其数值决定于势能壁垒. 如果金属表面处理得不够洁净，电子管内真空度不够高，则所得的 R_e 值就有很大的差别，直接影响到 A 值. 其次，由于金属表面是粗糙的，计算出的阴极发射面积与实际的有效面积 S 也可能有差异，所以，A 与 S 这两个量难以测定，甚至是无法测量. 为此，在实际测量中常用下述的理查森直线法(曲线取直)进行数据处理，以设法避开 A 和 S 的测量.

3. 理查森直线法

将式(39-3)两边除以 T^2，再取以 10 为底的常用对数，并将 e 和 k 的数值代入得

$$\lg\frac{I}{T^2} = \lg(AS) - \frac{e\varphi}{2.30kT} = \lg(AS) - 5.04 \times 10^3 \varphi \frac{1}{T} \tag{39-4}$$

从式(39-4)可见，$\lg\frac{I}{T^2}$ 与 $\frac{1}{T}$ 呈线性关系. 如以 $\lg\frac{I}{T^2}$ 为纵坐标，以 $\frac{1}{T}$ 为横坐标作图，从所得直线的斜率，即可求出电子的逸出电势 φ，从而求出电子的逸出功 $e\varphi$，该方法叫理查森直线法. 由于 A 和 S 对于某一固定的阴极来说是常数，故 $\lg(AS)$ 项只改变直线的截距，而并不影响直线的斜率，这就避免了由于 A 与 S 不能准确确定对测定 φ 的影响，其好处是可以不必求出 A 和 S 的具体数值，直接从 I 和 T 就可以得出 φ 的值，A 和 S 的影响只是使 $\lg\frac{I}{T^2}$-$\frac{1}{T}$ 直线产生平移. 类似的该种处理方法在实验和科研中很有用处.

4. 从加速电场外延求零场电流

如图 39-4 所示，在阴极与阳极之间接一微安表，当阴极通一电流 I_f 时，产生热电子发射，相应的有发射电流 I 通过微安表. 但是，当热电子不断从阴极发射出来飞往阳极的途中，必然形成空间电荷积累，这些空间电荷的电场必将阻碍后续的热电子飞往阳极，这就严重地影响发射电流的测量. 为此，即为了维持阴极

发射的热电子能连续不断地飞向阳极，必须维持阳极电势高于阴极，即在阳极与阴极间外加一个加速电场 E_a，使热电子一旦溢出就能迅速飞往阳极. 图 39-5 是测量 I_a 的示意图.

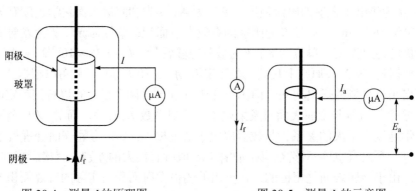

图 39-4　测量 I 的原理图　　　　　　　图 39-5　测量 I_a 的示意图

外加速场 E_a 固然可以消去空间电荷积累的影响，然而由于 E_a 的存在会使阴极表面的势垒 E_b 降低，因而逸出功减小，发射电流增大，这一现象称为肖特基效应. 所谓肖特基效应是指在热电子发射过程中受到阳极加速电场的作用影响，使热电子从阴极发射出来将得到一个辅助作用，因而增加了热电子发射的数量. 因此实际测量值 I_a 自然不是真正的 I 值，而必须做相应的处理.

可以证明，在阴极表面加速电场 E_a 的作用下，阴极发射电流 I_a 与 E_a 有如下的关系：

$$I_a = I \exp\left(\frac{0.439\sqrt{E_a}}{T}\right) \tag{39-5}$$

式中，I_a 和 I 分别是加速电场为 E_a 和零时的发射电流. 对式 (39-5) 取对数得

$$\lg I_a = \lg I + \frac{0.439}{2.30T}\sqrt{E_a} \tag{39-6}$$

如果把阴极和阳极做成共轴圆柱形，并忽略接触电势差和其他影响，则加速电场可表示为

$$E_a = \frac{U_a}{r_1 \ln \dfrac{r_2}{r_1}} \tag{39-7}$$

式中，r_1 和 r_2 分别为阴极和阳极的半径，U_a 为阳极电压，将式 (39-7) 代入式 (39-6) 得

$$\lg I_a = \lg I + \frac{0.439}{2.30T} \frac{1}{\sqrt{r_1 \ln \frac{r_2}{r_1}}} \sqrt{U_a} \qquad (39\text{-}8)$$

其中，$\mu_0 = 4\pi \times 10^{-7}\,\text{H/m}$，为真空磁导率；$r_1 = 0.020\text{m}$，为励磁电流线圈的内半径；$r_2 = 0.027\text{m}$，为励磁电流线圈的外半径；$l = 0.025\text{m}$，为励磁电流线圈半长度；$N = 520\text{T}$，为励磁电流线圈匝数.

由式(39-8)可见，对于一定几何尺寸的管子，当阴极的温度 T 一定时，$\lg I_a$ 和 $\sqrt{U_a}$ 呈线性关系. 如果以 $\lg I_a$ 为纵坐标，以 $\sqrt{U_a}$ 为横坐标作图，如图 39-6 所示. 这些直线的延长线与纵坐标的交点为 $(\sqrt{U_a}=0, \lg I_a = \lg I = C)$. 由此即可求出在一定温度(即不同 I_f)下加速电场为零时的发射电流 I.

综上所述，要测定金属材料的逸出功，首先应该把被测材料做成二极管的阴极. 当测定了阴极温度 T、阳极电压 U_a 和发射电流 I_a 后，通过上述的数据处理，得到零场电流 I. 再根据式(39-4)，即可求出逸出功 $e\varphi$(或逸出电势 φ).

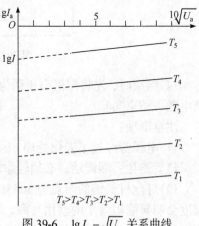

图 39-6　$\lg I_a$-$\sqrt{U_a}$ 关系曲线

【仪器用具】

金属电子逸出功测定仪、理想真空二极管、励磁线圈等.

【实验内容】

(1)熟悉仪器装置，将灯丝加热电流和阳极电压旋钮逆时针旋到最小. 根据图 39-7 连接电路(注意：勿将阳极电压 U_a 和灯丝电压 U_f 接错，以免烧坏管子)，并连接好安培表和微安表、电压表，测量灯丝电流和阳极电流及阳极电压. 接通电源，将灯丝加热电流调定在 0.50A 保持不变，预热 10min.

(2)把仪器面板上的"功能转换"按键按出，选择"逸出功"的功能.

(3)将理想二极管灯丝电流 I_f 从 0.55~0.75A 进行调节，每间隔 0.05A 进行一次测量，每调整一次加热电流后要等待 2min. 对应每一灯丝电流，在阳极上加 16V，25V，36V，49V，64V，…，121V 储电压，各测出一组阳极电流 I_a，并算出其对数值 $\lg I_a$. 记录数据于下文表 39-1.

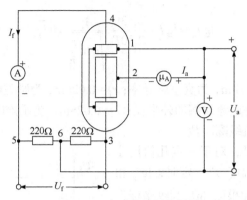

图 39-7　实验电路原理图

(4)结束时,先将阳极电压调为零,再把灯丝阴极的加热电流调到最小,再关断电源,结束实验.

注意事项:

(1)电子管经过了老化处理,因此灯丝性脆,通电加热与降温以缓慢为宜,灯丝炽热后避免强烈震动,必须轻拿轻放.

(2)灯丝材料钨的熔点为 3643K,正常使用温度为 1700～2200K,过高的灯丝温度会明显缩短管子的使用寿命,灯丝加热电流不要超过 0.800A;过低的灯丝温度会导致热电子发射电流过小而无法测量.因此,实验时应该选择适当的灯丝工作温度范围,请参考下文表 39-3 的范围使用.

(3)当改变灯丝加热电流后,由于灯丝温度上升趋稳的滞后性,每当调节灯丝加热电流后要略等片刻,待稳定后再进行测量.

(4)实验前要仔细预习实验原理和步骤,并把实验的接线图弄清楚.

(5)画坐标图时一定要仔细选好坐标并把坐标纸上的格子数清楚.

【实验数据及处理】

(1)根据表 39-1 数据,在坐标纸上作出 $\lg I_a$ - $\sqrt{U_a}$ 图线.其中纵坐标为阳极电流 I_a 的对数值 $\lg I_a$.再根据坐标图上 $\lg I_a$ - $\sqrt{U_a}$ 直线的延长线与纵坐标上的截距,从图上直接读出不同阴极温度时的零场电流 I_a 的对数值 $\lg I_a$.

表 39-1　在不同阳极电压和灯丝温度下的阳极电流及其对数值

I_f, T	$\sqrt{U_a}/\mathrm{V}^{1/2}$															
	4.0		5.0		6.0		7.0		8.0		9.0		10.0		11.0	
	I/A	$\lg I$	I/A	$\lg I$	I/A	$\lg I$	I/A	$\lg I$	I/A	$\lg I$	I/A	$\lg I$	I/A	$\lg I$	I/A	$\lg I$
0.55A, 1.80×10^3K																

续表

I_f, T	$\sqrt{U_a}/V^{1/2}$															
	4.0		5.0		6.0		7.0		8.0		9.0		10.0		11.0	
	I/A	$\lg I$	I/A	$\lg I$	I/A	$\lg I$	I/A	$\lg I$	I/A	$\lg I$	I/A	$\lg I$	I/A	$\lg I$	I/A	$\lg I$
0.60A, 1.88×10^3K																
0.65A, 1.96×10^3K																
0.70A, 2.04×10^3K																
0.75A, 2.12×10^3K																

(2) 再将在不同温度 T 时所算得的 $\lg\dfrac{I}{T^2}$ 和 $\dfrac{1}{T}$ 的值填入表 39-2, 并以 $\dfrac{1}{T}$ 为横坐标, 以 $\lg\dfrac{I}{T^2}$ 为纵坐标, 可得 $\left(\log\dfrac{I_1}{T_1^2}, \dfrac{1}{T_1}\right), \dots, \left(\log\dfrac{I_6}{T_6^2}, \dfrac{1}{T_6}\right)$, 据此作出 $\lg\dfrac{I}{T^2} \cdot \dfrac{1}{T}$ 图线 (参考示意图如图 39-8 所示). 根据直线斜率求出钨的逸出功 $e\varphi$ (或逸出电势 φ).

表 39-2　$\lg\dfrac{I}{T^2}\text{-}\dfrac{1}{T}$ 表

	$T/(\times 10^3$K$)$				
	1.80	1.88	1.96	2.04	2.12
$\lg I$					
$\lg T$					
$\lg I - 2\lg T$					
$\dfrac{1}{T}$ $(\times 10^{-4}$K$^{-1})$					

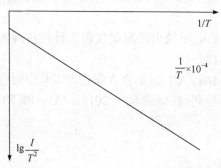

图 39-8　$\lg(I/T^2) \sim 1/T$ 的直线示例图

根据表 39-2 作 $\lg\dfrac{I}{T^2}\text{-}\dfrac{1}{T}$ 图, 用图解法求直线斜率 k.

直线斜率：$k = \dfrac{\Delta\left(\lg \dfrac{I}{T^2}\right)}{\Delta\left(\dfrac{1}{T}\right)} = \underline{\hspace{2cm}} = \underline{\hspace{2cm}}$;

逸出电势 $\varphi = \dfrac{k}{-5.04 \times 10^3} = \underline{\hspace{1.5cm}}$ (V)；逸出功（功函数）$e\varphi = \underline{\hspace{1.5cm}}$ eV；

与逸出功（功函数）公认值 $e\varphi = 4.54\mathrm{eV}$ 相比的相对误差：$E_\mathrm{r} = \underline{\hspace{2cm}}$ %.

【思考讨论】

(1) 本实验中需要测量哪些物理量？为什么？

(2) 实验中如何测量阴极与阳极之间的电势差？

(3) 实验中如何稳定阴极温度？

【探索创新】

利用本仪器，设计测量热电子发射的速率分布规律.

提示与要求：①在普通物理中，学习了用机械筛选的装置测定气体分子速率分布的实验. 本实验则要求用螺线管作磁筛选的装置，测定热电子发射中电子的速率分布. ②进一步证明在金属内部电子的能量分布遵从费米-狄拉克分布.

【拓展迁移】

[1] 白光富，王国振，陈涛. 金属电子逸出功的测定的计算机数据处理[J]. 大学物理实验，2013，26（3）：66-69.

[2] 杨健，武晓亮. 处理金属逸出功实验数据的三种方法[J]. 科技信息，2011，（33）：594，585.

[3] 潘人培，杨宏业. 金属电子逸出功测定的实验装置[J]. 实验技术与管理，1987，（3）：36-39.

[4] 钱仰德. 用金属电子逸出功测定仪做设计性扩展实验的实践[J]. 物理实验，2001，21（7）：14-17.

[5] 贾宁，杨欣. MATLAB GUI 在大学物理实验中的应用——以金属电子逸出功实验为例[J]. 软件导刊（教育技术），2018，（5）：86-88.

【附录】

1. 理想真空二极管

为了测定钨的逸出功，我们将钨作为理想二极管的阴极（灯丝）材料. 所谓"理想"，是指把电极设计成能够严格地进行分析的几何形状. 根据上述原理，我们设计成同轴圆柱形系统. "理想"的另一含义是把待测的阴极发射面限制在温度均匀的一定长度内和可以近似地把电极看成是无限长的,即无边缘效应的理想状态.为了避免阴极的冷端效应(两端温度较低)和电场不均匀等的边缘效应,在阳极两端各装一个保护(补偿)电极,它们在管内相连后再引出管外,但阳极和它们绝缘.因此保护电极虽与阳极加相同的电压,但其电流并不包括在被测热电子发射电流中. 这是一种用补偿测量的仪器设计. 在阳极上还开有一个小孔(辐射孔),通过它可以看到阴极,以便用光测高温计测量阴极温度. 理想二极管的结构和管脚示意图分别如图 39-9 和图 39-10 所示.

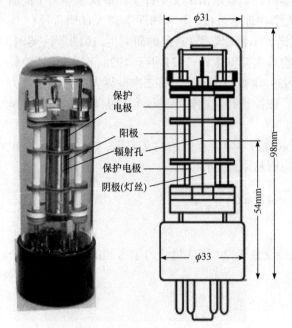

图 39-9　理想真空二极管及其结构

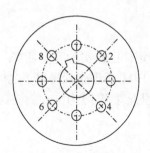

图 39-10　真空电子管管脚示意图

2. 阴极(灯丝)温度 T 的测定

阴极温度 T 的测定有两种方法:一种是用光测高温计通过理想二极管阳极上的小孔,直接测定. 但用这种方法测温时,需要判定二极管阴极和光测高温计灯丝的亮度是否相一致. 该项判定具有主观性,尤其对初次使用光测高温计的学生,测量误差更大. 另一方法是根据已经标定的理想二极管的灯丝(阴极)电流 I_f,查表 39-3 得到阴极温度 T. 相对而言,此种方法的实验结果比较稳定. 应该指出:灯丝(阴极)电流 I_f 与灯丝温度的关系并不是一成不变的,它与阴极的材料的纯度有关,管子的结构也影响阴极的热辐射. 但灯丝供电电源的电压 U_f 必须稳定. 测定灯丝电流的安培表,应选用级别较高的,例如 0.5 级表. 本实验采用第二种方法确定灯丝温度.

表 39-3　灯丝电流与灯丝温度对照表

灯丝电流 I_f/A	0.50	0.55	0.60	0.65	0.70	0.75	0.80
灯丝温度 T/($\times 10^3$K)	1.72	1.80	1.88	1.96	2.04	2.12	2.20

3. 欧文·威廉斯·理查森

理查森是"理查森定律"的创立者，1879 年 4 月 26 日生于英国约克群的杜斯伯里．1904 年获剑桥大学硕士学位，毕业后留卡文迪许实验室从事热离子的研究工作．1906 年赴美任普林斯顿大学物理学教授，著名物理学家 A.H.康普顿（"康普顿效应"的发现者，1927 年获诺贝尔物理学奖）是他的研究生．1913 年回英国，受聘于伦敦大学任物理学教授和物理实验室主任．1921 年至 1928 年间，他还兼任英国物理学会会长等社会职务．1939 年被封为爵士．第二次世界大战期间他致力于雷达、声呐、电子学实验仪器、磁控管和速调管等的研究．1944 年从伦敦大学退休．

1901 年 11 月 25 日理查森在剑桥哲学学会宣读的论文中称：如果热辐射是由于金属发出的微粒，则饱和电流应服从下述定律

$$I = AT^2 \exp\left(-\frac{b}{T}\right)$$

这个定律已被实验完全证实．

1911 年理查森提出了之后又经受住了 20 年代量子力学考验的热电子发射公式（理查森定律）为

$$I = AST^2 \exp\left(-\frac{e\varphi}{kT}\right)$$

理查森由于对热离子现象研究所取得的成就，特别是发现了理查森定律而获得 1928 年度诺贝尔物理学奖．

4. 热电子发射的规律——理查森公式的推导

在温度 $T \neq 0$，金属内部部分电子获得大于逸出功的能量，从金属表面逃逸形成热电子发射电流．根据金属中电子能量遵从费米-狄拉克量子统计分布规律，速率在 $v \sim v + \mathrm{d}v$ 之间的电子数目为

$$\mathrm{d}n = 2\left(\frac{m}{h}\right)^3 \frac{1}{\mathrm{e}^{(W-W_f)/(kT)}} \mathrm{d}v \tag{39-9}$$

式中，m 为电子质量，h 为普朗克常数，k 为玻尔兹曼常量，由于能够从金属表面逸出电子的能量必须大于势阱深度 W_e，即 $W - W_f > W_e - W_f = W_0$，而 $W_0 \gg kT$．设电子的动能为 $mv^2/2$，则上式可以近似地写成

$$\mathrm{d}n = 2\left(\frac{m}{h}\right)^3 e^{W_f/(kT)} \cdot e^{-mv^2/(2kT)}\,\mathrm{d}v \tag{39-10}$$

设电子垂直于金属表面，并沿 x 轴方向离开金属．从而，要求电子沿 x 轴方向的动能 $mv_x^2/2$ 必须大于逸出功 W_0，而沿 y 和 z 方向的速度包含了所有可能．于是，沿 x 轴方向发射的电子数为

$$\mathrm{d}n = 2\left(\frac{m}{h}\right)^3 e^{W_f/kT} \cdot e^{-mv_x^2/2kT}\,\mathrm{d}v_x \int_{-\infty}^{+\infty} e^{-mv_y^2/2kT}\,\mathrm{d}v_y \int_{-\infty}^{+\infty} e^{-mv_z^2/2kT}\,\mathrm{d}v_z \tag{39-11}$$

令 $\eta = \sqrt{\dfrac{m}{2kT}}v_y$，则有 $\displaystyle\int_{-\infty}^{+\infty} e^{-mv_y^2/2kT}\,\mathrm{d}v_y = \sqrt{\dfrac{2kT}{m}}\int_{-\infty}^{+\infty} e^{-\eta^2}\,\mathrm{d}\eta = \sqrt{\dfrac{2\pi kT}{m}}$，同理可得

$$\int_{-\infty}^{+\infty} e^{-mv_z^2/2kT}\,\mathrm{d}v_z = \sqrt{\frac{2kT}{m}}\int_{-\infty}^{+\infty} e^{-\eta^2}\,\mathrm{d}\eta = \sqrt{\frac{2\pi kT}{m}}$$

从而式 (39-11) 可以简化为

$$\mathrm{d}n = \frac{4\pi m^2 kT}{h^3} e^{W_f/kT} \cdot e^{-mv_x^2/2kT}\,\mathrm{d}v_x \tag{39-12}$$

由于在 Δt 时间内，距离表面小于 $v_x \cdot \Delta t$ 且速度为 v_x 的电子都能达到金属表面，因此达到表面 S 的电子总数为：$\mathrm{d}N = Sv_x \cdot \Delta t\,\mathrm{d}n$，由此可得，速度为 v_x 的电子到达金属表面所形成的电流为

$$\mathrm{d}I = \frac{e\,\mathrm{d}N}{\Delta t} = eSv_x\,\mathrm{d}n$$

将式 (39-12) 代入，可得

$$\mathrm{d}I = \frac{4\pi eSm^2 kT}{h^3} e^{W_f/kT} \cdot e^{-mv_x^2/2kT} v_x\,\mathrm{d}v_x \tag{39-13}$$

只有满足 $mv_x^2/2 \geqslant E_0$，即 $v_x \geqslant \sqrt{2E_0/m}$ 的电子才能形成热电流，从而总的发射电流为

$$I_S = 4\pi eS\frac{m^2 kT}{h^3} e^{W_f/kT} \cdot \int_{\sqrt{2W_e/m}}^{\infty} e^{-mv_x^2/2kT} v_x\,\mathrm{d}v_x = 4\pi eSm\frac{(kT)^2}{h^3} e^{-e\varphi/kT}$$

令常数 $A = 4\pi eSmk^2/h^3$，则热发射电流或电流密度改写为

$$I_S = AST^2 e^{-e\varphi/kT} \quad \text{或} \quad j_S = AT^2 e^{-e\varphi/kT} \tag{39-14}$$

即为理查森公式．

实验 40　偏振光的产生和检验

[背景、应用及发展前沿]

光波电矢量振动的空间分布关于光传播方向的不对称性的现象叫做光的偏振. 它是横波区别于纵波的一个最明显标志，只有横波才有偏振现象. 光的干涉和衍射现象揭示了光的波动性，但是还不能确定光是横波还是纵波. 偏振现象则是判断横波最有力的实验证据.

目前，偏振光在人们的日常生活和生产过程中都得到了广泛的应用. 比如在摄影镜头前加上偏振镜可以减弱反射光而使影像清晰；让汽车前灯发出偏振光并采用偏振玻璃作为汽车前玻璃，只要使二者透振方向垂直就可以避免司机遭受对向车辆强光刺激而睁不开眼；运用偏振原理使人的左、右眼看到两台摄影机播放的略有差别的图像从而实现立体影像的 3D 电影等.

[实验目的]

(1) 了解偏振器和波晶片的结构和原理.
(2) 掌握偏振光的产生原理和检验方法，加深对光偏振的认识.

[实验原理]

光的偏振有五种可能的状态：自然光、线偏振光、椭圆偏振光、圆偏振光和部分偏振光. 自然界大多数光源发出的光是自然光.

1. 线偏振光的产生

(1) 由反射和折射产生.

自然光由折射率为 n_1 的介质照射到折射率为 n_2 的介质交界面时会发生反射和折射，当入射角 i 满足 $\tan i = n_2/n_1$ 时，反射光为振动方向垂直于入射面的线偏振光，折射光为平行分量大于垂直分量的部分偏振光，该角度称为布儒斯特角. 若使自然光以布儒斯特角照射玻片堆则可以近似认为反射光和折射光均为线偏振光，如图 40-1 所示.

(2) 由二向色性晶体的选择吸收产生.

二向色性是指有些晶体对振动方向不同的电矢量具有选择吸收的性质. 例如电气石，它能强烈吸收与晶体光轴垂直的电矢量，而对与光轴平行的电矢量吸收

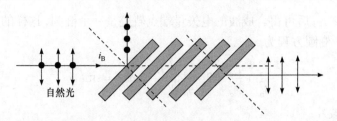

图 40-1　自然光经过玻片堆获得线偏振光

的较少.目前广泛使用的二向色性片是人造偏振片,它是由小晶体或者分子在透明的薄膜上整齐地排列起来形成的,它会吸收一个方向上的电矢量,而让垂直该方向的电矢量几乎完全通过,透过电矢量的振动方向称为人造偏振片的透振方向.

(3)由晶体双折射产生.

当光入射到各向异性晶体(如方解石)时,折射光将分成两束,并各自沿着略微不同的方向传播,这种现象称为双折射.其中一束光遵从折射定律,称为寻常光(简称 o 光),另一束光不遵从折射定律,称为非常光(简称 e 光).o 光和 e 光均为线偏振光,实验室中常用尼科耳棱镜来消除其中一束光保留另一束光的方法来获得线偏振光.尼科耳棱镜由两块经特殊切割的方解石晶体用加拿大树胶黏合而成.偏振面平行于晶体主截面的 e 光可以透过尼科耳棱镜,而偏振面垂直于主截面的 o 光在胶层上发生全反射被消除掉.

2. 圆偏振光和椭圆偏振光的产生

椭圆偏振光可由两列频率相同,振动方向相互垂直,且沿同一方向传播的线偏振光叠加得到.当平面线偏振光垂直入射到表面平行于光轴的双折射晶片时可满足以上条件,如图 40-2 所示.假设线偏振光振幅为 A,振动方向与晶片光轴的夹角为 α,则在晶片表面上 o 光和 e 光的振幅分别为 $A_o = A\sin\alpha$ 和 $A_e = A\cos\alpha$,经过厚度为 d 的晶片后,o 光和 e 光之间将产生相位差:

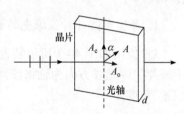

图 40-2　线偏振光经过波晶片振幅分解示意图

$$\delta = \frac{2\pi}{\lambda_0}(n_o - n_e)d \tag{40-1}$$

其中, λ_0 表示光在真空中的波长, n_o 和 n_e 分别为 o 光与 e 光的折射率.

经过波晶片后,o 光和 e 光的光矢量方程分别为

$$E_o = A_o \cos(\omega t - kz)$$
$$E_e = A_e \cos(\omega t - kz + \delta) \tag{40-2}$$

消去因子$(\omega t - kz)$后可得合成波的电矢量端点轨迹是一个椭圆,这样的偏振光称为椭圆偏振光. 椭圆方程为

$$\frac{E_o^2}{A_o^2} + \frac{E_e^2}{A_e^2} - 2\left(\frac{E_o}{A_o}\right)\left(\frac{E_e}{A_e}\right)\cos\delta = \sin^2\delta \tag{40-3}$$

(1) 1/4 波片.

如果晶片的厚度使产生的相位差$\delta = (2k+1)\dfrac{\pi}{2}(k = 0, 1, 2, \cdots)$,这样的波晶片称为 1/4 波片. 线偏振光通过 1/4 波片后,透射光一般是椭圆偏振光,当$\alpha = \pi/4$时,透射光为圆偏振光;当$\alpha = 0$和$\pi/2$时,椭圆偏振光退化为平面线偏振光. 因此,1/4 波片可将平面线偏振光变成椭圆偏振光或圆偏振光;反之,也可以将椭圆与圆偏振光变成平面线偏振光.

(2) 1/2 波片.

如果晶片的厚度使产生的相位差$\delta = (2k+1)\pi(k = 0, 1, 2, \cdots)$,这样的波晶片称为 1/2 波片或半波片. 若入射平面线偏振光的振动面与半波片光轴的夹角为α,则通过半波片后的光仍为线偏振光,但其振动面相对入射光的振动面转过2α角.

[仪器用具]

半导体激光器,偏振片,半波片,1/4 波片,光功率计.

[实验内容]

1. 考察半波片对偏振光的影响

(1) 使用如图 40-3 所示装置,调 N_1 和 N_2 为正交,在二者之间和 N_1 平行放置半波片,以光线方向为轴将波片转 360°,记录出现消光的次数和相对应于 N_2 的位置(角度).

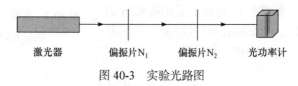

激光器　　　　偏振片N_1　　　　偏振片N_2　　　光功率计

图 40-3　实验光路图

(2) 使 N_1 和 N_2 正交,半波片的光轴和 N_1 的主截面成α角(10°~15°),转动 N_2 使之再消光,记录 N_2 位置. 改变角α,每次增加 10°~15°,同上测量直至α等于 90°.

2. 椭圆偏振光和圆偏振光的产生

实验装置同上,将半波片换成 1/4 波片.

(1)使 N_1 和 N_2 正交,以光线方向为轴将波片旋转 360°,记录观察到的现象.

(2)使用起偏器 N_1 和 1/4 波片产生椭圆偏振光,旋转检偏器 N_2 观察光强的变化.记录波片光轴相对 N_1 主截面的夹角 α,以及转动 N_2 光强极大、极小时主截面与波片光轴的夹角 β. α 取不同值重复观测.

(3)使用 N_1 和 1/4 波片产生圆偏振光,旋转 N_2,进行观测并记录.

(4)为了区分椭圆偏振光和部分偏振光,圆偏振光和自然光,要在检偏器前再加一个 1/4 波片去观测,注意 1/4 波片的放置.

[实验数据及处理]

(1)记录不同 α 角下,线偏振光通过半波片后的偏振态;

(2)记录不同 α 角下,线偏振光通过 1/4 波片后的偏振态;

(3)记录并画出线偏振光经由 1/4 波片生成圆偏振光时 N_1 和 1/4 波片的位置图.

[思考讨论]

(1)强度为 I 的自然光通过偏振片后,其强度小于 $I/2$,为什么?

(2)怎样才能产生左旋(右旋)椭圆偏振光?

(3)对波长为 589.3nm 的钠黄光,石英晶片中 o 光和 e 光的折射率分别为 1.544 和 1.553,如果要使垂直入射的线偏振光(设其振动方向与石英片光轴夹角为 θ)通过石英片后变为振动方向转过 2θ 角的线偏振光,试问石英片的最小厚度应为多少?

[探索创新]

(1)设计实验,区分椭圆偏振光与部分偏振光,圆偏振光与自然光.

(2)设计实验,画出线偏振光通过 1/4 波片后在不同 α 角下的偏振光矢量端点轨迹图.

[拓展迁移]

[1] 孙慕渊,陈志远. 谈椭圆偏振光的产生极其检验[J]. 咸宁师专学报,2000,6:28-31.

[2] 袁博,高静,杨凡超,等. 空间目标材料偏振光学特性研究[J]. 光子学报,2017,46:59-67.

[3] 赵士成. 偏振光在海水信道中传输的退偏特性研究[J]. 科技资讯,2014,19:9-10.

[4] 赵航,郝彦军,朱俊,等. 光的偏振特性研究[J]. 实验科学与技术,2015,13(6):1-2.

实验 41　用小型摄谱仪测定 He-Ne 激光的波长

【背景、应用及发展前沿】

　　光谱是一类借助光栅、棱镜、傅里叶变换等分光手段将一束电磁辐射的某项性质解析成各个组成波长对此性质的贡献的图表. 按照光与物质的作用形式，光谱一般可分为吸收光谱、发射光谱、散射光谱等. 通过光谱学研究，人们可以解析原子与分子的能级与几何结构、特定化学过程的反应速率、某物质在太空中特定区域的浓度分布等多方面的微观与宏观性质. 由于光谱分析具有较高的灵敏度，特别是对低含量元素的分析准确度较高，分析速度快. 因此，它在科学实验和研究中有着重要应用.

【实验目的】

　　(1) 了解棱镜摄谱仪的构造原理.
　　(2) 掌握棱镜摄谱仪的调节方法和摄谱技术.
　　(3) 学会用照相法测定某一光谱线的波长.

【实验原理】

　　本实验使用小型棱镜摄谱仪，通过拍摄 He-Ne 辉光和 He-Ne 激光的比较光谱，测定 He-Ne 激光的波长. 比较光谱就是将已知波长的谱线组和待测波长的谱线组并列记录在同一底片上，只要记录时，保持各谱线组不发生横向移动，便可依据辉光放电谱线的已知波长，利用线性内插法，测知激光谱线的波长.

【仪器用具】

　　棱镜摄谱仪、He-Ne 激光器、钠灯、移测显微镜.

【实验内容】

　　1. 摄谱仪的调节

　　(1) 共轴调节：使透镜和光源位于准直管光学系统的光轴上.
　　(2) 将激光管点亮后，采用侧面发出的辉光作为光源，调节辉光光源和透镜位置，使光均匀照亮狭缝.

（3）打开匣缝罩盖，从目镜中观察，可看到一组连续的光谱带，此时，将狭缝慢慢调小（注意避免调到零，以免损坏刀口），将会看到一组分立的、细锐的、清晰的、明亮的谱线，调节鼓轮，使视场中看到所有的可见光区域的谱线.

2. 拍摄光谱

用如图 41-1 所示的哈曼光阑遮光的方法拍摄比较光谱. 它有三个方形小孔，第一孔的下面一条边与第二孔的上面一条边在同一直线上. 光阑装在摄谱仪的狭缝前，左右移动光阑，可将其上的三条刻线中任意一条对准狭缝外壳的边缘，这时，与该刻线相对应的孔与狭缝相合. 假如我们先用第一孔拍摄已知波长的光谱（如汞灯的光谱），移动光阑再用第二孔拍摄待测光源（如 He-Ne 激光）的光谱，第三孔拍摄已知波长的光谱（如 He-Ne 辉光的光谱），那么在冲洗好的照片底板上就得到三列光谱，两列已知光谱的谱线与待测光谱的谱线在竖直方向恰好相衔接而又不相重叠，如图 41-2 所示.

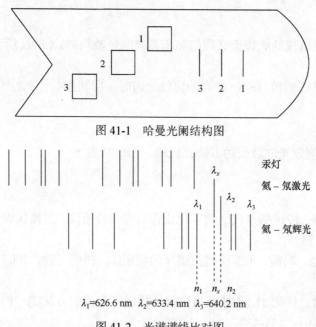

图 41-1　哈曼光阑结构图

λ_1=626.6 nm　λ_2=633.4 nm　λ_3=640.2 nm

图 41-2　光谱谱线比对图

3. 测量谱线波长

假设在图 41-2 中一个较小的波长范围内，摄谱仪棱镜的色散是均匀的，可以认为谱线在底板上的位置与波长有线性关系，即

$$\frac{\lambda_2 - \lambda_1}{n_2 - n_1} = \frac{\lambda_x - \lambda_1}{n_x - n_1} \tag{41-1}$$

其中，λ_1，λ_2 为已知谱线的波长，介于 λ_1 与 λ_2 之间的待测谱线波长为 λ_x，它们在底板上的位置分别为 n_1，n_2 和 n_x. 所以，待测谱线的波长为

$$\lambda_x = \lambda_1 + \frac{n_x - n_1}{n_2 - n_1}(\lambda_2 - \lambda_1) \tag{41-2}$$

可见，只要在底板上测出谱线的位置 n_1，n_2 和 n_x，就可用式(41-2)计算出待测谱线的波长 λ_x.

【实验数据及处理】

汞灯的谱线从左到右分别为 579.96nm（黄左）、579.07nm（黄右）、546.07nm（绿）、491.60nm（青）、435.83nm（蓝）、407.78nm（紫左）、404.66nm（紫右）. 本实验中绿色谱线为待测谱线，要用已知谱线 579.96nm（黄左）和 404.66nm（紫右）来计算出绿色谱线波长. 重复测量 10 次，利用式(41-2)计算出波长.

【思考讨论】

(1)为何摄谱仪的底板面必须与照相系统的光轴倾斜，才能使所有的谱线同时清晰?

(2)在拍摄辉光和 He-Ne 激光的比较光谱时，应注意些什么?

【探索创新】

归纳其他测定光波波长的方法，比较它们的特点.

【拓展迁移】

[1] 王俊华. 棱镜摄谱仪的数字化成像与光谱分析[J]. 仪器仪表学报，2008，29(10)：2192-2195.

[2] 程小健，冯霞. 小型棱镜摄谱仪的应用[J]. 物理实验，2007，27(9)：33-35.

[3] 陈慧清，许海娟. 用棱镜摄谱仪拍摄清晰光谱的方法[J]. 中山大学学报论坛，2006，26(9)：131-133.

[4] 王新礼，陈殿伟. 小型棱镜摄谱仪的调整与定标[J]. 大学物理实验，2005，18(2)：21-23.

【主要仪器介绍】

棱镜摄谱仪，其结构如图 41-3 所示. 其中，S 为光源，L 为会聚透镜，S_1 为狭缝，L_1 为准直管物镜，P 为恒偏向棱镜，L_2 为照相物镜，F 为照相底板.

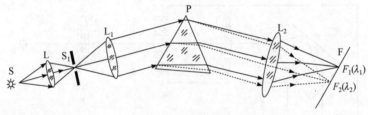

图 41-3　棱镜摄谱仪结构图

1. **棱镜摄谱仪的构造**

1) 准直管

准直管由狭缝 S_1 和透镜 L_1 组成. S_1 位于 L_1 的物方焦平面上. 被分析物质发出的光射入狭缝, 经透镜 L_1 后就成为平行光. 实际使用中, 为了使光源 S 射出光在 S_1 上具有较大的照度, 在光源与狭缝之间放置会聚透镜 L, 使光束会聚在狭缝上.

2) 棱镜部分

主要是一个 (或几个) 棱镜 P, 利用棱镜的色散作用, 将不同波长的平行光分解成不同方向的平行光.

3) 光谱接收部分

光谱接收部分实际上就是一个照相装置. 它包括透镜 L_2 和放置在 L_2 像方焦平面上的照相底板 F, 透镜 L_2 将棱镜分解开的各种不同波长的单色平行光聚焦在 F 的不同位置上, 如图 41-3 所示. 由于透镜对不同波长光的焦距不同, 当不同波长的光经 L_2 聚焦后并不分布在与光轴垂直的同一平面上, 所以, 必须适当地调整照相底板 F 的位置, 方可清晰地记录各种波长的谱线.

$F_1(\lambda_1)$, $F_2(\lambda_2)$, …分别是波长为 λ_1, λ_2, …的光所成的狭缝的像, 叫做光谱线. 各条光谱线在底板上按波长依次排列就形成了被摄光源的光谱图. 若光源辐射的波长为分立值, 则摄得的光谱线也是分立的, 叫做线光谱; 若光源辐射的波长为连续值, 则摄得的是连续光谱.

本实验用的小型玻璃棱镜摄谱仪, 可用来拍摄可见光区域的光谱. 其结构与图 41-3 所示的基本相同, 但由于采用恒偏棱镜代替三棱镜 P, 因此, 它的照相装置中光学系统的光轴与准直管的光轴垂直如图 41-4 所示.

2. **摄谱仪的性能**

1) 色散

色散代表仪器的分光能力, 是衡量复色光经仪器色散后各单色光分散的程度. 为了得到质量较好的光谱, 某一波长的谱线总是以最小偏向角的状态通过棱镜,

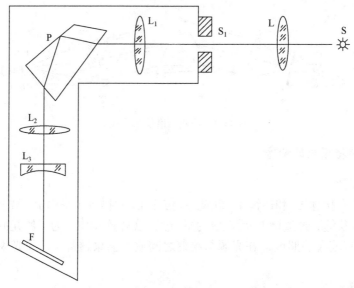

图 41-4　棱镜摄谱仪照相装置结构图

由于不同波长的谱线有不同的最小偏向角，所以可用角色散表示棱镜色散的特征(相差单位波长的两谱线分开的角距离). 棱镜的角色散 D 为

$$D = \frac{\mathrm{d}\delta_m}{\mathrm{d}\lambda} = \frac{2\sin\dfrac{A}{2}}{\sqrt{1 - n^2 \sin^2 \dfrac{A}{2}}} \cdot \frac{\mathrm{d}n}{\mathrm{d}\lambda} \tag{41-3}$$

实际应用时，常使用线色散 D_1 来表示相差单位波长的两谱线在光谱面上分开的距离

$$D_1 = \frac{\mathrm{d}l}{\mathrm{d}\lambda} \tag{41-4}$$

如图 41-5 所示，f_2' 是聚光透镜 L_2 的焦距，θ 是底片与垂直光轴平面的夹角. 显然，仪器的线色散数值越大，不同波长两谱线中心分开的距离越远.

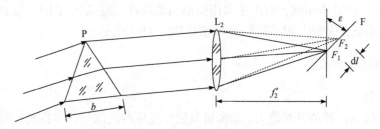

图 41-5　棱镜色散示意图

2）分辨本领

仪器分辨本领是指在用摄谱仪摄取波长为 λ 附近的光谱时，刚刚能分辨出两谱线的波长差. 用 R 表示

$$R = \frac{\lambda}{\mathrm{d}\lambda} \tag{41-5}$$

式中，$\mathrm{d}\lambda$ 为能够分辨的两谱线的波长差. 显然 $\mathrm{d}\lambda$ 值越小，摄谱仪分辨光谱的能力越高.

根据瑞利判据，色散棱镜的理论分辨本领为

$$R = b\frac{\mathrm{d}n}{\mathrm{d}\lambda} \tag{41-6}$$

式中，b 为棱镜底边的有效宽度. 可见，要提高棱镜摄谱仪的光谱分辨本领，必须选用高色散率的材料制作色散棱镜，且底边 b 要宽.

本实验通过拍摄 He-Ne 辉光和 He-Ne 激光的比较光谱，测定了 He-Ne 激光的波长. 比较光谱是将已知波长的谱线组和待测波长的谱线组并列记录在同一底片上，只要记录时，保持各谱线组不发生横向移动，便可根据辉光放电谱线的已知波长，利用线性内插法，测知激光谱线的波长.

实验 42　照度计实验(一)

【背景、应用及发展前沿】

照度计(或称勒克斯计)是一种专门测量光度、亮度的仪器仪表. 光照强度(照度)是物体被照明的程度, 也即物体表面所得到的光通量与被照面积之比. 照度计通常由硒光电池或硅光电池和微安表组成.

照度与人们的生活有着密切的关系. 充足的光照, 可使人们免遭意外事故的发生; 反之, 过暗的光线可引起人体疲劳的程度远远超过眼睛本身. 照度的大小一般用照度计测量. 照度计可测出不同波长的强度(如对可见光波段和紫外线波段的测量). 本实验根据光照度计的工作原理设计一台照度计.

【实验目的】

(1) 了解和掌握光电池在光照度计上的应用原理.
(2) 了解和掌握光照度计的结构原理.
(3) 了解和掌握光照度计的电路设计原理.

【实验原理】

光照度是光度计量的主要参数之一, 而光度计量是光学计量最基本的部分. 光度量是限于人眼能够见到的一部分辐射量, 是通过人眼的视觉效果去衡量的, 人眼的视觉效果对各种波长是不同的, 通常用 $V(\lambda)$ 表示, 定义为人眼视觉函数或光谱光视效率. 因此, 光照度不是一个纯粹的物理量, 而是一个与人眼视觉有关的生理、心理物理量.

光照度是单位面积上接收的光通量, 因而可以导出: 一个发光强度为 I 的点光源, 在相距 L 处的平面上产生的光照度与这个光源的发光强度成正比, 与距离的平方成反比, 即

$$E = I / L^2 \tag{42-1}$$

式中, E 表示光照度, 单位为 lx; I 表示光源发光强度, 单位为 cd; L 表示观测点到光源的距离, 单位为 m.

【仪器用具】

光电创新实验仪主机箱、光照度计、照度计探头、万用表、连接线.

【实验内容】

(1)安装好实验装置,连接好电缆线和照度计实验模板电源线.

(2)调节照度调节旋钮,使光敏二极管处的照度为100lx,并保持该照度不变,然后将光敏二极管接入实验模板的输入端,测量该照度下光敏二极管的光电流 $I = V / R_f$, $R_f = 100\text{k}\Omega$.

(3)测量不同照度下(200lx, 300lx, 400lx, 500lx, 600lx, 700lx, 800lx)光敏二极管的光电流.

【实验数据及处理】

作出不同照度下光敏二极管的照度-电流曲线.

【思考讨论】

(1)影响照度计灵敏度的主要因素是什么?

(2)根据光敏二极管的光照特性,设计制作视力保护器.

【探索创新】

设计并制作简易照度计.

【拓展迁移】

[1] 屈恩世,张恒金,曹剑中,等. 对光学设计中照度计算公式的讨论[J]. 光学学报,2008,28(7):1364-1368.

[2] 谢智波,万忠. 低成本数字式照度计的研制[J]. 浙江万里学院学报,2005,18:79-81.

[3] 李运江,彭惠明,徐波,等. 几种照度计算方法的比较及研究[J]. 三峡大学学报,2003,25:30-32.

【主要仪器介绍】

光照度计.

光照度计是用来测量照度的仪器,它的结构原理如图 42-1 所示.

图 42-1 中 D 为光探测器,C 为余弦校正器,在光照度测量中,被测面上的光不可能都来自垂直方向,因此照度计必须进行余弦修正,使光探测器不同角度上

的光度响应满足余弦关系. 余弦校正器使用的是一种漫透射材料，当入射光不论以什么角度射在漫透射材料上时，光探测器接收到的始终是漫射光. 余弦校正器的透光性要好. F 为 $V(\lambda)$ 校正器，在光照度测量中，除了希望光探测器有较高的灵敏度、较低的噪声、较宽的线性范围和较快的响应时间等外，还要求相对光谱响应符合视觉函数 $V(\lambda)$ (图 42-2)，而通常光电探测器测量得到的光谱响应曲线 (图 42-3)与之相差甚远，因此需要进行 $V(\lambda)$ 匹配. 匹配基本上都是通过给光探测器加适当的滤光片($V(\lambda)$ 滤光片)来实现的，满足条件的滤光片往往需要不同型号和厚度的几片颜色玻璃组合来实现匹配. 当 D 接收到通过 C 和 F 的光辐射时，所产生的光电信号，首先经过 I/V 变换，然后经过运算放大器 A 放大，最后在显示器上显示出相应的信号定标后就是照度值.

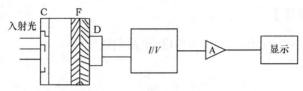

图 42-1　光照度计结构图

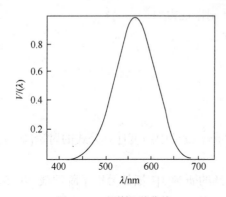
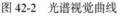

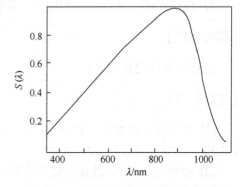

图 42-2　光谱视觉曲线　　　　　图 42-3　硅光电探测器光谱特性曲线

照度测量的误差因素：

(1)照度计相对光谱响应度与 $V(\lambda)$ 的偏离引起的误差.

(2)接收器线性. 也就是说接收器的响应度在整个指定输出范围内为常数.

(3)疲劳特性. 疲劳是照度计在恒定的工作条件下，由投射照度引起的响应度可逆的暂时的变化.

(4)照度计的方向性响应.

(5)由于量程改变产生的误差. 这个误差是照度计的开关从一个量程变到邻

近量程所产生的系统误差.

(6)温度依赖性. 温度依赖性是用环境温度对照度头绝对响应度和相对光谱响应度的影响来表征的.

(7)偏振依赖性. 照度计的输出信号还依赖于光源的偏振状态.

(8)照度头接收面受非均匀照明的影响.

实验43 照度计实验(二)

【背景、应用及发展前沿】

人们在居家、办公室和工厂等环境中生活和工作时，如果照度适中，可以提升生活舒适度，提高工作效率并确保作业安全。相反，如果照度不足或者过高，人们则会容易视觉疲劳且工作效率低下。因此，为了保障人们能在适宜的光照下生活，我国制定了有关室内(包括公共场所)照度的卫生标准，而对各场所进行照度测量检测则需要使用照度计.

此外，在灯饰、摄影和舞台灯光布置等行业中也都需要借助照度计来对环境进行照度检测.

【实验目的】

(1)了解和掌握照度测量的一般方法和事项.

(2)学习照度计的使用方法.

(3)通过照度的测量，验证照度与距离平方成反比定律.

【实验原理】

用直流稳压电源给卤素灯供电，精确控制灯的电流.改变灯到光度头接收面的距离，根据照度与距离平方成反比定律，光度头接收面处的照度应为

$$E = \frac{I}{l^2} \tag{43-1}$$

其中，I 为卤素灯的发光强度，l 为灯丝平面到光度头测量面的距离.

【仪器用具】

光学平台、滑轨、光阑、位置高度调整器、照度计、卤素灯等.

【实验内容】

(1)建立照度测量的实验系统.

(2)正确使用照度计完成照度测量.

【实验数据及处理】

(1)打开卤素灯电源，灯泡预热 10min 以上.

(2)将照度计的光度头安装固定在专用夹具上.

(3)调整灯座、光度头夹具、固定光阑和可移动光阑的位置和高度，确保灯丝、光阑孔、光度头接收面在同一光轴上.

(4)调整光阑的孔径，要求做到从光度头接收面往卤素灯方向看，只能看见一个接一个的光阑和卤素灯，其余什么也看不见；反之从卤素灯往光度头接收面方向看，可看到光度头，在其他任何方向都看不到光度头，并且光路中不得有挡光的物体.

(5)移动光度头，在不同的位置记录照度计的照度值.

(6)分析处理数据，分析照度值的不确定度；分析误差原因；验证照度与距离平方成反比定律.

【思考讨论】

(1)试分析影响实验结果精确度的因素.

(2)试分析距离测量存在误差的原因.

【探索创新】

探索照度计的其他应用.

【拓展迁移】

[1] 金伟其. 光度与色度及其测量[M]. 北京：北京理工大学出版社，2006.

[2] 刘慧，杨臣铸. 光度测量技术[M]. 北京：中国计量出版社，2011：58-69.

【主要仪器介绍】

照度计.

目前常用的照度计由接受光能的测量头(又称光度头)和信号显示处理两部分组成.

光度头包括光电探测器、$V(\lambda)$ 修正滤光器、余弦修正器组成. 目前光电探测器多采用硅光电池. 由于光电器件的光谱响应度与 $V(\lambda)$ 函数不同，因此必须对光电器件的灵敏度进行校正，使之符合光谱光视效率 $V(\lambda)$ 函数曲线才能进行光度测量. $V(\lambda)$ 一般采用加滤色片的方法进行修正. 此外，为消除光电探测器表面的菲涅耳反射对余弦特性的影响，光电探测器前还需要加余弦修正器.

图 43-1 为实验光路示意图. 将光度头装在专用夹具上，该夹具可以固定在可

沿滑轨移动的滑车上，滑轨的平直性良好．卤素灯安装在滑轨的灯座上，灯座固定．在光电头前适宜位置布置两只光阑，第三只光阑可装在移动的滑车上，这些光阑能够很好地消除由滑轨周围的遮光帘和滑轨上的部件反射带来的杂散光，杂散光的屏蔽在光度测量中非常重要．调整光度头和卤素灯的位置，使光度头测量面和灯丝平面均垂直于滑轨测量轴线，其中心点位于此轴线上．

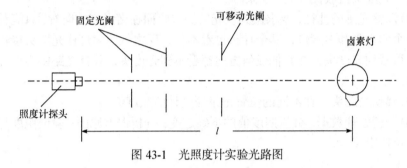

固定光阑　　　　可移动光阑　　　　卤素灯

照度计探头

l

图 43-1　光照度计实验光路图

实验 44　等厚干涉现象的研究

【背景、应用及发展前沿】

薄膜干涉现象是生活中的常见现象，阳光照射下的油膜、肥皂泡、金属表面的彩色氧化膜等都属于这类现象.

1679 年，牛顿观察到平凸透镜与平板玻璃形成的薄膜表面产了明暗相间的圆环，故称为牛顿环，属薄膜干涉中的等厚干涉. 等厚干涉实验的两种典型：一种是厚度非线性增长的，代表性例子如牛顿环；另一种是厚度线性增长的，如劈尖干涉. 等厚干涉作为一种干涉理论有其独特的用途，如用来微小长度测量、精密仪器表面光洁度检测等. 总之，光学干涉成为今天精密测量的重要技术和手段.

【实验目的】

(1)掌握牛顿环测量透镜曲率半径的方法.

(2)通过实验加深对等厚干涉原理的理解.

【实验原理】

牛顿环是由待测平凸透镜 L 和磨光的平玻璃板 P 叠合安装在金属框架 F 中构成的，如图 44-1(a)所示. 框架边上有三个螺旋 H，用以调节 L 和 P 之间的接触，以改变干涉环纹的形状和位置. 调节 H 时，不可旋得过紧，以免接触压力过大引起透镜弹性形变，甚至损坏透镜.

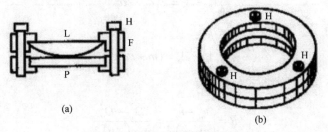

(a)　　　　　(b)

图 44-1　牛顿环的构造和实物

当一曲率半径很大的平凸透镜的凸面与一平玻璃板相接触时，透镜的凸面与平玻璃板之间形成一空气薄膜. 薄膜中心处(此处为凸透镜与平玻璃的接触点)的厚度为零，从中心向边缘薄膜厚度逐渐变厚，与接触点等距离的地方空气膜厚度

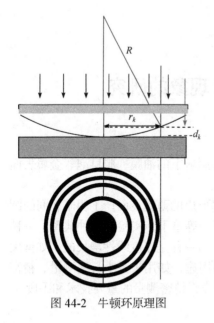

图 44-2　牛顿环原理图

相同. 如图 44-2 所示，若以波长为 λ 的单色平行光投射到牛顿环装置上，则由空气膜上下表面反射的光波将在空气膜附近互相干涉，两束光的光程差将随空气膜厚度的变化而变化，空气膜厚度相同处反射的两束光具有相同的光程差，形成的干涉条纹形状为膜的等厚点的轨迹形状，这种干涉是一种等厚干涉，干涉现象为同心圆环.

图 44-2 中，某级干涉环级次记为 k，环半径记为 r_k，对应膜厚度为 d_k，透镜曲率半径为 R. 由干涉理论得与膜厚 d_k 对应的光程差 Δ_k 满足

$$\Delta_k = 2d_k + \frac{\lambda}{2} \tag{44-1}$$

几何关系

$$R^2 = (R - d_k)^2 + r_k^2 \tag{44-2}$$

略去 d_k 的二阶量，得

$$r_k^2 = 2Rd_k$$

故对不同的级次 m、n 环半径满足

$$r_m^2 - r_n^2 = 2R(d_m - d_n) \tag{44-3}$$

由式(44-1) m 级、n 级干涉环光程差满足

$$\Delta_m - \Delta_n = 2(d_m - d_n) \tag{44-4}$$

由光学理论有

$$\Delta_m - \Delta_n = (m - n)\lambda \tag{44-5}$$

将式(44-4)、(44-5)代入式(44-3)得

$$R = \frac{r_m^2 - r_n^2}{(m-n)\lambda} = \frac{D_m^2 - D_n^2}{4(m-n)\lambda} \tag{44-6}$$

【仪器用具】

钠光源、读数显微镜、牛顿环等.

【实验内容】

利用牛顿环测平凸透镜的曲率半径.

(1)眼睛观察牛顿环,调节框上螺丝使圆形环心位于透镜中心,注意螺丝不可太紧.

(2)将仪器如图 44-3 所示放置,直接使用单色扩展光源钠灯照明.由光源 S 发出的光经玻璃片 M 反射后,垂直进入牛顿环,再经牛顿环反射进入读数显微镜 T,调节 M 的高低及与光源的角度,使显微镜视场中能观察到黄色明亮时视场.

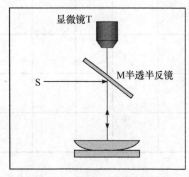

图 44-3　牛顿环光路示意图

(3)调节读数显微镜的目镜使其中的叉丝清晰.调整牛顿环使目镜中的牛顿环心与视场中心重合,调整读数显微镜物镜焦距使视场中明暗相间的牛顿环清晰.调整目镜叉丝,使叉丝中一条线与读数显微镜的镜头移动方向(读数显微镜上的水平读数尺)平行,则叉丝中另一条即为读数时的切线.

(4)测量干涉环半径.

用读数显微镜测量时,由于中心暗斑分布区域模糊,一般取 m 大于 3,至于 $m_2 - m_1$ 取多大,可根据所观察的牛顿环而定.为减小测量误差,$m_2 - m_1$ 不宜太小.下面举例给出一测量方案供参考.从环纹清晰的第 10 暗环到第 25 暗环作为测量范围,自左向右单向测出各环直径两端的位置 x_k、x'_k.各环直径为 $D_k = |x_k - x'_k|$.表 44-1 为相隔 10 个级次的暗环数据记录.

表 44-1　相隔 10 个级次的暗环数据记录表

级数 m	读数		D_m/mm	级数 n	读数		D_n/mm	$(D_m^2 - D_n^2)$ /mm²	$\overline{(D_m^2 - D_n^2)}$ /mm²
	左方 /mm	右方 /mm			左方 /mm	右方 /mm			

续表

级数 m	读数		D_m/mm	级数 n	读数		D_n/mm	$(D_m^2 - D_n^2)$ /mm²	$\overline{(D_m^2 - D_n^2)}$ /mm²
	左方 /mm	右方 /mm			左方 /mm	右方 /mm			

【实验数据及处理】

(1)观察实验，完成数据记录表 44-1，根据记录数据求出透镜的曲率半径.

(2)处理数据并对结果进行分析.

【思考讨论】

(1)为什么牛顿环内疏外密？

(2)本实验有哪些系统误差？如何减小？

(3)设计一个实验测量平凹透镜的曲率半径.

【探索创新】

本实验采用牛顿环测曲率半径，使用的是单色面光源垂直照射. 这类实验研究目前更多的是关于光源照射条件对条纹可见度的影响及数值模拟方面的探究.

【拓展迁移】

[1] 杨利利. 基于牛顿环等厚干涉的数值分析[J]. 物理通报，2019，（10）：26-27，32.

[2] 周新亮，刘应开. 用数值计算的方法研究面光源的牛顿环干涉及干涉条纹的可视化[J]. 大学物理实验，2013，26(1)：65-69.

[3] 李晨璞，谢革英，胡金江，等. 基于 LabVIEW 的牛顿环实验动态仿真[J]. 实验室研究与探索，2013，32(6)：97-101.

[4] 潘振邦，王明，谭鑫，等. 光的等厚干涉图像数据处理系统[J]. 大学物理实验，2019，32(5)：84-87.

【主要仪器介绍】

JXD-Bb 型读数显微镜，实物如图 44-4 所示.

图 44-4　JXD-Bb 型读数显微镜

测量长度，配合其他配件如 CCD 摄像头及监视器，使实验易于观察和操作. 镜头可根据需要调换，如将 45°抛光镜换作一般平面镜测量.

主要技术参数如表 44-2 所示.

表 44-2　主要技术参数

物镜		目镜		显微镜放大倍数	工作距离/mm	视场直径/mm
放大倍数	焦距/mm	放大倍数	焦距/mm			
3	36.348	10	25	30	47.48	6.3
8	19.8			80	9.49	2.2

实验45 用掠入射法测定液体折射率

【背景、应用及发展前沿】

折射率是透明材料的一个重要光学常数. 测定透明材料折射率的方法很多, 全反射法是其中之一. 全反射法具有测量方便快捷, 对环境要求不高, 不需要单色光源等特点. 然而, 因全反射法属于比较测量, 故其测量准确度不高(大约 $\Delta n = 3 \times 10^4$), 被测材料的折射率的大小受到限制(约为1.3~1.7), 且对固体材料还需制成试件. 尽管如此, 在一些精度要求不高的测量中, 全反射法仍被广泛使用.

阿贝折射仪就是根据全反射原理制成的一种专门用于测量透明或半透明液体和固体折射率及色散率的仪器, 它还可用来测量液体的折射率. 它是石油化工、光学仪器、食品工业等有关工厂、科研机构及学校的常用仪器.

【实验目的】

(1)加深对全反射原理的理解, 掌握应用方法.
(2)通过对水、甘油和酒精折射率的测量, 学会使用阿贝折射仪.

【实验原理】

阿贝折射仪中的阿贝棱镜组由两个直角棱镜(折射率 n)组成, 其中一个是进光棱镜, 它的弦面是磨砂的, 其作用是形成均匀的扩展面光源; 另一个是折射棱镜, 待测液体($n_x < n$)夹在两棱镜的弦面之间, 形成薄膜. 如图 45-1 所示, 光先射入进光棱镜, 由其磨砂面 $A'B'$ 产生漫射光穿过液层进入折射棱镜 ABC.

因此, 到达液体和折射镜的接触面 AB 上任意一点 E 的诸光线(如 1, 2, 3 等)具有各种不同的入射角, 最大的入射角是90°, 这种方向的入射称为掠入射. 对不同方向的入射光中的某条光线, 设它以入射角 i 射向 AB 面, 经棱镜两次折射后, 从 AC 面以 φ' 角出射, 若 $n_x < n$, 则由折射定律得 $n_x \sin i = n \sin \alpha$, $n \sin \beta = \sin \varphi'$, 式中 α 为 AB 面上的折射角, β 为 AC 面上的入射角. 由图 45-1 得棱镜顶角 A 与 α 角及 β 角关系为 $A = \alpha + \beta$. 消去 α 和 β 得

$$n_x \sin i = \sin A \sqrt{n^2 - \sin^2 \varphi'} - \cos A \sin \varphi'$$

对掠入射光线有 $i \to 90°$, $\sin i \to 1$, $\varphi' \to \varphi$, $\sin \varphi' \to \sin \varphi$, 则上式变为

$$n_x = \sin A \sqrt{n^2 - \sin^2 \varphi} - \cos A \sin \varphi \tag{45-1}$$

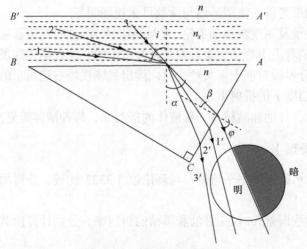

图 45-1 阿贝折射仪原理图

因此，若折射棱镜的折射率 n 与折射顶角 A 已知，只要测出出射角 φ 即可求出待测液体的折射率 n_x.

若 $A=\alpha-\beta$，这时出射光线与顶角 A 在 AC 面法线的同侧，式(45-1)变为

$$n_x = \sin A\sqrt{n^2-\sin^2\varphi}+\cos A\sin\varphi \qquad (45\text{-}2)$$

由图 45-1 可知，除光线 1 外，其他光线 2 和光线 3 等在 AB 面上的入射角皆小于 90°. 因此当扩展光源的光线从各个方向射向 AB 面时，凡是入射角小于 90° 的光线，经棱镜折射后的出射角必大于 φ 角而偏折于 1 的左侧形成亮视场. 而光线 1 的另一侧因无光线而形成暗场. 显然，明暗视场的分界线就是掠入射光束 1 的出射方向. 阿贝折射仪直接标出了与 φ 角对应的折射率值，测量时只要使明暗分界线与望远镜叉丝交点对准，就可以从读数装置上直接读出 n_x 值.

【仪器用具】

阿贝折射仪、待测液(水、甘油和酒精)、滴管、脱脂棉、擦镜纸.

【实验内容】

(1)测量前，转动棱镜锁紧扳手，打开棱镜组，用脱脂棉蘸一些无水酒精将进光镜及折射棱镜弦面轻轻擦洗干净，以免留有其他物质，影响测量精度.

(2)用滴管把待测液体滴在进光棱镜磨砂面上，合拢棱镜组后，转动棱镜锁紧扳手使棱镜组锁紧. 要求液膜均匀、无气泡并充满视场，待液体热平衡后即可测量.

(3)调节两反光镜,使望远镜与读数目镜视场明亮.

(4)旋转棱镜及刻度盘转动手轮,使棱镜组转动,这时在望远镜视场中可观察到明暗分界线随着上下移动,旋转阿米奇棱镜手轮,使视场中除黑白两种色外无其他颜色,将分界线对准十字叉丝交点,读出目镜视场右边所示的刻度值,即为待测液体在该温度下的折射率 n_D.

(5)测出水、甘油和酒精等三种液体的折射率,每种液体重复测量 10 次.

【实验数据及处理】

(1)计算出水的折射率平均值,与理论值 1.3333 比较,获得阿贝折射仪的读数误差 Δn.

(2)利用读数误差 Δn 校正甘油和酒精的折射率,分别计算出其平均值和不确定度.

(3)对实验结果作分析和评价.

【思考讨论】

(1)阿贝折射仪测定折射率的理论依据是什么?

(2)试分析望远镜中观察到的明暗视场分界线是如何形成的?

(3)阿贝折射仪中的进光棱镜起什么作用?

【探索创新】

设计实验步骤并测定玻璃块的折射率.

【拓展迁移】

[1] 来建成,张颖颖,李振华,等. 生物组织折射率的概念与测量方法评述[J]. 激光生物学报,2009,18:133-137.

[2] 皇甫国庆. 液体折射率测定实验中棱镜角取值及视场范围讨论[J]. 渭南师范学院学报,2009,24:20-23.

[3] 韩燕,强希文,冯建伟,等. 大气折射率高度分布模式及其应用[J]. 红外与激光工程,2009,38:267-271.

[4] 徐崇. 用掠入射法测量透明介质折射率的探讨[J]. 大学物理实验,2009,22:9-13.

[5] 孙家军,高峰. 液体折射率的干涉法测量[J]. 辽宁科技大学学报,2008,31:113-114.

【主要仪器介绍】

阿贝折射仪，其外形结构如图 45-2 所示.

阿贝折射仪是测量物质折射率的专用仪器，它能快速而准确地测出透明、半透明液体或固体材料的折射率（测量范围一般为 1.300～1.700），它还可以与恒温、测温装置连用，测定折射率随温度的变化关系. 阿贝折射仪的光学系统由望远系统和读数系统组成，如图 45-3 所示.

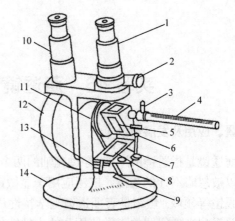

图 45-2　阿贝折射仪结构图

1. 测量望远镜；2. 消色散手柄；3. 恒温水出口；4. 温度计；
5. 测量棱镜；6. 铰链；7. 辅助棱镜；8. 加热槽；9. 反射镜；
10. 读数望远镜；11. 转轴；12. 刻度盘罩；13. 锁钮；14. 底座

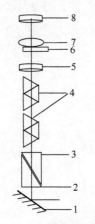

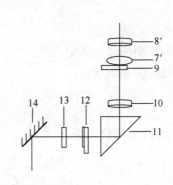

图 45-3　望远系统和读数系统结构图

望远系统：光线经反射镜 1 反射进入进光棱镜 2 及折射棱镜 3，待测液体放在 2 与 3 之间，经阿米西色散棱镜组 4 以抵消由于折射棱镜与待测物质所产生的色散，通过物镜 5 将明暗分界线成像于分划板 6 上，再经目镜 7 和 8 放大后为观察者所观察.

读数系统：光线由小反射镜 14 经毛玻璃 13 照明刻度盘 12，经转向棱镜 11 及物镜 10 将刻度（有两行刻度，一行是折射率；另一行是百分浓度，是测量糖溶液浓度的专用标尺）成像于分划板 9 上，经目镜 7′ 和 8′ 放大成像于观察者眼中.

实验 46　薄透镜焦距的测定

【背景、应用及发展前沿】

薄透镜是指透镜的厚度(穿过光轴的两个镜子表面的距离)与焦距的长度比较时可以被忽略不计的透镜，广泛应用于显微镜、望远镜、航空航天摄像、数码相机、眼镜等领域. 焦距是表征透镜光学特性最重要的参数之一，对它的精确测量直接关系到光学仪器的正常使用和技术性能的充分发挥.

在实际工作中，常常需要测定不同透镜的焦距以供选择. 因此，掌握测量透镜焦距的方法、熟知其成像规律及学会光路的调节技术可为日后正确使用光学仪器打下良好的基础.

【实验目的】

(1)学会调节光学系统共轴.

(2)掌握薄透镜焦距的常用测定方法.

(3)研究透镜成像的基本规律.

【实验原理】

薄透镜的近轴光线成像公式为

$$\frac{1}{s} - \frac{1}{s'} = \frac{1}{f'} \tag{46-1}$$

其中，s 为物距，s' 为像距，f' 为像方焦距. 其符号规定如下：实物时 s 取正，虚物时 s 取负；实像时 s' 取正，虚像时 s' 取负；凸透镜时 f' 取正，凹透镜时 f' 取负.

1. 共轭成像法测焦距

如图 46-1 所示，如果物屏与像屏的距离 A 保持不变，且 $A > 4f$，在物屏与像屏间移动凸透镜，可以两次看到物的实像，一次成倒立放大实像，一次成倒立缩小实像，两次成像透镜移动的距离为 L.

据光线可逆性原理可得 $s_1 = s_2'$，$s_2 = s_1'$，则 $s_1 = s_2' = \dfrac{A-L}{2}$，$s_2 = s_1' = \dfrac{A+L}{2}$，将此结果代入式(46-1)，可得

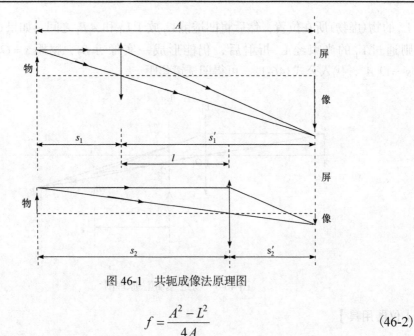

图 46-1 共轭成像法原理图

$$f = \frac{A^2 - L^2}{4A} \tag{46-2}$$

只要测出 A 和 L 的值，就可算出 f.

2. 自准直法测凸透镜焦距

光路图如图 46-2 所示，当物体 AB 处在凸透镜的焦平面时，物 AB 上各点发出的光束，经透镜后成为不同方向的平行光束. 若用一与主光轴垂直的平面镜将平行光反射回去，则反射光再经透镜后仍会聚于透镜的焦平面上，此关系就称为自准直原理. 所成的像是一个与原物等大的倒立实像 $A'B'$（此时物到透镜的距离即为焦距）. 所以自准直法的特点是：物、像在同一焦平面上. 自准直法除了用于测量透镜焦距外，还是光学仪器调节中常用的重要方法.

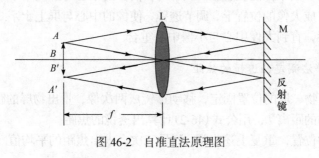

图 46-2 自准直法原理图

3. 物距-像距法测凹透镜焦距

如图 46-3 所示，先用凸透镜 L_1 使 AB 成实像 A_1B_1，像 A_1B_1 便可视为凹透镜

L_2 的物(虚物)所在位置，然后将凹透镜 L_2 放于 L_1 和 A_1B_1 之间，如果 $O_2A_1 < |f_2|$，则通过 L_1 的光束经 L_2 折射后，仍能形成一实像 A_2B_2．物距 $s = O_2A_1$，像距 $s' = O_2A_2$，代入公式(46-1)，可得凹透镜焦距．

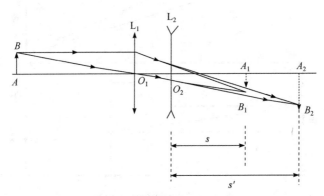

图 46-3　物距-像距法原理图

【仪器用具】

光具座、凸透镜、凹透镜、平面镜、像屏、物屏、光源．

【实验内容】

1. 调节系统共轴

(1)粗调：先将透镜等元器件向光源靠拢，调节高低、左右位置，凭目视使光源、物屏上的透光孔中心、透镜光心、像屏的中央大致在一条与光具座导轨平行的直线上，并使物屏、透镜、像屏的平面与导轨垂直．

(2)细调：使物与屏的距离足够远，移动透镜能够看到两次成像．

将透镜放在成小像的位置上，调节屏，使像的中心与屏上十字线的中心重合．再将透镜放在成大像的位置上，调节透镜，使像的中心与屏上十字线的中心重合．重复以上步骤，直到大像中心与小像中心重合．

2. 用位移法测定凸透镜的焦距

将光源、物、屏的位置固定，移动透镜成两次像，量出物屏的距离 A 和两次成像透镜移动的距离 L，用公式(46-2)计算出透镜的焦距．

改变屏的位置，重复上述步骤．测量三次，求出焦距的平均值．

3. 用自准直法测定凸透镜焦距

在透镜后面放上平面反射镜，移动透镜，使得在物平面上看到清晰、等大的反射像，量出物与镜的距离. 重复三次求焦距的平均值.

4. 用物距-像距法测定凹透镜焦距

(1)按图 46-3 所示，使物经凸透镜成缩小的像于屏上.

(2)在凸透镜与屏之间放入凹透镜，量出凹透镜与屏的距离 s.

(3)凸、凹透镜均不动，移动屏直至成一清晰的实像 D'，并调节凹透镜使像的中心与屏上十字线的中心重合，量出凹透镜与屏的距离 s'.

(4)用公式(46-1)计算出凹透镜焦距.

(5)重复三次，求出焦距的平均值.

【实验数据及处理】

(1)分别计算出运用位移法和自准直法测定的凸透镜焦距，计算其不确定度.

(2)计算物距-像距法测定的凹透镜焦距及其不确定度.

(3)对实验结果作分析和评价.

【思考讨论】

(1)为什么位移法中，要求 $A > 4f$？

(2)物距-像距法测定凹透镜焦距过程中，应选用凸透镜成小像时测定凹透镜的焦距，为什么？

【探索创新】

使用 1 字物屏、平面反射镜、凸透镜、白屏各一块，设计一个用自准直法测量凹透镜焦距的实验，作出光路图，写出实验原理.

【拓展迁移】

[1] 姚旻，瞿汉武，包良桦. 薄透镜焦距测量实验中焦深问题的研究[J]. 浙江教育学院学报，2009，2：107-112.

[2] 汪莎，刘崇，陈军，等. 固体激光器腔型结构对热透镜焦距测量的影响[J]. 中国激光，2007，34(10)：1431-1435.

[3] 龚华平，吕志伟，林殿阳，等. 透镜焦距对受激布里渊散射光限幅特性的影响[J]. 物理学报，2006，55(6)：2735-2739.

[4] 纪俊，姚焜，张权，等. 利用莫尔条纹的计算机图像测量长焦距透镜焦距[J]. 量子电子学报，2003，20(2)：241-245.

[5] 程丽红，向阳. 精确测量透镜焦距的一种方法[J]. 大学物理实验，2001，14(3)：27-28.

实验 47　透镜组基点的测定

【背景、应用及发展前沿】

由多个共轴球面的系统，光线在近轴情况，可视为理想光具组. 对于理想光具组，物像之间共轭关系完全可由几对特殊的点和面决定. 这些特殊的点和面称基点、基面. 它们构成了一个光学系统的基本模型，是可以与具体的光学系统相对应的. 不同的光学系统，只表现为这些基点和基面的相对位置不同，焦距不等而已. 根据这些基点和基面的性质，可以求得物空间任意物体的像点位置和大小. 因此，总是利用共轴光学系统的基点和基面的位置来代表一个光学系统.

【实验目的】

(1) 了解测节器的构造及工作原理.
(2) 加深对光具组基点的理解和认识.
(3) 学会利用测节器及平行光测定光具组的基点及焦距.

【实验原理】

光学仪器中常用的光学系统，一般都是由单透镜或胶合透镜等球面系统共轴构成的. 对于由薄透镜组合成的共轴球面系统，其物和像的位置可由高斯公式：

$$\frac{1}{f'} = \frac{1}{s'} - \frac{1}{s} \tag{47-1}$$

确定. 如图 47-1 所示，式中 f' 为系统的像方焦距，s' 为像距，s 为物距. 物距是从第一主面到物的距离，像距是从第二主面到像的距离，系统的像方焦距是从第二主面到像方焦点的距离. 各量的符号从各相应主面沿光线进行方向测量为正，反向为负. 共轴球面系统的物和像的位置还可由牛顿公式表示

$$xx' = ff' (f = -f') \tag{47-2}$$

即式中 x 为从物方焦点量起的物方焦点到物的距离，x' 为从像方焦点量起的像方焦点到像的距离. 物方焦距 f 和像方焦距 f' 分别是从第一、第二主面量到物方焦点和像方焦点的距离. 符号规定同上. 共轴球面系统的基点、基面具有如下的特性.

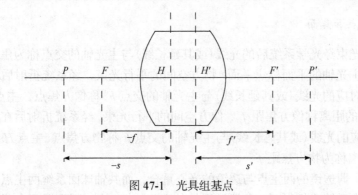

图 47-1 光具组基点

1. 主点和主面

如图 47-2 所示,若将物体垂直于系统的光轴放置在第一主点 H 处,则必成一个与物体同样大小的正立像于第二主点 H' 处,即主点是横向放大率 $\beta = +1$ 的一对共轭点. 过主点垂直于光轴的平面分别称为第一、第二主面.

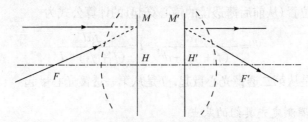

图 47-2 理想光学系统的主点和主面

2. 节点和节面

如图 47-3 所示,节点是角放大率 $\gamma = +1$ 的一对共轭点. 入射光线(或其延长线)通过第一节点 N 时,出射光线(或其延长线)必通过第二节点 N',并与 N 的入射光线平行. 过节点垂直于光轴的平面分别称为第一、第二节面.

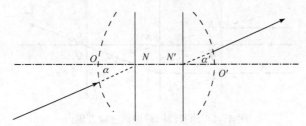

图 47-3 理想光具组的节点和节面

当共轴球面系统处于同一介质时,两主点分别与两节点重合.

3. 焦点和焦面

平行光束经光学系统后的光线(或其延长线)与主光轴的交点称为焦点，过焦点垂直于主光轴的平面称焦平面. 物方空间的平行光束，经系统折射后在系统像方空间所对应的光线(或其延长线)与主光轴的交点 F' 称像方焦点，主点 H' 至像方焦点 F' 的距离称像方焦距 f'. 像方空间的平行光束，经系统折射后在系统物方空间所对应的光线(或其延长线)与主光轴的交点 F 称物方焦点，主点 H 至物方焦点 F 的距离称为物方焦距 f.

显然，薄透镜的两主点与透镜的光心重合，而共轴球面系统两主点的位置，将随各组合透镜或折射面的焦距和系统的空间特性而异. 下面以两个薄透镜的组合为例进行讨论. 设两薄透镜的像方焦距分别为 f_1' 和 f_2'，两透镜之间距离为 d，则透镜组的像方焦距 f' 可由下式求出：

$$f' = \frac{f_1' f_2'}{(f_1' + f_2') - d}, \quad f = -f' \tag{47-3}$$

其前后主点的位置(从前后薄透镜的镜心算起)的计算公式为

$$l' = -\frac{f_2' d}{(f_1' + f_2') - d}, \quad l = \frac{f_1' d}{(f_1' + f_2') - d} \tag{47-4}$$

计算时注意 l' 是从第二透镜光心量起，l 是从第一透镜光心量起.

4. 用测节器测定光具组的基点

设有一束平行光入射于由两片薄透镜组成的光具组，光具组与平行光束共轴，光线通过光具组后，会聚于白屏上的 Q 点，如图 47-4 所示，此 Q 点为光具组的像方焦点 F'. 若以垂直于平行光的某一方向为轴，将光具组转动一小角度，可有如下两种情况.

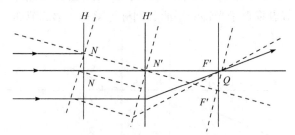

图 47-4　测节器回转轴通过像方焦点

1)回转轴恰好通过光具组的第二节点 N'

因为入射第一节点 N 的光线必从第二节点 N' 射出，而且出射光平行于入射光. 现在 N' 未动，入射角光束方向未变，所以通过光具组的光束，仍然会聚于焦

平面上的 Q 点，如图 47-4 所示. 但是，这时光具组的像方焦点 F' 已离开 Q 点，严格地讲，回转后像的清晰度稍差.

2) 回转轴未通过光具组的第二节点 N'

由于第二节点 N' 未在回转轴上，所以光具组转动后，N' 出现移动，但由 N' 出射的光线仍然平行于入射光，所以由 N' 出射的光线和前一情况相比将出现平移，光束的会聚点将从 Q 移到 Q'，如图 47-5 所示.

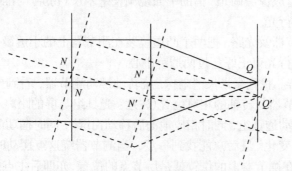

图 47-5　测节器回转轴未通过像方节点

测节器是一个可绕铅直轴 OO' 转动的水平滑槽，待测基点的光具组 L_s（由薄透镜组成的共轴系统）放置在滑槽上，位置可调，并由槽上的刻度尺指示 L_s 的位置，如图 47-6 所示. 测量时轻轻地转动一点滑槽，观察白屏上的像是否移动，参照上述分析判断 N' 是否位于 OO' 轴上，如果 N' 未在 OO' 轴上，就调整 L_s 在槽中的位置，直至 N' 在 OO' 轴上，则从轴的位置可求出 N' 对 L_s 的位置.

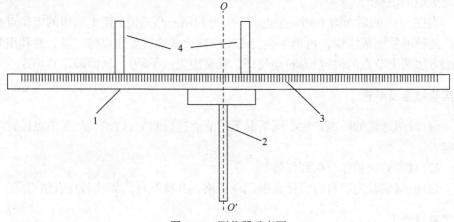

图 47-6　测节器示意图

1. 滑槽；2. 标尺；3. 转轴；4. 镜头夹具

【仪器用具】

光具座、光源、测节器、薄透镜(若干)、物屏(毫米尺)、白屏、准直透镜、平面反射镜.

【实验内容】

(1)用自准直成像法调光. 借助平面镜调整毫米尺(物屏)与准直物镜的距离，使出射光束为平行光.

(2)调整测节器及光路. 把两个凸透镜装在测节器上的小透镜夹内. 调整测节器的高度，使平行光束正好穿过两透镜中心.

(3)移动白屏，找到毫米尺清晰像. 绕转轴摆动测节器，看到屏上的像也随着摆动. 再改变测节器与转轴的相对位置(注意：光具组与屏的距离不能变，即沿节点架导轨前后移动透镜组，同时相应地前后移动白屏)，同时摆动测节器并仔细观察像的位置如何变化. 最后总能找到一点，当测节器绕这点摆动时像的位置固定不动. 这时转轴在测节器上的位置就是后节点的位置,亦即后主点的位置. 在测节器上量出转轴到屏的距离，即光具组的后焦距. 分别记下屏和节点架在米尺导轨上的位置 a 和 b，并从节点架导轨上记下透镜组中间位置(有标线)到节点架转轴中心的偏移量 L.

(4)将测节器转动180°，重复步骤(3)，测得另一组数据 a'、b'、L'.

(5)改变两透镜的距离，使① $d=0$，② $f_1' < d < f_2'$，③ $f_2' < d < f_1' + f_2'$，④ $d > f_1' + f_2'$. 依据以上方法分别测定所列各种情况下的焦距，各测一次. 记录焦点虚实与焦距的正负.

当在 L_2 的后面得不到实焦点时，可再利用一凸透镜，使光具组的虚焦点在该凸透镜的后面成实像，再用牛顿公式或高斯公式确定虚焦点的位置，并利用测节的方法测出节点的位置(即转动尺杆，观察虚焦点不动)，从而确定其焦距.

【实验数据及处理】

(1)对两透镜的距离 d 为不同情况下的节点进行测量,讨论 d 对节点位置的影响.

(2)对实验结果作分析和评价.

(3)根据实验内容自行设计数据记录表格，并将测量结果填写在表格里.

【思考讨论】

(1)第一主面靠近第一个透镜，第二主面靠近第二个透镜，在什么条件下才是对的? (光具组由两个薄透镜组成)

(2)由一凸透镜和一凹透镜组成的光具组,如何测量其基点?(距离 d 可自己设定)

【探索创新】

依据光学知识,请学生另外设计一种测量透镜组基点、基面的方法.

【拓展迁移】

[1] 田雁. 对光具组"基点"测定的探索[J]. 黔西南民族师范高等专科学校学报,2004,(1):92-94.

[2] 白泽生,刘竹琴. 二次成像法测定光具组的基点[J]. 大学物理,2007,(8):44-45,48.

[3] 史海青,刘竹琴. 一种测量光具组基点的新方法[J]. 延安职业技术学院学报,2010,24(5):59-61.

[4] 陶淑芬,周效锋. 测量光具组焦距和基点位置的简便方法[J]. 实验科学与技术,2009,7(1):59-60.

[5] 吕凤珍,孔文婕,周厚兵,等. "光具组基点测定"数据处理方法探究[J]. 广西物理,2019,40(1):23-27.

【主要仪器介绍】

测节器是一个可绕铅直轴转动的水平滑槽,待测基点的光具组可放置在滑槽上,位置可调,并由槽上的刻度尺指示光具组的位置,如图 47-6 所示. 测节器是与教学光具座配套使用的一种用途广泛的教学仪器,它用机械的方法测量光学透镜的节点,可以单独使用,主要用于测量各种透镜、透镜组以及部分镜头的前、后节点. 适用于各大中专院校的教学演示性实验,也可适用于工厂、研究单位的光学设计实验. 其结构简单,使用灵活方便.

主要技术参数如下:

(1)透镜卡具:铝制黑氧化.

(2)定心夹组可夹透镜尺寸:$\phi35mm$.

(3)定心夹组移动范围:280mm.

(4)导轨移动范围:±130mm.

(5)整体统轴旋转范围:360℃.

实验 48　平行光管的调节与使用

【背景、应用及发展前沿】

　　平行光管是用来产生平行光束的光学仪器,是装校调整光学仪器的重要工具,也是光学量度仪器中的重要组成部分,配用不同的分划板,连同测微目镜或显微镜系统,则可以测定透镜组的焦距、鉴别率,及其他成像质量. 将附配的调整式平面反光镜固定于被检运动直线的工件上,用附配于光管的高斯自准目镜头,通过光管上的高斯目镜观察,可以进行运动工件的直线性检验.

【实验目的】

　　(1)了解平行光管的结构,掌握平行光管的调整方法.
　　(2)使用平行光管测量透镜焦距.

【实验原理】

1. 平行光管的结构

　　平行光管的结构如图 48-1 所示.

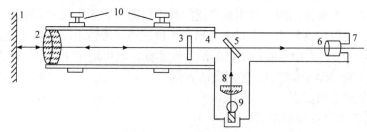

图 48-1　平行光管的结构

1. 可调式反射镜；2. 物镜；3. 分划板；4. 光阑；5. 分光板；
6. 目镜；7. 出射光瞳；8. 聚光镜；9. 光源；10. 十字螺钉

2. 测量原理

　　平行光管是一种能发射平行光束的精密光学仪器,有一个质量优良的准直物镜,其焦距的数值是经过精确测定的. 如果平行光管已经调节好,并使玻罗板位于平行光管物镜L的焦平面上,那么,光源发出的光,经分光镜反射后,照亮玻罗板,从玻罗板上每一点射出的光,经平行光管物镜L折射后,都形成平行光,平行光经过待测透镜 L_x 后,将在待测透镜 L_x 的第二焦平面上会聚成像. 其光路如图 48-2 所示. 因而, 玻罗板上的线对必然成像在待测透镜焦平面上. 从图中几何关系可以看出, 待测透镜的焦距 f_x' 为

$$f_x' = f' \cdot \frac{y'}{y} \tag{48-1}$$

式中, y 是玻罗板上所选线对间的实测值, y' 是玻罗板上对应像的间距的实测值, $f' = 550 \text{mm}$ 是平行光管物镜的焦距. 为了保证测量精度, 一般待测透镜的焦距应小于平行光管物镜焦距的二分之一.

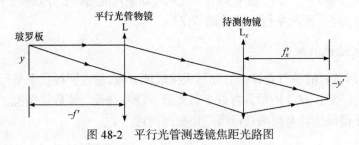

图 48-2 平行光管测透镜焦距光路图

【仪器用具】

CPG550 型平行光管(准直管)、可调式平面反射镜、分划板、测微目镜、待测透镜.

【实验内容】

1. 平行光管的调整

为了正确使用平行光管和确保平行光管出射的光束严格平行, 必须在使用前对平行光管进行调整, 调整的要求是:

(1)使十字叉丝分划板严格处于物镜的焦平面上.

(2)使十字叉丝分划板十字中心同平行光管光轴重合.

具体调整方法和步骤如下:

(1)摆放仪器. 把平行光管按图 48-1 所示摆放好.

(2)从高斯目镜中找到返回光形成的像.

a. 调节目镜. 使在目镜里能清楚地观察到十字分划板上的十字叉丝.

b. 调节平面反射镜, 使由平行光管射出的光束重新返回平行光管.

c. 粗略调节分划板座的前后位置, 使目镜中能同时清楚地看到十字叉丝(物)和它反射回来的光形成的十字叉丝(像), 这时分划板已基本调节在物镜的焦平面上了.

(3)使分划板严格地位于物镜的焦平面上.

细心调整平面反射镜的垂直和水平螺旋，使分划板十字叉丝物、像先重合，用眼睛在目镜中改变观察视角，判断两十字叉丝间有无视差．通过细心调节分划板的前后位置，消除视差．此时分划板已严格地处于物镜的焦平面上．

使用各半调节法，调整分划板中心和平行光管光轴严格重合：

a. 松开平行光管座上的十字螺钉，将平行光管绕光轴转过180°，观察分划板叉丝物、像是否重合，若不再重合，说明分划板中心同光轴还有些偏离．

b. 分别调节平面反射镜及分划板中心调节螺旋，两者各调节一半，使分划板叉丝物、像重合．

c. 重复步骤(1)、(2)，反复调节，直到转动平行光管时，分划板十字叉丝物、像始终重合为止．至此平行光管已调节完毕．

2. 测定透镜的焦距

(1)将调整好的平行光管中的分划板换成玻罗板，使玻罗板位于平行光管物镜的焦平面上．按图48-3所示放置好平行光管、待测透镜、读数显微镜，并使之共轴，读数显微镜旋转至待测透镜第二焦平面附近．

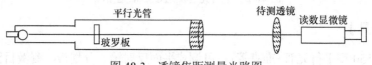

图 48-3　透镜焦距测量光路图

(2)沿光轴前后移动待测透镜，使在测微目镜中看到清晰的玻罗板像．

(3)用测微目镜测出玻罗板的像上各线对的间距 y'，重复 3～5 次，取平均值．

(4)将 y' 和玻罗板上线对的实测值 y、平行光管物镜的焦距 f'，代入式(48-1)，计算出待测透镜的焦距．

3. 测定透镜的分辨率

分辨率是光学系统成像质量的综合性指标．按照几何光学的观点来看，任何靠近的两个微小物点，经光学系统后成像在像平面上仍然应该是两个像"点"，事实上这是不可能的，即使光学系统无像差，通过光学系统后波面不受破坏，而根据衍射理论，一个物点的像，不再是个"点"，而是一组衍射花样．一个光学系统能够把这种靠得足够近的两个衍射花样分辨出来的能力称为光学系统的分辨率（或称分辨本领）．

光学中，一个透镜的分辨率是用能够分辨两组衍射花样的最小角距离 θ 表示的．根据衍射理论知道

$$\theta = \frac{1.22\lambda}{D} \tag{48-2}$$

式中，D 为透镜的孔径，λ 为光波波长.

　　如图 48-4 所示，若将分辨率板置于平行光管的物镜焦平面上，那么，在待测透镜的第二焦平面附近将得到分辨率板的像，用读数显微镜观察此像. 待测透镜的质量越高，观察到的能分辨的单元号码就越高. 找出分辨率板上刚能被分辨的单元号码，然后按下式计算透镜可分辨的最小角距离 θ

$$\theta = \frac{2a}{f'}206265(秒) \tag{48-3}$$

式中，$2a$ 为相邻两条刻纹的距离，a 为刻纹宽度（单位为 mm），由附表可以标量查得，f' 为平行光管焦距的实测值.

图 48-4　透镜分辨率测量光路图

　　(1)如图 48-4 所示放置仪器，将十字叉丝分划板换用 3 号分辨率板.

　　(2)调节各光学元件使之共轴，并将读数显微镜放置在待测透镜的第二焦平面附近.

　　(3)沿光轴前后移动待测透镜，使读数显微镜中能够看到分辨率板的像，并读出分辨率板上刚能分辨的单元号码.

　　(4)查阅附表，查出条纹宽度 a 的值，按式(48-3)计算出 θ.

　　(5)测出透镜的孔径 D. 由式(48-2)计算出 θ，并与式(48-3)计算的 θ 进行比较（取 $\bar{\lambda} = 550.0$ nm）.

　　注意事项：

　　(1)在调节平行光管的时候应转过 180° 后再调节.

　　(2)在测待测透镜的焦距时要注意测微目镜中的玻罗板的像要调到最清晰.

【实验数据及处理】

　　请自拟表格，并把测量数据填在表格里.

【思考讨论】

　　(1)平行光管调节的具体要求是什么？怎样根据视差法调节分划板物、像共轴？又怎样使十字分划中心与物镜共轴？

　　(2)用平行光管测透镜焦距时，精度决定于什么量？

　　(3)根据衍射理论由式(48-2)算出的是分辨率的理论值. 试分析理论值与实

验测量值存在差异的原因.

【探索创新】

请根据所学几何光学知识设计另外一种透镜焦距的测量方法.

【拓展迁移】

[1] 李圆圆. 350mm 口径复消色差平行光管光学系统设计[D]. 长春：长春理工大学，2020.

[2] 戴艺丹. 一种大视场宽波段平行光管的设计[J]. 河西学院学报，2020，36(2)：49-54.

[3] 李晓磊. 基于平行光管法的薄凸透镜焦距测量[J]. 应用光学，2019，40(5)：859-862.

[4] 沈迎光，吴学文，王露露，等. 平行光管在测绘仪器检定中的应用[J]. 测绘标准化，2019，35(2)：62-65.

[主要仪器介绍]

平行光管的型号很多，常见的有 CPG550 型、CTT5.5 型. 下面是 CPG550 型平行光管的主要规格与参数.

1. CPG550 型平行光管的主要规格

(1)物镜焦距 f'：550mm(名义值)，使用时按出厂的实测值.
(2)物镜口径 D：55mm.
(3)高斯目镜：焦距 f' 为 44mm，放大倍数 5.7.

2. 分划板

CPG550 型平行光管分划板如图 48-5 所示.

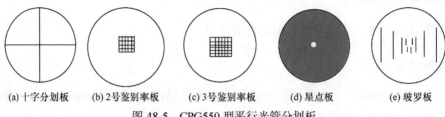

(a) 十字分划板　　(b) 2号鉴别率板　　(c) 3号鉴别率板　　(d) 星点板　　(e) 玻罗板

图 48-5　CPG550 型平行光管分划板

(1)十字分划板：调节平行光管的物镜焦距并将十字分划板的十字调到平行光管的主光轴上，若拿掉十字分划板换上其他分划板，此分划板的中心也在平行光管的主光轴上.

(2)鉴别率板:可以用来检验透镜和透镜组的鉴别率,板上有 25 个图案单元,每个图案单元中平行条纹宽度不同,对 2 号鉴别率板,第 1 单元到第 25 单元的条纹宽度由 20mm 递减至 5mm;而对 3 号鉴别率板的 25 个单元,则由 40mm 递减至 10mm.

(3)星点板:星点直径 ϕ 为 0.05mm,通过被检系统后有一衍射像,根据像的形状作光学零件或组件成像质量定性检查.

(4)玻罗板:它与溅射目镜(或读数显微镜)组合在一起使用,用来测量透镜组的焦距. 玻罗板上每条等长线之间的间距有不同的尺寸,其名义尺寸为:1mm、2mm、4mm、10mm、20mm,使用时应以出厂时的实测值为准.

【附表】

鉴别率板号		2 号		3 号	
鉴别率板单元号	单元中每一组的条纹数	条纹宽度 1μm	平行光管 $f'=550$ mm 时分辨率角值	条纹宽度(微米)	平行光管 $f'=550$ mm 时分辨率角值
1	4	20.0	15.00″	40.0	30.00″
2	4	18.9	14.18″	37.8	28.35″
3	4	17.8	13.35″	35.6	26.70″
4	5	16.8	12.60″	33.6	25.20″
5	5	15.9	11.93″	31.7	23.78″
6	5	15.0	11.25″	30.0	22.50″
7	6	14.1	10.58″	28.3	21.23″
8	6	13.3	9.98″	26.7	20.03″
9	6	12.6	9.45″	25.2	18.90″
10	7	11.9	8.93″	23.8	17.85″
11	7	11.2	8.40″	22.5	16.88″
12	8	10.6	7.95″	21.2	15.90″
13	8	10.0	7.50″	20.0	15.00″
14	9	9.4	7.05″	18.9	14.18″
15	9	8.9	6.68″	17.8	13.35″
16	10	8.4	6.30″	16.8	12.60″
17	11	7.9	5.93″	15.9	11.93″
18	11	7.5	5.63″	15.0	11.25″
19	12	7.1	5.33″	14.1	10.58″
20	13	6.7	5.03″	13.3	9.98″

续表

鉴别率板号		2 号		3 号	
鉴别率板单元号	单元中每一组的条纹数	条纹宽度 1μm	平行光管 $f' = 550\,mm$ 时分辨率角值	条纹宽度(微米)	平行光管 $f' = 550\,mm$ 时分辨率角值
21	14	6.3	4.73″	12.6	9.45″
22	14	5.9	4.43″	11.9	8.93″
23	15	5.6	4.20″	11.2	8.40″
24	16	5.3	3.98″	10.6	7.95″
25	17	5.0	3.75″	10.0	7.50″

实验 49　菲涅耳双棱镜测波长

【背景、应用及发展前沿】

1801 年托马斯·杨用双缝干涉实验验证了光具有波动性. 1826 年菲涅耳用双棱镜干涉实验也验证了光的波动性. 菲涅耳双棱镜干涉的原理等同于杨氏双缝干涉,但其实验效果优于杨氏双缝干涉实验,双棱镜代替双缝使干涉区的光强增强,条纹对比度更明显.

【实验目的】

(1)掌握用双棱镜获得双光束干涉的方法,理解分波振面干涉.

(2)学会用双棱镜测钠光波长.

【实验原理】

(1)菲涅耳双棱镜是顶角接近 180°的等腰棱镜. 今设有一平行于顶角棱的缝光源 S 的光,如图 49-1 所示,对称地照射在棱镜的两个腰面上,经过棱镜折射后,形成两束等效于从虚光源 S_1 和 S_2 发出的相干光束. 经如图 49-1 所示的两腰面折射出的光在交叠区域发生干涉(画有双斜线的区域),在屏幕 E 上显现明暗相间的等间距干涉条纹(单色光源).

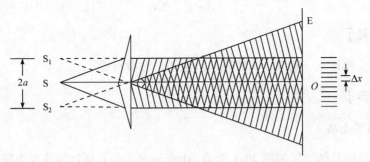

图 49-1　菲涅耳双棱镜干涉示意图

干涉条纹间距为 $\Delta x = \dfrac{D}{2a}\lambda$,得波长为

$$\lambda = \frac{2a}{D}\Delta x \qquad (49\text{-}1)$$

(2)如图49-2所示虚光源 S_1 和 S_2 的像 S_1' 和 S_2' 成在屏上，测得像间距为 $2a'$，得

$$2a = \frac{A}{B} 2a' \tag{49-2}$$

将式(49-2)代入式(49-1)得

$$\lambda = \frac{\frac{A}{B} 2a'}{A+B} \Delta x \tag{49-3}$$

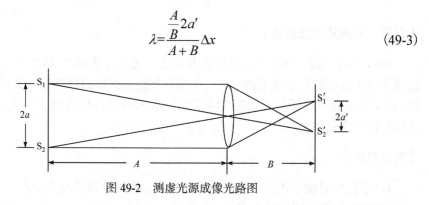

图 49-2　测虚光源成像光路图

(3)关于相邻干涉条纹间距 Δx 的测量，可以通过测量相邻 ΔN 条条纹间距 $|d_1 - d_2|$ 得到，即

$$\Delta x = \frac{|d_1 - d_2|}{\Delta N} \tag{49-4}$$

将式(49-4)代入式(49-3)得

$$\lambda = \frac{\frac{A}{B} 2a'}{A+B} \frac{|d_1 - d_2|}{\Delta N} \tag{49-5}$$

【仪器用具】

光源、光具座、狭缝、双棱镜、凸透镜、测微目镜.

【实验内容】

1. 调节光路

本实验的具体装置如图 49-3 所示，由光源发出的光通过狭缝变为缝光源，再经双棱镜折射，就可获得两个相干光源，因而能在测微目镜里看到干涉条纹.

1)目测调节

调节如图 49-3 所示仪器的大致高度在同一高度. 打开光源，调节狭缝，观察光通过狭缝后是否照射到双棱镜的顶角棱背并射入目镜.

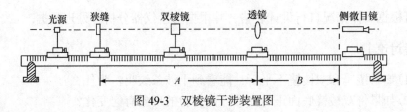

图 49-3　双棱镜干涉装置图

2) 调光学元件同轴等高

取下双棱镜和测微目镜, 用观察屏代替测微目镜. 将光屏置于与狭缝相距大于四倍透镜焦距的位置.

光具座上顺序位置为光源、狭缝、透镜、观察屏. 调狭缝中心与透镜的主光轴共轴, 并使主光轴平行于导轨. 再放入双棱镜, 左右调节, 使屏上出现两个强度相同、等高并列的虚光源的像. 最后用测微目镜代替观察屏, 调目镜, 使两个虚光源的像位于目镜中心.

2. 调出清晰的干涉条纹, 测出干涉条纹间距 Δx

取下透镜, 缩小狭缝, 并用目镜观察是否有彩色条纹出现, 若没有, 则须调节双棱镜的棱背使之与狭缝平行, 可轻轻转动双棱镜或狭缝架上的旋钮, 使能清楚地看出干涉条纹为止. 将目镜叉丝对准选定的暗纹, 记录对应的暗纹位置. 因为相邻条纹间距小, 建议测量条纹间隔选定 5 条以上记录位置.

3. 测量虚光源间距 $2a$

不改变仪器位置, 放入透镜且在棱镜与目镜之间移动直至在测微目镜中看到清晰的两点, 即虚光源 S_1 和 S_2 的像 S_1' 和 S_2', 通过测微目镜记录两点间距, 记录物距 A(狭缝到透镜距离)和像距 B(透镜到测微目镜分划板距离), 通过目镜测量出像点间距.

【实验数据及处理】

下表为参考数据表格.

次数	ΔN	d_1	d_2	Δx	$\overline{\Delta x}$
1					
2					
3					
次数	Δx/cm	$2a$/cm	A/cm	B/cm	λ/Å
1					

可根据具体情况自行设计表格，并根据实验仪器分析并处理数据.

【思考讨论】

(1)如果棱镜和双棱镜不平行，能看到干涉条纹吗？为什么？

(2)如果将双棱镜底面正对光源，该实验的现象有何变化？

(3)若要观察到清晰的干涉条纹，对光路的调节要点是什么？

(4)是否在空间的任何位置都能观察到干涉条纹？

【探索创新】

该实验中测量虚光源距离的方法还有二次成像法，大家可自行用二次成像法测量. 菲涅耳双棱镜作为大学物理光学干涉的基础实验，最关键的是干涉现象的调节难度，可以用激光作为光源，现象更明显，调节共轴和等高更容易. 另外关于成像和条纹可见度的讨论一直以来都是我们不断研究和讨论的问题.

【拓展迁移】

[1] 杨振军，许景周，庞兆广，等. 利用菲涅耳双棱镜研究光的干涉现象[J]. 物理实验，2017，37(4)：23-26.

[2] 王朴，彭双艳. 菲涅耳双棱镜放置方式对实验结果的影响[J]. 物理实验，2009，29(10)：34-37.

[3] 刘秋武，王小怀. 物像等大法测量双棱镜干涉中虚光源间距[J]. 大学物理，2017，36(3)：28-31.

实验 50　用劈尖干涉法测量头发丝直径

【背景、应用及发展前沿】

干涉测量术(interferometry)是通过由波(通常为电磁波)的叠加引起的干涉现象来获取信息的技术. 这项技术对于天文学、光纤、工程计量、光学计量、海洋学、地震学、光谱学及其在化学中的应用、量子力学、核物理学、粒子物理学、等离子体物理学、遥感、生物分子间的相互作用、表面轮廓分析、微流控、应力与应变的测量、测速以及验光等领域的研究都非常重要.

干涉测量广泛应用于科学研究和工业生产中对微小位移、折射率以及表面平整度的测量. 在干涉测量中, 从单个光源发出的光会分为两束, 经不同光路, 最终交会产生干涉. 所产生的干涉图纹能够反映两束光的光程差. 在科学分析中, 常用来测量长度以及光学元件的形状, 精度能到纳米级. 它们是现有精度最高的长度测量.

本实验以劈尖干涉测量头发丝直径为例, 来掌握光学干涉测量的一般原理.

【实验目的】

(1)观察劈尖干涉图样, 进一步理解等厚干涉.
(2)学会利用薄膜干涉测量微小长度的方法.

【实验原理】

如图 50-1 所示, 将两块平板玻璃叠放在一起, 一端用头发丝将其隔开, 则形成一劈尖形空气薄层, 若用单色平行光垂直入射, 在空气劈尖的上下表面反射的两束光将发生干涉, 其光程差 $\delta = 2h + \lambda/2$(h 为空气薄膜厚度). 因为空气劈尖厚度相等之处是一系列平行于两玻璃板接触处(即棱边)的平行直线, 所以其干涉图样是与棱边平行的一组明暗相间的等间距的直条纹, 当 $\delta = 2h + \lambda/2 = (2k+1)\lambda/2(k = 0,1,2,3,\cdots)$时, 为干涉暗条纹, 与 k 级暗条纹对应的薄膜厚度为

$$h_k = k\frac{\lambda}{2} \tag{50-1}$$

两相邻暗条纹所对应的空气膜厚度差为

$$\Delta h = h_{k+1} - h_k = \frac{\lambda}{2} \qquad (50\text{-}2)$$

如果头发丝处出现的暗条纹的级数为 $k = N$，则细丝的直径 D 为

$$D = N\frac{\lambda}{2} \qquad (50\text{-}3)$$

由于 N 值一般较大，实验测量不方便，为了避免数错，如图 50-1 所示，在实验中可先测出某长度 L_x 内的干涉暗条纹的间隔数 $N_x (N_x = 10)$，则单位长度的干涉条纹数 $n = N_x / L_x$，测出棱边与头发丝的距离 L，则

$$N = nL$$

$$D = \frac{N_x}{L_x} L \frac{\lambda}{2} \qquad (50\text{-}4)$$

已知入射光波长 λ，只需测出 N_x 和 L_x，就可以算出头发丝的直径 D.

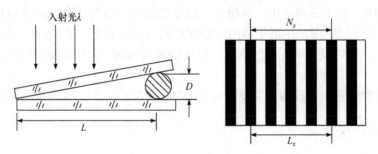

图 50-1　劈尖等厚干涉原理图

【仪器用具】

读数显微镜、钠灯、载玻片、燕尾夹、头发丝.

【实验内容】

(1)将头发丝夹在劈尖两玻璃板的一端，另一端用燕尾夹夹住，形成空气劈尖. 然后置于显微镜的载物平台上.

(2)开启钠光灯，调节半反射镜使钠黄光充满整个视场. 此时显微镜中的视场由暗变亮. 调节显微镜目镜焦距及叉丝方位和劈尖放置的方位. 调节显微镜物镜焦距看清干涉条纹，并使显微镜的移动方向与干涉条纹相互垂直.

(3)用显微镜测读出叉丝越过 N_x 条暗条纹时的距离 L_x，可得到单位长度的条纹数 n. 再测出两块玻璃接触处到头发丝处的长度 L. 重复测量 6 次，依据式(50-4)计算头发丝直径 D 的平均值和不确定度.

注意事项:

(1)在整个实验过程中不能让头发丝弯曲.

(2)调节焦距时应该由下而上地移动物镜筒,以免镜筒挤压被测物.

(3)测量长度时,从起点到终点始终沿着同一个方向移动,中途也不能向后退,以免回程带来误差.

(4)测量时,应使叉丝对准条纹中心再读数.

【实验数据及处理】

自行设计数据记录表格,测量次数不少于6次,数据处理采用多次测量求平均值法或逐差法.

【探索创新】

光学干涉测量具有非接触、精度高等特点. 通过本次实验对光学干涉测量技术的理解,探索光学干涉测量还可以用于哪些微小量的测量,并具体设计出实验方案.

【拓展迁移】

[1] 夏豪杰,谷容睿,潘成亮,等. 涡旋光位移干涉测量方法与信号处理[J].光学精密工程,2020,28(9):1905-1912.

[2] 王建民,宋盛雨央,上官晋沂. 类星体宇宙学距离:光学干涉测量[J].现代物理知识,2020,32(4):3-13.

[3] 林博,徐鹏,何锡凯,等. 劈尖干涉测量激光波长的尝试[J]. 大学物理实验,2015,28(6):31-33.

[4] 张昭,齐臣坤,林剑锋,等. 基于双光束激光干涉仪的微动平台六维位姿测量建模与误差分析[J]. 机械设计与研究,2020,36(4):23-27,32.

【主要仪器介绍】

读数显微镜是用来测量微小距离或微小距离变化的光学仪器,其构造分为机械部分和光具部分. 光具部分是一个长焦显微镜,装在一个由丝杆带动的滑动台上,这个滑动台连同显微镜可以按不同方向安装. 可以对准前方,上下左右移动;或对准下方,左右移动. 滑动台安装在一个大底座上. 读数显微镜的量程一般为几个厘米,分度值为 0.001cm. 常见的一种读数显微镜的机械部分是根据螺旋测微器原理制造的,一个与螺距为 1mm 的丝杆联动的刻度圆盘上有 100 个等分格. 因此,它的分度值是 0.001cm.

下面以 JC4-10 型读数显微镜为例简要介绍其构造和规格参数,其构造图如

图 50-2 所示.

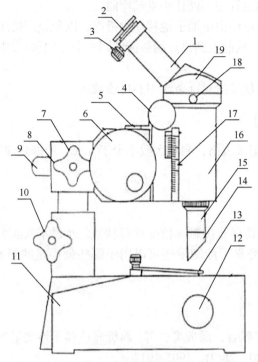

图 50-2　读数显微镜构造图

1. 目镜接筒；2. 目镜；3. 锁紧螺钉Ⅰ；4. 调焦手轮；5. 标尺；6. 测微鼓轮；7. 锁紧手轮Ⅰ；
8. 接头轴；9. 方轴；10. 锁紧手轮Ⅱ；11. 底座；12. 反光镜旋轮；13. 压片；14. 半反镜组；
15. 物镜组；16. 镜筒；17. 刻尺；18. 锁紧螺钉Ⅱ；19. 棱镜室

1. 目镜

(1)放大率：15×.

(2)测微尺：0~8mm.

(3)测微鼓最小分度值：0.01mm.

(4)线视场：8.5mm.

2. 物镜

(1)放大率：1×.

(2)测量范围：8mm.

(3)测量精确度：±0.01mm.

(4)系统放大率：15×.

实验 51　单缝衍射的光强分布

【背景、应用及发展前沿】

光的干涉和衍射现象是光的波动性的重要依据. 光的衍射是指光在传播过程中遇到障碍物, 绕过障碍物, 进入其几何阴影区内传播的现象.

根据观察方式的不同, 通常把光的衍射现象分为两种类型: 一种是光源和观察屏(或二者之一)距离衍射孔(或缝、丝)的长度有限, 或者说入射波和衍射波都是球面波, 这种衍射称为菲涅耳衍射, 或近场衍射; 另一种是光源和观察屏距离衍射孔(或缝、丝)均为无限远或相当于无限远, 这时入射波和衍射波都看作是平面波, 这种衍射称为夫琅禾费衍射, 或远场衍射. 实际上, 夫琅禾费衍射是菲涅耳衍射的极限情形.

光的衍射理论已广泛用于近代光学实验技术, 如光谱分析、晶体结构分析、全息照相、光信息处理等应用中.

【实验目的】

(1)观察单缝衍射现象, 加深对波的衍射理论的理解.

(2)测量单缝衍射的相对光强分布, 掌握其分布规律.

(3)学会利用衍射法测量微小量的思想和方法.

(4)加深对光的波动理论和惠更斯-菲涅耳原理的理解.

【实验原理】

光线在传播过程中遇到障碍物, 如不透明物体的边缘、小孔、细线、狭缝等时, 一部分光会传播到几何阴影中去, 产生衍射现象. 如果障碍物的尺寸与波长相近, 那么, 这样的衍射现象就比较容易观察到.

散射角极小的激光器产生激光束, 通过一条细狭缝(0.1～0.3mm 宽), 在狭缝后大于 0.5m 的地方放上观察屏, 就可以看到衍射条纹. 由于激光束的方向性很强, 可视为平行光束, 因此观察到的衍射条纹实际上就是夫琅禾费衍射条纹, 如图 51-1 所示.

光照射在单缝上时, 根据惠更斯-菲涅耳原理, 把波阵面上的各点都看成子波波源, 衍射时波场中各点的强度由各子波在该点相干叠加决定. 也就是说, 单缝上每一点都可看成是向各个方向发射球面子波的新波源, 由于子波叠加的结果,

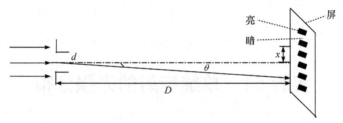

图 51-1　夫琅禾费衍射原理图

在屏上可以得到一组平行于单缝的明暗相间的条纹.

图 51-1 中宽度为 d 的单缝产生夫琅禾费衍射图样，其衍射光路图满足近似条件：$D \gg d$，产生暗条纹的条件

$$d\sin\theta = k\lambda \quad (k = \pm1, \pm2, \pm3) \tag{51-1}$$

将 $\sin\theta \approx \theta \approx \dfrac{x}{D}$ 代入式(51-1)，得暗条纹中心位置满足

$$x = \frac{D}{d}k\lambda \tag{51-2}$$

由衍射理论可知，垂直入射于单缝平面的平行光经单缝衍射后的光强分布规律为

$$I = I_0 \frac{\sin^2\beta}{\beta^2} \tag{51-3}$$

这里 $\beta = \dfrac{\pi d\sin\theta}{\lambda}$，$d$ 是狭缝宽，λ 是波长，D 是单缝位置到光电池位置的距离，x 是从衍射条纹的中心位置到测量点之间的距离，其光强分布如图 51-2 所示.

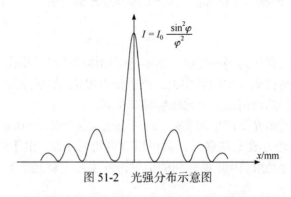

图 51-2　光强分布示意图

当 θ 相同，即 x 相同时，光强相同，所以在屏上得到的光强相同的图样是平行于狭缝的条纹. 当 $\theta = 0$ 时，$x = 0$，$I = I_0$，在整个衍射图样中，此处光强最强，称为中央主极大；中央明纹最亮、最宽，它的宽度为其他各级明纹宽度的两倍.

当 $\theta = k\pi (k = \pm 1, \pm 2, \pm 3, \cdots)$，即 $x = \dfrac{D}{d} k\lambda$ 时，为暗纹. 暗条纹是以光轴为对称轴，呈等间隔、左右对称分布. 中央亮条纹的宽度 Δx 可用 $k = \pm 1$ 的两条暗条纹间的间距 $\Delta x = 2\dfrac{D}{d}\lambda$ 确定；其余明纹间距为其一半宽 $\dfrac{D}{d}\lambda$.

由衍射理论得观察到的衍射条纹的光强满足 $I = I_0 \dfrac{\sin^2 \varphi}{\varphi^2}$，（理论值可参考表 51-1）其中 $\varphi = \dfrac{\pi}{\lambda}\sin\theta$，$I_0$ 为中央主极大光强，除中央主极大处其余极大处满足 $\sin\theta = \left(k + \dfrac{1}{2} \right)\dfrac{\lambda}{a}(k = \pm 1, \pm 2, \cdots)$.

表 51-1　单缝衍射除中央明纹外的若干明纹理论数据参考

亮纹级数 k	亮纹相对强度 $\dfrac{I}{I_0} = \dfrac{\sin^2 \varphi}{\varphi^2}$	亮纹满足条件
± 1	0.047	$\pm 1.43\dfrac{\lambda}{a}$
± 2	0.017	$\pm 2.46\dfrac{\lambda}{a}$
± 3	0.008	$\pm 3.47\dfrac{\lambda}{a}$

【仪器用具】

光强分布测试仪.

【实验内容】

1. 调整光路

在光导轨上正确安置好各实验装置，如图 51-3 所示；打开激光器，调节激光束与导轨平行，用白屏观测单缝衍射变化.

开启检流计，预热 5min；仔细检查激光器、单缝和一维光强测量装置的底座是否放稳，要求在测量过程中不能有任何晃动；使用一维光强测量装置时注意鼓轮单方向旋转的特性. 衍射片与光电接收距离合适，满足单缝衍射条件.

2. 测量衍射光斑的相对强度分布

注意检流计电流量程，转动一维光强测量装置鼓轮，把硅光电池狭缝位置移到光电中心位置处，使衍射光斑中央最大，两旁相同级次的光强以同样高度射入硅光电池狭缝中. 注意狭缝的宽度决定了现象是否明显.

关掉激光器电源, 检流计调零, 然后打开激光器电源, 调节一维调节架及其他光学元件, 找到电流最大值, 然后调节灵敏度旋钮为 1.000, 为一个定值. 或根据电流选择合适量程.

然后每隔 0.1mm 或 0.2mm 取一个电流值. 单方向读取数据, 至少测量对称的两级极大光强.

3. 测量单缝的宽度

测量单缝到光电池之间的距离, 可从导轨上的刻度读数. 依据第 2 步的表格数据得出中央主极大到一级极小的位置, 从而得出缝宽.

将测得的缝宽与读数显微镜测得的缝宽比较.

自行设置该实验表格.

【实验数据及处理】

(1)从表格中记录的数据得出一级和二级极大与中央主极大的光强比值, 与理论值进行比较, 得出分析的结论.

(2)得出中央主极大的线宽, 从而得出缝宽.

【思考讨论】

(1)能否使用本实验中的光强分布测试仪测定各级明条纹的衍射角?

(2)单缝宽度变化时, 观察到的光强将会发生怎样的变化, 试分析讨论。

(3)根据实验原理及测量结果的误差分析, 试提出一两点相关的改进措施.

【探索创新】

单缝衍射实验中将光电量联系起来, 同时将微小长度量通过光电量间接测量出来, 还有一些微小长度量通过衍射方法测量出来. 请同学们自行设计一种不同于该方法的测量微小长度量的实验.

【拓展迁移】

[1] 黄增光, 马再超, 卢佃清, 等. 衍射法测量金属丝的杨氏模量[J]. 物理与工程, 2008, (5): 27-30.

[2] 花世群, 骆英, 赵国旗. 基于单缝衍射原理的小转角测量方法[J]. 光电子·激光, 2006, (8): 978-981.

[3] 曾建华, 曾伟, 王志峰, 等. 光的干涉与衍射的 Matlab 仿真及其实验观测[J]. 井冈山大学学报(自然科学版), 2018, 39(3): 9-12.

【主要仪器介绍】

光强分布测试仪，如图 51-3 所示.

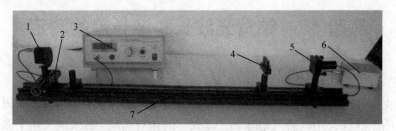

图 51-3　光强分布测试仪
1. 硅光电池光电接收器；2. 一维可调移动尺；3. 光电流检测主机；4. 狭缝；
5. 半导体激光器；6. 半导体激光器电源；7. 光学导轨

实验 52　钠黄光波长和波长差的测定

【背景、应用及发展前沿】

迈克耳孙(1852—1931)是美国著名实验物理学家,1881 年他设计了以自己名字命名的干涉仪,用以研究地球和"以太"的相对运动. 后来他又用干涉仪系统地研究了光谱线的精细结构,并对标准米原器进行校准. 迈克耳孙干涉仪是历史上最著名的干涉仪,对近代物理学和计量技术的发展产生过重大影响. 目前,根据迈克耳孙干涉仪的原理发展制成的各种精密仪器已广泛应用于生产和科技领域.

迈克耳孙干涉仪结构简单、光路直观、精度高,其调整方法又具有典型性. 在物理光学实验中是一个了解学习和理解干涉理论的必用仪器,用来研究各种干涉现象的基本实验仪器.

【实验目的】

(1)熟悉迈克耳孙干涉仪的原理并掌握其调节方法.

(2)通过观察钠黄光与激光干涉现象,理解该光的非单色性对干涉条纹可见度的影响.

【实验原理】

1. 迈克耳孙干涉仪

图 52-1 是迈克耳孙干涉仪的光路示意图,图中 M_1 和 M_2 是在相互垂直的两臂上放置的两个平面反射镜,其中 M_2 是固定的;M_1 由精密丝杆控制,可沿臂轴前后移动. 在两臂轴线相交处,有一与两轴成 45°角的平行平面玻璃板 G_1、G_2,G_2 镀有半透半反的银膜,入射光经它分成振幅接近相等的反射光和透射光,故 G_1 又称为分光板. G_2 也是平行平面玻璃板,与 G_1 平行放置,厚度和折射率均与 G_1 相同. 它补偿了反射光线因穿越 G_1 产生的光程,故称为补偿板.

从扩展光源 S 射来的光在 G_1 处分成两部分,反射光经 G_1 反射后向着 M_1 前进,透射光透过 G_1 向着 M_2 前进,这两束光分别在 M_1、M_2 上反射后逆着各自的入射方向返回,最后都到达 E 处. 因为这两束光是相干光,因而在 E 处的观察者就能够看到干涉条纹.

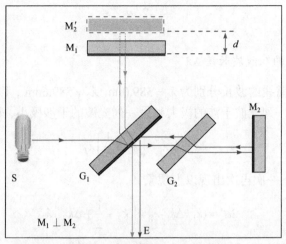

图 52-1　迈克耳孙干涉仪光路图

从 G_1 出发的透射光到 M_2 再返回至 G_1 的第二面上的光程，等效于从 G_1 发出的反射光走相同的路程(G_1M_2)至等效平面镜 M_2' 再返回至 G_1 的光路，即该干涉原理等同于薄膜干涉.

当 M_1 和 M_2' 平行时(此时 M_1 和 M_2 严格互相垂直)，将观察到环形的等倾干涉条纹. 一般情况下，M_1 和 M_2' 形成一空气劈尖，因此将观察到近似平行的干涉条纹(等厚干涉条纹).

2. 单色光波长的测定

用波长为λ的单色光照明时，迈克耳孙干涉仪所产生的环形等倾干涉圆条纹的位置取决于相干光束间的光程差，而由 M_2 和 M_1 反射的两列相干光波的光程差为

$$\Delta = 2d\cos i \tag{52-1}$$

其中，i 为反射光在平面镜上的入射角. 对于第 k 级亮条纹，则有

$$\Delta = 2d\cos i_k = k\lambda \tag{52-2}$$

圆环中心入射角 i 为零，光程差最大，同心环从里向外入射角逐渐增大，光程差逐渐减小，对应干涉环的级次逐级降低. 增加 d 则同心圆环从里向外逐步覆盖，看到同心圆环从环心处一圈圈涌出. 反之，干涉环从边缘向中心环逐步覆盖，中心处环一圈圈往里陷. 当中心处观察到有 N 个环涌出(陷入)时，对应光程差改变为

$$2\Delta d = N\lambda \tag{52-3}$$

Δd 为 d 的改变量(即 M_1 的改变量). 故波长为

$$\lambda = \frac{2\Delta d}{N} \tag{52-4}$$

3. 测量钠光的双线波长差 $\Delta\lambda$

钠光两条强谱线的波长分别为 $\lambda_1 = 589.0\text{nm}$ $\lambda_2 = 589.6\text{nm}$，移动 M_1 至在同一场点光程差满足一列光波干涉的极大和另一列光波的干涉极小，即

$$2d = k_1\lambda_1 = \left(k_2 + \frac{1}{2}\right)\lambda_2 \tag{52-5}$$

继续移动 M_1 使下一次再次出现以上现象，

$$2d' = (k_1 + \Delta k_1)\lambda_1 = \left(k_2 + \frac{1}{2} + \Delta k_2\right)\lambda_2 \tag{52-6}$$

当 d 增大时，则有 $\Delta k_1 > 0, \Delta k_2 > 0, \Delta k_1 = \Delta k_2 - 1$，故有

$$2(d' - d) = \Delta k_1\lambda_1 = (\Delta k_1 - 1)\lambda_2 \tag{52-7}$$

令 $\Delta d = d' - d$，由式（52-7）得

$$\Delta k_1 = \frac{2\Delta d}{\lambda_1}, \quad \Delta\lambda = \lambda_2 - \lambda_1 = \frac{\lambda_2}{\Delta k_1} \tag{52-8}$$

$$\Delta\lambda = \frac{\lambda_1\lambda_2}{2\Delta d} \tag{52-9}$$

对钠光 $\bar{\lambda} = 589.3\text{nm}$，如果测出在相继 2 次可见度最小时，$M_1$ 镜移动的距离 Δd，就可以由式（52-4）求得钠光 D 双线的波长差.

【仪器用具】

迈克耳孙干涉仪、钠光源、半导体激光器.

【实验内容】

1. 用激光器作为辅助光源，调节两个反射镜 M_2 与 M_1 垂直

（1）目测使激光垂直入射. 现象中观察到毛玻璃板上的两组光点，分别来自 M_1、M_2.

（2）通过观察，上下左右调节激光器，使激光垂直入射至 M_2，根据毛玻璃板上的两组光点位置，调节 M_1 上的螺钉，使两组光点重合.

（3）将扩束透镜置于激光与分光板 G_1 之间，通常可以看到清晰的等倾干涉环.

2. 测黄光波长

用钠光源代替激光，将扩束镜代之以毛玻璃. 此时毛玻璃板上出现等倾干涉

环. 根据自己设置的表格, 按表格要求操作记录数据.

3. 测量钠光的波长差

移动 M_1 镜, 使视场中心的视见度最小, 记录 M_1 镜的位置; 沿原方向继续移动 M_1 镜, 使视场中心的视见度由最小到最大直至又为最小, 再记录 M_1 镜位置, 连续测出 8 个(根据情况自己决定)视见度最小时 M_2 镜的位置.

【实验数据及处理】

自己设计波长及波长差的记录表格.

(1)根据自己设计的表格记录的数据计算黄光波长的平均值及给出合适的误差处理.

(2)根据测量数据计算黄光波长差及其误差.

【思考讨论】

(1)比较激光波长的测量和钠黄光波长的测量, 对于该实验操作存在哪些不同? 试分析原因.

(2)还有哪些更简便测量黄光波长和波长差的方法? 试作比较,提出各自的优劣.

【探索创新】

迈克耳孙干涉仪常用来测微小长度, 该实验已经非常成熟. 利用迈克耳孙干涉仪测钠黄双线差不是唯一的方法, 对于其操作过程中出现的可视度清晰与否的标准往往因操作者的主观原因有较大的差异, 故而可以从仪器和理论两方面入手, 找到更客观和精确的实验方法. 请同学们自己查找相关资料, 根据现有的实验室仪器, 自己设计, 并重复不同的方法测量, 找到更好的实验方案.

【拓展迁移】

[1] 刘建朔, 贺银根. 法布里-珀罗(F-P)干涉仪实验操作技巧及应用[J]. 机械工程师, 2015, (11): 103-105.

[2] 胡家英, 韩杰, 赵仲飚. 对测量钠黄双线波长差实验的改进[J]. 大学物理实验, 2011, 24(2): 45-48.

[3] 韦早春. 用迈克尔逊干涉仪测量钠黄光相干长度的实验方法的探讨[J]. 大学物理实验, 2000, (3): 28-30.

【主要仪器介绍】

迈克耳孙干涉仪结构图(图 52-2).

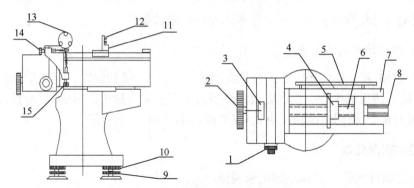

图 52-2　迈克耳孙干涉仪结构图

1. 微动手轮；2. 粗动手轮；3. 刻度盘；4. 开合螺母；5. 刻度尺；6. 丝杆；7. 导轨；8. 滚花螺母；9. 调平螺丝；10. 锁圈；11. 移动镜；12. 滚花螺丝；13. 参考镜；14. 水平微调螺丝；15. 垂直微调螺丝

实验 53　运用旋光仪研究液体旋光性质

【背景、应用及发展前沿】

1809 年，法国物理学家马吕斯首先提出了光的偏振，用以描述电场矢量振动方向关于传播方向的不对称性. 光在传播过程中，振动方向与光轴所构成的平面称为振动面，当偏振光通过某些晶体或液体时，其振动面会以光的传播方向为轴线发生旋转，这种现象称为旋光现象，这样的晶体或液体称为旋光物质. 1811 年，法国科学家阿拉戈和毕奥首先发现石英、松节油和糖溶液中有旋光现象. 除此之外，硫化汞和氯化钠等液体也具有旋光性质. 如果旋光物质使偏振光的振动面顺时针旋转，则称其为右旋物质，反之称为左旋物质. 旋光现象在化学工业和生物工程等领域有着广泛的应用.

【实验目的】

(1) 观察光的偏振和旋光现象.
(2) 了解旋光仪的结构和原理并掌握操作要领.
(3) 学习使用旋光仪测定蔗糖和乳糖溶液的浓度.

【实验原理】

当线偏振光通过某些液体(如蔗糖溶液)时，偏振光的振动面将旋转一定的角度 φ，称为旋光角或者旋光度，如图 53-1 所示，实验表明它与偏振光通过具有旋光性质溶液的厚度 l 和溶液质量浓度 c 成正比，即

$$\varphi = \alpha c l \tag{53-1}$$

其中，α 是该物质的旋光率，它在数值上等于偏振光通过单位长度(1dm)、单位浓度(1g/mL)的溶液后引起振动面旋转的角度.

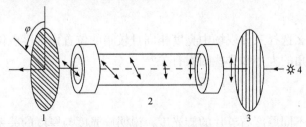

图 53-1　液体旋光示意图

1. 检偏器；2. 液体管；3. 起偏器；4. 光源

　　实验表明,在一定温度下同一旋光物质的旋光率与入射光波长的平方成反比,这样的现象称为旋光色散. 通常采用波长为 589.3nm 的钠光来测定旋光率,在室温下蔗糖和乳糖溶液的旋光率取值分别为 $\alpha_{蔗糖} = 66.52°\mathrm{cm}^3/(\mathrm{dm}\cdot\mathrm{g})$ 和 $\alpha_{乳糖} = 52.5°\mathrm{cm}^3/(\mathrm{dm}\cdot\mathrm{g})$.

【仪器用具】

　　光学度盘旋光仪、盛蔗糖溶液和乳糖溶液的测试管.

【实验内容】

　　1. 测定不放旋光溶液时旋光仪零点读数

　　(1)点亮钠光灯,预热 5min 以上,调节目镜至能清晰看到三分视场的分界线.
　　(2)转动检偏器,仔细观察并找到三分视场亮度相同且较暗的位置(即零点读数位置),从读数窗口读出刻度盘左、右读数.
　　(3)重复测量零点读数 5 次.
　　(4)根据三分视界法测定透过起偏器和石英片的两束偏振光振动面的夹角 2θ.

　　2. 测量旋光溶液的旋光度

　　(1)把盛有蔗糖溶液的测试管放入旋光仪盒,调节目镜清晰度,转动检偏器,重新找到零点读数位置,记录左、右读数,重复测量 5 次.
　　(2)把盛有乳糖溶液的测试管放入旋光仪盒,调节目镜清晰度,转动检偏器,重新找到零点读数位置,记录左、右读数,重复测量 5 次.

【实验数据及处理】

　　(1)计算不放旋光溶液时零点位置角度.
　　(2)计算蔗糖溶液和乳糖溶液的旋光角 $\varphi \pm U_{\varphi}$.
　　(3)计算蔗糖溶液和乳糖溶液的浓度 $c \pm U_c$.

【思考讨论】

　　(1)为什么选择三分视场中亮度相同且较暗的位置作为零点位置?
　　(2)旋光角的大小和哪些因素有关?

【探索创新】

　　(1)测定不同厚度石英片的旋光度,说明旋光度与厚度的关系.
　　(2)用不同波长的光源测定同一石英片的旋光度,说明旋光率与波长的关系.

(3)测量不同温度下同一石英片的旋光度，说明旋光率与温度的关系.

【拓展迁移】

[1] 尹玉英. 导致旋光性的根本原因[J]. 北京石油化工学院学报，1997.1：1-6.

[2] 向前，高英，马春红. 分子结构与旋光性关系的研究[J]. 吉林省教育学院学报，2007，12：85-87.

[3] 赵喆，刀霞，王齐放，等. 低分子聚合物对乳糖旋光性的影响[J]. 教育教学论坛，2014，22：106-108.

[4] 肖伟，邓植云. 葡萄糖溶液旋光率及浓度测量[J]. 湖南工业职业技术学院学报，2016，16：17-18.

【主要仪器介绍】

WZX-1 光学度盘旋光仪，如图 53-2 所示.

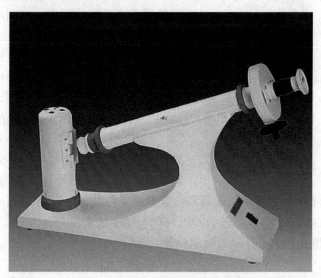

图 53-2　WZX-1 光学度盘旋光仪

旋光仪结构如图 53-3 所示. 测量时如果将起偏镜和检偏镜的偏振轴调到相互正交，则在目镜中观察到最暗的视场. 加上盛有旋光溶液的测试管，振动面将发生旋转，此时再次转动检偏镜可使视场重新达到最暗. 两次视场最暗位置的角度差即为旋光溶液的偏转角. 然而人眼在判断视场完全黑暗的位置时无法做到精确统一，因此用这种方法测定旋转角度的大小是不够准确的. "半荫法"和"三分视界法"采用比较视场中相邻部分的亮度是否相同来确定偏振面的旋转角度，所得结果较为精确.

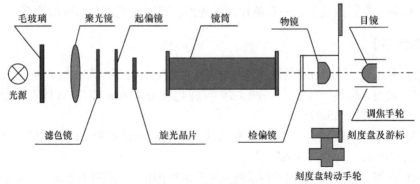

图 53-3　旋光仪结构图

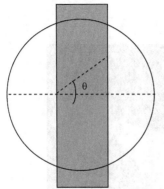

图 53-4　三分视界法结构图

本实验仪器采用三分视界法，如图 53-4 所示，在起偏器后中央区域加一石英晶体片，将视场分为三部分. 取石英晶片光轴平行于自身并与起偏器偏振轴成角度 θ, 钠光经起偏器后变为线偏振光，中间部分再经过石英晶片，恰当选择其厚度使石英晶片内的 o 光和 e 光相位差为 π 的奇数倍，这样从石英中出射的光仍为线偏振光，其振动面相对于入射光偏振面转过了 2θ 角，所以进入测试管的是光矢振动面夹角 2θ 为的两束线偏振光.

当转动检偏器时，在目镜观察到的视场中将出现亮、暗的交替变化，图 53-5 中列出了四种显著不同的情形及其对应的检偏器位置图. 其中 OP 和 OA 分别表示起偏器和检偏器的偏振轴，OP' 表示透过石英晶片后偏振光的振动方向. β 和 β' 分别表示 OP、OP' 和 OA 的夹角，A_P 和 $A_{P'}$ 分别表示 OP、OP' 方向偏振光在 OA 方向的振动分量.

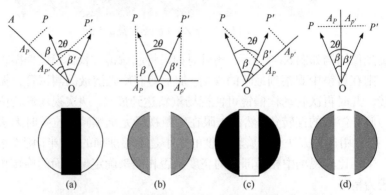

图 53-5　四种显著不同的情形及其对应的检偏器位置图

图 53-5(a)中，$\beta' > \beta$，$A_{P'} < A_P$，通过石英晶片部分为暗区，只通过起偏器部分为亮区，视场被分为清晰的两边亮中间暗的三部分，当 $\beta' = \pi / 2$ 时亮暗反差最大.

图 53-5(b)中，$\beta' = \beta$，$A_{P'} = A_P$，视场中三部分分界线消失，亮度相同且整体较暗.

图 53-5(c)中，$\beta' < \beta$，$A_{P'} > A_P$，通过石英晶片部分为亮区，只通过起偏器部分为暗区，视场被分为清晰的两边暗中间亮的三部分，当 $\beta = \pi / 2$ 时亮暗反差最大.

图 53-5(d)中，$\beta' = \beta$，$A_{P'} = A_P$，视场中三部分分界线消失，亮度相同且整体较亮.

由于人眼在亮度不太强的情况下辨别亮度微小差别的能力较强，所以实验中常取图 53-5(b)所示视场作为零点位置读数.

实验 54　固体激光调 Q 实验

【背景、应用及发展前沿】

1960 年，梅曼等人制成了第一台红宝石激光器. 激光是一种单色性佳、方向性好、亮度高、相干性强的光束. 激光的出现标志着光学发展进入了崭新的时代，在激光理论、激光技术、激光应用等方面都取得了突飞猛进的发展. 此外，非线性光学、变换光学、信息存储技术和激光生物物理学等新兴学科也在激光的发展带动下相继出现. 目前，激光在人们的生产生活中发挥着巨大的作用.

调 Q 技术是获得短脉冲高峰值功率激光输出的重要方法. 一般情况下，自由运转的脉冲激光器输出的激光脉冲的脉宽在几百微秒至几毫秒之间，峰值功率也较低. 为了获得高峰值功率的激光输出，人们发明了调 Q 技术. 学习并掌握调 Q 技术，有助于加深对激光器原理的理解.

【实验目的】

(1) 掌握电光 Q 固体激光器的基本原理和基本结构.
(2) 了解电光 Q 固体激光器的输出特性.
(3) 掌握电光 Q 固体激光器主要输出参数的测试方法.

【实验原理】

1. 激光器调 Q 的概念

激光器的 Q 值又称品质因数，是表征激光谐振腔腔内损耗的一个重要参数，其定义为腔内储存的激光能量与每秒钟损耗的激光能量之比

$$Q = 2\pi\nu_0 \frac{\text{腔内储存的激光能量}}{\text{每秒钟损耗的激光能量}} \tag{54-1}$$

式中，ν_0 为激光的中心频率.

假定腔内储存的激光能量为 E，光在腔内走一个单程能量的损耗率为 γ，则光在一个单程中对应的损耗能量为 γE. 如果谐振腔长度为 L，则光在腔内走一个单程所需时间为 nL/c，其中 n 为折射率，c 为光速. 因此，光在腔内每秒钟损耗的能量为 $\dfrac{\gamma E}{nL/c}$，Q 值可表示为

$$Q = 2\pi\nu_0 \frac{E}{\gamma Ec/(nL)} = \frac{2\pi nL}{\gamma\lambda_0} \tag{54-2}$$

式中，$\lambda_0 = c/\nu_0$，为真空中激光波长. 由公式(54-2)可知，Q 值与损耗率成反比变化，即损耗大，Q 值就低，损耗小，Q 值就高.

由于固体激光器存在弛豫振荡现象，产生了功率在阈值附近起伏的尖峰脉冲序列，从而阻碍了激光脉冲峰值功率的提高. 如果我们设法在泵浦开始时使谐振腔内的损耗增大，即提高振荡阈值，使振荡不能形成，激光工作物质上能级的粒子大量积累. 当积累到最大值(饱和值)时，突然使腔内损耗变小，Q 值突增. 这时腔内会像雪崩一样以极快的速度建立起极强振荡，在短时间内反转粒子大量被消耗，转变为腔内的光能量，并在输出端输出一个极强的激光脉冲，其脉宽窄(10⁻⁶～10⁻⁹s 量级)，峰值功率高(大于兆瓦量级)，通常把这种光脉冲称为巨脉冲. 由于调节腔内的损耗实际上是调节 Q 值，因此这种产生巨脉冲的技术被称为调 Q 技术，也称为 Q 开关技术.

谐振腔的损耗 γ 一般包含反射损耗、吸收损耗、衍射损耗、散射损耗和输出损耗等. 用不同的方法去控制不同的损耗就形成了不同的调 Q 技术，如控制反射损耗的转镜调 Q 技术和电光调 Q 技术，控制吸收损耗的可饱和吸收体调 Q 技术，控制衍射损耗的声光调 Q 技术，控制输出损耗的透射式调 Q 技术等.

本实验主要研究灯泵固体激光器的电光调 Q 技术，所用的 Q 开关利用晶体的电光效应制成，具有开关速度快、脉冲峰值功率高、脉冲宽度窄、器件输出功率稳定性较好等优点，是一种已获广泛应用的调 Q 技术. 另外，本实验也简单了解可饱和吸收体调 Q 技术.

2. 电光调 Q 的基本原理

1)KD*P 晶体的纵向电光效应

本实验所用的电光晶体为 KD*P 晶体，属于四方晶系 42m 晶类，光轴 C 与主轴 z 重合，未加电场时，在主轴坐标系中 KD*P 晶体的折射率椭球方程为

$$\frac{x^2 + y^2}{n_o^2} + \frac{z^2}{n_e^2} = 1 \tag{54-3}$$

其中，n_o、n_e 分别为寻常光和非常光的折射率. 加电场后，由于晶体对称性的影响，42m 晶类只有 γ_{63}、γ_{41} 两个独立的线性电光系数. γ_{63} 是电场方向平行于光轴的电光系数，γ_{41} 是电场方向垂直于光轴的电光系数. KD*P 晶体外加电场后的折射率椭球方程是

$$\frac{x^2 + y^2}{n_o^2} + \frac{z^2}{n_e^2} + 2\gamma_{41}\left(E_x yz + E_y xz\right) + 2\gamma_{63}xy = 1 \tag{54-4}$$

当只在 KD*P 晶体光轴 z 方向加电场时，上式变成

$$\frac{x^2 + y^2}{n_o^2} + \frac{z^2}{n_e^2} + 2\gamma_{63}E_x xy = 1 \tag{54-5}$$

经坐标变换，可求出此时在三个感应主轴上的主折射率

$$n_x' = n_o - \frac{1}{2}n_o^3\gamma_{63}E_z, \quad n_y' = n_o - \frac{1}{2}n_o^3\gamma_{63}E_z, \quad n_z' = n_e \tag{54-6}$$

当光沿 KD*P 光轴 z 方向传播时，在感应主轴 x'、y' 两方向偏振的光波分量由于晶体在这两者方向上的折射率不同，经过长度为 l 的晶体后产生相位差：

$$\delta = \frac{2\pi}{\lambda}\left(n_y' - n_x'\right)l = \frac{2\pi}{\lambda}n_o^3\gamma_{63}V_z \tag{54-7}$$

式中，$V_z = E_z l$ 为加在晶体 z 向两端的直流电压.

使光波两个分量产生相位差 $\pi/2$（光程差 $\lambda/4$）所需要加的电压为

$$V_{\pi/2} = \frac{\lambda}{4n_o^3\gamma_{63}} \tag{54-8}$$

KD*P 晶体的电光系数 $\gamma_{63} = 23.6 \times 10^{-12}\,\mathrm{m/V}$. 当波长为 $1.06\,\mu\mathrm{m}$ 的光通过 KD*P 晶体时，$V_{\pi/2} \approx 4000\mathrm{V}$.

2)带起偏器的电光调 Q 原理

带起偏器的 KD*P 电光 Q 开关是一种应用较广泛的电光晶体调 Q 装置，实验装置如图 54-1 所示. KD*P 晶体具有纵向电光系数大、抗破坏阈值高的特点，但易潮解，故需要放在密封盒子内使用. 通常采用纵向方式，即 z 向加压，z 向通光.

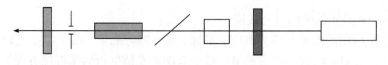

输出镜　小孔　Nd:YAG 晶体　偏振片　电光晶体　全反镜　　　准直激光器

图 54-1　实验装置示意图

带起偏器的 Q 开关工作过程如下：Nd：YAG 晶体在氙灯的激励下产生无规则偏振光，通过偏振片后成线偏振光. 在 KD*P 上施加一个 $V_{\lambda/4}$ 的外加电场，由于电光效应，这时调制晶体起到了一个 1/4 波片的作用，显然，线偏振光通过晶体后产生了相位差 $\pi/4$，可见往返一次产生的总相位差为 $\pi/2$，线偏振光经这一次往返后偏振面旋转了 90°，不能通过偏振片. 这样，在调制晶体上加有 1/4 波长电压的情况下，由介质偏振器和 KD*P 调制晶体组成的电光开关处于关闭状态，谐振腔的 Q 值很低，不能形成激光振荡.

虽然这时整个器件处在低 Q 值状态，但由于氙灯一直在对 YAG 晶体进行抽运，工作物质中亚稳态粒子便得到足够的积累，当粒子反转数达到最大时，突然去掉调制晶体上的 1/4 波长电压，即电光开关控制的通光光路被开通，沿谐振腔轴线方向传播的激光可自由通过调制晶体，而其偏振状态不发生任何变化，这时谐振腔处于高 Q 值状态，形成雪崩式激光发射.

3. 半导体激光泵浦固体激光器的倍频技术

光波电磁场与非磁性透明电介质相互作用时，光波电场会出现极化现象. 当强光激光产生后，由此产生的介质极化已不再与场强呈线性关系，而是明显地表现出二次及更高次的非线性效应. 倍频现象就是二次非线性效应的一种特例. 本实验中的倍频就是通过倍频晶体实现对 Nd:YAG 输出的 1064nm 红外激光倍频成 532nm 绿光.

常用的倍频晶体有 KTP、KDP、LBO、BBO 和 LN 等. 其中，KTP 晶体在 1064nm 光附近有较高的有效非线性系数，导热性良好，非常适合用于 Nd:YAG 激光的倍频. KTP 晶体属于负双轴晶体，对它的相位匹配及有效非线性系数的计算已有大量的理论研究，通过 KTP 的色散方程，人们计算出其最佳相位匹配角为：$\theta = 90°$，$\phi = 23.3°$，对应的有效非线性系数 $d_{eff} = 7.36 \times 10^{-12}$V/m.

倍频技术通常有腔内倍频和腔外倍频两种. 腔内倍频是指将倍频晶体放置在激光谐振腔之内，由于腔内具有较高的功率密度，因此较适合于连续运转的固体激光器. 腔外倍频方式指将倍频晶体放置在激光谐振腔之外的倍频技术，较适合于脉冲运转的固体激光器. 本实验系统采用腔外倍频技术.

【仪器用具】

GCS-YAG 固体激光器、能量计、示波器.

【实验内容】

1. 1064nm 激光输出，基频激光器调整

(1)调整指示激光束与光学导轨平行并能穿过晶体棒中心.

将 Nd:YAG 激光腔装到导轨上(如果激光腔已经安装到导轨上可以忽略此步)，调节指示激光束通过 Nd:YAG 晶体棒的前后出光口中心，靠近指示激光的晶体出光口为近端，远离指示激光的晶体出口为远端，调整指示激光(四维调整架)的平移使指示激光通过晶体近端出光口，调整指示激光的俯仰使指示激光通过远端出光口的中心，反复 2~4 次即可调整指示激光穿过晶体中心并与光学导轨平行.

（2）在光学导轨上安装输出镜.

选择合适位置，将输出镜固定在导轨上，调整输出镜的俯仰角，使输出镜上的反射光回到指示激光出光口.

（3）在光学导轨上安装全反镜（后腔镜）.

选择合适位置，将全反镜固定在导轨上，调整全反镜的俯仰角，使全反镜上的反射光回到指示激光出光口.（由于全反镜与指示激光距离较近，需仔细观察反射点位置）

（4）在打开激光电源之前重新确认电源按钮状态，没有问题后可以打开激光电源的钥匙开关，检查水冷系统水循环工作是否正常、是否漏水. 确定无误后按下SIMMER 按钮，观察各电器连接线是否工作正常，是否有接触不实或者打火现象. 确定无误后，按下 WORK 按钮，调节激光电源的工作电压从零到 600V. 按下静态工作按钮，反复仔细微调输出镜和全反镜，使激光输出最强（能量计示数最高，最高为 250～600mJ），此时输出的激光称为静态激光. 测量激光器的原始腔静态输出特性曲线（电源工作电压与输出的脉冲能量之间的关系曲线，电压最高可调至 900V，调试过程最大可加到 800～900V），测试之后再将电源电压重新调回零. 完成下面表 54-1 第二列.

表 54-1　激光器静态和动态输出

输入电压/V	静态输出/mJ	动态输出/mJ
500		
550		
600		
650		
700		
750		
800		

2. 电光调 Q 实验

（1）将 1064nm 偏振片插入光路，并固定，固定过程观察激光输出能量变化，可轻微调整使输出能量最大，此时相比安装偏振片之前激光能量略有降低，降低幅度约 5%～15%.

（2）将电光 Q 开关插入光路中，调整电光 Q 开关的俯仰方位，使电光 Q 开关的反射像与激光晶体的反射像重合. 将电源工作电压再升至 600V，此时激光器应能够输出静态激光，微调电光 Q 开关，以静态输出的能量最高为准.

（3）将激光电源上的调 Q 按钮按下调至关门状态（中间的按钮 HV），调整晶体高压使其显示 340，此时加在晶体两端的电压为 340V，松开 Q 开关调整架上的锁紧顶丝，使电光 Q 开关绕光轴转动，使激光器输出能量最小，此时电光 Q 开关处于关门状态（低 Q 值状态）.

(4) 按下调 Q 的 OFF 按键（静态）观察激光能量输出值，OFF 状态输出至少比 HV 状态输出大一个量级（10 倍）；然后再将激光电源上的调 Q 状态按钮按下调至动态调 Q 状态（右边红色按钮 ON），测量激光器的动态输出，此时输出的激光为调 Q 激光，也称动态激光或巨脉冲激光. 反复重复上述过程，使激光器的输出最强. 将探测器放入光路（注意：此时输出激光很强. 探测器只能接收通过白屏或白纸散射的激光，切忌直接接收激光，否则会损坏探测器），在示波器上读出 1064nm 激光动态输出时的脉宽，如图 54-2 所示.

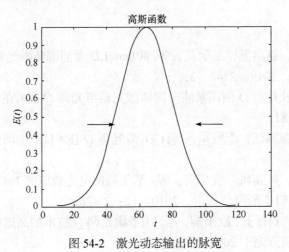

图 54-2　激光动态输出的脉宽

(5) 测量激光器的输出特性：改变激光电源电压，用能量计分别测量几组静、动态输出能量，并填入表 54-1.

3. 532nm 激光输出，倍频实验

在激光输出镜的外面插入 KTP 晶体，仔细调节 KTP 倍频晶体的上下左右位置，使 1064nm 激光束通过 KTP 倍频晶体的中心. 仔细调节 KTP 倍频晶体的俯仰方位. 在激光电压在 600~700V 的情况下，可看到激光器输出 532nm 的绿色激光. 绕光轴旋转 KTP 晶体，使激光器输出 532nm 的绿色激光最强. 切换静态、关门和动态按钮，观察 532nm 的倍频绿光的输出亮度.

【实验数据及处理】

(1) 分别作出 1064nm 激光静态输出和动态输出能量与电压关系曲线.

(2) 作出 532nm 激光静态输出和动态输出能量与电压关系曲线.

(3) 比较激光静态输出和动态输出能量差别.

(4) 对实验结果作分析和评价.

【思考讨论】

(1) 试分析调节激光器出光需要注意的问题有哪些.

(2) 激光器静态输出和动态输出能量为何会有差别?

【探索创新】

试运用 LBO 晶体和 355nm 高反镜调试激光器输出 355nm 激光.

【拓展迁移】

[1] 梅映雪，赵洪霞，王敬蕊，等. 808nm LD 泵浦固体激光器及调 Q 实验研究[J]. 科教导刊，2019，2(4)：3.

[2] 夏腾，杜丹. LD 侧面泵浦全固体激光器声光调 Q 实验的研究[J]. 科技传播，2015，19：81.

[3] 徐艳，谢冀江，李殿军，等. CO_2 激光调 Q 技术[J]. 中国光学，2014，2：196-207.

[4] 郭明磊，韩新风，官邦贵，等. 基于晶体电光效应的 Nd^{3+}：YAG 激光器调 Q 实验[J]. 实验室研究与探索，2010，12：23-26.

[5] 党君礼，刘百玉，欧阳娴，等. 用于激光调 Q 技术的高速电光门控系统设计[J]. 红外与激光工程，2008，S1：212-215.

【主要仪器介绍】

GCS-YAG 固体激光器.

1. 电源面板按键说明

电箱开关旋钮：旋转到 ON 状态，电箱通电水泵进行抽运工作让水循环.

预燃键：工作之前按下它，工作时始终让其处在按下状态. 其作用是给氙灯加载上电压.

工作键：在谐振腔调谐好后，按下工作键，允许氙灯闪烁工作，产生激光.

OFF 键：按下此键，激光处于静态输出光状态，即输出的光虽然会通过调 Q 晶体，但此时晶体不进行调 Q，输出的是无调制光.

HV 键：按下它使调 Q 晶体两端加载高压，让腔内产生高损耗，使能量在腔内积累而输出低能量光.

ON 键：按下它晶体开始对静态激光调制，即让谐振腔输出巨脉冲光(动态光).

闪灯选挡：选择氙灯闪烁频率.

2. 使用说明

(1)设备应按正常使用方向放于通风良好的场所,电源两侧及后部应留有足够的散热风道或空间.

(2)连接的电源插座或断路器应能满足设备输入电流的要求.小功率的设备可采用活动插头连接,大功率的设备建议采取固定式连接.

(3)连接好所有电缆,插上电源插头.

(4)确认水泵控制线接好；输出灯线接触良好,灯线根据输出功率的情况,应使用 $4\sim8mm^2$ 的多股软铜线.

(5)接通电源(旋转钥匙)之前确认预燃开关和工作开关置 OFF 态(弹起),高压控制旋钮电位器回零位(逆时针拧到底)；确认将面板上的电光晶体电压控制键(即调 Q 控制键,调 Q 控制包括 OFF、HV、ON,分别对应静态、关门高压和动态)状态选择位于静态,晶压调节电位器回零位(逆时针拧到底)；氙灯重复频率选择 1Hz(预留频率分别为 1Hz、3Hz、5Hz、10Hz 等).

(6)按下预燃开关,预燃成功,时统指示灯按所选择的频率闪动.

(7)按下工作开关,调节充电电位器增加输出电压至所需值.

(8)选择关门工作状态,调节"晶压调节"电位器,使激光输出为零,然后改为动态,调节延时,使输出最强(延时预调 $180\mu s$)；

(9)关机顺序为 OFF、WORK(电压降至最低)、SIMMER,可将所需的电位器数值锁定.

(10)第二次开机顺序为 SIMMER、WORK(调节电压至 580V 左右)、OFF-HV-ON. ※在紧急情况下,可直接关闭 SIMMER 开关,即可停机(水泵继续工作一段时间再关).

实验 55　马吕斯定律的实验验证

【背景、应用及发展前沿】

光的横波特性称为偏振,偏振可通过偏振片实验得到验证. 而马吕斯于 1808 年通过实验发现了马吕斯定律，给出了线偏光经过偏振片后的光强与原光强的定量关系. 该定律是光偏振的基础理论之一.

偏振的应用在工业、科技和各种高新技术领域具有广泛的应用,例如化学、制药等工业中利用物质的旋光性测浓度以及液晶显示技术中双折射现象的应用等.

【实验目的】

(1)观察光偏振现象，了解光偏振规律.

(2)测量偏振光光强，验证马吕斯定律.

【实验原理】

1. 自然光与线偏光

自然光为一束关于传播方向具有对称性的特殊偏振态, 可简单将自然光的偏振表示为垂直于传播方向的平面内两个振幅完全相等，相位无关的振动的叠加. 线偏光在垂直于传播方向只有一个固定方向的振动.

2. 起偏

自然光经特殊的装置变为线偏光称为起偏. 起偏分光棱镜就是将自然光变为线偏光的装置. 自然光入射到起偏分光棱镜后, 一束偏振光在棱镜中发生全发射, 剩余相垂直的另一束偏振光透射, 剩余相垂直的偏振光透射, 从而获取相互垂直的两束偏振光. 以下就是偏振分光棱镜的具体起偏理论.

一束自然光入射到介质的表面, 其反射光和折射光一般是部分偏振光. 在特定入射角即布儒斯特角 i_0 入射至两介质表面时, 反射光成为线偏振光, 其电矢量垂直于入射面, 折射光为部分偏振光. 如图 55-1 介质 1 为空气, 介质 2 为玻璃, 玻璃片平行多层放置, 最终透射至空气中的光也变为了振动方向平行于入射面的线偏光. 这就是偏振分光棱镜的起偏理论, 图 55-2 为其示意图.

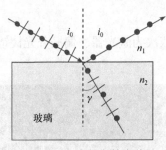

图 55-1　布儒斯特定律

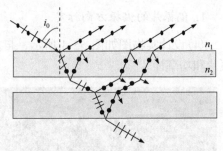

图 55-2　偏振分光棱镜的起偏示意图

3. 马吕斯定律

鉴别光的偏振态的过程称为检偏, 它所用的装置称为检偏器. 用于起偏的偏振片称为起偏器, 实际上, 起偏器和检偏器是通用的.

按照马吕斯定律, 强度为 I_0 的线偏振光通过检偏器后, 透射光的强度为

$$I = I_0 \sin^2 \theta \tag{55-1}$$

其中, θ 为入射偏振光偏振方向与检偏器偏振化方向(即偏振轴)的夹角. 当以光线传播方向为轴转动检偏器时, 透射光强度 I 将发生周期性变化. 当 $\theta = 0$ 时, 透射光强度为极大值; 当 $\theta = 90°$ 时, 透射光强度为极小值, 我们称之为消光状态, 接近于全暗; 当 $0 < \theta < 90°$ 时, 透射光强度 I 介于最大值和最小值之间. 因此, 根据透射光强度变化的情况, 可以区别线偏振光、自然光和部分偏振光. 图 55-3 表示自然光通过起偏器和检偏器的变化情况.

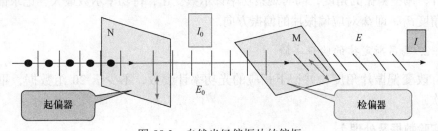

图 55-3　自然光经偏振片的偏振

【仪器用具】

偏振光学综合仪.

【实验内容】

1. 偏振片的偏振方向标定

(1)设计实物图如图 55-4 所示,自左向右依次为激光器、偏振分光棱镜、偏振片和功率计.

图 55-4　偏振片偏振方向标定实物图

(2)调整激光器水平:借助白屏(可以将白屏上的水平刻线作为标准),将白屏放到远处,分别调节棱镜台的俯仰旋钮,将激光器调平,最终使出射激光束与导轨平行.

(3)放置偏振分光棱镜:在激光器后放置偏振分光棱镜,偏振分光棱镜将入射的光束分为两束,透过为水平偏振(P 光),反射为竖直偏振(S 光),实验中只用水平偏振光.

(4)标定偏振片的偏振方向:在偏振分光棱镜后放置偏振片,偏振片后放置功率计,调整偏振的角度,同时观察功率计示数变化,待功率示数最大,记录偏振片角度 θ_0,即 θ_0 对应偏振片的偏振方向.

2. 马吕斯定律的验证实验

改变偏振片角度,并记下相应的光功率计读数,不少于 20 组数据,重复三次.

【实验数据及处理】

整理自行设计表格中的实验数据,拟合光功率与偏振角的函数关系曲线,最后得出实验结论.

【思考讨论】

(1)本实验所使用的光功率计与普通的硅光电池相比,其优势在哪?

（2）本实验用偏光棱镜测量的是透射偏振光,为何不测反射偏振光？请提出测量反射光的偏振状态并标定其偏振方向的实验方案.

（3）将该实验方案与其他同样测量内容的实验方案作比较,分析得出各自方案的优劣.

【探索创新】

该实验定律的验证理论简单，且是基础实验. 实验的关键是原光强与偏振方向光强的采集，如何精确采集光强是该实验的一个拓展方向.

【拓展迁移】

[1] 王云峰. 验证马吕斯定律实验的改进[J]. 大学物理实验，2019，5：47-50.

[2] 尹真. 用 CCD 测试系统验证马吕斯定律实验[J]. 大学物理，2005，10：32-34.

[3] 张飞刚. 用光强分布测试仪验证马吕斯定律实验研究[J]. 实验室研究与探索，2008，1：29-31.

【主要仪器介绍】

偏振光学综合仪实物图，如图 55-5 所示.

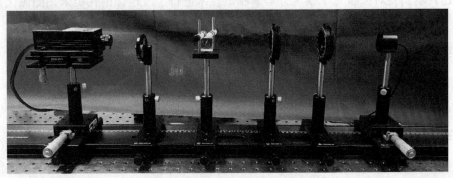

图 55-5　偏振光学综合仪实物图

导轨、激光器、偏振分光棱镜、波片（马吕斯定律实验不需要）、偏振片、光功率测量仪.

实验 56　光学系统的分辨率测量实验

【背景、应用及发展前沿 】

在光学成像系统中,其成像质量的好坏,必须经过实践的检验. 因此,对于采用什么样的方法或手段来正确地评价和检验光学系统的成像质量显得尤为重要. 人们先后提出了传递函数法、瑞利判断法、分辨率法、点列图法等,其中星点法检测、点列图法都带有一定的主观性,光学传递函数方法能对像质做出更为全面的评价. 而用分辨率法评价像质量,由于其指标单一,且便于测量,在光学系统的像质检测中得到了广泛的应用.

本实验通过对镜头分辨率的测量来加深对所学知识的理解. 以前对镜头的分辨率测量都是利用目视镜头,通过系统观察分辨力板,由人眼来区分是否可以分辨. 这种方法存在一定的缺陷:一方面,该方法易受人为因素影响,不同的测试人员可能会有不同的视觉感受,在相同的测试条件下,经常有不同的测试结果;另一方面,这种测试方法很容易使测试人员的眼睛疲劳,工作强度大. 针对上述问题,本实验对传统光学系统分辨率测量技术进行了改进,由相机采集图像代替目视,由计算机处理代替人眼判断.

【实验目的 】

(1)掌握光学系统分辨率的测量原理和实验方法.
(2)测量远心镜头的分辨率,分析影响分辨率的因素.

【实验原理 】

理想成像的结果是物方一点通过成像系统在像方会聚成一个点,但实际上像面上得到的是具有一定面积的光斑. 这是因为把光看作光线只是几何光学的基本假设,实际上光并不是几何线,而是电磁波,虽然大部分光学现象可以利用光线假设进行说明,但是,在某些特殊情况下,就不能用它来准确说明光的传播现象了. 前面已经说过在光束的聚焦点附近,几何光学误差很大,不能应用,而必须采用把光看作电磁波的物理方法研究.

那么这种现象可以解释为电磁波通过系统中限制光束口径的孔发生衍射造成的. 由于菲涅耳衍射,一个点物在像平面会成一个衍射光斑,即艾里斑,如图 56-1 所示.

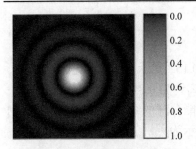

图 56-1　圆孔衍射艾里斑

根据物理光学中圆孔衍射原理可以求得:衍射光斑中央亮斑集中了全部能量的 80%以上,其中第一亮环的最大强度不到中央亮斑最大强度的 2%.通常把衍射光斑的中央亮斑作为物点通过理想光学系统的衍射像.中央亮斑直径为

$$2R = \frac{1.22\lambda}{n'\sin U'_{\max}} \tag{56-1}$$

式中,λ 为光波长,n' 为空间介质折射率,$U'_{\max}$ 为光束会聚角.由于衍射像有一定大小,如果两个像点之间的距离太短,就无法分辨这两个像点.我们把这两个衍射像间所能分辨的最小间隔称为理想光学系统的衍射分辨率.

假定 S_1、S_2 两个发光点的间距足够大,它们的理想像点间距比中央亮斑直径还大,这是在像平面上出现两个分离的亮斑,足以分清两点.

当两物点靠近,像上亮斑随之靠近,当两像点间距小于中央亮斑直径时,两光斑将部分重叠,像面上能量的两个极大值之间,存在一个极小值.如果极大值和极小值之间差足够大,则仍然能够分清这两个像点.随着两物点继续接近,极大值和极小值间的差减小,最后能量极小值消失,合成一个亮斑,此时无法分清这两个像点,这就是瑞利判据,如图 56-2 所示.根据实验证明,两个像点间能够分辨的最短距离等于中央亮斑半径 R.则理想系统的衍射分辨率公式为

$$R = \frac{0.61\lambda}{n'\sin U'_{\max}} \tag{56-2}$$

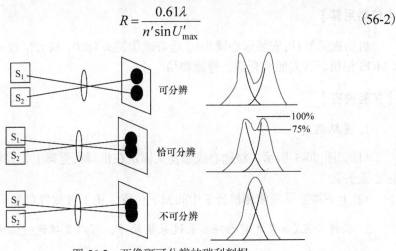

图 56-2　两像斑可分辨的瑞利判据

光强度分布曲线上极大值和极小值之差与极大值和极小值之和的比称为对比,用 K 表示

$$K = \frac{E_{\max} - E_{\min}}{E_{\max} + E_{\min}} \tag{56-3}$$

式中，E 为强度. 在上述条件下，相应的对比为 0.15. 实际上，当对比为 0.02 时，人眼就能分辨出两个像点. 这时相应的两像点距离约为 $0.85R$.

照相系统的分辨率一般以像平面上每毫米内能分开的线对数 N 表示，照相物镜可以认为是对无限远物体成像，光束会聚角表示为

$$\sin U'_{\max} \approx \frac{D}{2f'} \tag{56-4}$$

将此式代入理想衍射公式得

$$R = \frac{1.22\lambda f'}{n'D} \tag{56-5}$$

我们把镜头里改变通光量大小的装置叫做光圈，设 $F = \dfrac{f'}{D}$，F 为物镜光圈数，则 $R = 1.22\lambda F$，这就是像平面刚被分辨开的两像点间的最短距离. 则分辨率（每毫米分辨线对数）为

$$N = \frac{1}{R} = \frac{1}{1.22\lambda F} \tag{56-6}$$

物镜光圈数的倒数为相对孔径. 由式可知，照相物镜的相对孔径越大，光圈数越小，分辨率越高.

【仪器用具】

机器视觉架（可安装远心镜头）、远心成像镜头（$\phi50$，放大倍数 0.16 或 0.12）、CMOS 相机、背光照明光源、待测物品.

【实验内容】

1. 光路搭建

（1）如图 56-3 所示，将远心成像镜头固定在机器视觉架上，并将相机安装在远心镜头上.

（2）上下调整手轮使相机处于中间偏下位置，正下方放置背光照明光源.

2. 软件安装（如果之前已经安装过采集软件，可以直接运行快捷方式）

（1）在桌面生成"ChinaVision 测量软件.exe"快捷方式，双击运行计算机桌面"ChinaVision 测量软件"，单击左上角"打开相机"，如果相机连接成功，在相机列表会显示相机名称，单击"确定"之后进入采集界面；单击左上角"曝光设置"可将曝光时间设定在 10ms 左右，将相机对准日光灯并通过遮挡相机靶面，

如果采集区域有反应，则说明相机正常工作，如图 56-4 所示. 将分辨率板放置在背光照明光源上，调整相机的快门速度、光圈大小、拍摄分辨率板，并存储到指定位置.

图 56-3　光路实物图

图 56-4　CMOS 相机的采集界面

(2)将软件锁(形似 U 盘)插到计算机的 USB 接口上，运行"机器视觉综合测量安装包"，按照提示单击下一步，最后完成安装.

3. 结果记录

(1)将拍摄样品更换为分辨率板，并存储到指定位置，选择"光学系统分辨率测量"标题栏，单击"读图"读入采集的分辨率板，在实验系统中采集到的分辨率版的图片如图 56-5 所示.

(2)单击"设置测量区域"，选择最高分辨率所在的区域，选择时，从左上角往右下角拉拽，选择矩形区域，选择完成后，被选区域为红色框，如图 56-6 所示.

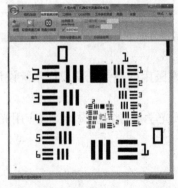

图 56-5　读取实验采集的分辨率图

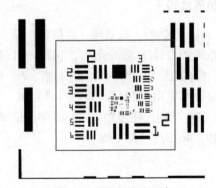

图 56-6　设置测量区域

(3)单击"测量分辨率",会弹出检测结果,蓝色框内为测量出最高分辨率图案,如图 56-7 所示.

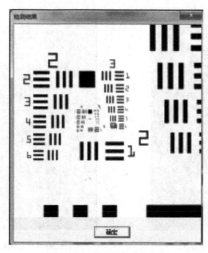

图 56-7　测量分辨率

(4)单击"确定"后,会将系统分辨率检测结果显示在菜单栏(图 56-8),完成分辨率测量.

图 56-8　分辨率检测结果显示

【拓展迁移】

[1] 蔡达岭,范君柳,吴泉英,等. 基于机器视觉的小景深高分辨率双远心光学系统的设计[J].激光杂志,2020,41(4):24-28.

[2] 陈思婷,曹一青,沈志娟,等. 高分辨率医用内窥镜光学成像系统设计[J].光电技术应用,2019,34(6):13-16.

[3] 李利,张凯迪. 高分辨率超低畸变航天光学成像系统设计[J]. 应用光学,2019,40(3):363-368.

实验 57　星点法测量透镜色差实验

【背景、应用及发展前沿】

　　光学材料(透镜)对于不同波长光的折射率是不同的, 也就是折射角度不同. 波长愈短折射率愈大, 波长愈长折射率愈小, 同一薄透镜对不同单色光, 每一种单色光都有不同的焦距, 按色光的波长由短到长, 它们的像点离开透镜由近到远地排列在光轴上, 这样成像就产生了所谓的位置色差.

【实验目的】

　　(1)了解色差的产生原理.
　　(2)学会用平行光管测量透镜的色差.
　　(3)掌握星点法测量成像系统单色相差的原理及方法.

【实验原理】

　　星点法介绍.
　　根据几何光学的观点, 光学系统的理想状况是点物成点像, 即物空间一点发出的光能量在像空间也集中在一点上, 但由于像差的存在, 在实际中是不可能的. 评价一个光学系统像质优劣的根据是物空间一点发出的光能量在像空间的分布情况. 在传统的像质评价中, 人们先后提出了许多像质评价的方法, 其中用得最广泛的有分辨率法、星点法和阴影法(刀口法), 此处利用星点法.
　　光学系统对相干照明物体或自发光物体成像时, 可将物光强分布看成是无数个具有不同强度的独立发光点的集合. 每一发光点经过光学系统后, 由于衍射和像差以及其他工艺疵病的影响, 在像面处得到的星点像光强分布是一个弥散光斑, 即点扩散函数. 在等晕区内, 每个光斑都具有完全相似的分布规律, 像面光强分布是所有星点像光强的叠加结果. 因此, 星点像光强分布规律决定了光学系统成像的清晰程度, 也在一定程度上反映了光学系统对任意物分布的成像质量. 上述的点基元观点是进行星点检验的基本依据.
　　星点检验法是通过考察一个点光源经光学系统后在像面及像面前后不同截面上所成衍射像通常称为星点像的形状及光强分布来定性评价光学系统成像质量好坏的一种方法.
　　由光的衍射理论得知, 一个光学系统对一个无限远的点光源成像, 其实质就是光波在其光瞳面上的衍射结果, 焦面上的衍射像的振幅分布就是光瞳面上振幅分布函数, 亦称光瞳函数的傅里叶变换, 光强分布则是振幅模的平方. 对于一个理想的光学系统, 光瞳函数是一个实函数, 而且是一个常数, 代表一个理想的平面波或球面波, 因此星点像的光强分布仅仅取决于光瞳的形状. 在圆形光瞳的情况下, 理想光学系统焦面内星点像的光强分布就是圆函数的傅里叶变换的平方, 即爱里斑光强分布, 即

$$\frac{I(r)}{I_0} = \left[\frac{2J_1(\psi)}{\psi}\right]^2$$

$$\psi = kr = \frac{\pi Dr}{\lambda f'} = \frac{\pi}{\lambda F}r \tag{57-1}$$

式中, $I(r)/I_0$ 为相对强度(在星点衍射像的中间规定为 1.0), r 为在像平面上离开星点衍射像中心的径向距离, $J_1(\psi)$ 为一阶贝塞尔函数.

通常, 光学系统也可能在有限共轭距内是无像差的, 在此情况下 $k = (2\pi/\lambda)\sin u'$, 其中 u' 为成像光束的像方半孔径角.

无像差星点衍射像在焦点上中心圆斑最亮, 外面围绕着一系列亮度迅速减弱的同心圆环. 衍射光斑的中央亮斑集中了全部能量的 80% 以上, 其中第一亮环的最大强度不到中央亮斑最大强度的 2%. 在焦点前后对称的截面上, 衍射图形完全相同. 光学系统的像差或缺陷会引起光瞳函数的变化, 从而使对应的星点像产生变形或改变其光能分布. 待检系统的缺陷不同, 星点像的变化情况也不同. 故通过将实际星点衍射像与理想星点衍射像进行比较, 可反映出待检系统的缺陷并由此评价像质.

【仪器用具】

LED 光源、平行光管、环带光阑、被测透镜、CMOS 相机等.

【实验内容】

1. 软件的安装与运行

(1)将 CMOS 相机插到计算机 USB 口, 双击运行"实验软件\彩色相机"安装程序.(如果已经安装可以忽略)

(2)安装完成之后, 在桌面生成"ChinaVision 测量软件.exe"快捷方式, 双击运行计算机桌面"ChinaVision 测量软件", 单击左上角"打开相机", 如果相机连接成功, 在相机列表会显示相机名称, 单击"确定"之后进入采集界面; 单击左上角"曝光设置"可将曝光时间定在 20ms 左右, 将相机对准日光灯并遮挡相机靶面, 如果采集区域有反应, 则说明相机正常工作.

2.光路的搭建与调试

(1)参考示意图 57-1 搭建观测透镜色差的光路.自左向右依次为 LED 光源、平行光管、环带光阑、被测透镜(直径 40mm,焦距 200mm)、CMOS 相机.

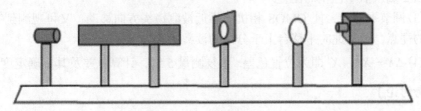

图 57-1　色差测量光路图

其中,环带光阑为环形镂空目标板,本系统中有 10mm、20mm 和 30mm 三种直径可供选择,如图 57-2 示.

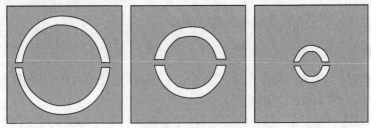

图 57-2　环带光阑示意图

(2)将蓝光 LED(451nm)光源安装到平行光管上,适当调整针孔位置使其出射平行光.

(3)安装被测透镜,调整透镜中心基本与平行光管的出光中心同高.

(4)安装 CMOS 相机,调整相机高度和距离,可以看到经过透镜的光束将会聚到相机靶面上,然后将相机固定在导轨上.

(5)在平行光管和待测透镜中间安装环带光阑(推荐使用最小尺寸,测量色差时整个过程应使用同一环带光阑),适当调整环带光阑高度使光阑中心与平行光管出光中心等高.

【实验数据及处理】

(1)适当调整红光 LED(690nm)光源强度,同时调整粗调 CMOS 相机位置,使得 CMOS 相机上出现圆环光斑,继续调整 CMOS 相机直到观测到一个会聚的亮点,并记下此位置平移台上螺旋测微仪的读数 X_1.

(2)关闭红光 LED 并取下,更换蓝光 LED(451nm),适当调整光源强度,可在相机靶面上观察到一个弥散斑,右击"选择 1∶1 显示",单击左上角"修改单位",在单位换算填写"320",后面单位选择"μm",单击保存.左上角的比例尺为 320μm(100 像素),在"图像测量"中选择"两点圆"或者"三点圆",根据蓝色弥散斑大小画取最接近的圆形,在右边 "附件窗口"会显示圆的半径值,将数值乘以 2 填入倍率色差的位置.

(3)调节平移台,使 CMOS 相机向靠近被测镜头方向移动,又可观测到一个会聚的亮点,记下此时平移台上千分尺的读数为 X_2.

(4) $\Delta X = X^2 - X^1$ 即为位置色差.重复测量 5 组,计算色差及其不确定度.

【思考讨论】

(1)简述星点法测量原理.
(2)试分析影响测量结果精度的因素.

【探索创新】

自行设计一个星点法观测单色像差实验.

【拓展迁移】

[1] 何艳艳,王英,周海,等. 点法观测光学系统像差的教学仪器研制[J]. 实验技术与管理,2015,5:82-85.

[2] 许维星,乔卫东,杨建峰,等. 基于星点法的小视场镜头畸变测量研究[J]. 激光技术,2011,5:593-595.

[3] 朱瑶. 光学系统的星点检验方法[J]. 红外,2004,9:31-37.

【主要仪器介绍】

1. 平行光管结构介绍

根据几何光学原理,无限远处的物体经过透镜后将成像在焦平面上;反之,从透镜焦平面上发出的光线经透镜后将成为一束平行光. 如果将一个物体放在透镜的焦平面上,那么它将成像在无限远处.

图 57-3 为平行光管的结构图. 它由物镜及置于物镜焦平面上的针孔和 LED 光源组成. 由于针孔置于物镜的焦平面上,因此,当光源通过针孔并经过透镜后,

图 57-3　平行光管的结构图

会成为一束平行光.

平行光管的使用十分广泛,根据平行光管要求的不同,可在其内加装分划板.分划板可刻有各种各样的图案. 图 57-4 是几种常见的分划板图案形式. (a)是刻有十字线的分划板,常用于仪器光轴的校正;(b)是带角度分划的分划板,常用在角度测量上; (c)是中心有一个小孔的分划板,又被称为星点板.

图 57-4　分划板的几种形式

2. 平行光管的调节方法

(1)将平行光管固定在支座上,选择合适孔径的针孔(本系统中配有 50μm、100μm 共两种孔径的针孔,推荐使用 100μm 的针孔),选定后直接利用磁力将其吸附在平行光管入光口处.

(2)选择 LED 光源(可选用红、蓝两色),将其拧在平行光管入光口处并将其打开且将电流旋钮旋转到最大. 此时,可以看到出光口处有光输出,利用白屏接收,观察输出的光是否均匀. 如果输出的光不均匀,则旋转平行光管入光口处的两个针孔位置调节旋钮,将输出的光调至均匀即可.

在此实验系统内,我们将平行光管作为一个输出准直光的工具,用作光学透镜系统像差的测量.